Harry Marsh Sneed/Stephan H. Sneed

Web-basierte Systemintegration

IT im Unternehmen

Herausgegeben von Prof. Dr. Rainer Bischoff, FH Furtwangen

„IT im Unternehmen" ist anwendungsorientiert und praxisrelevant. Die wichtigsten Grundlagen werden zielorientiert dargestellt, durch konkrete Praxiserfahrungen aus Unternehmen untermauert und durch entsprechende Beratungs-Bücher auf überzeugendem Niveau verstärkt.

Die Reihe wendet sich an IT-verantwortliche Praktiker und Entscheider in Unternehmen, die die Verantwortung für IT-gestützte Geschäftsprozesse tragen: u. a. IT-Manager, CIOs, Führungskräfte, Projektverantwortliche in IT- und Organisationsprojekten. Darüber hinaus eignen sich die Bücher für das praxisnah ausgerichtete Studium und die betriebliche Weiterbildung.

Bereits erschienen:
Web-basierte Systemintegration
von Harry Marsh Sneed und Stephan H. Sneed

Weitere Bücher sind in Vorbereitung.

www.vieweg-it.de

Harry Marsh Sneed
Stephan H. Sneed

Web-basierte Systemintegration

So überführen Sie bestehende Anwendungssysteme in eine moderne Webarchitektur

Bibliografische Information Der Deutschen Bibliothek
Die Deutsche Bibliothek verzeichnet diese Publikation in der Deutschen Nationalbibliografie;
detaillierte bibliografische Daten sind im Internet über <http://dnb.ddb.de> abrufbar.

Die Wiedergabe von Gebrauchsnamen, Handelsnamen, Warenbezeichnungen usw. in diesem Werk berechtigt auch ohne besondere Kennzeichnung nicht zu der Annahme, dass solche Namen im Sinne von Warenzeichen- und Markenschutz-Gesetzgebung als frei zu betrachten wären und daher von jedermann benutzt werden dürfen.

Höchste inhaltliche und technische Qualität unserer Produkte ist unser Ziel. Bei der Produktion und Auslieferung unserer Bücher wollen wir die Umwelt schonen: Dieses Buch ist auf säurefreiem und chlorfrei gebleichtem Papier gedruckt. Die Einschweißfolie besteht aus Polyäthylen und damit aus organischen Grundstoffen, die weder bei der Herstellung noch bei der Verbrennung Schadstoffe freisetzen.

1. Auflage April 2003

Alle Rechte vorbehalten
© Friedr. Vieweg & Sohn Verlagsgesellschaft mbH, Braunschweig/Wiesbaden, 2003

Der Vieweg Verlag ist ein Unternehmen der Fachverlagsgruppe BertelsmannSpringer.
www.vieweg-it.de

Das Werk einschließlich aller seiner Teile ist urheberrechtlich geschützt. Jede Verwertung außerhalb der engen Grenzen des Urheberrechtsgesetzes ist ohne Zustimmung des Verlags unzulässig und strafbar. Das gilt insbesondere für Vervielfältigungen, Übersetzungen, Mikroverfilmungen und die Einspeicherung und Verarbeitung in elektronischen Systemen.

Konzeption und Layout des Umschlags: Ulrike Weigel, www.CorporateDesignGroup.de
Umschlagbild: Nina Faber de.sign, Wiesbaden

ISBN-13: 978-3-528-05837-1   e-ISBN-13: 978-3-322-89822-7
DOI: 10.1007/978-3-322-89822-7

Geleitwort

Der Schlüsselfaktor moderner Informationssysteme mit nachhaltiger Wirkung für das Überleben des Unternehmens heißt webbasierte Systemintegration. Mit der Integrationstechnologie werden bestehende Software-Komponenten gekapselt, um sie an das Web anbinden zu können. Das entscheidende Hilfsmittel für diese Integration stellt XML mit all seinen Derivaten bzw. Spezialisierungen dar. Auf diese Weise ist der Weg frei zur umfassenden Zugänglichkeit von Anwendungen, verbunden mit einer Steigerung ihrer Effektivität und Effizienz. Die Möglichkeit zur umfassenden Nutzung der Webtechnologie - und ohne die wird es keine Zukunft für die meisten Unternehmen geben - ist damit gegeben. Eine Utopie wird wahr, sagt der Verfasser: die uneingeschränkte Kommunikation und die vollständige End-to-End-Integration.

Entscheider und solche, die Entscheidungen vorbereiten, aber auch die, die das werden wollen, sind mit diesem Buch angesprochen. Die Entscheidung zur Integration steht nicht an, sie muß so fallen. Der Weg dahin muß richtig gegangen werden. Das sagt das Buch. Verantwortliche bis hin zum Realisierer spricht der Verfasser damit an. Die Gründe, das Für und Wider, werden ebenfalls beleuchtet. Nur auf der Basis eines solchen Hintergrundwissens wird der richtige Weg gefunden.

Der Herausgeber freut sich sehr, als Verfasser für das erste Buch dieser Reihe, IT im Unternehmen, einen solch kompetenten Verfasser mit einem solch aktuellen und für jedes Unternehmen zwingend anzugehenden Thema gefunden zu haben. Das vorliegende Buch wird zum Muß für jedes Unternehmen. Es ist der Motor für jeden, der die eigene IT-Kompetenz stärken will.

Furtwangen, im März 2003

Prof. Dr. Rainer Bischoff

Vorwort

Die Informationstechnologie steht wie schon einmal zuvor an der Schwelle einer neuen Epoche. Auf die Batch-Verarbeitung der 70er Jahre folgte die Online-Verarbeitung der 80er Jahre und die Client/Server Technologie der 90er Jahre. Jetzt ist die Epoche der Webtechnologie bereits angebrochen. Web-basierte Systeme werden die nächste Zukunft beherrschen mit allem was dazu gehört – eBusiness, eGovernment, mobile computing und peer to peer communication. Die Geschäftsprozesse der Unternehmen werden umgestellt, um die vielfältigen Möglichkeiten der Webtechnologie ausnutzen zu können. Gleichzeitig werden sie immer mehr von der Technologie geprägt. Die Informationstechnologie durchdrängt inzwischen fast alle Bereiche der Wirtschaft und der öffentlichen Verwaltung. Sie ist zum kritischen Erfolgsfaktor eines jeden kommerziellen Unterfangens geworden. Wer also die IT-Technologie nicht beherrscht wird von ihr beherrscht.

Im Mittelpunkt der neuen IT-Technologie steht der Begriff „Integration". Die Webtechnologie verspricht, alles mit allem zu integrieren - Anwendungen mit Anwendungen, Unternehmen mit Unternehmen, Unternehmen mit Kunden, Unternehmen mit Behörden, Behörden mit Behörden und Behörden mit Bürgern. Jeder soll Zugriff auf die Informationen und Funktionen haben, die ihm zustehen. Allerdings sind erst einige Voraussetzungen zu schaffen auf dem Wege zu dieser Utopie der uneingeschränkten Kommunikation und der totalen End_to_End Integration. Denn wie alle Utopien verlangt auch diese seinen Preis. Der Preis der Integration ist die Aufgabe der Eigenheit zu Gunsten der Allgemeinheit. Menschen werden gezwungen eine gemeinsame Sprache zu lernen, um über Sprachgrenzen hinweg miteinander kommunizieren zu können. Unternehmen werden gezwungen ihre ureigene Geschäftsprozesse zu verändern, um mit den Geschäftsprozessen ihrer Geschäftspartner kompatibel zu sein. Behörden werden gezwungen ihre Informationsbeständen öffentlich zugänglich zu machen und die Bürger wie Kunden zu behandeln. Die Kunden bzw. die Bürger werden ihrerseits gezwungen, sich mit der Internettechnologie anzufreunden, um ihre Geschäfte selbst abwickeln zu können. HomeBanking und Reisebuchung sind nur der Anfang einer neuen Selbstbedienungswelle. Dies alles wird für den Dienstleistungssektor schwere Folgen haben. Was vorher mit der Landwirtschaft und später mit der Industrie passiert ist, hat nun der Dienstleistungsbereich zu erwarten, nämlich Automatisierung, Rationalisierung und Stellenabbau. Vielleicht erreicht die Gesellschaft doch noch den utopischen Zustand, bei dem nur noch wenige arbeiten müssen.

Ehe jedoch die Unternehmen und Behörden in den Genuß der unbegrenzten Information und Kommunikation kommen, sind einige Hürden zu überwinden. Die erste Hürde ist die Beseitigung bzw. die Integration der bestehenden Systeme – die sogenannten Legacy Systeme. Denn sie stehen der neuen Technologie voll im Wege und blockieren deren Einführung. Die zweite Hürde ist die Vereinbarung einer gemeinsamen Sprache für den Informationsaustausch. Hier bietet sich XML an, aber XML allein genügt nicht. Sie kann nur als Basis für eine Common Business Language dienen. Diverse Normierungsgremien arbeiten an der Konzipierung einer solchen Sprache. Die dritte Hürde ist die Anpassung der vielen innerbetrieblichen Geschäftsprozesse. Auch hier arbeiten Firmen und Normenausschüsse zusammen an der Normierung derartiger Prozesse. Die vierte Hürde ist die Schaffung einer allumfassenden Webarchitektur, die alle Nachrichten vermittelt, alle Verbindungen herstellt, alle Transaktionen steuert, alle Objekte verwaltet und alle Systemdienste leistet. Es stehen mehrere Kandidaten bereits vor der Tür – Produkte wie DotNet, Websphere, WebLogic und ONE - aber noch sind diese Produkte nicht ausgereift. Schließlich, steht den betroffenen Menschen eine allumfassende Umschulung bevor. Diese trifft nicht nur die IT-Mitarbeiter und Sachbearbeiter, sondern auch die Manager und Kunden. Alle müssen lernen, mit der Webtechnologie umzugehen. Der Weg in die neue Epoche wird also lang, steil und steinig sein. Wer ihn begeht muß bereit sein, Risiken einzugehen und Verluste hinzunehmen.

Dieses Buch befaßt sich mit den Hürden, die zu nehmen sind, insbesondere mit der ersten Hürde – dem Umgang mit den bestehenden Systemen. Kapitel 1 faßt die Vorgeschichte zusammen. Kapitel 2 stellt die Ziele der SystemIntegration und Kapitel 3 die Ziele der elektronischen Geschäftsabwicklung vor. In Kapitel 4 wird auf die Problematik der Webarchitektur eingegangen und neben einer modellhaften Architektur einige konkrete Frameworks vorgestellt. Kapitel 5 befaßt sich mit der gemeinsamen Kommunikationssprache XML und den daraus aufbauenden Geschäftssprachen. Kapitel 6 ist dem Aufbau der Weboberfläche gewidmet. Darin werden Alternativen zur Implementierung des Fensters zur Webwelt behandelt. Kapitel 7 geht auf den Umgang mit den Altsystemen ein. Hier werden praxiserprobte Techniken für die Kapselung und Einbindung von Legacy-Programmen und Datenbanken geschildert. Kapitel 8 folgt mit Fallstudien aus der Praxis der Systemeinbindung, die belegen, daß diese Techniken bereits erfolgreich eingesetzt wurden. Kapitel 9 stellt ein Vorgehensmodell für ein Integrationsprojekt vor und Kapitel 10 schließt mit einem Ausblick auf die Zukunft ab.

Es fällt schwer, den Leserkreis eines solchen Buches genau festzulegen, denn sehr viele verschiedene Personenkreise sind an der Integration betrieblicher Informationssysteme beteiligt – Endanwender, Business Analysts, Systems Analysts, Systemarchitekten, Systementwickler, Systemtester, Datenbankadministrators und natürlich auch die „Manager", die zwar von all dem nur wenig verstehen, aber doch noch für alles verantwortlich sind. Für jeden ist etwas dabei. Wer also an einem Integrationsprojekt beteiligt ist oder wer vor einem solchen Projekt steht, wird sicherlich vom Buch profitieren. Am meisten profitieren werden diejenigen, die sich mit der Integration der bestehenden Systeme auseinandersetzen müssen. Für sie ist das Buch eigentlich geschrieben worden. Nichts ist leichter als neue Softwaresysteme auszudenken, nichts ist schwerer als alte Softwaresysteme einzubinden. Das Buch soll ihnen einen Anhaltspunkt für ihre Arbeit bieten und zugleich den Zusammenhang zwischen ihrer Arbeit und den anderen Aufgaben im Integrationsprojekt deutlich machen.

Budapest / Ungarn, im Januar 2003 Harry M. Sneed
E-Mail: Harry.Sneed@t-online.de

Inhaltsübersicht

1 Business Reengineering im Zeitalter des Internets 1

2 Enterprise Application Integration durch Kapselung 27

3 E-Business-Modelle für Systemintegration 57

4 Webbasierte Systemarchitekturen 91

5 XML als IT-Systemkleber 125

6 Website Entwicklung 161

7 Kapselung bestehender Anwendungen 203

8 Fallstudien aus der Integrationspraxis 257

9 Der Weg zur webbasierten Systemintegration 295

10 Ein unumgänglicher Übergang 331

Literaturverzeichnis 343

Schlagwortverzeichnis 363

Inhaltsverzeichnis

1 Business Reengineering im Zeitalter des Internets 1
   1.1 Unternehmensstrategien für den Wandel 1
   1.2 Abhängigkeit der Geschäftsprozesse von der Informationstechnologie ... 2
   1.3 Altlasten blockieren den Fortschritt 8
   1.4 Der heutige Stand der IT am Beispiel der deutschen Banken 11
   1.5 Business Reengineering als Aufbruch in die Zukunft 12
   1.6 Business Reengineering als Folge des technischen Wandels 13
   1.7 Anpassung der Geschäftsprozesse an die Webtechnologie 14
      1.7.1 Der revolutionäre Ansatz 15
      1.7.2 Der evolutionäre Ansatz 16
   1.8 Business Reengineering Verfahren 18
      1.8.1 Ein Phasenkonzept für Business Reengineering 19
      1.8.2 Methoden für E-Business Reengineering 20
   1.9 Business Reengineering Tools 22
      1.9.1 ProVision 22
      1.9.2 Gensym 22
      1.9.3 E-Process Integrator 23
      1.9.4 ARIS-Toolset 23
   1.10 Entfaltung webgerechter Organisationsformen 24

2 Enterprise Application Integration durch Kapselung 27
   2.1 Die Vielfalt der IT-Landschaft 27
   2.2 Die Strukturierung der betrieblichen IT 28
      2.2.1 Die vertikale Struktur 28
      2.2.2 Die horizontale Struktur 29
      2.2.3 Das Schichtenmodell zur Integration 31
   2.3 Hindernisse bei der Integration der IT 32
      2.3.1 Verteilung 32

2.3.2	Heterogenität	33
2.3.3	Autonomie	33
2.4	Die Überwindung der Integrationshindernisse	34
2.4.1	Überwindung der Verteilung	34
2.4.2	Überwindung der Heterogenität	35
2.4.3	Überwindung der Autonomie	37
2.5	Der Weg zur Enterprise Application Integration	39
2.5.1	Ziele der Systemintegration	39
2.5.2	Von Punkt-zu-Punkt-Verbindungen zu Integration Frameworks	40
2.5.3	Das OMG- Integrationsrahmenkonzept	42
2.5.4	Die Realisierung des OMG Common Business Modells	43
2.5.5	Die Bedeutung der Kapselungstechnik	44
2.5.6	Die Forderung nach unterbrechbaren Geschäftstransaktionen	46
2.5.7	Die Notwendigkeit gesicherter Netzwerke	47
2.6	Die Bedeutung von Integration Frameworks	48
2.6.1	Zweck eines Integration Frameworks	48
2.6.2	Eigenschaften eines Integration Frameworks	49
2.6.3	Grundsätze eines Integration Frameworks	50
2.6.4	Schnittstellen eines Integration Frameworks	51
2.6.5	Rollen eines Integration Frameworks	51
2.6.6	Anforderungen an ein Integration Framework	52
2.7	Application Integration Tools	53
2.8	Integration als Voraussetzung für E-Business	54
3	E-Business-Modelle für Systemintegration	57
3.1	Gründe für E-Business	58
3.2	Voraussetzungen für den Einstieg ins E-Business	60
3.2.1	Sprachkompatibilität der Geschäftsprozesse	62
3.2.2	Anpassungsfähigkeit der Geschäftsprozesse	64
3.2.3	Interoperabilität der Anwendungssysteme	64
3.2.4	Einbeziehung der Legacy Software	65
3.3	Anwendungsmöglichkeiten für E-Business	66
3.3.1	Anwendung zu Anwendung	67
3.3.2	Business zu Business	68

	3.3.3	Business zu Customer	69
3.4		E-Business-Modelle	71
	3.4.1	Struktur einer E-Business-Umgebung	72
	3.4.2	B2B E-Business-Szenarien	73
	3.4.3	B2C E-Business-Modelle	74
	3.4.4	Das Strawman-Modell	77
3.5		E-Business-Frameworks	79
	3.5.1	Funktionen eines E-Business-Frameworks	80
	3.5.2	Komponenten eines E-Business-Frameworks	82
	3.5.3	Stellvertretende E-Business-Frameworks	83
3.6		Anforderungen an eine E-Business-Architektur	86
	3.6.1	End-to-End-Integration	87
	3.6.2	Generische fachliche Komponenten	87
	3.6.3	Adaptierbare technische Komponenten	88
	3.6.4	Offene technische Infrastruktur	88
	3.6.5	Leistungsgerechte Hardware-Konfiguration	89
		Webbasierte Systemarchitekturen	91
4.1		Die Bedeutung einer IT-Architektur	91
	4.1.1	Die IT-Architektur als Bebauungsplan	92
	4.1.2	Organisatorische Einflüsse auf die IT-Architektur	94
	4.1.3	Die IT-Architektur im Wandel der Technologie	95
4.2		Die Komponenten einer IT-Architektur	96
	4.2.1	Die Bedeutung der Komponententechnologie	97
	4.2.2	Die Entwicklung zur Komponententechnologie	99
	4.2.3	Die Verdrängung der Eigenentwicklung durch Komponenten	101
4.3		Der Mainframe als Dreh- und Angelpunkt der Webarchitektur	102
	4.3.1	Das Preis/Leistungsverhältnis	102
	4.3.2	Die technische Überlegenheit des Mainframes	104
	4.3.3	Die Zukunft gehört dem Mainframe	107
4.4		Die Middleware als Nervensystem der Webarchitektur	109
	4.4.1	Die Aufgaben der Middleware in einer Webarchitektur	109
	4.4.2	Die Rückkehr zur Message oriented Middleware	111
4.5		Middleware-Produkte für die Webarchitektur	114

Inhaltsverzeichnis

- 4.5.1 ORBIX 115
- 4.5.2 Silverstream 117
- 4.5.3 WebLogic 118
- 4.5.4 WebSphere 119
- 4.5.5 ONE 120
- 4.5.6 .NET 121

5 XML als IT-Systemkleber 125
- 5.1 Der Nutzen von XML 125
- 5.2 Die Herkunft von XML 128
- 5.3 Die Weiterentwicklung der Sprache 130
  - 5.3.1 Datenverknüpfungen 130
  - 5.3.2 Datenschemen 132
  - 5.3.3 Datennamensräume 134
  - 5.3.4 Datentransformierung 135
- 5.4 Datenmodellierung mit XML 136
- 5.5 XML-Dialekte 139
  - 5.5.1 MathML 139
  - 5.5.3 XMI 141
  - 5.5.4 XMLHOST 143
- 5.6 Einfluß von XML auf IT-Architekturen 145
  - 5.6.1 Die ebXML-Architektur 147
  - 5.6.2 Universal Description Discovery and Integration 149
  - 5.6.3 Simple Object Access Protocol 150
  - 5.6.4 XCBL 151
  - 5.6.5 CXML 152
  - 5.6.6 Web Services 153
- 5.7 Systemintegration mit XML 154
  - 5.7.1 XML für die Datenpräsentation 155
  - 5.7.2 XML für die Datenspeicherung 156
  - 5.7.3 XML für den Datenaustausch 158

6 Website Entwicklung 161
- 6.1 Die Bedeutung der Clientseite 161
- 6.2 Thin-Client versus Fat-Client 162

	6.2.1	Alternative Client-Strategien	162
	6.2.2	Performance-Überlegungen	163
	6.2.3	Entwicklungsaufwand	164
	6.2.4	Wartungsaufwand	165
	6.2.5	Testaufwand	167
	6.2.6	Anwenderfreundlichkeit	168
6.3		Überblick über die Web Client-Technologien	169
	6.3.1	HTML, CSS, XHTML	169
	6.3.2	JavaScript	171
	6.3.3	XML und XSLT	173
	6.3.4	CGI und Perl	176
	6.3.5	Servlets und Java Server Pages	177
	6.3.6	PHP	178
6.4		Web Services	178
	6.4.1	Was ist ein Webservice	178
	6.4.2	Bereitstellung eines Webservices	179
	6.4.3	Stärken und Schwächen von Webservices	179
	6.4.4	Einbindung von Web Services	180
6.5		Richtlinien für die Website Entwicklung	180
	6.5.1	Besonderheiten der Web-Client Entwicklung	180
	6.5.2	Der Web-Client als Aushängeschild	182
	6.5.3	Richtlinien für das Entwicklerteam	183
	6.5.4	Richtlinien für das Website Entwicklungskonzept	183
	6.5.5	Funktionale Komponenten	185
	6.5.6	XML-Wrapping	186
6.6		Website-Entwicklungsumgebungen	188
	6.6.1	Anforderungen an eine Website-Entwicklungsumgebung	188
	6.6.2	HTML / XML –Editoren	190
	6.6.3	Version Control Systeme	192
	6.6.4	Build and Deploy Tools	194
6.7		Fallstudie zu einem Webprojekt	195
	6.7.1	Ausgangssituation	195
	6.7.2	Vorgehensweise	197

	6.7.3	Architektur und Prozesse	198
	6.7.4	Lessons Learned	201
7	Kapselung bestehender Anwendungen		203
	7.1	Alternativen zu Kapselung	204
	7.1.1	Die Anwendungssysteme so lassen wie sie sind	205
	7.1.2	Die Anwendungssysteme konvertieren	207
	7.1.3	Die Anwendungssysteme neu entwickeln	210
	7.1.4	Die Anwendungssysteme durch Standard-Produkte ablösen	212
	7.1.5	Die bestehenden Anwendungen kapseln	214
	7.2	Software-Kapselung als Übergangslösung	221
	7.2.1	Zum Stand der Kapselungstechnologie	222
	7.2.2	Granularitätsstufen der Software-Kapselung	225
	7.2.3	Aufbau einer Kapselungsarchitektur	229
	7.3	Hostprogrammkapselung am Beispiel von SoftWrap	233
	7.3.1	Transaktionskapselung	235
	7.3.2	Programmkapselung	238
	7.3.3	Modulkapselung	240
	7.3.4	Prozedurkapselung	241
	7.4	XML-bezogenes Schnittstellen-Reengineering - Beispiel SoftLink	243
	7.4.1	XML-Schnittstellenumsetzung	244
	7.4.2	XML-Wrappergenerierung	245
	7.5	Die Einbettung gekapselter Hostprogramme in eine Webarchitektur	246
	7.5.1	Einbindung der Online-Programme	247
	7.5.2	Einbindung der Batchprogramme	248
	7.5.3	Einbindung der Unterprogramme	249
	7.6	Die Kapselung bestehender Datenbanken	250
	7.6.1	Die Generierung der XML-DB-Schemen	250
	7.6.2	Die Generierung der Zugriffsmodule	253
	7.7	Kapselung - eine Zusammenfassung	254
8	Fallstudien aus der Integrationspraxis		257
	8.1	XML-basierte Integration öffentlicher Verwaltungssysteme in Italien	259
	8.2	Anschluß der Deutschen Börse ans Web	262
	8.3	CORBA-basierte Integration bei der GAD	266

8.4	CORBA & XML in einem Sparkassenrechenzentrum	269
8.5	Die Trading Room Integration Architektur	272
8.6	Der Webanschluß eines Wertpapierabwicklungssystems	275
8.7	Die Anbindung bestehender Hostsysteme über XML und SOAP bei der Hypovereinsbank	279
8.8	Systemintegration in einer J2EE/COBOL-Umgebung	282
8.9	Die Kapselung eines Online Brokerage Systems	287
8.10	Die Kapselung eines COBOL Batch Systems hinter einer XML-Schale	290
8.11	Zum Stand der Integrationspraxis	292
9	Der Weg zur webbasierten Systemintegration	295
9.1	Organisatorischer Übergang in die E-Business-Welt	295
9.1.1	Initialisierungsphase	296
9.1.2	Pilotierungsphase	298
9.1.3	Reorganisationsphase	299
9.1.4	Evolutionsphase	301
9.2	Technische Abwicklung der Systemintegration	301
9.2.1	Sollanalyse der künftigen Webarchitektur	303
9.2.2	Istanalyse der bestehenden Anwendungssysteme	303
9.2.3	Abgleich der Soll- und Istanalysen	305
9.2.4	Auswahl und Einrichtung einer Webumgebung	305
9.2.5	Planung des Übergangs vom Ist zum Soll	306
9.2.6	Durchführung des Pilotprojekts	307
9.3	Dokumentation der integrierten Systeme	308
9.3.1	Zweck einer integrierten Repository	309
9.3.2	Motivation für Retrofitting	311
9.3.3	Mapping von prozedural in objektorientiert	312
9.3.4	Probleme mit der automatischen Nachdokumentation	315
9.4	Test der webbasierten Systeme	317
9.4.1	Test der Webarchitektur	319
9.4.2	Test der Webanwendung	321
9.4.3	Test der Systemintegration	322
9.5	Wartung und Weiterentwicklung integrierter, webbasierter Systeme	323
9.5.1	Wartung und Weiterentwicklung der Legacy-Komponenten	325

9.5.2	Wartung und Weiterentwicklung der Website	326
9.5.3	Evolution der Schnittstellen	328

10   Ein unumgänglicher Übergang 331

10.1	An der Schwelle der E-Business-Welt	331
10.1.1	Eine Strategie für E-Business	332
10.1.2	Ein Schaltplan für die Systemintegration	333
10.2	Auf den Ruinen veralteter Technologien	335
10.2.1	Die Rückkehr der Dinosaurier	336
10.2.2	Totgesagte leben länger	337
10.2.3	Die Wüste blüht	338
10.3	Wie geht es weiter?	339
10.3.1	Wiedererlangen verlorenen Fachwissens	339
10.3.2	Zähmung der neuen Technologien	340
10.3.3	Verschmelzung der betrieblichen Informationstechnologie	341

Literaturverzeichnis 343

Schlagwortverzeichnis 363

1 Business Reengineering im Zeitalter des Internets

1.1 Unternehmensstrategien für den Wandel

Überlebens-strategien

In einem bahnbrechenden Artikel in der Communications of the ACM vom August 2001 beschreiben J. Benamati und A. Lederer die Schwierigkeiten, die Unternehmen haben, um mit der sich schnell ändernden Technologie Schritt zu halten [28]. Die Geschwindigkeit des technologischen Wandels übertrifft bei weitem die Fähigkeit der Organisationen, ihn zu verdauen. Je größer der Betrieb, desto langsamer der Anpassungsprozeß. Dennoch bleibt einem Unternehmen nichts anderes übrig, als sich mit der Technologie zu wandeln oder sang- und klanglos unterzugehen. Die Technik bestimmt den Rhythmus unserer Zeit.

Migration

Die Autoren nennen zwei mögliche Überlebensstrategien, die Firmen verfolgen können - Migration und Evolution. Die eine ist die Migrationsstrategie. Danach isoliert sich der Betrieb gegen alle Versuche, neue Technolgien einzubringen und macht nur in größeren Abständen von 5-10 Jahren einen technolgischen Sprung nach vorn. D.h. es wird auf einen neuen technologischen Stand migriert wie von Host auf Client/Server, von hierarchischen auf relationale Datenbanken oder von prozeduralen auf objektorientierte Sprachen. Da eine derartige Migration 2-4 Jahre dauern kann, braucht die IT mindestens 5 Jahre dazwischen, um den Vorstoß zu konsolidieren und die Kosten der Migration zu amortisieren. Nach dieser Strategie wird die Anwendungssoftware entweder transformiert bzw. von der einen Sprache in die andere versetzt oder durch eine neue Software abgelöst. Man spricht auch hier von einem „Big Bang"-Ansatz. Dieser Ansatz steht auch im Mittelpunkt des Buches „Objektorientierte Software Migration" von diesem Autor [326].

Evolution

Die zweite Strategie, die Evolutionsstrategie, ist die des permanenten Wandels. Die IT-Landschaft ist hier ständig in Bewegung. Neue Technolgien werden nach Bedarf eingeführt und mit den bestehenden Technolgien integriert. Dadurch gibt es keine abrupten Übergänge, sondern nur eine permanente Evolution. Bei dieser Strategie setzt man auf die Kapselungstechnik. Die bestehenden Programme und Datenbanken werden gekapselt und mit den neuen integriert. Das Ziel ist, so wenig wie möglich von dem Bestehenden zu verändern bei gleichzeitigem Hinzufügen von Neuen. Deshalb spricht man hier von einem „Chicken Little" -Ansatz [38].

Outsourcing

Unternehmen müssen entscheiden, welchen dieser Wege sie verfolgen wollen, oder ob sie aufgeben und ihre IT in die Hände einer externen Outsourcing-Firma geben. Damit wird das Problem des technologischen Wandels den Anderen in die Schuhe geschoben. Dieser Schritt scheint manchen streßgeplagten IT-Managern recht verlockend zu sein, ist aber in der Tat eine Art Ausstieg auf Raten, denn wer die IT-Technologie beherrscht, beherrscht auch das Unternehmen [230]. Statt sich aus technolgischen Zwängen zu befreien, begibt sich das Unternehmen nur in eine andere, noch stärkere Abhängigkeit. Warum dies so ist, läßt sich am Beispiel der vielzitierten Business Reengineering Revolution der 90er Jahre erläutern. (siehe Abb. 1.1)

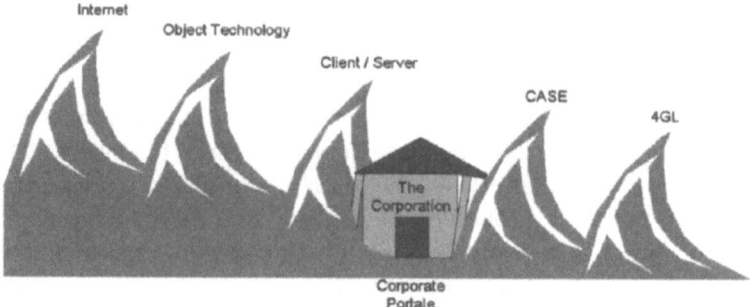

Abb. 1.1: The Waves of Change

1.2 Abhängigkeit der Geschäftsprozesse von der Informationstechnologie

Essentielle Anforderungen

Geschäftsprozesse sollten idealerweise so konzipiert werden, daß sie die sogenannten „essentiellen Anforderungen" eines Unternehmens unabhängig von der jeweiligen Technolgie erfüllen [273]. Leider ist dieses Ideal nie realisiert worden. Auch wenn die Business-Analytiker angesetzt haben, optimale virtuelle Prozesse zu konzipieren, sind sie immer gezwungen worden, diese edelen Visionen zu korrumpieren, um die IT-Technologie zu akkomodieren. So war das schon zu Beginn der 70er Jahre, als es keine Online-Datenerfassung gab. Damals mußten die Prozesse Belege produzieren, die in eine zentrale Datenerfassungsstelle eingelaufen sind. Dort wurden sie über diverse Erfassungsgeräte - Locher,

1.2 Abhängigkeit der Geschäftsprozesse von der Informationstechnologie

Lochstreifen- oder Belegleser - in Bewegungsdateien umgesetzt, die anschließend von einer Reihe Batchprogramme verarbeitet wurden. Hier wurden sie sortiert, gemischt und wieder geteilt, um Stammdateien oder hierarchische Datenbanken aufzubauen bzw. zu aktualisieren. Ganze Entwicklungsstrategien sind um diese Art der sequentiellen Abarbeitung mehrerer Belegarten entstanden - darunter die Normierte Programmierung [357] und die Jackson Strukturierte Programmierung [145]. Im Verlauf der Stapelverarbeitung wurde jede Menge Berichte für die Fachabteilungen generiert und anschließend verteilt, wozu es eigene Verteilungsprozesse mit Rücklaufbelegen gab.

Batch-Verarbeitung

Diese ganzen methodischen und organisatorischen Verrenkungen um die Sequentialisierung parallel laufender Prozesse wären überflüssig gewesen, wenn es nur eine Möglichkeit gegeben hätte, den Sachbearbeiter direkt mit dem Rechner zu koppeln. Aber die technologische Entwicklung war noch nicht so weit. Ergo folgte ein großer Aufwand für Fehlerberichtigung und Wiederholungsläufe. Die Sachbearbeiter waren hauptsächlich damit beschäftigt, die erfaßten Eingabedaten und die generierten Ausgabeberichte zu kontrollieren und zu korrigieren [274]. (siehe Abb. 1.2)

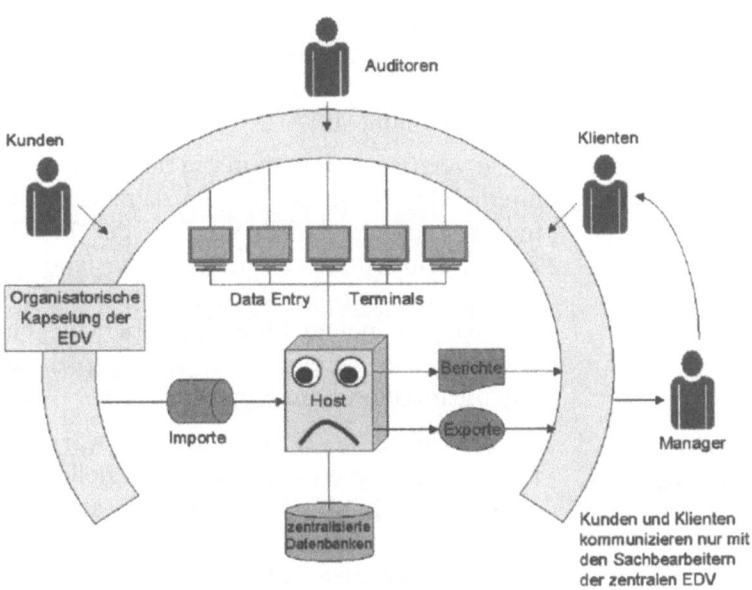

Abb. 1.2: Hostzentrierte Batchprozesse

EDV-Kapselung

In der Tat waren diese damaligen Batchanwendungen hinter einem Wrapper von Sachbearbeitern gekapselt, die alles, was hinein und heraus ging, kontrollierten und umsetzten. Sie haben die IT-Systeme vor der Außenwelt und die Außenwelt vor den IT-Systemen geschützt. Die damaligen Geschäftsprozesse mußten sich jener technischen Realität unterwerfen und sequentiell hierarchisch gestaltet werden. Es ging nicht anders. Die zentrale Batchverarbeitung ließ nichts anderes zu. Der technologische Unterbau bestimmte den organisatorischen Überbau [37].

Online-Verarbeitung

In den späten 70er Jahren kamen die ersten CRT-Bildschirme und mit ihnen die ersten TP-Monitore auf den Markt. Dies ermöglichte die Online-Erfassung der Daten. Jetzt konnte ein Sachbearbeiter seine Daten direkt eingeben und wurde sofort über fehlerhafte Eingaben informiert, die er dann am Bildschirm ausbessern konnte. Dies markierte gegenüber dem bisherigen Batcherfassungsverfahren mit mehreren Rückläufen einen großen Fortschritt. Andererseits waren aber die Datenbanksysteme nicht so weit, um die direkten Änderungen der Datenbestände zuzulassen. So wurden die Daten während des Tages zwar erfaßt und geprüft, aber noch nicht in die Datenbanken eingespielt. Dies geschah erst nachts durch aufwendige Batchprozesse. Es dauerte nochmals 10 Jahre, bis die Datenbanktechnologie so weit war, um eine Online-Aktualisierung zuzulassen. Die Function-Point-Schätzmethode behandelt die Online-Datenaktualisierung immer noch als einen speziellen Fall, der den Entwicklungsaufwand stark beeinflußt [1].

Offline Updates

Diese verzögerte Datenfortschreibung hatte ebenfalls einen nicht unerheblichen Einfluß auf die damaligen Geschäftsprozesse. Sie mußten sich alle auf diesen von der Technik aufgezwungenen 24-Stundenrhythmus einstellen. Jeder fand sich damit ab, daß die Daten, die er tagsüber erfaßte, erst nachts in den Bestand kamen und daß die neuen Informationsberichte erst am nächsten Tag erfolgten. Dies ist ein klassisches Beispiel dafür, wie die Technik die Organisation bestimmt.

Realtime-Verarbeitung

In den Fällen, wo es nicht möglich war zu warten, wie z.B. bei Flugbuchungssystemen, gab es spezielle softwaretechnische Lösungen - sogenannte Realtime Transaction Processing Systeme - die sehr teuer waren. Solche Geschäftstransaktionen wurden eng mit der Softwaretechnik verbunden und durften nur bestimmte vorgestanzte Pfade verfolgen. Die Systembediener wurden wie Teile des Systems selbst behandelt und mußten sich der Logik der Programme voll unterwerfen.

1.2 Abhängigkeit der Geschäftsprozesse von der Informationstechnologie

Online Updates

Erst gegen Ender der 80er Jahre wurde es für normale Anwendungen möglich, Datenbestände direkt zu verändern. Die modernen relationalen Datenbanksysteme machten es möglich. Es folgte daraufhin die Zeit der 4GL-Sprachen wie Natural, ADS-Online, Ideal und APS, mit denen Anwendungsentwickler den direkten Zugriff auf die Datenbanken einfach und relativ problemlos erstellen konnten. Zu diesem Zeitpunkt fingen auch viele Fachabteilungen an, eigene Anwendungen zu programmieren. Man sprach vom Ende der professionellen Programmierung [185].

EDV-Sachbearbeiter

Dies markiert den Anfang einer neuen Epoche im Umgang mit der IT. Die Sachbearbeiter gewannen viel mehr Einfluß auf die Gestaltung der Geschäftsprozesse. Sie sahen sich als Hüter der IT-Systeme bestätigt und haben erst recht begonnen, die Anwendungen von der Außenwelt, sprich den Endverbrauchern, abzuschirmen. Sie kontrollierten über ihre Bildschirmmasken, die nur sie bedienen konnten, den Zugang zu den Informationssystemen. Die Informationsendverbraucher, seien sie Kunden oder Kollegen von anderen Dienststellen, mußten erst Aufträge ausfüllen und an sie einreichen, um etwas zu bewirken oder zu bekommen. Ihre Antworten erfolgten Tage später in Form von zentral erstellten Listenausdrucken. Der ganze Betrieb hing also von den wenigen geschulten Systembedienern ab. Die Geschäftsprozesse richteten sich nach ihnen. Sie dankten ihre Machstellung wiederum den beschränkten Schnittstellen zur IT-Welt.

Client/Server-Technologie

Die Client/Server-Technologie brachte zu Beginn der 90er Jahre die Möglichkeit mit sich, die Betriebe zu dezentralisieren, indem man die Rechnerkapazität und auch die Datenbestände verteilte. Zu betonen ist hier, daß nicht die Ökonomie bzw. die Betriebswirtschaft die Dezentralisierung verlangte, sondern die Client/Server-Informationstechnologie die Dezentralisierung förderte. Datenbestände wurden vom Zentralrechner auf mehrere Abteilungsserver oder lokale Rechner verlagert. Damit konnten die einzelnen Abteilungen beginnen, eigene Anwendungen zu entwickeln. Denn jetzt hatten sie eigene Hardware, eigene Daten, und im Laufe der Zeit erwarben sie eigene Programmierkapazität. Sie lösten sich aus der Abhängigkeit zur zentralen IT. In vielen Unternehmen wurde die IT-Abteilung in die Rolle eines untergeordneten Dienstleisters degradiert [30].

Rückschläge

Daß dies nicht überall zum gewünschten Erfolg führte, belegen die Standish Studien aus den Jahren 94/95. In den meisten Fällen waren die Fachabteilungen technisch überfordert. Aber sie hatten die Möglichkeit, eigene Wege zu gehen, und die meisten haben sie auch wahrgenommen - leider zum Nachteil der Zentral-IT. (siehe Abb. 1.3)

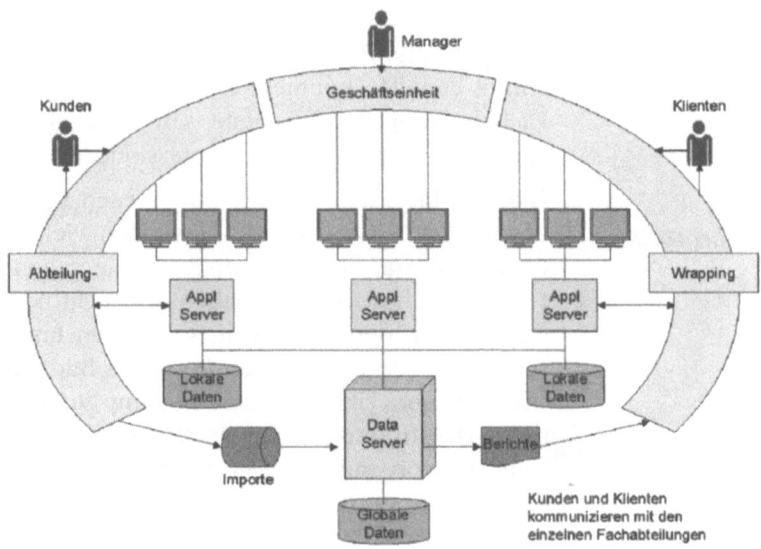

Abb. 1.3: Verteilte Client/Server-Prozesse

Verfrühte Verteilung

Führende Vertreter einer neuen verteilten Betriebswirtschaft wie Hammer und Champy haben darin ihre Chance gewittert, die alten hierarchischen Strukturen umzukippen und haben zur Revolution des Business Reengineering aufgerufen. Nur, dieser Aufruf war verfrüht, denn so viel gab die Client/Server-Technologie auch nicht her. Es fehlten noch die nötigen Kommunikationskanäle zwischen verteilten Rechnern bzw. zwischen verteilten Anwendungen sowie die erforderlichen normierten Datenaustauschprotokolle, und dies verhinderte die Kommunikation zwischen verteilten, parallel ablaufenden Geschäftsprozessen. Wieder war es eine technologische Innovation, die eine ökonomische Revolution auslöste. Die aber blieb unvollendet, weil die Technologie nicht ausreichte.

Incompatibilitäten

Hinzu kam die Inkompatibilität der neuen verteilten Anwendungen mit den bestehenden zentralen Altanwendungen. Es gab trotz CORBA und DCOM kaum eine Möglichkeit, die Kluft zwischen diesen beiden Welten zu überbrücken. Einige haben es versucht, und die meisten sind an der unzulänglichen und allzu komplexen Verbindungstechnologie gescheitert. Es entstand der Begriff „architectural mismatch", um diesen Strukturbruch zwi-

1.2 Abhängigkeit der Geschäftsprozesse von der Informationstechnologie

schen der alten monolithischen Hostwelt und der neuen verteilten C/S-Technologie zu bezeichnen [91].

Internettechnologie

Erst die Verbreitung der Internettechnologie gegen Ende der 90er Jahre schaffte die Voraussetzungen für eine echte Veränderung der Unternehmensstrukturen. Web-Server sind nicht nur in der Lage, rein passiv Informationen in beliebiger Form (HTML, XML, Binär-, Text-, Audio- und Videodateien) zur Verfügung zu stellen, sondern auch mit Hilfe sogenannter Gateway-Programme interaktive Funktionen aufzurufen [363].

Unternehmensvernetzung

Mit dem Internet bzw. mit dem Corporate Intranet ist die Technologie vorhanden, beliebige Anwendungen auf beliebig verteilten Rechnern miteinander über genormte Schnittstellen zu verbinden. Darüber hinaus ist es möglich, von jeder Website aus auf die Funktionen und Daten im Netz zuzugreifen. Der Rechner ist das Netz, die Anwendung ist die Summe aller zugänglichen Funktionen, die Datenbasis ist die Gesamtmenge aller ans Netz angeschlossenen Datenbanken.

Freier Zugang zur IT für alle

Zum ersten Mal seit dem Beginn der elektronischen Datenverarbeitung gibt es keine organisatorischen Instanzen zwischen dem Endverbraucher der IT-Dienstleistungen und den IT-Systemen. Ein Kunde kann jetzt von der eigenen Website aus Informationen aus entfernten Datenbanken abfragen und Transaktionen wie Überweisungen, Reservierungen und Bestellungen anstoßen. Die Sachbearbeiter, die früher den Zugang zu den IT-Systemen kontrolliert haben, werden jetzt zu Beratern der Endanwender. Sie helfen ihnen, wenn sie alleine nicht mehr weiterkommen. Kunden und fremde Sachbearbeiter können eigene Berichte generieren lassen. Manager können Entscheidungshilfen direkt einsetzen. Die Abrechnungs- und Übersetzungsfunktionalität der bisherigen Sachbearbeiter ist in die Clientsoftware verlagert worden. Die organisatorische Schicht zwischen Verbrauchern der IT-Systeme und den IT-Systemen selbst hat sich in Luft aufgelöst. (siehe Abb. 1.4)

Abbau der Hierarchien

Die Webtechnologie hat eine unüberschaubare Auswirkung auf die Organisationen, die sie einsetzen. Einerseits ist eine ganze Reihe von Arbeitsstellen um die IT-Systeme herum überflüssig geworden. Andererseits sind einige neue Rollen entstanden. Es werden Leute gebraucht, um die Endverbraucher zu betreuen, und es werden noch mehr Leute gebraucht, um die IT-Systeme zu testen. Denn mehr als je sind die Anwender von der Korrektheit der Software abhängig, und jetzt gibt es keine menschlichen Kontrollbarrieren mehr zwischen dem Endverbraucher und der

Software. Jeder wird sofort mit Fehlern und Fehlermeldungen konfrontiert. Die Tatsache, daß der größte Teil der Geschäftsprozesse sich jetzt innerhalb der Systeme unsichtbar abspielt, ändert das Wesen des Geschäfts. Geschäftspartner geraten in eine immer größere Abhängigkeit zur IT.

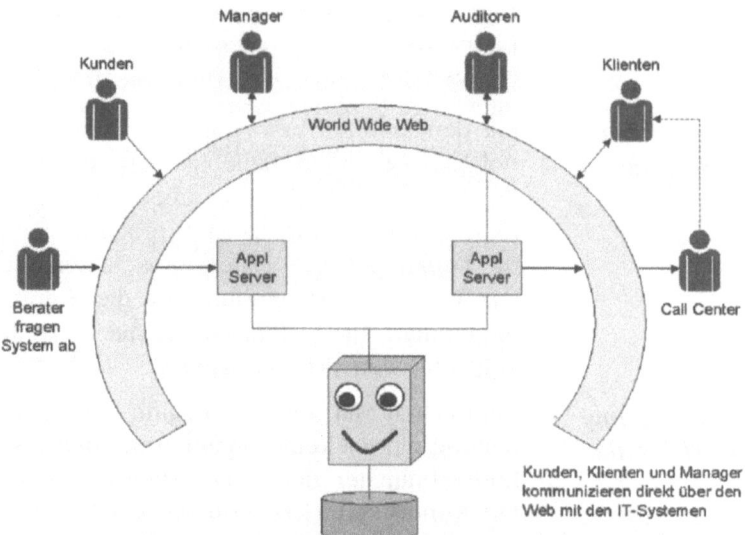

Abb. 1.4: Web-basierte Geschäftsprozesse

Sein bestimmt Bewußtsein

Hier zeigt sich wieder, wie die Technologie die Ökonomie prägt. Die Geschäftsprozesse werden dem Internet angepaßt. Es ist nicht so, daß die Menschen die Technologie bestimmen, sondern die Technologie prägt die Menschen. Das Sein bestimmt das Bewußtsein. Der Unterbau treibt den Überbau. Kein Geringerer als Karl Marx hat dieses Verhältnis zwischen Ökonomie und Technik vor 130 Jahren erkannt und beschrieben [186].

1.3 Altlasten blockieren den Fortschritt

Nachhut

Erstaunlich ist, wie lange sich die alte DV-Technik der ersten Stunde gehalten hat. Nicht wenige Unternehmen harren auf dem Stand der 70er Jahre aus. Ihre Programme sind immer noch in Assembler verfaßt, ihre Daten sind in hierarchischen Datenbanken gespeichert und ihre Sachbearbeiteroberflächen sind graue 3270 Terminals mit festformatierten Masken. Ihre Systeme werden von altgedienten Programmierern gepflegt, deren Hauptbeschäftigung darin besteht, Erneuerungsversuche abzuwehren - zumindest solange sie nicht in Pension gegangen sind. Solche

1.3 Altlasten blockieren den Fortschritt

Unternehmen sind die Dinosaurier der Geschäftswelt und haben es nicht besser verdient, als sich vom Markt zu verabschieden. In Deutschland ist diese Gruppe besonders stark vertreten - vor allem im öffentlichen Dienst, aber auch im Finanzdienstleistungsbereich.

Das Gros

Das Gros der alten Unternehmen hat es gerade noch bis zur Technologie der 80er Jahre geschafft und ist dort hängen geblieben. Ihre Geschäftslogik ist in COBOL, PL/1 oder in irgendeiner exotischen 4GL-Sprache programmiert. Sie haben es gerade geschafft, ihre Daten schlecht oder recht in relationale Datenbanken herüberzuziehen, aber ihre kritischen Anwendungen laufen noch auf dem Mainframe unter IMS oder CICS, und ihre Präsentationstechnik beschränkt sich auf die Emulation der Bildschirmmasken auf einer Windowsoberfläche, die nach wie vor von einseitig geschulten Sachbearbeitern bedient werden. Diese Unternehmen leiden noch unter dem Trauma von zwei großen, aufeinander folgenden Umstellungen - der Jahrhunderumstellung und der Euroumstellung - und sind heilfroh, beide überstanden zu haben. Ihr IT-Personalstamm ist von diesen einmaligen großen Anstrengungen ziemlich mitgenommen, und nur wenige davon sind daran interessiert, sich gleich in eine neue Technologie zu stürzen. Auch die IT-Leitung ist mürbe und risikoscheu geworden. Ihr Hauptaugenmerk gilt der Konsolidierung des Status Quo.

Vorreiter

Eigentlich ist es nur einer Minderheit der betrieblichen Anwender gelungen, erfolgreich auf die Client/Server-Technologie der 90er Jahre umzusteigen. Die Mehrzahl derjenigen, die es versucht haben, sind gescheitert. Das haben die vielzitierten Standish Studien aus den Jahren 1994 und 1995 belegt [331]. Infolge dessen sind, wie die Statistik zeigt, weniger als 30% aller betriebswirtschaftlichen IT-Anwendungen der Großbetriebe echte Client/Server-Anwendungen. Die überwiegende Mehrzahl baut noch auf einem Mainframerechner auf. Hierzu zählen auch die vielen AS-400- und UNIX-Anwendungen im Mittelstand. Daher gibt es heute noch, abgesehen von einigen Standardsoftwareprodukten wie SAP-R3, GEOS und Planus relativ wenige C++- und Smalltalk-Anwendungssysteme unter den kommerziellen Anwendern [67].

4GL-Geschädigte

Viel stärker vertreten sind Anwendungen, die mit sogenannten 4GL-Sprachen entwickelt wurden - Sprachen wie Delphi, PowerBuilder und Oracle Forms. Diese Entwicklungsumgebungen verbinden einfache GUI-Masken mit relationalen Datenbanken über vorgefertigte Datenzugriffsschnittstellen in einer Zweischichten-Client/Server-Architektur. Problematisch an diesen Umgebungen ist, daß sie genau so wie die Host 4GL- Umgebungen der 80er Jahre allesamt proprietär sind und die Benutzer in eine Sachgasse führen, aus der sie nicht so leicht wieder heraus kommen.

Fehlversuche

Einige wenige Anwender haben es gewagt, in die normierte CORBA-Welt einzusteigen, allerdings ohne die bestehenden Hostanwendungen einzubeziehen. Mit der CORBA-Verbindung zum Host hat es immer Probleme gegeben. Vielleicht liegt das daran, daß es IBM nie gelang, ein adäquates ORB-Produkt auf den Markt zu bringen. SOM und Component Broker waren nicht gerade von Erfolg gekrönt [100]. Zum Schluß gab es den Durchbruch mit Enterprise Java Beans. Aber die reinen CORBA-Anwendungen blieben im Vorfeld der Hostwelt stecken. So gesehen ist es mit CORBA allein nie gelungen, alle betrieblichen Anwendungen miteinander zu verbinden. Inzwischen ist die Motivation für CORBA - nämlich als zentraler Bus für den Nachrichtenaustausch zwischen verteilten Objekten im Client/Server-Umfeld zu wirken - bereits durch die Webtechnologie überholt.

An der Schwelle eines neuen Zeitalters

Jetzt, zu Beginn des 21. Jahrhunderts, steht die Industrie wieder an der Schwelle eines neuen IT-Zeitalters - des Internetzeitalters. Die ersten Pilotprojekte mit dem Ziel, verteilte Anwendungssysteme über das Internet miteinander zu verbinden, sind bereits gelaufen. Endbenutzer können von einer Website aus auf verschiedene Anwendungen im Netz zugreifen, egal in welcher Umgebung sie implementiert sind. Auch Hostanwendungen können eingebunden werden. Neben der Benutzer-zu-System-Kommunikation findet eine System-zu-System-Kommunikation statt - und zwar über die gleichen XML-konformen Schnittstellen. Die Nachrichtenübermittlung wird von der Webarchitektur erledigt. Für die Gestaltung der Nachrichteninhalte gibt es weltweite Standards. Also kann jeder Knoten im Netz - ob Benutzer, Software oder Daten - mit jedem anderen Knoten direkt oder indirekt kommunizieren. Die Weichen für eine allumfassende Systemintegration sind damit gestellt. Die technische Infrastruktur ist vorhanden. Die nötigen Sprachnormen sind weitestgehend fixiert. Die zugrundeliegenden Produkte sind auf dem Markt zu haben, wenn auch nicht in der endgültigen Fassung. Was hindert dann die IT-Anwender daran, auf diesen Zug der Zukunft - Webbasierte Informationstechnologie - aufzuspringen? [191]

Fesseln der Vergangenheit

Die Antwort ist naheliegend. Sie sind an ihre bestehende IT-Technologie gefesselt. Ob Assembler, COBOL, 4GL oder C++, ihre Geschäftslogik ist in einer Sprache betoniert, die für das Internet nicht gedacht war. Ihre Daten sind in antiquierten hierarchischen oder netzartigen Datenbanksystemen abgelegt, zu denen Webkomponenten keinen Zugriff haben. Ihre Transaktionen laufen in einer von der Außenwelt abgeschlossenen proprietären Umgebung. Hinzu kommt, daß ihre Endanwender gewöhnt sind, nur jene einfachen festformatierten Masken zu bedienen, ohne selbst etwas entscheiden zu müssen. Sie bewegen sich nur auf für sie festgelegten Pfaden durch die Anwendungen, ohne viel nachdenken zu müssen. Schließlich sind ihre IT-Mitarbeiter von den bisherigen Sprachen und Methoden derartig geistig geprägt, daß sie kaum in der Lage sind, von heute auf morgen auf neue umzusteigen. Das sind nicht gerade die besten Voraussetzungen für den großen Sprung in die E-Business-Zukunft.

Erblasten

In Anbetracht solcher Erblasten erscheint es schwierig genug, den Übergang in die Webtechnologie rein technisch zu bewältigen. Wenn man die veralteten Geschäftsprozesse der meisten Finanzdienstleister, Handelsfirmen und Behörden in Betracht zieht, stellt man fest, daß es noch größere organisatorische Hürden gibt. Denn diese Geschäftsprozesse sind alles andere als E-Business-gerecht. Sie sind immer noch weitgehend nach der Bearbeitung von Papierbelegen ausgerichtet.

1.4 Der heutige Stand der IT am Beispiel der deutschen Banken

Zum archaischen Zustand der Finanz-IT

Typisch für den archaischen Stand der betrieblichen Informationstechnologie zu Beginn des 21. Jahrhunderts ist der Zustand der IT-Abteilungen in den deutschen Großbanken. Laut einem Bericht der ehemaligen Beratungsgesellschaft Debis, kämpfen die Banken mit einer Softwarearchitektur, die häufig vor 30 Jahren entstanden ist - ein Flickwerk aus vielen alten Sprachen und vielerlei Hardware-Plattformen. Diese Legacy-Systeme sind veraltet, verkrustet, unflexibel und vor allem sehr teuer. Bis zu 90% der Personalkosten werden für die Wartung und Weiterentwicklung jener Anwendungen beansprucht. So der Debis-Bericht [178].

Dennoch sind die Anwender kaum in der Lage, aus diesem Zustand aus eigener Kraft auszubrechen. Zwei Anlässe sind es, bei denen sich das obere Management zu einem Reengineering der IT-Landschaft durchringt:

- ein Anlaß ist die Fusion zweier Banken
- der andere ist die Aufteilung des Geldhauses.

Erneuerungs-bedarf

Auch in diesen beiden Fällen ist es aber alles andere als einfach. Der große Sprung nach vorn geht nicht, denn das neue System schafft es selten, alles abzudecken, was das alte System beinhaltet. Insbesondere dann nicht, wenn das alte System kontinuierlich weiterentwickelt wird. So hinkt die neue Lösung der alten ständig hinterher. Abgesehen davon ist es auch fraglich, ob es sich überhaupt lohnt, alte Funktionalität neu zu programmieren. Viel wichtiger ist es laut Debis, die alten Anwendungen in eine neue Architektur Schritt für Schritt einzubinden. Das hat zur Folge, daß man diese Systeme auf ihre Wiederverwendbarkeit genau überprüfen muß, um dann zu entscheiden, welche Funktionen und Daten wo übernommen werden. Natürlich setzt dies eingehende Kenntnisse der Altsoftware voraus. Vor dem Reengineering muß das Reverse Engineering stattfinden.

Debis-Bericht

Die Schlußfolgerung aus dem Debis-Bericht ist, daß die Banker anfangen müssen, ihre IT-Architekturen umzukrempeln. Ein umfangreiches Business Reengineering wird ihnen nicht erspart bleiben. Andererseits dürfen sie nicht in den Wahn verfallen, alles ersetzen zu wollen. Ein Großteil der neuen IT-Architektur läßt sich aus Bausteinen der alten Architektur zusammensetzen.

1.5 Business Reengineering als Aufbruch in die Zukunft

Erste BR-Welle

Im Nachhinein kann man die erste Business Reengineering-Welle der 90er Jahre, ausgelöst durch das Buch von Hammer und Champy als verfrüht betrachten. 1993 erschien das Buch „A Manifest for Business Revolution" [111]. Im gleichen Jahr brachte die Computerwoche einen Artikel mit dem Titel „Business Reengineering - U.S. Guru Hammer predigt einen radikalen Neuanfang". In dem Artikel wird beschrieben, wie Unternehmen in autonome Geschäftseinheiten zu zerlegen sind, um kundennah arbeiten zu können. Die Unternehmen sind um die Geschäftsprozesse herum zu organisieren und nicht wie bisher hierarchisch. Funktionsmanagement sei durch Prozeßmanagement zu ersetzen [263]. Ein Jahr später, im Juni 1994, folgte ein zweiter Artikel unter dem Titel „Reengineering - Topmanager sind vom Resultat enttäuscht". Dieser Artikel stellt fest, daß 85% aller Business Reengineering-Projekte gescheitert sind. Die Schuld dafür gaben die Manager ihren IT-Abteilungen, die nicht in der Lage waren, die neuen Prozesse technisch zu unterstützen. Dies ergaben zwei voneinander unabhängigen Analysen bei den führenden 1000 Unternehmen in den USA - eine von Arthur D. Little und eine zweite von CSC-Index. Die Studien kommen zu dem Schluß, daß die Realität des Business Reengineering offenbar weit vom ho-

Rückschläge

hen Anspruch abweicht, nicht zuletzt wegen der Unbeweglichkeit der IT [294].

Die Zeit für organisatorische Änderungen dieser Art war noch nicht reif. Es fehlte offensichtlich die nötige technische Infrastruktur - die Kommunikationstechnik, um Kunden und Sachbearbeiter über organisatorische Grenzen hinweg miteinander zu verbinden. Es gab keine Request-Broker-Architektur, um verteilte Objekte zu verknüpfen, keine Workflow-Steuerung, um die neuen Geschäftsprozesse zu steuern, keine netzübergreifenden Transaktionsmonitore, um die Transaktionen durchs Netz hindurch zu verfolgen und kein XML, um Datenstrukturen auszutauschen. Der Mangel an IT-Technologie verhinderte die betriebliche Umorganisation. Es gab zwar die Einsicht in die Notwendigkeit einer Änderung, aber es fehlten die technischen Mittel dazu. Zu ihrem Nachteil waren Hammer und Champy Betriebswirte und keine Ingenieure. Ihr Wissen über IT-Technologie war eher dürftig. Sonst hätten sie den damaligen Stand der Technik nicht so maßlos überschätzt. Ihr Mangel an technischem Verständnis veranlaßte Paul Strassman, führender IT-Berater des US-Verteidigungsministeriums, zu der lakonischen Bemerkung - *„business reengineering as proposed by Hammer and Champy excels more in packaging than in real substance"* [337].

1.6 Business Reengineering als Folge des technischen Wandels

1989 brachte die Wende

Trotz des Scheiterns der ersten Business Reengineering-Welle bleibt deren Unumgänglichkeit unumstritten. Nach wie vor gibt es mehrere wichtige Gründe für eine Reorganisation der wirtschaftlichen Betriebe und der staatlichen Behörden. Ein wichtiger Grund ist die Verbesserung der Kundenbeziehungen, ein anderer die Steigerung der betrieblichen Anpassungsfähigkeit, ein dritter die Reduzierung der Kosten und ein vierter die Beschleunigung der betrieblichen Abläufe. Die Unternehmen stehen unter erheblichem Kosten- und Konkurrenzdruck. Die um sich greifende Globalisierung verschärft den Wettbewerb und zwingt zur technologischen Anpassung. Das Jahr 1989 markiert einen Wendepunkt in der Geschichte, nicht nur politisch mit dem frühzeitigen Zusammenbruch des sozialistischen Systems, sondern auch technisch und wirtschaftlich. Seitdem ist alles in Bewegung geraten - die Warenströme, die Menschenströme und die Datenströme. Die Unternehmen sehen sich gezwungen, immer schneller und immer flexibler auf den Markt zu reagieren. Es bleibt ihnen daher

1 Business Reengineering im Zeitalter des Internets

nichts anderes übrig, als sich der Allmacht der Technologie zu unterwerfen. Denn in einem Punkt hat Marx doch Recht behalten. Die Kapitalisten fressen sich gegenseitig auf. Wer nicht auf der Strecke bleiben möchte, muß zusehen, daß er den technologischen Wandel mit macht, und das bedeutet permanentes Business Reengineering [46].

Technologischer Durchbruch

Deshalb läßt sich die erste Business-Reengineering-Welle nur als kleines Vorspiel betrachten. Die großen Veränderungen der Unternehmensstrukturen stehen unmittelbar bevor bzw. sie sind schon im Gange. Die fortschreitende Informations- und Kommunikationstechnologie macht es möglich. (siehe Abb. 1.5)

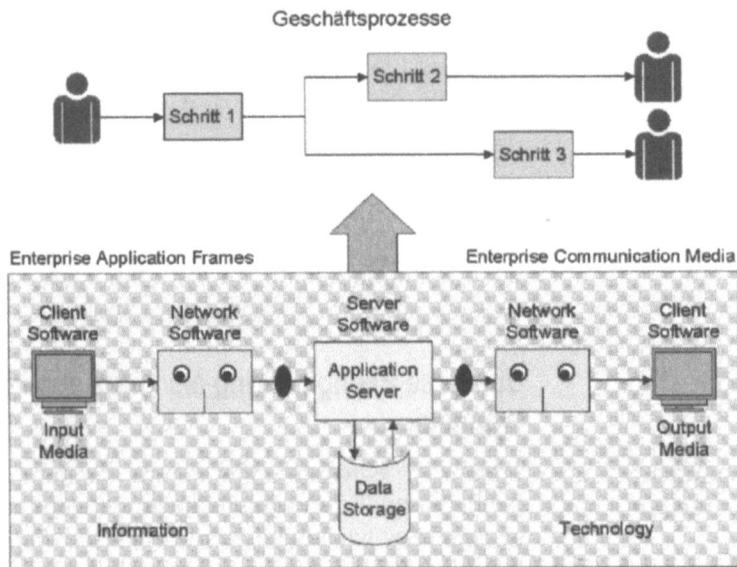

Abb. 1.5: Technologie bestimmt die Geschäftsprozesse

1.7 Anpassung der Geschäftsprozesse an die Webtechnologie

BPR-Ansätze

In der deutschen Wirtschaft befinden sich immer noch etliche Unternehmen mit einer batchorientierten Unternehmensstruktur - um eine zentrale Datenverarbeitung herum gebaut. Noch mehr sind im Onlinezeitalter hängen geblieben. Einige haben sich sogar dezentralisiert und der Client/Server-Technologie unterworfen. Jetzt stehen alle an der Schwelle des Internetzeitalters und suchen den Anschluß an die Moderne. Hier zeigen sich zwei Wege auf

- der revolutionäre und

- der evolutionäre [148].

1.7.1 Der revolutionäre Ansatz

Revolution

Hammer und Champy propagierten den revolutionären Ansatz. Demnach wird eine völlig neue IT-Abteilung neben der alten aufgebaut. Die neue IT hat die Freiheit, eine völlig andere Architektur aufzubauen, frei von Rücksicht auf die bestehende. Sie kann neue Sprachen verwenden, neue Tools beschaffen, neue Datenbanken einrichten und neue Mitarbeiter einstellen. Die einzige Einschränkung sind die alten Daten. Die muß sie wohl oder übel übernehmen oder zumindest ein Gateway zu den alten Datenbeständen schaffen. Eine Übergangslösung könnte der Parallelbetrieb beider Datenbanksysteme sein.

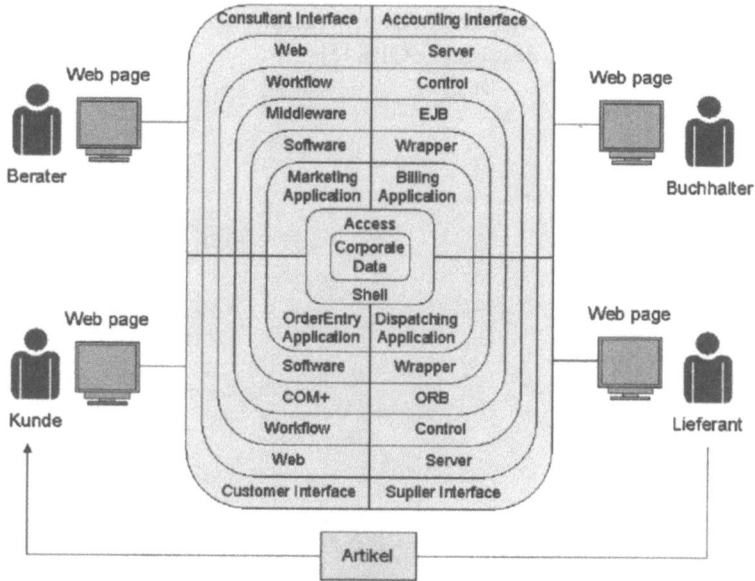

Abb. 1.6: Kapselung der Altsoftware

Nachteile

Das Hauptproblem der revolutionären Strategie, abgesehen von den Kosten und Risiken, ist die Wissensakquisition. Das Wissen über die bisherige Fachlichkeit ist fast immer abhanden gekommen. Entweder existiert sie nur in den Köpfen der alten Entwickler, oder sie ist im alten Code begraben. Es ist schwer zu sagen, an welchem Ort sie am wenigsten zugänglich ist. Die alten Entwickler werden zögern, ihr Wissen an die neuen weiterzugeben, vor allem, wenn sie ahnen, daß sie nachher überflüssig werden.

1   Business Reengineering im Zeitalter des Internets

Oft sind die alten Entwickler überhaupt nicht mehr verfügbar. Der alte Code ist andererseits sehr verschleiert verfaßt und läßt sich nur schwer entschlüsseln. Oft nützen die besten Reverse Engineering-Tools wenig bei der Wiedergewinnung der Fachlichkeit aus dem Code, vor allem dann nicht, wenn der Code keine verständlichen Daten- und Prozedurnamen verwendet. (siehe Abb. 1.6)

1.7.2 Der evolutionäre Ansatz

Evolution

Der evolutionäre Ansatz zielt darauf hin, das Bestehende wiederzuverwenden - sowohl die Software als auch die Menschen. Es gilt hier, einen sanften Übergang in die neue Technologie zu finden, wobei auch hier der Grundsatz zählt, erst die technologische Basis schaffen und dann die Geschäftsprozesse anpassen.

Der evolutionäre Ansatz setzt auf Component Oriented Reengineering - CORE [4].

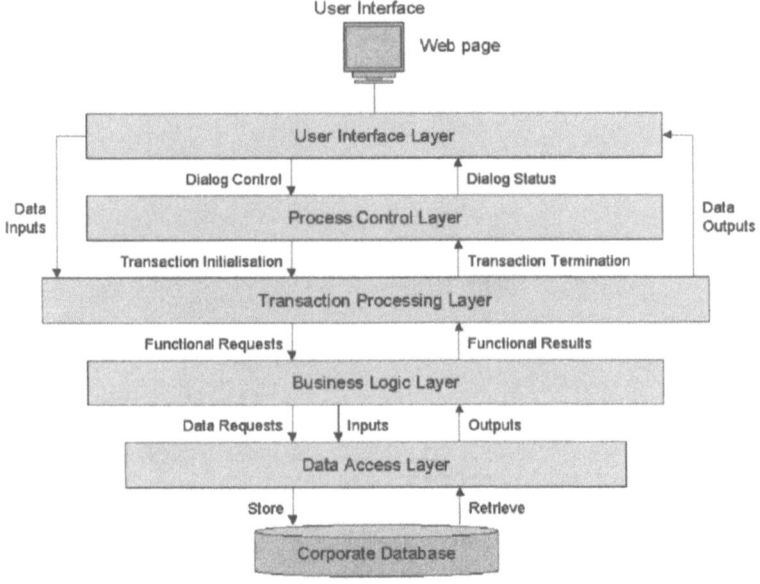

Abb. 1.7: Schichtenmodell zur Evolution der IT

Fünfstufige Architektur

Demnach wird erst eine fünfstufige Softwarearchitektur bestehend aus fünf Schichten konzipiert (siehe Abb. 1.7):

- Benutzeroberflächenschicht,
- Prozeßsteuerungsschicht,

1.7 Anpassung der Geschäftsprozesse an die Webtechnologie

- Transaktionsverteilungsschicht,
- Geschäftslogikschicht und
- Datenzugriffsschicht.

Oberfläche — Auf der Oberflächenschicht werden die Webseiten zur Erfassung und Präsentation der Daten implementiert. Die alten Masken werden lediglich als Muster verwendet. Allerdings wird der Inhalt in die neue Oberfläche übernommen.

Steuerung — Auf der Prozeßsteuerungsschicht werden die neuen Geschäftsprozesse abgebildet und zwar unabhängig von den alten Transaktionen. Hier wird entschieden, welche Fachfunktionen in welcher Reihenfolge auszuführen sind. Die Fachfunktionen selbst werden nicht implementiert.

Vermittlung — Auf der Transaktionsverteilungsschicht wird die Verbindung vom Client zum Server geregelt. Von der Workflowsteuerung aus werden Transaktionen gestartet. Hier müssen diese Transaktionen verteilt und überwacht werden, bis die letzte Funktion ausgeführt ist, oder es wird alles zurückgesetzt.

Verarbeitung — In der Geschäftslogikschicht befinden sich zwar ein paar neue Komponenten, aber das Gros der Komponenten ist aus den alten Programmen übernommen worden, entweder als ganze Module oder als Abschnitte davon. Diese Herausbildung neuer Funktionsbausteine aus alten Programmen bezeichnet man als „Softwarewiederaufbereitung". Das Ziel dabei ist, den alten Code so wenig wie möglich zu ändern.

Zugriff — In der Datenzugriffsschicht werden die Datenbankschnittstellen aus den alten Programmen herausgeschnitten und zu neuen Zugriffsmodulen - einer pro Datenobjekt - zusammengefaßt. Das Ziel hier ist die Trennung der Geschäftslogik von der Datenstruktur - also die Datenunabhängigkeit.

Übergang — Dieser fünf-Schichtenarchitekturrahmen wird anschließend Stück für Stück ausgefüllt mit neuen und vor allem mit alten Komponenten. Wichtig dabei ist die Beteiligung der bisherigen Entwickler, die nicht nur ihr Wissen, sondern auch ihren Code einbringen. Der Übergang dauert entsprechend lange, weil der Architekturrahmen nur allmählich ausgebaut wird. In der Zwischenzeit laufen die alten Anwendungssysteme weiter. Transaktionen, die in der neuen Umgebung noch nicht implementiert sind, werden in die alte Umgebung umgeleitet.

Sanierungsansätze — Nachdem die Webanwendungen komplett sind, werden die alten Onlineanwendungen abgestellt. Nur die Batchanwendungen

17

bleiben. So lange die alten Systeme noch in Betrieb sind, wird Personal benötigt, um sie zu betreuen. Danach wird das Personal frei, um neue Aufgaben zu übernehmen, z.B. als Betreuer der alten Komponenten im neuen System, als Tester oder als Berater der Systemanwender.

Amerikanisches Modell

Der evolutionäre Ansatz zum Technologiewechsel dauert natürlich länger, aber er ist billiger, weniger risikobehaftet und humaner. Der revolutionäre Ansatz ist schneller und sauberer, aber er ist teurer, risikoreicher und hart zu den Menschen. Ein guter Vergleich ist der Städtebau in Europa und Amerika. In Amerika werden die alten Stadtkerne verlassen und neue Satellitenstädte in der umliegenden Gegend auf der grünen Wiese aufgebaut. Diese Satellitenstädte werden mit den mobilen Zugezogenen und einigen wenigen Aufsteigern aus dem alten Stadtkern bevölkert. Der alte Stadkern selbst verkommt. Zum Schluß sind nur noch Arme in der Stadt. Die Reichen wohnen außerhalb.

Europäisches Modell

In Europa werden einzelne Gebäude in der Stadt ersetzt oder renoviert. Der Rest bleibt erhalten. So bleibt die Stadt eine Mischung aus alten und neuen Bauwerken sowie aus armen und reichen Menschen. Ganz modern wird die Stadt nie, aber auch nicht ganz verkommen. Und die Bevölkerung bleibt im Großen und Ganzen am Ort, bis auf einzelne Ausnahmen die umziehen. IT-Systeme, die allmählich migriert werden, sind ähnlicher Natur. Sie werden immer moderner. Sie nehmen die Eigenschaften der neuen Technologie an, aber ganz modern werden sie nie, da sie zu viele alte Komponenten beinhalten. Andererseits bleibt der Personalbestand relativ konstant und wandelt sich allmählich zusammen mit dem System. Kontinuität geht vor Funktionalität [340].

1.8 Business Reengineering Verfahren

Die Einführung neuer Technologien, wie jetzt der Webtechnologie, erzwingt die Anpassung der betrieblichen Arbeitsabläufe und damit auch der betrieblichen Organisationsformen. Der Unterbau des Unternehmens bestimmt den Überbau. Daran besteht kein Zweifel. Die Unternehmen müssen sich der Technologie anpassen.

Webbasierte Geschäftsprozesse

Webgerechte Geschäftsprozesse sind von Natur aus horizontal. Lieferketten werden von Kunden ausgelöst und laufen quer durch das Unternehmen bis hin zur Erledigung des Auftrags und der Abrechnung. Hierarchien spielen kaum noch eine Rolle, es sei denn für Personalbetreuung. Oberstes Ziel ist die schnelle und kostengünstige Abwicklung ohne Medienbruch, d.h., der ununterbrochene elektronische Datenfluß von der Quelle bis zur Senke [192]. Das bedeutet wiederum, daß die Sachbearbeiter nur dazu da sind, den Informationsfluß zu überwachen und nur dann eingreifen, wenn etwas hakt. Dazu müssen nicht nur die Arbeitsabläufe reorganisiert, sondern auch die Mitarbeiter umgeschult werden. Ein jeder wird entweder zum Informationstechniker oder zum Berater für Informationsfragen. (siehe Abb. 1.8)

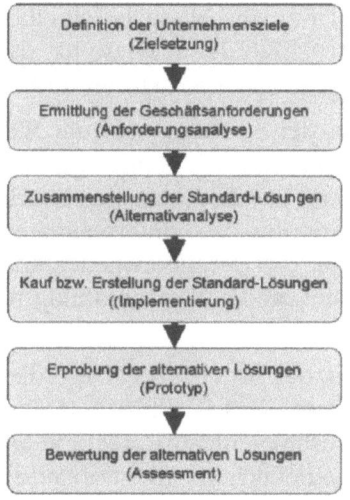

Abb. 1.8: Der Weg zur Anpassung der Geschäftsprozesse

1.8.1 Ein Phasenkonzept für Business Reengineering

BR-Projekt

Die klassischen Business Reengineering Projekte durchlaufen fünf Phasen:

- Erstellung eines Unternehmensmodells (Soll),
- Analyse und Dokumentation der bestehenden Geschäftsprozesse (Ist),
- Redesign der Geschäftsprozesse,
- Bereitstellung der erforderlichen IT-Systeme und
- Umstellung der Geschäftsprozesse [118].

1. Phase

Der Business Reengineering Plan schreibt vor, was in jeder Phase zu geschehen hat und welche Ergebnisse zu liefern sind. So wird in der 1. Phase das Unternehmen im Sinne des E-Business-modells modelliert, unabhängig davon, wie es jetzt strukturiert ist. Das Ergebnis ist eine Reihe Organigramme und Geschäftsprozeßdiagramme, die schildern:

a) wie das Unternehmen strukturiert werden soll und

b) wie die Geschäftsprozesse ablaufen sollen.

2. Phase

In der 2. Phase werden die existierenden Organisationsstrukuren abgebildet und die bestehenden Geschäftsprozesse nachdokumentiert, sofern sie nicht bereits dokumentiert sind. Das Ergebnis sind auch hier die Organisationsstruktur und die Arbeitsablaufpläne. Nur, diese beschreiben das Ist und nicht das Soll. Nach Abschluß der 2. Phase hat das Unternehmen eine Selbstbeschreibung seiner Strukturen und Abläufe.

3. Phase

In der 3. Phase wird ein Weg gesucht, die Kluft zwischen dem Istzustand des Unternehmens und seinem Sollzustand zu schliessen. Das Redesign der Geschäftsprozesse läuft auf die Umstrukturierung des Unternehmens, die Einführung der Webtechnologie, die Definition neuer Rollen der Systemakteure und schließlich auf die Neuzuordnung und Umschulung der Mitarbeiter hinaus.

4. Phase

In der 4. Phase gilt es, die IT-Systeme zur Unterstützung der neuen Geschäftsprozesse einzuführen. Einführen heißt in diesem Zusammenhang auch integrieren und testen. Dabei werden die betrieblichen Arbeitsabläufe den IT-technischen Transaktionen angepaßt. Möglicherweise wird es nötig sein, die IT-Prozesse zu ändern, vor allem die Benutzeroberflächen. Hier wird es sich zeigen, ob die Websites die von ihr verlangte Flexibilität aufweisen. Wenn nicht, müssen sie überarbeitet werden.

5. Phase

In der 5. und letzten Phase beginnt die produktive Arbeit mit den neuen Geschäftsprozessen. Damit hört aber die Entwicklung noch lange nicht auf. Sowohl die Arbeitsabläufe als auch die IT-Prozesse werden im Rahmen der Weiterentwicklung ständig nachgebessert. Allerdings dürfte die jährliche Änderungsrate nicht mehr als 10% der Funktionalität betragen. Die Änderungen und Erweiterungen finden im Rahmen einer gesteuerten Evolution mit Change Requests und Releases statt.

1.8.2 Methoden für E-Business Reengineering

E-Business-Prozeßmodelle

E-Business Reengineering unterscheidet sich vom Business Reengineering der 90er Jahre nicht nur im Ansatz, sondern auch in den Zielen. Es geht nicht nur darum, die Organisation zu restrukturieren - so von hierarchischen zu flachen Strukturen - und die Arbeitsabläufe zu straffen, sondern auch darum, das Unter-

1.8 Business Reengineering Verfahren

nehmen nach außen zu öffnen und die eigenen Geschäftsprozesse mit denen der Geschäftspartner zu integrieren. Die Betonung liegt auf der Integration und Präsentation des Produkt- bzw. Dienstleistungsangebots. Es sollte möglich sein, Werbung, Vertrieb, Verkauf, Lieferung und Abrechnung über ein und das selbe Portal abzuwickeln. Dies setzt wiederum voraus, daß all diese Anwendungen wirklich miteinander integriert sind. Das gleiche trifft für Home-Banking-Systeme zu, bei denen mehrere bisher getrennte Banktransaktionen jetzt in einer Website angeboten werden.

LOVEM

Um solche verflochtene Geschäftsprozesse zu modellieren, braucht man geeignete Modellierungsmethoden. Eine solche Methode ist die LOVEM-Methode von IBM [43]. LOVEM ist im Prinzip eine Reihe von Diagrammtypen, die zum ersten die Unternehmensstruktur abbilden, zum zweiten die Datenbankstrukturen grob umreißen, zum dritten die betrieblichen Anwendungen vernetzen und zum vierten die Prozeßabläufe modellhaft darstellen. LOVEM-Prozeßdiagramme sind ähnlich wie UML-Sequenzdiagramme. Die Zeilen bilden die verschiedenen Dienststellen, die Spalten bilden Geschäftsvorfälle auf einer Zeitachse ab. In einer Spalte sind alle Geschäftsvorfälle, die zur gleichen Zeit statt finden. Damit werden den Dienststellen Geschäftsvorfälle und den Geschäftsvorfällen Zeitintervalle zugeordnet. Ergänzt werden die Prozeßdiagramme durch Schnittstellendiagramme, in denen die Verbindung zwischen Geschäftsvorfällen und Anwendungen sowie Datenbanken erfaßt sind.

BSP

LOVEM ist als Methode aus der früheren Business-Systemplanungs-Methode (BSP) der IBM hervorgegangen, mit der IBM die Unternehmensstrukturen, Aktivitäten und Informationsbestände im Hinblick auf die Einführung elektronischer Datenverarbeitung untersucht hat [377]. Inzwischen ist LOVEM um weitere Diagrammarten erweitert worden, die auf E-Business-Prozesse ausgerichtet sind. Sie zeigen die Interaktionen zwischen Geschäftseinheiten, Geschäftsprozessen, Geschäftsobjekten, Websites und Webtransaktionen.

OMG

Von der Object Management Group (OMG) kommen auch methodische Ansätze zur Modellierung webbasierter Systeme. Diese Ansätze führen zu einer Erweiterung der Unified Modelling Language (UML) nach oben in Richtung Geschäftsprozeßmodellierung [71]. Die erweiterte UML für Business Modelling beinhaltet Kontextdiagramme, Geschäftsprozeßdiagramme, Geschäftsregeln und last but not least Geschäftsziele oder Business Goals. Es werden Geschäftsziele mit Geschäftseinheiten verbunden. Die Geschäftseinheiten beteiligen sich an den Geschäftsprozessen, die ihrerseits Geschäftsobjekte verarbeiten und Geschäftsressourcen benutzen. Geschäftsprozesse beinhalten die Anwendungsfälle und werden über die Geschäftsregeln gesteuert, die in der Object Constraint Language (OCL) verfaßt sind. Alles in allem dreht es sich hier um eine recht umfangreiche Modellierungssprache, die ebenso kompliziert zu beherrschen ist. Solche komplexen Modellierungsansätze sind jedoch unvermeidlich, wenn es darum geht, eine webbasierte Systemintegration aus der Sicht des Unternehmens darzustellen [132].

1.9 Business Reengineering Tools

1.9.1 ProVision

ProVision

Seit langem werden Werkzeuge angeboten, um den Business Reengineering Prozeß zu unterstützen. Ein solches Werkzeug ist ProVision, das mit der IBM-Methode LOVEM gekoppelt ist. ProVision wurde bereits Anfang der 90er Jahre von der Firma Proforma auf den Markt gebracht. Es wird von mehreren Großbetrieben in den USA eingesetzt, darunter General Motors und J.D. Edwards [346].

Die neueste Version von ProVision hat einige zusätzliche Funktionen, um E-Business-Modellierung zu unterstützen. Sie erlaubt dem Benutzer nämlich, webbasierte Anwendungsfälle zu spezifizieren und in die Geschäftsprozesse einzubinden. Außerdem hat sie eine Schnittstelle sowohl zu Rational Rose als auch zu Microsoft Project. An Rational Rose werden die Anwendungsfälle exportiert, an Microsoft Project die Anforderungen. Es ist sogar im nächsten Release geplant, Code für die Schnittstellen zu generieren.

1.9.2 Gensym

Gensym

Ein weiteres Tool für das Business Reengineering ist Gensym. Dieses Werkzeug ging aus der Chemieindustrie hervor. Ursprünglich war es gedacht, Realtime-Prozesse zu modellieren. Da Internet-Prozesse mit Realtime-Prozessen einiges gemeinsam haben, war es leicht, es auf dieses neue Gebiet zu übertragen. Mittlerweile wurde es von mehreren Großunternehmen - vor allem in Kanada - dazu verwendet, webbasierte Geschäftsprozesse zu modellieren. Mit dem Zusatzprodukt D-SCOR werden auch Lieferketten modelliert. Das Produkt wird jetzt eingesetzt, um die Interaktion zwischen verteilten Anwendungen abzubilden. Dazu werden Interaktionsdiagramme und Datenflußdiagramme benutzt [83].

1.9.3 E-Process Integrator

E-Process Integrator

Die Firma BEA bietet neben ihrer webbasierten Middleware Web Logic auch noch ein Produkt für die Modellierung der Web-Prozesse an. Dieses Produkt mit dem Namen jFlow wurde im Jahre 2000 auf den Markt gebracht, um die Integration der betrieblichen Anwendungssysteme mit Web Logic zu modellieren. Das Teilprodukt E-Process-Integrator dient dazu, die Verbindungen zwischen E-Business Transaktionen, Application Server und bestehenden Backend-Systemen zu modellieren. Damit lassen sich EJB-Komponenten mit Internetkatalogen, Einkaufskörben und Kassiervorgängen in Interaktionsdiagrammen verknüpfen und abbilden. Die Stärke des BEA-Tools liegt darin, webbasierte Systeme mit ihren zahlreichen Komponenten und Interaktionen kompakt darzustellen [22].

1.9.4 ARIS-Toolset

ARIS

Das wohl bekannteste Produkt zur Modellierung von bestehenden und geplanten Geschäftsprozessen ist das ARIS-Toolset von der IDS Prof. Scheer AG in Deutschland. Mit diesen anspruchsvollen Werkzeugen werden seit Ende der 80er Jahre betriebliche Organisationsstrukturen, Datenflüsse und Arbeitsabläufe abgebildet. Aus den einfachen statischen Diagrammen von damals ist eine komplizierte Semantik zur Beschreibung aller Facetten betriebswirtschaftlicher Anwendungen geworden. - von Ablaufdiagrammen bis zu Ereignis-Prozeßketten mit Petrinetzen. Das ARIS-Toolset eignet sich auch hervorragend für die Modellierung webbasierter Systeme. Damit werden die Webnetze, die Webtransaktionen und die Interaktionen zwischen den Webkomponenten spezifiziert und sogar animiert. Da mit ARIS fast alles abgedeckt ist, was im Bezug auf webbasierte Geschäftsprozeßmodellierung in Frage kommt, ist dieses Toolset eine geeignete Ausgangsbasis für jedes Business Reengineering Projekt. Allerdings ist es nicht einfach zu bedienen und setzt hochqualifizierte Systemanalytiker als Bediener voraus [279]. (siehe Abb. 1.9)

Abb. 1.9: Modellierung der elektronischen Geschäftsprozesse

1.10 Entfaltung webgerechter Organisationsformen

Webgerechte BPR-Modelle

Ist die Webtechnologie einmal etabliert, werden die neustrukturierten Geschäftsprozesse sich von selbst ergeben. Der Mensch, sprich die Organisation, hat sich der Technik immer angepaßt - warum nicht auch jetzt? Die Konkurrenz auf einem globalen Markt wird dafür sorgen. Es geht weniger darum, ob dies überhaupt stattfindet, als vielmehr darum, wie und in welcher Geschwindigkeit. Firmen werden gezwungen, ihre Hierarchien abzubauen, ihren Mitarbeitern mehr Entscheidungsfreiheit einzuräumen und ihren Kunden direkten Zugang zu ihrer IT zu gewähren. Wo die Webtechnologie Gelegenheiten anbietet, um Kosten zu sparen, Arbeitsabläufe zu beschleunigen und Eigeninitiative zu fördern, wird sie in Anspruch genommen. Natürlich wird es Widerstand aus der einen oder anderen Ecke geben, wie es schon immer Widerstand gegen sozioökonomische Veränderungen gegeben hat, vor allem in Europa mit seinen verkrusteten Unternehmensstrukturen und seinem Besitzstandsdenken, aber am Ende wird die Technologie sich durchsetzen.

Top-Down

Paul Strassmann, ehemaliger IT-Berater des amerikanischen Verteidigungsministeriums und Autor einiger Bücher über Business Reengineering, behauptet, es sei Unsinn, zu glauben, man könne von oben herab Geschäftsprozesse konzipieren und die darunter liegende Technologie anpassen. Das sei eines der größten Märchen der Organisationslehre. Organisatorische Änderungen werden immer von der Technologie getrieben. Die Menschen haben sich schon immer der Technologie angepaßt, sei es das Automo-

1.10 Entfaltung webgerechter Organisationsformen

bil, das Telefon, das Fernsehen oder der Computer. Das gleiche trifft für menschliche Organisationen zu. Business Reengineering heißt letztendlich, das Unternehmen der verfügbaren Informations- und Kommunikationstechnologie anzupassen. Nur durch die Ausrichtung der Geschäftsprozesse nach der IT ist es möglich, den vollen Nutzen der IT zu realisieren [336].

Bottom-Up

Im Falle der Webtechnologie bedeutet dies die Normierung, Kodifizierung und Verteilung der organisatorischen Intelligenz. Kunden, Sachbearbeiter und Manager müssen lernen, direkt mit den IT-Systemen zu verkehren und nicht indirekt über andere Menschen. Die anderen Menschen sind nur dazu da, ihnen zu helfen, wenn sie nicht weiterkommen. So wie die gelben Engel auf der Autobahn. Das Ziel des modernen Geschäftsprozeß-Reengineerings ist, den Endverbraucher zu ermächtigen, allein zurecht zu kommen. Die Anzahl beteiligter Personen an einem Geschäftsprozeß soll stark reduziert werden, d.h. die Geschäftsprozesse sollten möglichst ohne menschliche Einwirkung ablaufen. Der Informationsfluß verläuft von Programm zu Progamm. Mensch-zu-Mensch-Kommunikation wird durch Maschine-zu-Maschine-Kommunikation abgelöst. Der Mensch zieht sich zurück in die Rolle eines Kontrolleurs, der die Prozesse überwacht und sichert. Die Sachbearbeiter, die bisher an den Prozessen beteiligt waren, übernehmen jetzt die Verantwortung für den Test und die Qualitätssicherung jener Prozesse [11].

Die Schranken fallen

Die Entfaltung der Webtechnologie bietet zahlreiche Möglichkeiten für die Rationalisierung und Automatisierung der Geschäftsprozesse. Diese können aber nur wahrgenommen werden, wenn die neue Technologie installiert wird. Das bedeutet, nicht zögern, nicht lange überlegen. Handeln ist angesagt! Wenn die ersten Websysteme in Betrieb sind, werden die E-Business-Geschäftsprozesse bald folgen. Das mittlere Management wird in dem Maße reduziert, in dem die Endanwender an Kompetenzen zugewinnen. Flache Organisationen sind angesagt. Die Grenzen zwischen Unternehmensbereichen und Abteilungen werden auch in dem Maße verschwinden, in dem Anwendungssysteme über diese Grenzen hinaus direkt miteinander Daten austauschen. Die Geschäftsprozesse bzw. die Webtransaktionen werden kreuz und quer durch das Netz laufen, unabhängig davon, wie die darüber liegende Organisation strukturiert ist. Die Vision von Hammer und Champy wird Wirklichkeit. Nur 10 bis 15 Jahre später -und nicht, weil die Betriebswirtschaft es so will, sondern weil die Technologie es erzwingt.

Sieg der Technik

Schlußfolgerung: Software Reengineering, Business Process Reengineering und Business Reengineering sind sehr eng miteinander verflochten und voneinander abhängig. Auf das Reengineering der IT-Systeme folgt das Reengineering der Geschäftsprozesse und früher oder später das Reengineering der Organisation. Dies hat die kurze, aber turbulente Geschichte der Informationstechnologie schon mehrfach bewiesen - die Technologie bestimmt die Ökonomie. (siehe Abb. 1.10)

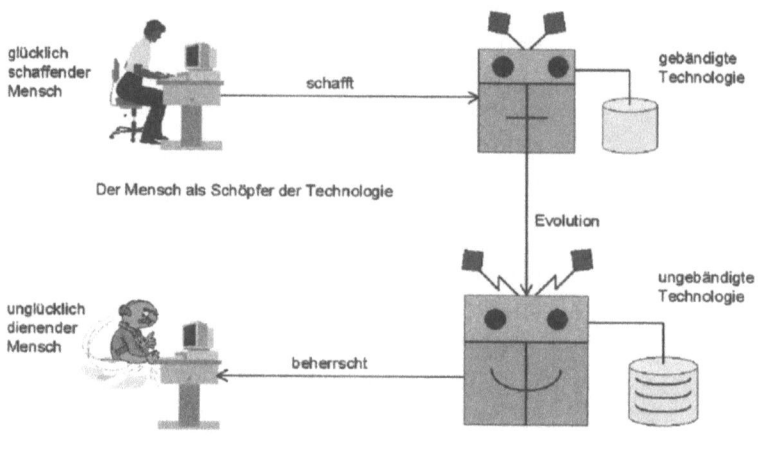

Abb. 1.10: Verhältnis zwischen Mensch und Technik

2 Enterprise Application Integration durch Kapselung

2.1 Die Vielfalt der IT-Landschaft

Bunte Landschaften

Die IT-Landschaft der meisten Unternehmen ist über die Jahre immer bunter geworden. Neben den alten Hostanwendungen in den klassischen Sprachen wie Assembler, PL/I und COBOL finden sich 4GL-Anwendungen, Client/Server-Systeme in C/C++ und neuerdings auch Webanwendungen in Java oder C#. Die Daten sind gespeichert in verschiedenen Datenbanksystemarten - von hierarchisch oder netzartig bis zu relational oder objektrelational. Die Benutzeroberflächen reichen von festformatierten 3270 Masken über Windows-GUI bis hin zu gestaffelten Webseiten mit Animation und Hyperlinks. Es ist alles vorhanden, all das, was uns die IT-Technologie über die letzten dreißig Jahre beschert hat, und alles dient noch einem Zweck. Viele Anwendungsbetriebe ähneln einem Gemischtwarenladen. Die Spannweite der Software reicht von den selbst gefertigten Legacy-Anwendungen, die einzelne Funktionen erfüllen, bis zu den umfangreichen ERP-Systemen, die ganze Geschäftsbereiche abdecken. Es herrscht eine große Heterogenität [276].

Technische Evolution

Dieser Zustand ist an sich eine natürliche Folge der technischen Evolution. Unsere Städte sehen nicht anders aus. Vor allem in Europa stehen Fachwerkhäuser aus dem Mittelalter neben Plattenbauten aus der Nachkriegszeit und modernen Hochhäusern aus der letzten Zeit. Der eine wohnt im Fachwerkhaus, der andere im Hochhaus - wohnen läßt sich überall, auch in einer Gartenhütte. Und so ist es auch in der EDV. Jeder Benutzer arbeitet in einer bestimmten technischen Umgebung mit einem bestimmten Systemtyp und erfüllt seine Aufgabe schlecht oder recht.

Holprige Übergänge

Zunehmend mehr Benutzer müssen jedoch verschiedene Aufgaben erfüllen - und dies mit unterschiedlichen Systemtypen. Sie nehmen Querschnittsaufgaben wahr, und das heißt, in einem Moment mit dem einen System arbeiten und im nächsten Moment mit einem anderen. Sie wechseln zwischen Hosttransaktionen, PC-Office-Anwendungen und Internet-Korrespondenz. Um einen Auftrag zu erledigen, müssen sie oft mehrere Anwendungssysteme und Standardwerkzeuge durchqueren und ihre Ergebnisse zusammenfassen. Ab diesem Punkt werden die holprigen Übergänge von einer Umgebung zur anderen zum ernsthaften Problem. Es hallt der Ruf nach „End to End Integration" [216].

2.2 Die Strukturierung der betrieblichen IT

2.2.1 Die vertikale Struktur

Vertikale Organisation

Die Hauptursache des Integrationsproblems liegt in der vertikalen Organisation der IT-Systeme. Sie sind in der Regel nach Sachgebieten aufgeteilt. Für jedes Sachgebiet gibt es ein eigenes Anwendungssystem. Nicht selten haben sie auch eine eigene Datenhaltung. Jedes Anwendungssystem hat eine eigene Architektur und einen eigenen Implementierungsstil. Die Systeme sind zu unterschiedlichen Zeitpunkten unter völlig anderen Bedingungen entstanden. Sie sind die Ergebnisse einmaliger Projekte, oder sie galten als einmalige Beschaffung.

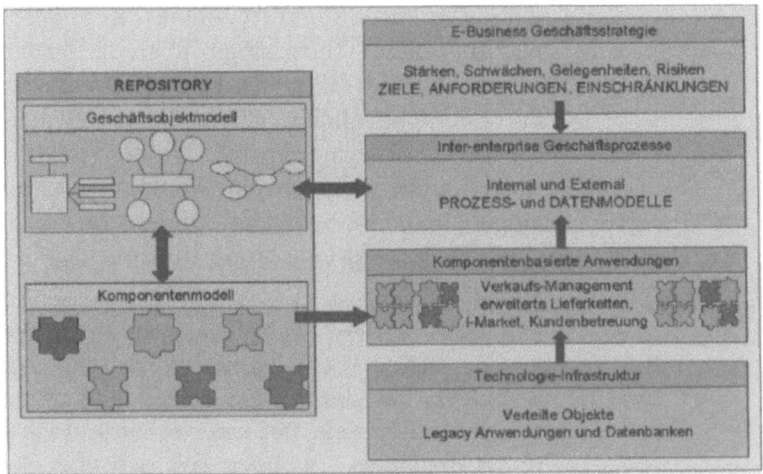

Quelle: COMMUNICATIONS OF THE ACM October 2000/Vol 43, No. 10

Abb. 2.1: Vertikale Systemintegration

Wir dürfen nicht vergessen, daß bis vor kurzem die konzernübergreifende Integration der Geschäftsprozesse keine signifikante Rolle spielte. Jede Fachabteilung hat sich als eine Insel betrachtet und war nur auf das eigene Geschäft fokusiert. Es gab sogar einen Wettbewerb unter den Fachabteilungen für die knappen IT-Ressourcen. Jede wollte ihre eigene Welt auf Kosten der anderen optimieren. In einer Pionierzeit ist so ein Wettbewerb gar nicht so übel, da es zu einer schnellen Erschließung des Gebiets führt - siehe z.B. die Besiedlung des amerikanischen Westens. Er hinterläßt aber Folgen, die für eine Integration des Ganzen hinderlich sind - so in der betrieblichen Informationstechnologie.

Sachgebiets-gliederung

Jetzt geht es darum, die Mauern, die zwischen den einzelnen Sachgebieten errichtet wurden, damit sie unabhängig voneinander gedeihen konnten, einzureißen und Korridore zwischen den Räumen zu schaffen. Das Ziel ist jetzt, einen einzigen Großraum zu schaffen, in dem alle Abläufe nahtlos ineinander übergehen. Es hat schon mit der Einführung von ERP-Systemen begonnen, aber spätestens seit der Verbreitung der Webtechnologie ist das Pionierzeitalter der vertikalen IT-Organisation vorbei [257]. (siehe Abb. 2.1)

2.2.2 Die horizontale Struktur

Horizontale Organisation

Eine Voraussetzung für die Enterprise Application Integration ist eine horizontale IT-Architektur. In einem Leitartikel für die Communications of the ACM beschreibt Wilhelm Hasselbring ein Schichtenmodell mit drei Schichten

- „business architecture layer"
- „application architecture layer"
- „technology architecture layer" [121].

Funktions-gliederung

Im **„business architecture layer"** sind die Geschäftsobjekte und Geschäftsprozesse samt Geschäftsregeln und Anwendungsfällen quer durch alle Geschäftsgebiete definiert und modelliert.

Im **„application architecture layer"** sind die implementierten bzw. die zu implementierenden Anwendungssysteme samt Komponenten, Modulen, Klassen, Daten und Funktionen spezifiziert und dokumentiert.

Im **„technology architecture layer"** ist die Informations- und Kommunikationsinfrastruktur des Unternehmens beschrieben. Dazu gehören die Datenbanken und Systemschnittstellen, die Oberflächenrahmen, die Kommunikationsprotokolle, die Middleware und die Rechnerarchitektur.

Dieses Schichtenmodell ist das Ergebnis eines Business Process Reengineering Projektes, das sich quer durch alle Sachgebiete zieht - die einzelnen Anwendungen untersucht, die Redundanzen entfernt und die Kernfunktionen herauszieht und verbindet. Oft geschieht dies im Zusammenhang mit der Einführung von ERP-Systemen wie SAP/R3. Solche fachgebietsübergreifenden IT-

Lösungen erzwingen eine Integration der Sachgebiete über querlaufende Geschäftsprozesse.

Verteilte Systeme

Ein weiterer Anlaß für die Einführung einer horizontalen IT-Organisation ist moderne Middleware. Middleware-Systeme verbinden entfernte Systeme über gemeinsame Transaktionen, die quer durch mehrere Anwendungssysteme hindurchlaufen und verschiedene Datenbanken verändern. Solche langen Transaktionen sind das Pendant zu sachgebietsübergreifenden Geschäftsabläufen. Während die letzteren Geschäftsvorgänge miteinander verbinden, verknüpfen die ersteren Programmfunktionen aneinander.

Peer to Peer Vernetzung

Schließlich ist die neue Webtechnologie eine treibende Kraft in Richtung Unternehmens- und Systemintegration. Im Inter- bzw. Intranet herrscht die Peer to Peer-Kommunikation. Jeder Knoten im Netz kann im Prinzip mit jedem anderen Knoten kommunizieren, d.h. ihn auffordern, eine Funktion auszuführen oder eine Information zu liefern. Insofern ist jeder Knoten ein potentieller Server, aber auch ein potentieller Client. Knoten sind die Geschäftsstellen bzw. die Komponenten und die Datenbanken. Sie müssen alle in der Lage sein, Aufträge zu empfangen und Ergebnisse zu senden und zwar über einheitlich genormte Schnittstellen. Man spricht hier von Unternehmensportalen. (siehe Abb. 2.2)

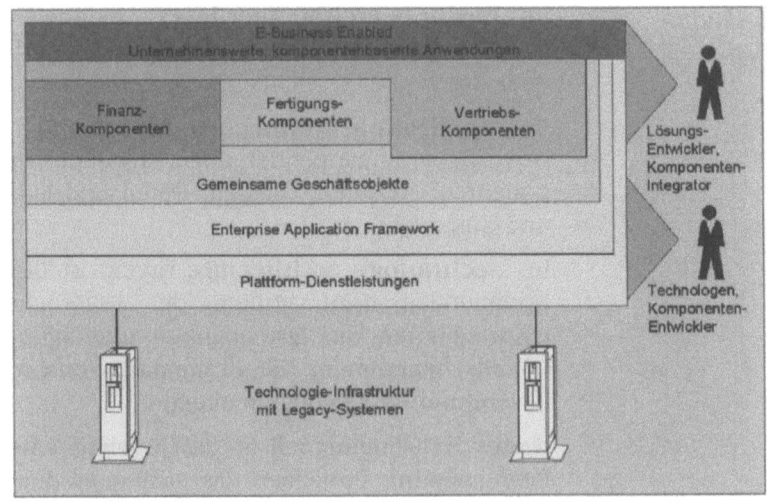

Quelle: COMMUNICATIONS OF THE ACM October 2000/Vol. 43, No. 10

Abb. 2.2: Horizontale Systemintegration

2.2.3 Das Schichtenmodell zur Integration

Dreischichten-modell

Die horizontale Strukturierung steht im Zusammenhang mit dem Schichtenmodell.

Das Schichtenmodell der betrieblichen Systemintegration propagiert drei Architekturschichten

- Grundbau
- Unterbau und
- Überbau [160].

Der Grundbau ist die Technologiearchitektur bzw. die technische Informations- und Kommunikationsinfrastruktur. Dazu gehören die Datenbanksysteme, Transaktionsmonitore und Middlewaresysteme wie CORBA und SOAP.

Der Unterbau ist die Applikationsarchitektur. Sie umfaßt die Geschäftsobjekte. Das sind die alten und neuen Anwendungssysteme mit deren Funktionen und Daten. Hier sind die EAI-Rahmen wie EJB, ONE und .NET angesiedelt.

Der Überbau ist die Geschäftsarchitektur mit den übergeordneten Geschäftsprozessen bzw. Workflows, die quer durch mehrere Anwendungssysteme hindurchlaufen. Sie verwenden die darunterliegenden Geschäftsobjekte in der Applikationsarchitektur.

Die betrieblichen Informationssysteme, die heute im Einsatz sind, spiegeln alle Datenverarbeitungsansätze der letzten 30 Jahre wider. Es gibt nichts, was es nicht gibt. Das reicht von lochkartenähnlichen Datensätzen in sequentiellen Dateien, die nach den Regeln der normierten Programmierung abgearbeitet werden, bis hin zu objektrelationalen Datenbanken, auf die über SQL- und XML-Schnittstellen zugegriffen werden kann. Dennoch, eines haben sie gemeinsam. Sie erfüllen noch einen Unternehmenszweck. Insofern sind sie alle wichtig und sie sind auch alle erhaltenswert. Dies ist auch das Ziel der Enterprise Application Integration. Die Systeme müssen aber dazu gebracht werden, miteinander zu kollaborieren. Die Systemintegrationsstrategien zielen darauf hin, neue, alte und gekaufte Anwendungen so zu integrieren, daß das Unternehmen ein Maximum an Flexibilität gegenüber Änderungen in der geschäftlichen Umwelt hat und zwar ohne den inneren Zusammenhalt des Unternehmens zu verlieren.

Kollaboration durch EAI

Die Mittel dazu sind Standards, Frameworks, genormte Schnittstellen wie IDL und XML und Middlewareprodukte. Workflowsteuerungsrahmen sorgen für den ordnungsgemäßen Ablauf der

Geschäftstransaktionen über Systemgrenzen hinweg. EAI ist der Oberbegriff für die Kollaborationen aller Systeme untereinander. Sie ist die Vollendung des Schichtenmodells [167]. (siehe Abb. 2.3)

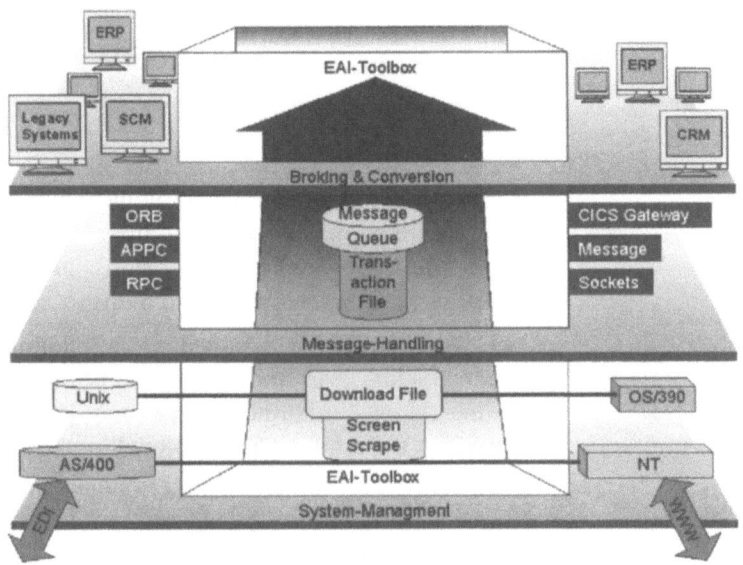

Abb. 2.3: Dreistufige Integrationsinfrastruktur

2.3 Hindernisse bei der Integration der IT

Hindernisse zur EAI

In jener Sonderausgabe der CACM zum Thema „EAI" sieht Hasselbring drei Haupthindernisse auf dem Wege zu einer horizontalen IT-Schichtenarchitektur. Sie sind

- Verteilung,
- Heterogenität und
- Autonomie [122].

2.3.1 Verteilung

Verteilte Anwendungen

Verteilung ist an sich kein Hindernis, wenn sie geplant und gesteuert wäre. Letztlich ist die Dezentralisierung auch ein Ziel der IT-Restrukturierung. Leider ist die Verteilung in den neuesten IT-Bereichen eher zufällig entstanden. Es werden Systeme in diverser Umgebungen ohne Rücksicht auf Interoperabilität und Kompatibilität entwickelt. Solche „Standalone Applications" sind die Folge unkoordinierter externer Anforderungen und ungebändigter innerbetrieblicher Machenschaften. Einmalige Benutzerbedürfnisse mußten schnell befriedigt werden. Es galt, ein Anwendungsvakuum zu füllen, und die Projektverantwortlichen waren nur auf das eine Problem fixiert. Die Einkaufspolitik der Betriebe war auch nicht gerade förderlich. Jeder Abteilungsleiter durfte selbst entscheiden, welchen Rechnertyp er wo einsetzte. Hemmungslose Hardware- und Software-Verkäufer nutzten diese Situation voll aus, um ihre Produkte zu plazieren. Hinzu kamen innerbetriebliche Machtkämpfe zwischen rivalisierenden Fachabteilungen, die dazu führten, daß IT-Projekte mißbraucht wurden, um die Individualität einzelner Geschäftsbereiche auf Kosten der anderen zu stärken. So kam es, daß im selben Unternehmen verstreute Anwendungen auf verschiedenen Rechnertypen mit inkompatiblen Betriebssystemen laufen.

2.3.2 Heterogenität

Eigenartige Anwendungen

Heterogenität ist eine Folge unkontrollierter Verteilung. Dort, wo IT-Projekte ohne Abstimmung untereinander aufgesetzt wurden, konnte jedes Projekt eine andere IT-Technologie anwenden. Es entstand ein Wildwuchs an Entwicklungsumgebungen, Programmiersprachen und Datenbanksystemen. Bereichsleiter und Projektleiter ließen sich von den Anbietern der IT-Produkte dazu verleiten, jeden neuen Trend auszuprobieren. Statt sich an internationale Standards zu halten und nur normierte Sprachen und Datenhaltungssysteme einzusetzen, haben sie sich in eine proprietäre Falle locken lassen, aus der sie nur mit hohen Kosten wieder heraus kommen. Neben den genormten Sprachen wie COBOL und C gibt es in vielen Unternehmen proprietäre Sprachen wie Assembler und PL/I sowie mehrere 4GL-Sprachen wie Natural, ADS, CSP und PowerBuilder. Je größer die Heterogenität, desto aufwendiger die Integration.

2.3.3 Autonomie

Autonome Anwendungen

Autonomie ist das dritte große Hindernis. Die Autonomie der Geschäftseinheiten bzw. ihre Freiheit, eigene Geschäftsobjekte, Geschäftsregeln und Dateninhalte zu definieren, führte dazu, daß viele Daten redundant geführt werden und viele Geschäftsregeln widersprüchlich sind. Innerhalb der einen Anwendung mag alles stimmig und redundanzfrei sein, aber im Zusammenspiel mit anderen Anwendungen kommen Namenskollisionen und Regelunverträglichkeiten vor. Unterschiedliche Algorithmen, z.B. für Zinsberechnung oder Prämienauszahlung, bleiben ungemerkt, solange sie getrennt ausgeführt werden. Werden sie aber in einer Querschnittstransaktion vereinigt, fallen die unterschiedlichen Ergebnisse sofort auf. Das Gleiche gilt für dieselben Datenattribute in verschiedenen Datenbanken mit jeweils anderen Wertebereichen. Die Autonomie der Anwendungen fördert die Inkonsistenzen der Lösungen. Solche fachinhaltlichen Inkonsistenzen sind nicht nur ein Hindernis, sondern ein Minenfeld für die Systemintegration. (siehe Abb. 2.4)

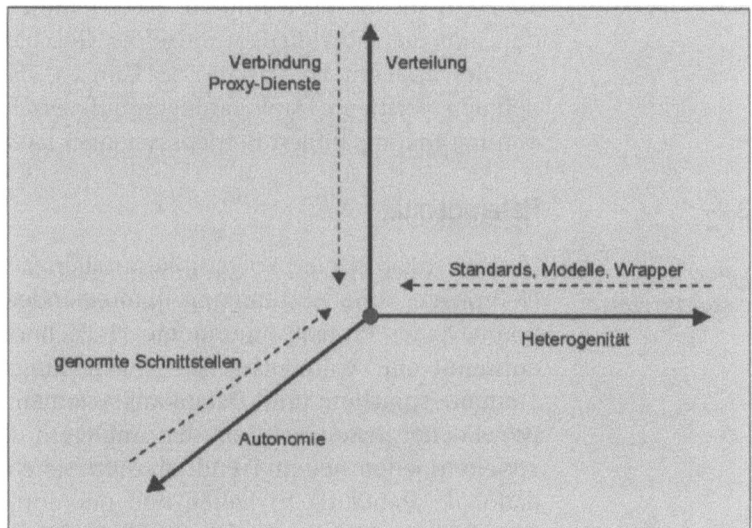

Abb. 2.4: Entgegengesetzte Tendenzen in einer verteilten, heterogenen Welt

2.4 Die Überwindung der Integrationshindernisse

Integrationsmittel

Nachdem er die Haupthindernisse identifiziert hat, schlägt Hasselbring einige Möglichkeiten zu deren Überwindung vor. Zum Glück sind sie alle grundsätzlich überwindbar. Es ist nur eine Frage der Kosten. Je höher das Hindernis desto höher der Integrationsaufwand.

2.4.1 Überwindung der Verteilung

Verbindung

Die Verteilung der Anwendungen auf unterschiedlichen Rechnern mit inkompatiblen Betriebssystemen ist das leichteste Hindernis, das zu überwinden ist, denn es ist technischer Natur. Die Rechner werden an ein gemeinsames Netz angeschlossen, und die Software wird an eine gemeinsame Middleware gekoppelt.

Mit Hilfe von Proxy-Komponenten bzw. Stubs können Nachrichten bzw. Aufträge von einem Rechner an den andren übermittelt werden. Die Middleware sorgt für die Umsetzung und Übertragung der Botschaften. Die Kosten für Datenfernübertragung fallen nicht mehr ins Gewicht. Die Rechenzeit für die Umverschlüsselung verschiedener Zeichenvorräte fällt nicht mehr auf und die Middleware-Produkte für die Herstellung der Verbindung zwischen entfernten Softwaresystemen in unterschiedlichen Umgebungen sind inzwischen relativ stabil und zuverlässig.

Die CORBA-Architektur der OMG ist stellvertretend für klassische Middleware-Lösungen. Damit können unterschiedlich implementierte Anwendungen in diversen Umgebungen über eine normierte Schnittstelle miteinander kommunizieren. Die Schnittstellen müssen nur in einer gemeinsamen Interface Definiton Language spezifiziert sein. Die entfernten Prozeduraufruf (RPC) über Sprach- und Rechnergrenzen hinweg werden dadurch kanalisiert und koordiniert.

Mit Webarchitekturen wie Websphere von IBM, Weblogic von BEA und .NET von Microsoft wird die Verbindung verteilter Anwendungen noch leichter. Jede Anwendung braucht nur einen Internetanschluß mit HTTP, um Nachrichten sonstwohin zu senden und Nachrichten von sonstwoher zu empfangen. In einer Webarchitektur kann jeder Netzknoten mit jedem anderen kommunizieren - zumindest physikalisch. Logisch müssen sie natürlich eine gemeinsame Schnittstellensprache verwenden. Diese Rolle als allgemeingültige Datenaustauschsprache übernimmt XML.

Somit stellt das Problem der Anwendungsverteilung kein echtes Hindernis mehr dar. Die Systeme dürfen sogar über den Globus verteilt sein. Sie lassen sich technisch in ein gemeinsames Netzwerk einbinden. Der Rechner ist das Netz [364].

2.4.2 Überwindung der Heterogenität

Normierung

Das Hindernis der Heterogenität ist schwieriger zu überwinden. Unterschiedliche Programmiersprachen haben auch unterschiedliche Datentypen und unterschiedliche Parameterkonventionen. Unterschiedliche Datenbanksysteme haben unterschiedliche Datenmodelle und unterschiedliche Zugriffsarten. Diese Unterschiede miteinander zu versöhnen, kostet einiges mehr als die Verbindung verteilter Systeme. Es geht hier um die Semantik der Daten und die Logik der Funktionen. Sie müssen auf einen gemeinsamen Nenner gebracht werden.

2 Enterprise Application Integration durch Kapselung

Hasselbring schreibt „*Bridging heterogeneity is one of the most difficult tasks of System integration. Typical techniques for overcoming heterogeneity are the use of common programming and data models, and uniform structuring of information. Domain-specific standards are useful for defining the meaning of information to be shared among dissimilar organizations. <u>Wrappers</u> that provide unified interfaces are an established technique for integrating legacy systems ...*" [123]

Kapselung

Der Schlüssel zur Überwindung der Heterogenität liegt im Begriff „*Wrapper*". Ein Wrapper ist eine Softwareschale um die eigentliche Anwendungssoftware. Sie übersetzt die Sprache der einfließenden Nachrichten in die Sprache der Zielanwendung z.B. von IDL in C oder von XML in COBOL. Der Wrapper befriedigt die Parameterkonventionen und erstellt die Datentypen, die das Empfängerprogramm braucht. Umgekehrt werden die Ergebnisse der Zielanwendung wieder in die gemeinsamen Nachrichten rückübersetzt z.B. von C in IDL, oder von COBOL in XML. Die so generierten Nachrichten gehen zurück an den Sender. Auf diese Weise wird das Zielprogramm in den Dienst einer anderen entfernten Anwendung gestellt. Es ist gekapselt.

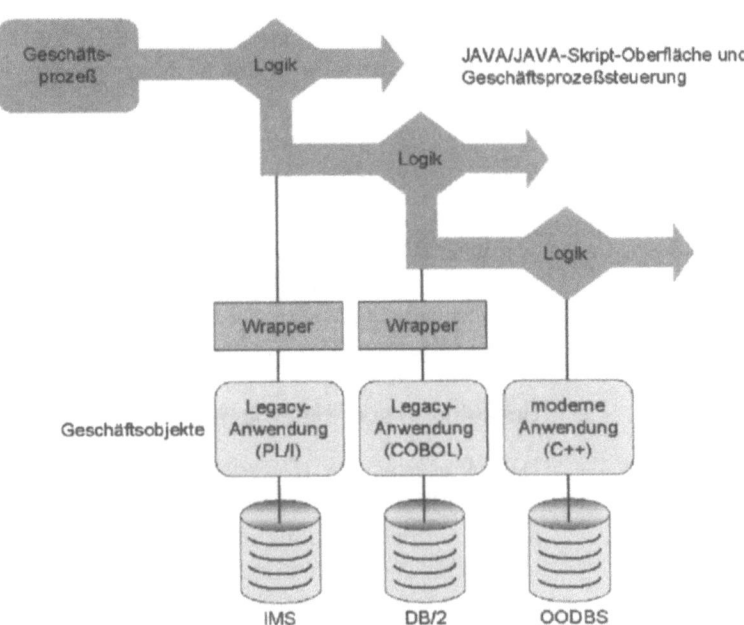

Abb. 2.5: Nutzung von Wrappern, um Legacy-Systeme in Geschäftsprozesse einzubinden

Die Kapselung bestehender Anwendungen ist jedoch keine triviale technische Aufgabe. Sie erfordert Eingriffe in die Altsoftware und setzt nicht nur Wissen über die alten Programme sondern auch Wissen über die Kommunikationssprachen voraus. Außerdem birgt jeder Eingriff in bestehende Software gewisse Risiken, die durch mehr Kosten aufgefangen werden müssen. (siehe Abb. 2.5)

2.4.3 Überwindung der Autonomie

Repository

Das schwierigste Hindernis auf dem Wege zu einer echten Integration aller IT-Anwendungen ist die Autonomie der einzelnen Anwendungen. Die Autonomie bewirkt, daß dieselben Aufgaben unterschiedlich gelöst werden. Gleiche Begriffe haben andere Bedeutungen und gleiche Bedeutungen verbergen sich hinter anderen Begriffen. Gleiche Funktionen haben andere Lösungsansätze, und es gelten widersprüchliche Regeln. Diesen fachlichen Inkonsistenzen ist technisch gar nicht bezukommen. Sie müssen auf einer höheren fachlichen Ebene aufgelöst werden.

Konkret bedeutet das eine gemeinsame, allumfassende Software-Repository auf Unternehmensebene mit einem einzigen, allumfassenden Datenschema. In der Repository werden alle Softwareentitäten - Objekte, Attribute, Regeln und Funktionen - sowie ihre logischen Beziehungen zueinander erfaßt und in einem Metamodell vereinigt. In dem Schema werden alle Datenstrukturen abgebildet - die Datenbanken und die Datenschnittstellen - und alle Attribute einmalig definiert und zwar mit einheitlichen Begriffen, einheitlichen Typen und auch einheitlichen Wertebereichen. Dafür bietet sich die XML-Schemasprache an [281].

Daß der Aufbau einer gemeinsamen Software Repository für alle bestehenden Anwendungen keine leichte Aufgabe ist, belegt die Zahl der gescheiterten Versuche. Vor allem, wenn die Systeme in heterogenen Umgebungen mit unterschiedlichen Entwicklungsmodellen entstanden sind, ist es schwer, dafür ein gemeinsames Metamodell zu finden und noch schwieriger, alle Systemstrukturen in dieses Metamodell zu übersetzen. Dies zu bewältigen ist eine Herausforderung für die Reverse Engineering Technologie [156].

Für die Daten gilt das gleiche. Insofern die Datenbestände organisch gewachsen sind, wird es immer schwierig sein, sie später aufeinander abzustimmen. Daher gibt es keine Alternative zu einem Unternehmensdatenschema, wenn es darum geht, die Systeme des Unternehmens zu integrieren.

2.4.4 Folgen der mangelnden Integration

Vielfalt der IT

Stephan Schambach, der Gründer und CEO des Jenaer E-Business Softwarehauses Intershop, sieht in der mangelnden Integration der betrieblichen IT das Haupthindernis auf dem Wege zu einer E-Business-Welt. So formuliert er *"das größte Problem zur Zeit seien die vielen verschiedenen Insellösungen, die in Großunternehmen völlig losgelöst voneinander bestünden. Extremes Beispiel hierzu sei ein Kunde, in dessen Unternehmen über 100 verschiedene Systeme auf unterschiedlichen Plattformen verteilt eingesetzt würden. Diese verursachen jährliche Unterhaltskosten von mehr als 80 Millionen Euro".* Als Lösung bietet Intershop ein EAI-Produkt namens Multisite an, mit dessen Hilfe es möglich sein soll, all diese Einzellösungen auf einer einzigen Plattform zentral zusammenzufassen. Enfinity Content Management soll die Verzahnung der Beschaffungsprozesse weiter fortführen [277].

Folgen der Vielfalt

E-Business Software-Hersteller Vignette hat mit dem gleichen Problem zu schaffen. Auch er beschwert sich über die vielen Insellösungen, die den Weg zu einem integrierten E-Business blockieren, und auch er sieht sich gezwungen, seine Kunden zunächst bei der Integration ihrer vorhandenen Anwendungen zu unterstützen. Es geht eben an einer Integration der IT-Systeme kein Weg vorbei. (siehe Abb. 2.6)

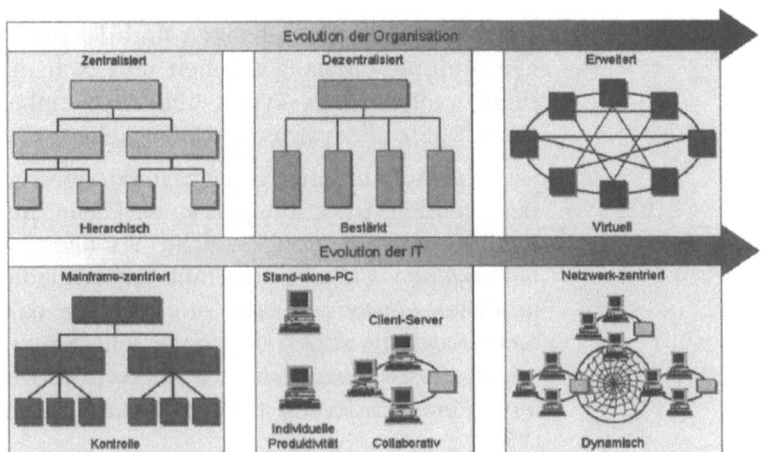

Abb. 2.6: Evolution der betrieblichen IT-Anwendungen

2.5 Der Weg zur Enterprise Application Integration

2.5.1 Ziele der Systemintegration

Integration als Antwort

Das Ziel von EAI ist es, spezialisierte, oft separat voneinander entwickelte und funktional ausgerichtete Anwendungen mittels Kommunikation derart zu integrieren, daß sie als System geschäftsprozeßorientiert im Sinne des Unternehmenszwecks arbeiten – und das möglichst effizient und automatisiert. Mit anderen Worten, EAI kann auch als die unbeschränkte Möglichkeit zum Informationsaustausch zwischen beliebigen Systemen auf Präsentations-, Anwendungs- und Datenbankebene verstanden werden, ohne daß deswegen die bestehenden Anwendungen und Datenbestände geändert werden müssen.

Die Integration kann auf

- Datenebene,
- API-Ebene,
- Prozeßebene oder
- Userebene

stattfinden. So werden Bildschirmoberflächen in andere Oberflächen eingebunden, Prozesse ineinander verkettet, Programme über Programmschnittstellen verbunden und Datenbanken über Querverweise zueinander verknüpft [54].

Verbindungsmittel

Die gängigen Mittel dazu sind:

- Messageaustausch,
- Datenbankzugriffsschichten,
- entfernte Proceduraufrufe,
- Replikationsverfahren,
- Batchabläufe,
- Transaktionsmonitor und
- Screen Scraping.

Welches Mittel eingesetzt wird, hängt von der Umgebung und der Art der Anwendungen ab. Laut einer Untersuchung von 82 deutschen Unternehmen wird der Messageaustausch als bevorzugte Technik der Systemintegration angesehen, gefolgt von gemeinsamen Datenbankzugriffsschichten. Screen Scraping bzw. die Verbindung der Oberflächen wird als letzte Alternative betrachtet [85].

2.5.2 Von Punkt-zu-Punkt-Verbindungen zu Integration Frameworks

Punkt-zu-Punkt-Verbindung

Unternehmen begannen ihre Integration meistens mit einer Punkt-zu-Punkt-Verbindung ihrer Systeme über entfernte Prozeduraufrufe, bis sie merkten, wie aufwendig und chaotisch dieser Ansatz ist. Dann kamen die Brokerarchitekturen und Gateways zum Einsatz.

CORBA

CORBA - die Common Object Oriented Request Broker Architecture der OMG - war ein großer Schritt in Richtung Systemintegration [268]. Sie förderte den Aufbau einer zentralen Schnittstellen-Repository, erzwang eine gemeinsame Schnittstellensprache und leitete alle Nachrichten zwischen entfernten Objekten über einen zentralen Nachrichtenvermittlungsdienst. Außerdem bot sie zahlreiche andere Dienste zur Transaktionsverarbeitung, Objektverwaltung und Methodenfindung an. Dennoch war CORBA nur eine Vorstufe zur echten Systemintegration. Die echte Systemintegration begann erst mit der Einführung der Webtechnologien. Webtechnologien machen jede Anwendung zu einem Webdienstleistungsknoten, der von jedem anderen Knoten aus ansprechbar ist. XML sorgt für den ungehinderten Datenaustausch zwischen den entfernten Knoten.

Quer-Verbindungen

Die horizontale Systemintegration verbindet die drei Architekturschichten über mehrere organisatorischen Einheiten. Auf der unteren Ebene ist die Integration der technischen Infrastrukturen bzw. die Middleware-Integration. Auf der oberen Ebene ist die Integration der Geschäftsprozesse mehrerer Organisationen bzw. die Business to Business Integration. Auf der mittleren Ebene ist die Integration der Anwendungssysteme. Diese Ebene ist die eigentliche Enterprise Application Integration - EAI. EAI setzt die Integration der technischen Infrastruktursysteme voraus. und ist selbst Voraussetzung für die B2B-Integration.

Die Objekte der Enterprise Application Architecture sind also die Anwendungssysteme, die betrieblichen Datenbanken, die ERP-Systeme und die Repositories, falls es sie gibt. Die Methoden der EAI sind Reverse Engineering, Reengineering, Wrapping, Data Mining und Enterprise Resource Planning [153].

Im Mittelpunkt der Betrachtung stehen gleichermaßen

- Geschäftsprozesse und
- Geschäftsobjekte [334].

Geschäftsprozeß-integration

Ein Geschäftsprozeß ist eine Menge einzelner Vorgänge bzw. Geschäftsfälle, die zur Erledigung eines Geschäfts wie z.B. Dar-

2.5 Der Weg zur Enterprise Application Integration

lehenswesen oder Lagerhaltung erforderlich sind. Ein Geschäftsprozeß verfolgt ein Geschäftsziel und verbraucht Geschäftsressourcen. Der Geschäftsprozeß selbst hat kein Gedächtnis. Er benutzt aber Objekte mit einem Gedächtnis, um Entscheidungen nach den Geschäftsregeln zu treffen und um das jeweilige Geschäftsziel zu erreichen.

Geschäftsobjektintegration

Ein Geschäftsobjekt ist ein Bündel einzelner Datenobjekte samt aller Operationen, die auf ihnen ausgeführt werden. Ein Geschäftsobjekt hat ein Gedächtnis - seine Daten und ein vorhersehbares Verhalten - seine Funktionen. Geschäftsobjekte entsprechen einzelnen Anwendungen wie Kontoführung oder Artikelstammpflege. Mit gekapselten Geschäftsobjekten ist es möglich, unterschiedliche Sichten auf sie zuzulassen und sie in anderen Geschäftsobjekten einzubinden.

Workflow-Steuerung

Geschäftsprozesse werden über Workflow-Steuerungsprogramme gesteuert. Diese Programme sind meistens in einer Skriptsprache verfaßt wie Perl, Java Script oder WFL - Workflow Language. Workflows sind in der Regel ereignisgesteuert. D.h. sie entscheiden, was als nächstes zu tun ist, aufgrund externer Ereignisse wie Benutzeraktionen oder interner Ereignisse wie einer bestimmten Uhrzeit. Die Workflowsteuerung ist eigentlich die Verkörperung eines Geschäftsprozesses. Sie entscheidet, welche Operationen an welchen Geschäftsobjekten ausgeführt werden. Im Laufe eines Geschäftsprozesses werden mehrere Anwendungsfälle oder Vorgänge ausgeführt. Der Geschäftsprozeß kann auf alte oder neue Geschäftsobjekte bzw. Anwendungen zugreifen. Im Falle der alten Geschäftsobjekte wird nicht direkt, sondern indirekt über eine Zugriffsschicht oder einen Wrapper auf das Geschäftsobjek zugegriffen. Wie wir später sehen werden, könnte dieser Zugriff über eine IDL-Funktionsschnittstelle oder über eine XML-Datenschnittstelle erfolgen.

Verteilte Prozesse

Verteilte Geschäftsprozesse sind solche, die Geschäftsobjekte auf verschiedenen Rechnerknoten benutzen. D.h. der Workflow navigiert durch ein Netzwerk verteilter Anwendungen, um zu einem Ergebnis zu kommen. In diesem Falle haben wir es mit kollaborierenden Geschäftsobjekten zu tun. Verteilte Geschäftsobjektverarbeitung - Distributed Business Object Computing - ist ein Netzwerk kollaborierender Geschäftsobjekte. Sie verbindet Client/Server-Technologie mit Objekttechnologie und Internettechnologie. Ein Unternehmensrahmenkonzept - Enterprise Framework - ist ein konzeptioneller Rahmen, innerhalb dessen die verteilte Geschäftsobjektverarbeitung stattfinden kann. Es umfaßt die Geschäftsprozesse, Geschäftsobjekte, Komponenten und Workflowprozeduren eines bestimmten Geschäftsbereichs wie z.B. Wertschriftverwaltung oder Lebensversicherung. Er regelt auch, wie sie sich zu verhalten haben und welche Beziehungen sie untereinander haben dürfen [271].

2.5.3 Das OMG- Integrationsrahmenkonzept

Integrationsrahmen

Das EAI-Rahmenkonzept von der OMG ist ein Musterbeispiel eines solchen Rahmenkonzepts. Es ist ein Schichtenmodell mit sieben Schichten.

Von oben nach unten folgen

- Workflowsteuerungsschicht,
- Geschäftsprozeßschicht,
- Geschäftsdienstleistungsschicht,
- Geschäftsprozeßintegrationsschicht,
- Geschäftsobjektschicht,
- Geschäftsmethodenschicht und
- Middlewareschicht [128].

Common Business Language

Über die Middleware kann auch auf gekapselte Altanwendungen zugegriffen werden. Für die Workflowsteuerung und zur Definition der Interaktion zwischen verschiedenen Geschäftsprozessen wird eine Common Business Language verwendet - die cXML. Die Dienstleistungs-, Geschäftsobjekt- und Geschäftsmethodenschichten stellen digitalisierte Daten und Dienste bereit.

Dieses Modell ist grundlegend für viele andere Modelle, die darauf aufbauen. Die obere Schicht - die Workflowsteuerung - dient dem Zweck, verteilte Workflowprozesse bei integrierten Wertketten über mehrere Anwendungen in unternehmensweiten Netzwerken zu steuern und notfalls zurückzusetzen. Die mittleren Schichten teilen sich in allgemeingültige und anwendungsspezifische Geschäftsprozesse. Diese Geschäftsprozesse werden in einem kontrollierten und wiederholbaren Modus nach vorgegebenen Geschäftsregeln ausgeführt und verwenden dabei die zur Verfügung stehenden Geschäftsobjekte. Sie nehmen dabei auch die allgemeingültigen und die anwendungsspezifischen Dienste in Anspruch. Die unteren Schichte, auf denen alles aufgebaut ist, sind

- Common Business Object Layer,

2.5 Der Weg zur Enterprise Application Integration

- Business Transaction Server Layer und
- Middleware Service Layer.

Common Business Objects

Die Common Business Objektschicht ist eine Menge zusammenwirkender Geschäftsobjekte bzw. Minianwendungen mit ihren gekapselten Daten und Funktionen wie z.B. Kundendatenpflege, Auftragsverarbeitung, Artikelbestandsführung, Rechnungswesen und Lieferungsdienste. Die Business Transaction Dienstleistungsschicht ist eine Menge standardisiert vorgefertigter Webdienste wie z.B. Bestellungen, Geldüberweisung, Rechnungsstellung, Bezahlung über Kreditkarte und Vereinbarungen. Die Middleware Dienstleistungsschicht ist schließlich eine Menge technischer Produkte, die die Interaktionen zwischen verteilten Geschäftsprozessen und Geschäftsobjekten über Rechner und Adreßräume hinaus ermöglichen. Dazu gehören Object Request Brokers (ORBS) wie Visibroker und ORBIX, distributed transaction processing monitors wie Encina, Tuxedo und CICS und Web-Frameworks wie .NET, ONE und Websphere [77]. (siehe Abb. 2.7)

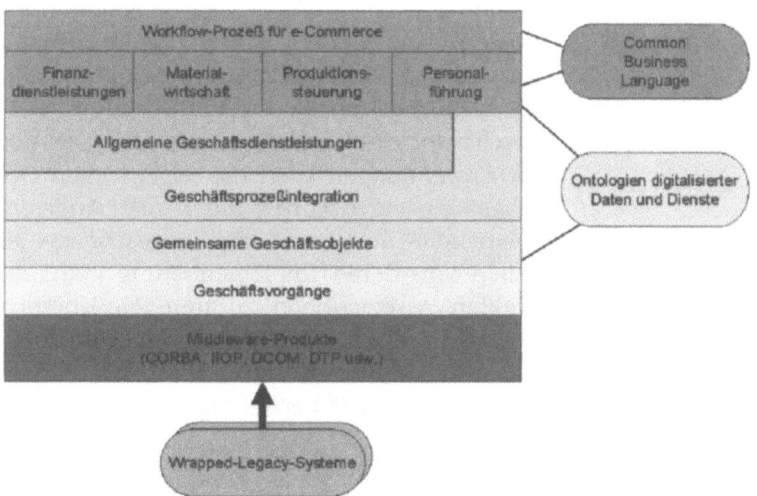

Abb. 2.7: Strawman-Referenzrahmen

2.5.4 Die Realisierung des OMG Common Business Modells

Common Business Modell

Die Realisierung des OMG Common Business Modells setzt natürlich einiges voraus, nicht nur im technischen, sondern auch im organisatorischen Sinne, denn EAI heißt integrierte, interoperative Anwendungssysteme. Integriert sind die Geschäftsvorfälle, die Softwarekomponenten, die Datenbanken und auch die Oberflächen über genormte Schnittstellen wie IDL, XML oder WSDL. So kann jede Komponente mit jeder anderen Daten austauschen.

Interoperabilität verlangt, daß die Geschäftsprozesse kompatibel, die Geschäftsobjekte adaptierbar, die Altanwendungen gekapselt, die Geschäftstransaktionen unterbrechbar und die Netzwerke gesichert sind. Dies zu schaffen ist ein Metaprojekt mit etlichen Teilprojekten.

Ein Teilprojekt zielt auf die Kompatibilität der Geschäftsprozesse. Hierzu dient die Common Business Language. Sie bildet eine gemeinsamen Ontologie, was so viel bedeutet wie ein gemeinsamer Begriffskatalog. Die CBL umfaßt eine Reihe normierter XML-Schablonen für verschiedene Geschäftszwecke wie Angebote, Bestellungen, Versteigerungen usw. Sie ermöglicht es entfernten Geschäftspartnern, miteinander Dokumente elektronisch auszutauschen und somit Geschäfte elektronisch abzuwickeln.

Adaptierbare Geschäftsobjekte

Was die Adaptierbarkeit der Geschäftsobjekte anbetrifft, so müssen Unternehmen auf neue Anforderungen von außen und Veränderungen am Markt schnell reagieren. Derartige Änderungen müssen auf einzelne Geschäftsobjekte übertragen werden, ohne die anderen bzw. ohne das Gesamtmodell zu beeinträchtigen. Vor allem müssen die Geschäftsobjekte vor Änderungen in den Geschäftsprozessen abgeschirmt sein. Das bedeutet für die lokalen Anwendungen bzw. die sogenannten Geschäftsobjekte, daß sie aus einzelnen voneinander unabhängigen Komponenten bestehen, daß ihre Vererbung eingeschränkt ist, daß ihre Schnittstellen von deren Implementierung getrennt ist, daß sie keine direkten Assoziationen zu fremden Komponenten haben und daß sie insgesamt oder in ihren Einzelteilen gekapselt sind.

2.5.5 Die Bedeutung der Kapselungstechnik

Retrofitting Legacy Systeme

Für Enterprise Application Integration hat also die Kapselung bestehender Anwendungen eine sehr große Bedeutung. In einem Artikel von Paul Harmon zum Thema EAI heißt es „*The critical challenge to building robust business applications is to be able to identify the reusable and modificable portions (functions and data) of an existing business process or object and combine these with a newer business process or object in a piecemeal and consistent manner. What is needed is a proactive change management of business objects that can easily be retrofitted to accomodate selective functionality from legacy information systems ...*" [135]. Das Ziel ist also die Wiederaufbereitung und Wiederverwendung alter Programme und Datenbestände im Rahmen der neuen E-Business-Systeme. Da E-Business-Systeme sowieso zum größten Teil virtuelle Systeme sind, werden sie physikalisch gesehen größtenteils aus bestehenden Systemen zusammengesetzt werden. Der geringste Teil der neuen Websysteme wird eigentlich zu diesem Zweck neu entwickelt. Demzufolge ist die Hauptarbeit beim Übergang von der klassischen Datenverarbeitung zu E-Business nicht die Entwicklung neuer Komponenten, aber die Einbindung alter Software und Daten.

Die Kapselungsalternativen sind nach Hormon

- Replacement,
- Enhancement,
- Separation und
- Selective Reuse

Replacement

Replacement bedeutet, daß alte Softwarebauelemente an der Stelle vorgesehener Funktionen eingesetzt werden. Sie ersetzen diese noch nicht fertigen Komponenten.

Enhancement

Enhancement bedeutet, daß alte Softwarebausteine dazu benutzt werden, neue Komponenten zu ergänzen. Sie werden als Anhängsel der neuen Komponenten eingebunden.

Separation

Separation bedeutet, daß die alten Softwarebausteine ihre Eigenart behalten. Sie bleiben so, wie sie sind und werden über eine Schnittstelle bedient.

Reuse

Selective Reuse bedeutet letztlich, daß nur einzelne Funktionen einer alten Anwendung wiederverwendet werden. Der Rest bleibt für die neue Umgebung unsichtbar. Dies setzt wiederum voraus, daß diese wiederverwendeten Abschnitte vom Rest der alten Anwendung abgeschottet sind.

Softwarewiederaufbereitung

Auf das Kapselungsverfahren wird in einem späteren Kapitel eingegangen. Es genügt an dieser Stelle, auf die drei Hauptschritte zu verweisen. Der erste Schritt ist die Suche nach wiederverwendbaren Bausteinen. Dies geschieht über das Reverse Engineering bzw. die Nachdokumentation der bestehenden Software und Datenbanken. Der zweite Schritt ist die Anpassung bzw. Restrukturierung der alten Programme und Datenstrukturen, damit sie überhaupt wiederverwendet werden können. In der Regel werden nur ihre Schnittstellen verändert, aber es kann sein, daß auch ihre Ablauflogik verändert werden muß. Der dritte Schritt ist es, einen Wrapper für sie zu erstellen, über den auf sie zugegriffen wird. Der Wrapper bietet nach außen eine öffentliche

Schnittstelle zu den verborgenen Funktionen der Altsoftware an und setzt die Daten in die nach innen gerichteten unteren Schnittstellen um.

„Object Wrappers are a widespread technology for combining business objects with legacy systems. Object Wrapping is the practice of implementing an object oriented facet to preexisting heterogeneous components. It allows mixing legacy systems with newly developed OO-applications by providing access to the legacy systems. The Wrapper specifies services that can be invoked on legacy systems by completly hiding implementation details ..." [102].

2.5.6 Die Forderung nach unterbrechbaren Geschäftstransaktionen

Geschäftstransaktionen

Die Forderung nach unterbrechbaren Geschäftstransaktionen ist auf die Tatsache zurückzuführen, daß E-Business-Transaktionen sowohl mehrere klassische Transaktionen in Sinne von CICS und IMS als auch nicht transaktionsorientierte Prozesse wie z.B. Batchjobs beinhalten. Darüber hinaus vereinigen sie mehrere logische Vorgänge in einer Arbeitseinheit - Work Unit - mit eigener Semantik und eigenem Verhalten.

Die Geschäftstransaktionen in webbasierten Systemen werden nach folgenden Eigenschaften gekennzeichnet:

- nach allgemeinen Eigenschaften wie
    - den beteiligten Teilnehmern,
    - dem Gegenstand der Transaktion,
    - dem Ort der Lieferung,
    - dem Zahlungsmodus und
    - dem Zeitrahmen
- nach speziellen Eigenschaften wie
    - den Verbindungen zu anderen Transaktionen,
    - den Quittungen bzw. Bestätigungen und
    - den Überweisungen
- nach technischen Eigenschaften wie
    - der Möglichkeit, Transaktionen zurückzusetzen,
    - der Möglichkeit, andere Transaktionen auszulösen,
    - der Möglichkeit, vertragliche Abschlüsse zu bewirken,
    - der Möglichkeit, Informationen zu sichern und

2.5 Der Weg zur Enterprise Application Integration

- der Fähigkeit, Transaktionen zu überwachen, protokollieren und neu zu starten.

Integrierte Wertketten

Integrierte Wertketten fordern eben lange Transaktionen an, wobei lang auch Tage oder Wochen bedeuten kann. Solche langen Transaktionen lassen sich nach vier Kriterien in Zeiteinheiten unterbrechen:

- nach Erkundigungen,
- nach Vereinbarungen,
- nach Lieferungen und
- nach Zahlungen [378].

2.5.7 Die Notwendigkeit gesicherter Netzwerke

Sicherung der Netze

Gesicherte Netzwerke sind eine Grundbedingung für jede Art elektronischer Geschäftsführung. Der Strawman Vorschlag dafür heißt Secure Electronic Transaction oder SET. SET verwendet andere kommerziell verfügbare Sicherheitssysteme, darunter

- Netscape's Secure Socket Layer,
- Microsoft's Secure Transaction Technology und
- Terisa System's Secure Hypertext Transfer Protocol.

SET ist ausgerichtet, Zahlungssicherheit für alle berechtigten Kreditkartenhalter und Händler zu sichern und die Vertraulichkeit der Rechnungen, Zahlungen und Quittungen zu gewährleisten. Es ist ein unerläßlicher Bestandteil des Strawman Modells.

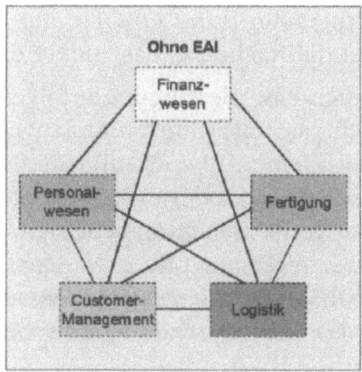
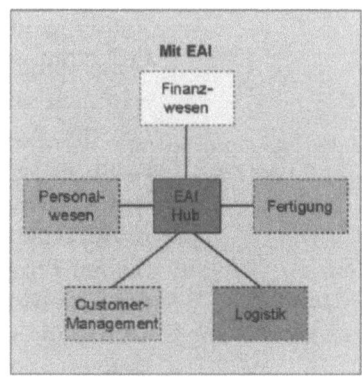

Abb. 2.8: EAI-Systeme als Drehscheibe der betrieblichen IT

Ob in Anlehnung an Strawman oder in Abhängigkeit von einem anderen Modell, steht am Ende eine EAI-Architektur. Entweder ist sie eine Point-to-Point-Architektur mit einfachen RPC's oder RMI's als Bindeglieder zwischen entfernten Anwendungen, eine Bus/Pipeline-Architektur nach dem CORBA-Modell, eine Hub- und Spoke-Architektur wie beim EAI-Produkt TIBCO oder eine Prozeß-Architektur nach dem Strawman-Modell. Die geeignete Architektur zu wählen und zu implementieren, bleibt dem Anwender nicht erspart [214]. (siehe Abb. 2.8)

2.6 Die Bedeutung von Integration Frameworks

Enterprise Integration Frameworks

Enterprise Frameworks sind die Grundlage für Enterprise Application Integration. Sie sind werkzeuggestützte Konzepte für die Einbindung autonomer Anwendungssysteme in ein zusammenhängendes Netzwerk. Beispiele sind CORBA von der OMG, DCOM von Microsoft und San Francisco von IBM. Sie stammen also entweder von einem Normierungsgremium oder von einer Herstellerkonsortium oder von einem Hersteller selbst. Auch die neuen webbasierten Rahmenkonzepte wie Weblogik von BEA, Websphere von IBM und BizTalk von Microsoft gelten als Enterprise Frameworks [125].

2.6.1 Zweck eines Integration Frameworks

Nachrichtenvermittlung

Der Hauptzweck eines jeden Enterprise Frameworks ist die Laufzeitverbindung entfernter Programme. Programm A auf Rechner X kann Nachrichten senden an Programm B auf Rechner Y, und zwar während beide aktiv laufen. Es kann auch sein, daß beide in völlig verschiedenen Sprachen in unterschiedlichen Umgebungen implementiert sind, so Programm A in Java unter MS-Windows und Programm B in COBOL unter IBM-CICS. Das eine Programm sendet die Nachricht, das andere empfängt sie.

Natürlich muß auch eine Bestätigung erfolgen, daß der Empfänger der Nachricht sie tatsächlich empfangen hat. Der Sender kann warten, bis er eine Antwort auf seine Nachricht zurück erhält - synchroner Betrieb - oder er kann weiter gehen und andere Aufgaben erledigen - asynchroner Betrieb. Wichtig ist, daß die beiden Programme nicht nur physisch Signale austauschen können, sondern auch, daß sie eine gemeinsame Verständigungsbasis haben. Sonst können sie zwar einander hören, aber nicht verstehen.

Schnittstellensprachen

Deshalb steht im Mittelpunkt eines jeden Enterprise Frameworks eine universale Schnittstellensprache. Bei den Frameworks der 90er Jahre war diese eine allgemeine Interface Definiton Language - IDL. Jetzt erfüllt diese Rolle eine Variante der XML-Sprache bzw. WSDL. Beide Sprachen lassen sich miteinander verbinden. Die Schnittstellensprache beschreibt die Datentypen bzw. die Parameter, die ausgetauscht werden und identifiziert die Funktionen, die auszuführen sind. Vorausgesetzt wird, daß alle Programme diese Sprache verstehen und verarbeiten können.

Hinzu kommen Mechanismen, um die Nachrichten zu sammeln - marshalling - und zu versenden, die Nachrichten zu empfangen und zu verwalten - queuing - und die Nachrichten in die Zielsprache umzusetzen. Diese Kommunikationsmechanismen werden von den Normen spezifiziert und vom Produktanbieter implementiert [284]. (siehe Abb. 2.9)

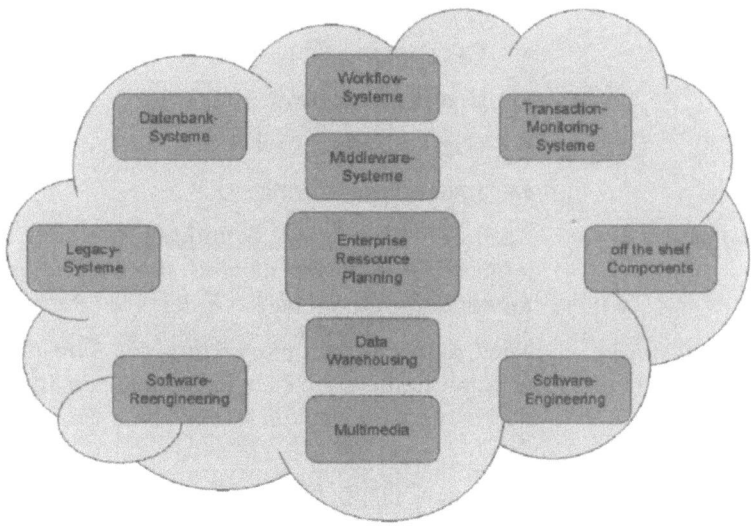

Abb. 2.9: Elemente der Enterprise Application Integration

2.6.2 Eigenschaften eines Integration Frameworks

EAF-Eigenschaften

Enterprise Integration Frameworks müssen anpaßbar, erweiterbar und übertragbar sein. Sie müssen in jede Umgebung hineinpassen. Erweiterbar werden sie, indem sie objektorientiert sind. Man kann unten beliebig neue Funktionen hinzufügen, ohne die übergeordneten Basisfunktionen zu beeinträchtigen. Anpaßbar sind sie über Parameterisierung. Mit unterschiedlichen Parametern kann man ein anderes Verhalten einstellen. Übertragbar werden sie dadurch, daß sie zur Compilerzeit mit der Zielumgebung gekoppelt werden. Mohamed Fayad und David Hamu haben schon diese angestrebten Eigenschaften eines Enterprise Frameworks in einer Sonderausgabe der CACM im Oktober 2000 beschrieben. Sie beschreiben auch, daß „*Enterprise frameworks are, by definition, the cornerstone of a System architecture. Therefore, they must provide the structure and tools for easy integration of multiple application frameworks and legacy components ...*" [76].

2.6.3 Grundsätze eines Integration Frameworks

EAF-Grundsätze

Fayad und Hamu beschreiben sechs Grundsätze für Integration Frameworks:

- Hollywood Grundsatz,
- Capitalization Grundsatz,
- Overlapping Grundsatz,
- Composition Grundsatz,
- Gap Grundsatz und
- Impedance Grundsatz.

Hollywood

Nach dem Hollywood Grundsatz ist es der Rahmen, der die untergeordneten Komponenten steuert und nicht umgekehrt. Die Anwenderkomponenten werden vom Rahmen aus aufgerufen.

Capitalization

Nach dem Capitalization Grundsatz sind alle vorhandenen Softwarebausteine so weit wie möglich im Integrationsrahmen wieder zu verwenden, d.h. sie müssen dem Rahmen angepaßt werden.

Overlap

Nach dem Overlapping Grundsatz soll es möglich sein, die gleiche Komponente in zwei verschiedenen Rahmen auszuführen, ohne die Komponente duplizieren zu müssen. Sie wird in beiden Rahmen zur Laufzeit eingehängt.

Composition

Nach dem Composition Grundsatz werden Komponenten einem Rahmen fest zugeordnet. Der Rahmen ist ein Behälter für die Anwendungsbausteine.

Gap

Nach dem Gap Grundsatz muß es möglich sein, zwei verschiedene Integrationsrahmen lückenlos miteinander zu verknüpfen, so daß die Anwender gar nicht merken, daß sie mit zwei Rahmen zu tun haben.

Impedance

Nach dem Impedance Grundsatz werden auch Verbindungen zwischen unterschiedlichen Rechnerarchitekturen hergestellt, d.h. zwei Rahmen in zwei verschiedenen Umgebungen können miteinander kooperieren.

2.6.4 Schnittstellen eines Integration Frameworks

EAF-Schnittstellen

Offene Application Program Interfaces - API's - sorgen dafür, daß jeder jeden aufrufen kann. Voraussetzung dafür ist allerdings die Plattformunabhängigkeit der Middleware. Auch die Integrationsrahmen müssen offen sein. Da die Anwender ihre Software dem Rahmen anpassen müssen, ist es wichtig, daß sie den Integrationsrahmen gut beherrschen. Dazu müssen alle Schnittstellen und Funktionen gut dokumentiert sein. Am leichtesten sind Rahmen zu verstehen, wenn sie mit bewährten Entwurfsmustern arbeiten, Mustern, die den ausgebildeten Anwendern bekannt sind. So schreiben Fayad und Hamu „*The enterprise framework must be intuitive and easy to understand, even for non technical persons ... Enterprise frameworks are adapted to different clients needs through attached role objects ...*"

2.6.5 Rollen eines Integration Frameworks

EAF-Rollen

Rollen sind benutzerspezifische Sichten auf das Verhalten der Objekte in einem Integration Framework. Sie sind mit Anwendungsfällen gleichzusetzen. Zwischen Objekten und Rollen gibt es eine m:n-Beziehung. Ein Objekt kann viele Rollen haben. Eine Rolle betrifft mehrere Objekte. Man spricht hier von einem „*Role Object Pattern*", wobei zwischen Systembenutzern, Rollen und Objekten zu unterscheiden ist [146].

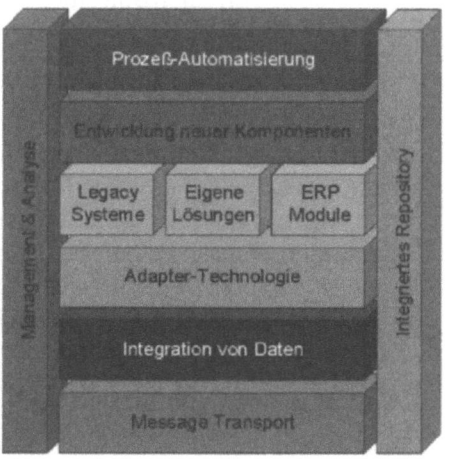

Quelle: COMPUTERWOCHE Nr. 32, Juli 1999

Abb. 2.10: Anforderungen an eine EAI-Lösung

Enterprise Application Works sind in der Tat Teilimplementierungen einer virtuellen Anwendung. Nach Grady Booch sind sie *„An architectural pattern that provides an extensible template for applications within a domain"* [32]. Ergänzt werden sie nicht nur durch neue Komponenten, die der Anwender kauft oder selbst entwickelt, sondern auch durch bestehende Komponenten, die der Anwender aus alten Anwendungssystemen besitzt. Sie werden zu dem neuen Framework „retrofitted". (siehe Abb. 2.10)

2.6.6 Anforderungen an ein Integration Framework

EAF-Anforderungen

In einem Beitrag zur Anwendungsintegration aus dem Jahre 1999 fordert Thomas Mattern schon folgende Eigenschaften von einem Enterprise Framework:

- Skalierbarkeit,
- Zuverlässigkeit,
- Performance,
- Verwaltbarkeit,
- Sicherheit und
- Interoperabilität.

Er nannte drei Lösungen, die damals in Frage kamen:

- CORBA von der OMG,
- DCOM von Microsoft und
- Enterprise Java Beans von Sun und IBM [187].

Diese und ähnliche Middlewareprodukte sollten dazu dienen, die stark fragmentierte IT-Landschaft eines Unternehmens wieder zusammen zu ziehen. Es soll mit Hilfe einer Enterprise Application Architecture ein zusammenhängendes Ganzes geschaffen werden. Allerdings dürfen die Teilsysteme nicht zu eng zusammengebunden werden. Eine lose Kopplung der Systeme gewährleistet, daß eine spätere Erweiterung bzw. Änderung der übergreifenden Geschäftsprozesse möglich ist, ohne in die vorhandenen Anwendungen einzugreifen.

Integrationsansätze

Mattern schlägt drei Ansätze zu Integration vor:

- Integration über die Datenbestände,
- Individuelle Punkt-zu-Punkt-Integration und
- Integration Frameworks.

Der Ansatz mit dem Integration Framework ist, wenn möglich, vorzuziehen, denn nur dadurch gibt es eine solide Basis für die Weiterentwicklung der Teile. Außerdem ist der Integration Framework-Ansatz am Ende kostengünstiger als die anderen beiden, die nur am Anfang billiger erscheinen. Mit einem Framework gewinnt man ein Maximum an Flexibilität bei gleichzeitiger Interoperabilität.

Enterprise Application Integration ist letztlich unvermeidlich für den Einstieg in die E-Business-Welt. Die unterschiedlichen Datenbestände und Anwendungssysteme in diversen technischen Umgebungen stellen eine große Hürde dar auf dem Wege zu einem neuen integrierten Unternehmen. (siehe Abb. 2.11)

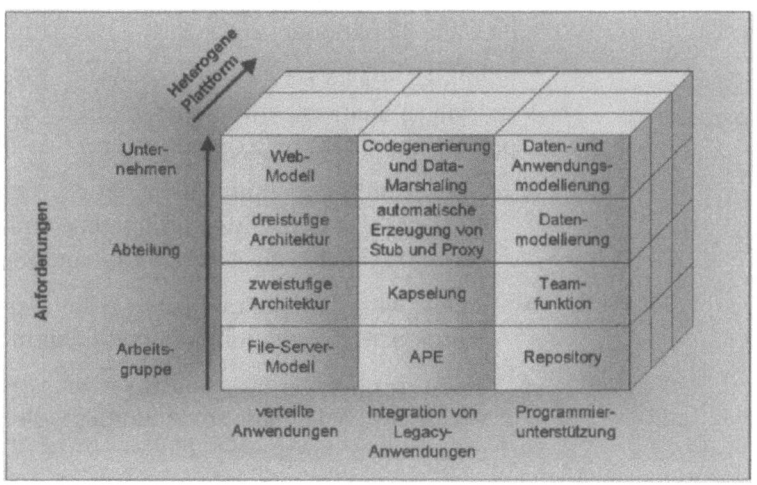

Quelle: COMPUTERZEITUNG Nr 49, Dez 2001

Abb. 2.11: Kriterien für EAI-Tools

2.7 Application Integration Tools

EAI-Tools

Das Erste, woran viele Anwender denken, wenn sie vor einer Aufgabe wie Application Integration stehen, ist ein Werkzeug, das ihnen dabei hilft, die Aufgabe möglichst billig und einfach zu lösen. Durch die Werbung der Toolanbieter wird ihnen das auch nahegelegt. In einer Werbung der Seeburger AG heißt es: „Integration ohne Programmieraufwand" [293]. Ob das wirklich so stimmt, bleibt dahingestellt. Tatsache ist, es werden mittlerweile eine ganze Reihe Werkzeuge angeboten, um Enterprise Application Integration zu unterstützen. Der Grad der Unterstützung reicht von einer Hilfe bei der Generierung der Schnittstellen bis hin zu der oben angedeuteten vollautomatischen Vernetzung der Anwendungssysteme.

Entire-X

Eines der ersten Toolsets überhaupt, um verteilte Anwendungen miteinander zu verbinden, ist das Produkt Entire X von der Software AG. Dieses Integrationswerkzeug kam bereits Anfang der 90er Jahre auf den Markt und wurde innerhalb der Welt der Software AG schon mehrfach eingesetzt. Somit hat es, relativ zu den anderen, einen recht hohen Reifegrad.

Delta's Score

Die DELTA Software GmbH bietet ein Produkt namens Score an, das Systeme in einem adaptiven Framework unabhängig von Middleware und Verteilungskonzept zusammenfügt. Mit diesem Produkt lassen sich vor allem alte Hostanwendungen in COBOL oder DELTA in eine Webarchitektur einbinden [215]. Score beinhaltet alle Funktionen eines EAI-Servers und hat sich bereits in mehreren Projekten bewährt.

Open-Seas

Von Fujitsu-Siemens wird das Produkt Open Seas angeboten. Open Seas umfaßt drei Komponenten:

- einen Enterprise Application Server, der eine Ablaufumgebung für C- und COBOL-Programme sowie eine objektorientierte Architektur für EJB-Komponenten anbietet,
- einen Web Integration Server, der Mainframe-, Unix- und Windows-NT-Anwendungen webfähig macht und
- einen Application Integration Server („Biz Transactions"), der verspricht, beliebige Anwendungen ohne Änderungen miteinander zu integrieren [256].

TIBCO

Aus Amerika kommt das allumfassende Integrationssystem TIBCO von der gleichnamigen Firma. TIBCO vermittelt Nachrichten zwischen beliebigen Anwendungssystemen in beliebigen Umgebungen über ein Portal Framework. Über das gleiche Portal können Anwender auf die Systeme zugreifen und Nachrichten miteinander austauschen. TIBCO ist so konstruiert, daß es überall in jeder Umgebung einsetzbar ist und daß es die bestehenden Anwendungen zugänglich macht, ohne sie ändern zu müssen. Neuere Versionen bieten auch Web Services an [262].

2.8 Integration als Voraussetzung für E-Business

EAI und E-Business

E-Business kann in einer heterogenen, entkoppelten Umgebung nicht gedeihen. Es setzt einen hohen Grad an Integration voraus. Wenn zum Beispiel ein Kunde über das Internet eine Bestellung aufgibt, muß das Produkt geliefert werden, die Transaktion muß berechnet, der Warenbestand korrigiert und neues Material nachbestellt werden. E-Business ist wesentlich mehr als eine Internet-Präsenz mit einer Website als Schaufenster. Hinter der Szene müssen die neuen Web-Frontends mit den bereits bestehenden „Back office"-Systemen verbunden werden, denn die letzteren leisten die eigentliche Arbeit. Es nützt aber auch nicht, mit einzelnen Systemen verbunden zu sein. Die Backend-Systeme müssen untereinander integriert sein. Daher ist Enterprise Application Integration eine unbedingte Voraussetzung für E-Business. Ohne EAI keine B2B.

Vorrang der Integration

Um in der neuen vernetzten Welt des E-Commerce erfolgreich agieren zu können, müssen also Firmen ihre IT-Systeme integrieren. Das heißt, ehe sie anfangen, Customer Relations oder Supply Chain Management Systeme aus dem Boden zu stampfen, müssen sie ihre bestehenden Systeme untereinander integrieren. Wolfgang Martin von der META Group zitiert: *"Ausgereifte Integrations-Architekturen ermöglichen erst ein effizientes E-Business und beschleunigen die Evolution bestehender Applikationen. Unternehmen müssen robuste EAI-Systeme implementieren, damit virtuelle Geschäftsprozesse stattfinden können."* [218]

In einer Integrationsarchitektur werden sämtliche Datenflüsse über einen zentralen Integrationsserver umgeleitet. Dieser Server dient als zentraler Nachrichtenvermittler. Die bisher direkten Punkt-zu-Punkt-Verbindungen zwischen entfernten Programmen entfallen. Alle Systeme kommunizieren nur noch über den Broker. Er entscheidet, welche Informationen letztlich weitergeleitet werden sollen und an welchen Empfänger die Daten gelangen müssen. Der Transformationsprozeß übersetzt die Quellendaten entsprechend dem Zielsystem. Auf diese Weise werden unterschiedliche Nachrichtenformate erkannt und gemäß den neuen Formaten umgewandelt. Über Wrapper-Software ist auch die fachliche Anpassung der Nachrichten möglich. Damit haben Anwender die Möglichkeit, fachliche Inkompatibilitäten zwischen unterschiedlichen Systemen auszugleichen. Dies ist für die Integration von fremden IT-Anwendungen besonders wichtig.

Integration statt Eskalation

Es geht nicht anders - Integration geht vor Eskalation. Anders gesagt, der gegenwärtige Stand der Technik muß konsolidiert werden, ehe in den nächsten Stand gesprungen wird. Jeder Bergsteiger weiß, er muß sich in seiner momentanen Lage absichern, ehe er sich in die nächste Lage begibt. Dieses uralte Prinzip haben viele Anwender bei der ersten E-Commerce-Welle mißachtet und sind demzufolge auf dem Bauch gelandet. Jetzt wissen sie es besser.

Konsolidierung tut not

Der heutige Trend geht eindeutig in Richtung Konsolidierung und Integration. Dabei werden die Weichen für den Sprung in die zukünftige Welt des Webs vorbereitet. Das bedeutet in erster Linie, saubere, genormte Schnittstellen zu schaffen, damit auch Produkte unterschiedlicher Lieferanten wie Multisite von Intershop und Websphere von IBM miteinander kommunizieren können. Hierzu sind weniger die Produktanbieter als viel mehr die Systemintegratoren aufgefordert [362].

3 E-Business-Modelle für Systemintegration

E-Business-Voraussetzungen

E-Business setzt Business Reengineering und Enterprise Application Integration voraus. Beide Phasen müssen vollzogen werden, um den Weg zu einem funktionalen E-Business frei zu machen. E-Business baut auf der Web-Technologie auf. Die Web-Technologie bietet den technischen Rahmen, um verteilte, verschiedenartige Rechner, Programme, Datenbanken und Geschäftsprozesse miteinander zu verbinden. Dennoch sind damit nur die technischen Voraussetzungen erfüllt. Es bleiben noch die organisatorischen und und die architektonischen Voraussetzungen. Business Reengineering führt zu einer Aufteilung der Unternehmen in selbständig agierende Geschäftseinheiten, die für die verteilten Geschäftsprozesse und die dahinter liegenden Anwendungssysteme zuständig sind. Enterprise Application Integration schafft die erforderliche Systemarchitektur für die Integration zwischen den bestehenden Anwendungen sowie für den Zugriff auf die bereits vorhandenen Funktionen und Daten. E-Business setzt auf diesen Ergebnissen auf und verbindet das Unternehmen mit der Außenwelt. E-Business ist letztendlich nur ein weiterer Schritt in der Automation der betrieblichen Abläufe. Es fördert den elektronischen Datenaustausch zwischen den innerbetrieblichen Geschäftseinheiten bzw. Dienststellen, zwischen den Geschäftseinheiten und deren Kunden sowie zwischen den Betrieben untereinander. Als solches ist E-Business ein Begriff für die betrieblich wirtschaftliche Nutzung von dedizierten Hardware-Servern, Web-Servern, Application Servern, Daten-Servern, verteilten Software-Systemen und Datenbanken, Kommunikationsprotokollen und Transaktionsmonitoren, um Informationen auszutauschen [130].

E-Business-Modelle sind wiederum Rahmenkonzepte für die Nutzung jener Produkte bzw. für die Regelung des elektronischen Datenaustauschs. (siehe Abb. 3.1)

In diesem Kapitel wird beschrieben

- warum sich E-Business lohnt,
- welche Voraussetzungen für E-Business gelten,
- wie E-Business angewendet wird,

3 E-Business-Modelle für Systemintegration

- was E-Business-Modelle darstellen und
- welche E-Business Frameworks in Frage kommen.

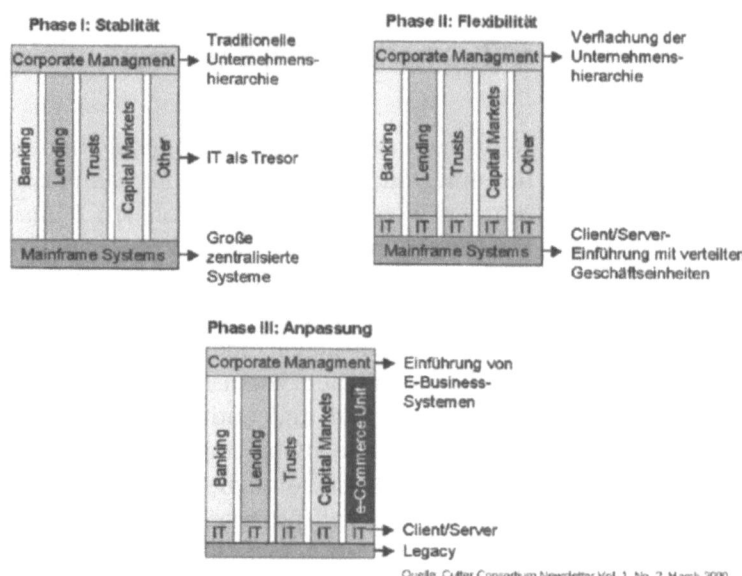

Abb. 3.1: Der Weg zum E-Business

3.1 Gründe für E-Business

E-Business unausweichlich

Das Ziel von Business Reengineering und Enterprise Application Integration ist der Einstieg in die E-Business-Welt. Zu Beginn des 21. Jahrhunderts befindet sich die Weltwirtschaft im Übergang von der manuellen in die elektronische Geschäftsabwicklung. Daraus folgt, daß die Betriebswirtschaft in Zukunft viel mehr als bisher von der Technologie beeinflußt wird. Bisher wurden Geschäftsvorgänge von Mensch zu Mensch durchgeführt. Eine Person bestellte per Telefon einen Artikel von einer anderen Person, oder eine Person ließ sich von einer anderen Person ein Angebot vorlegen. Die IT-Systeme blieben weitgehend im Hintergrund. Die Menschen haben sie benutzt, um Daten über die Geschäftsvorgänge zu speichern und um Informationen zu den Geschäftsvorgängen zu liefern. An den Geschäftsvorgängen selbst waren die IT-Systeme nur indirekt beteiligt.

Individueller Service

Das soll sich jetzt ändern. In der E-Business-Welt werden die Geschäftsvorgänge zwischen Menschen und IT-Systemen sowie zwischen IT-Systemen untereinander abgewickelt. Der Kunde wird direkt mit der IT konfrontiert. Das unterscheidet E-Business von seinem technologischen Vorgänger - dem Client/Server Computing. Client/Server-Technologie sah eine Verteilung der Rechen- und Speicherkapazität innerhalb eines Unternehmens vor, damit die Sachbearbeiter einen leichteren und schnelleren Zugriff auf Informationen und IT-Dienstleistungen haben konnten. Diese Verteilung der Funktionen und Daten, gekoppelt mit individuellen, einstellbaren graphischen Oberflächen, sollte dazu dienen, die nach wie vor zwischenmenschliche Geschäftsabwicklung zu beschleunigen. Das ist auch in einigen Fällen gelungen. Die Effizienz einzelner Dienststellen ist gestiegen und damit die Kundenzufriedenheit [65].

E-Business verfolgt eine andere Zielrichtung. Die Geschäftsabwicklungen zwischen Menschen sollen nicht optimiert, sondern durch eine andere Art der Geschäftsabwicklung ersetzt werden, nämlich durch Geschäftsvorgänge direkt zwischen Menschen und Systemen. Dafür müssen die Daten und Funktionen im Netz wieder zentralisiert werden. Sie sollten nicht nur für einzelne Sachbearbeiter, sondern für alle zugänglich sein. Die IT-Systeme eines Unternehmens werden in Selbstbedienungsläden verwandelt.

Reduzierte Kosten

Die Vorteile sind offensichtlich. Zum Einen können die Kunden ihre Geschäftstransaktionen viel schneller abwickeln. Zum Anderen können sie ihre Alternativen selber erforschen und ausprobieren. Da sie nicht auf fremde Hilfe angewiesen sind, können sie schneller durch die Alternativen navigieren. Der größte Vorteil bleibt jedoch der Kostenvorteil. Mit E-Business werden die Standardgeschäftstransaktionen erheblich billiger [244].

Es wurde errechnet, daß eine durchschnittliche Banktransaktion, z.B. eine Überweisung, am Schalter der Bank $1.07 kostet. Die gleiche Banktransaktion im Internet kostet die Bank nur $0.02. Eine Flugbuchung am Ticket Counter kostet die Fluggesellschaft $32.00. Die gleiche Flugbuchung im Internet kostet nur $6.00. Eine briefliche Bestellung beim Versandhaus kostet das Versandhaus bis zu $50. Die gleiche Bestellung im Internet kostet nur $15. Es gibt also ein enormes Einsparpotential bei den Sachbearbeitern [93]. Ein Großteil ihrer bisherigen Arbeit kann vom System bzw. vom Kunden selbst übernommen werden. Das ist auch Sinn und Zweck der Selbstbedienungsläden. Natürlich muß diese Kostenersparnis durch niedrigere Preise dem Kunden wieder zugute kommen. Nicht zu vergessen ist auch der Vorteil der 24stündigen Verfügbarkeit. Geschäfte können zu jeder Tages-

und Nachtzeit getätigt werden. In Ländern wie Deutschland mit starren Arbeitszeiten ist dieser Vorteil besonders gewichtig.

Bei E-Business zwischen Firmen - B2B Commerce - ist das Sparpotential noch größer als beim E-Business mit Kunden. Denn hier können Sachbearbeiter auf beiden Seiten durch die direkte Kommunikation zwischen den kollaborierenden Anwendungssystemen ersetzt werden. So konnten die Kosten für Lieferaufträge an Lieferanten von durchschnittlich $60 pro Auftrag auf $18 reduziert werden. Nicht nur das, durch die direkte System- zu System-Kommunikation konnten die Lieferzeiten um 1/3 reduziert werden [367].

Das Fazit ist: E-Business lohnt sich sowohl mit Kunden als auch mit Geschäftspartnern. Die Abwicklung der Geschäfte wird in beiden Fällen schneller und billiger, wobei im zweiten Fall das Einsparpotential noch größer ist.

E-Business-Risiken

Andererseits hat E-Business auch für negative Schlagzeilen gesorgt. Es wurde manchmal nicht alles geliefert, was bestellt wurde [36] oder es wurde falsch abgerechnet [210] oder es sind sensible Kundendaten in die Öffentlichkeit geraten [246]. All diese Rückschläge sind auf Fehler in der Konstruktion der E-Business-Systeme zurückzuführen. Sie haben mit dem Wesen von E-Business nichts zu tun. Sie zeigen nur, daß die Menschen diese Technologie noch nicht ausreichend beherrschen bzw. daß die Systeme nicht ausreichend getestet werden. Zu viele E-Business-Anwendungen der ersten Stunde sind mit heißer Nadel und ohne adäquate Qualitätssicherung gestrickt worden.

Das ist natürlich höchst unverantwortlich und muß in Zukunft unterbunden werden. Dafür brauchen wir überbetriebliche Kontrollinstanzen, die daür sorgen, daß Softwareprodukte, die ins öffentliche Netz kommen, ausreichend getestet sind. Dann werden solche Pannen verschwinden. Die Unternehmen auf dem E-Business-Mark müssen lernen, daß E-Business-Systeme teuer sind. Kleine Softwareunternehmen haben vielleicht die Kreativität, aber nicht die Ressourcen, um stabile, performante und langlebige Produkte zu bauen. Wer nicht die Mittel hat, eine umfangreiche Qualitätssicherung samt mehrfacher Tests zu finanzieren, hat auf diesem transparenten und anspruchsvollen Markt nichts zu suchen [355].

3.2 Voraussetzungen für den Einstieg ins E-Business

Vernetzte Geschäftsprozesse

Genauso wie es unverantwortlich ist, nicht ausreichend getestete E-Business-Anwendungen auf den Markt zu bringen, ist es ebenso unverantwortlich für Anwenderbetriebe, sich Hals über Kopf in diese neue Welt zu stürzen. Der Weg in die E-Business-Welt ist nicht ohne Risiken - Risiken, die auch lange nachwirkende Schäden für ein Unternehmen haben können. Deshalb ist es um so wichtiger, den Einstieg ins E-Business sorgfältig zu planen und die nötigen Voraussetzungen zu erfüllen.

Daß der Betrieb im Hinblick auf E-Business umorganisiert werden muß, wurde schon im Zusammenhang mit Business Reengineering behandelt. Es muß für jeden Partner, ob Kunde oder Geschäftspartner, klar ersichtlich sein, mit wem er es zu tun hat, und wer wofür verantwortlich ist. Der Betrieb hat sich nach außen zu öffnen. Die internen Geschäftsabläufe werden nach außen transparent. Dies mag für manche konventionellen Führungskräfte, die sich hinter mehreren Subalternen verschanzt haben, als Schreckensvision erscheinen, aber dies wird die Realität des 21. Jahrhunderts. Es wird ein jeder mit jedem kommunizieren können und zwar über alle Hierarchiegrenzen hinweg. Die offene Gesellschaft schwappt über in die Unternehmen [335]. (siehe Abb. 3.2)

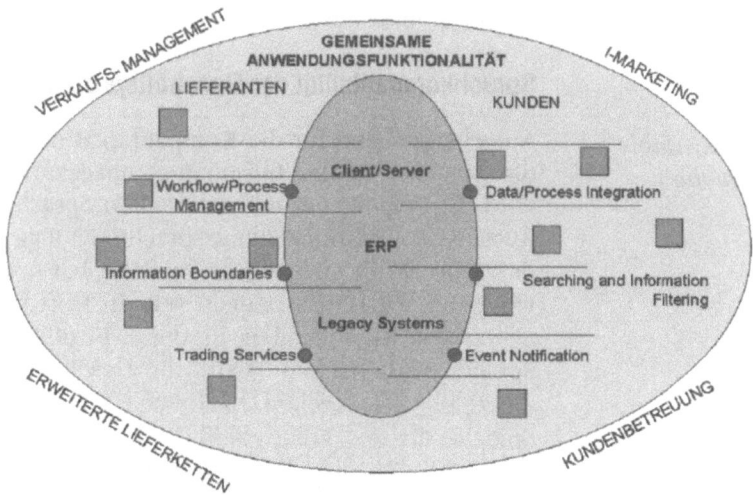

Abb. 3.2: Vernetzung der Geschäftsprozesse

Integrierte Systeme

Was für die Unternehmensstrukturen gilt, gilt auch für die Systemstrukturen. Jedes Anwendungssystem soll mit jedem anderen Anwendungssystem kommunizieren können. Jede Softwarekomponente kann jede andere Komponente im Netz auffordern, eine Funktion auszuführen, und jede Komponente im Netz ist auch zugänglich. Daten sind ebenfalls für alle insofern zugänglich, als sie ein Zugriffsrecht haben, egal wo sie gespeichert sind. Es darf nie wieder vorkommen, daß Systeme nicht webfähig sind, weil sie in einer exotischen Sprache verfaßt sind oder weil sie in einer inkompatiblen Umgebung laufen. Dies ist die Aufgabe der Enterprise Application Integration, dafür zu sorgen, daß die diversen Anwendungssysteme eines Unternehmens zusammenwirken können. Das war das Thema des letzten Kapitels.

Neben diesen zwei Hauptvoraussetzungen sind einige andere kritische Faktoren zu brücksichtigen.

Dazu gehört

- die Sprachenkompatibilität und
- die Anpassungsfähigkeit der Geschäftsprozesse

sowie

- die Systeminteroperabilität und
- die Einbeziehung der Legacy Software.

Die ersten beiden Faktoren müßten Ergebnisse des Business Reengineerings sein. Die letzten beiden sind Folgen der Enterprise Application Integration.

3.2.1 Sprachkompatibilität der Geschäftsprozesse

Gemeinsame Sprache

Ausschlaggebend für die Kompatibilität der Geschäftsprozesse ist die Sprache, in der Information ausgetauscht und ausgedruckt wird. Es beginnt mit der natürlichen Sprache und endet mit der Austausch- und Darstellungssprache. Es mag schön und gut sein, daß jedes Volk eine eigene Sprache hat - wer möchte ihm das verbieten. Zu Hause oder in seinem Dorf kann jeder kommunizieren wie er will, aber in der E-Business-Welt darf nur eine Sprache vorherrschen. Wenn die Geschäftswelt einer Firma sich innerhalb der eigenen nationalen Grenzen abspielt, kann die Sprache die des Volkes sein. Wenn aber das Betätigungsfeld einer Firma sich über die nationalen Grenzen hinaus bewegt, gibt es viele Gründe, sich auf eine Sprache zu einigen. Einer davon ist die Inkompatibilität der Sprachen. Viele Sprachkonstrukte gerade in der Geschäftswelt lassen sich nicht ohne weiteres übersetzen. Falls sie doch noch übersetzt werden, führen sie zu endlosen Mißverständnissen, die geschäftsschädigend sein können, denn was in dem einen Land eine Selbstverständlichkeit ist, ist in dem anderen Land eine Beleidigung. Nicht nur, daß die Übersetzungen nie das wiedergeben, was gemeint war, sie sind auch irre teuer. Man wird gezwungen, teueres Geld für ein unausrei-

3.2 Voraussetzungen für den Einstieg ins E-Business

chendes und gar irreführendes Ergebnis auszugeben. Am Ende ist es besser und billiger, wenn die Geschäftspartner sich auf eine Sprache einigen. Eines Tages wird sich das auch auf die Kunden übertragen. Der Kunde wird wissen, wenn er in die E-Business-Welt eintritt wird Englisch gesprochen. In der kurzen, glorreichen Zeit der deutschen Vorherrschaft in Europa, hieß es auch in den Ländern der vom Großdeutschen Reich annektierten Länder „*Wer nicht Deutsch spricht, wird nicht bedient*". So wird es auch in der angloamerikanisch beherrschten E-Business-Welt heißen „ *Wer nicht Englisch spricht, darf nicht teilnehmen*" [376].

Normierte Protokolle

Ein ähnliches Problem ergibt sich bei der Verpackung der natürlichen Sprache in eine künstliche Trägersprache. Bisher hatte auch jedes Unternehmen eine eigene Datenübertragungssprache oder gar mehrere. Ein Datenaustausch zwischen Geschäftsstellen war oft unmöglich - geschweige denn ein Datenaustausch zwischen Unternehmen. Dann folgten in den 90er Jahren die ersten Versuche, Datenübertragungssprachen zu normieren. Die Interface Definition Language in CORBA war ein Versuch, die Datenübergabe von der Programmiersprache zu trennen. Sie war als eigene Schnittstellensprache unabhängig von den Programmiersprachen konzipiert. Diese Sprache hat sich auch vielerorts in der Client/Server-Welt bewährt.

XML als E-Business-Sprache

In der Internetwelt hat sich die Sprache XML - eXtensible Markup Language - durchgesetzt. Zur Zeit wird diese Sprache überall in der Welt benutzt und hat jetzt schon einen viel größeren Verbreitungsgrad als IDL je hatte. In einem späteren Kapitel wird auf diese Sprache und ihre Anwendung für E-Business und Systemintegration tiefer eingegangen. Es genügt hier, darauf hinzuweisen, daß XML und ihre vielen Derivate wie ebXML, XCBL, CXML und BizTalk die Trägersprache des Webs ist. So, wie derjenige, der in die E-Business-Welt eintritt, Englisch zu sprechen hat, hat jeder, der Daten in der Webwelt austauschen will, XML oder ein Derivat davon zu benutzen. Es ist sehr wichtig, daß sich eine Standardsprache für den Datenaustausch weltweit durchsetzt. Damit haben Toolentwickler einen festen Bezugspunkt für die Realisierung diverser sprachbezogener Dienstleistungen wie Dokumentenprüfung, Dokumentenumsetzung und Dokumentendarstellung. XSLT und DOM sind Beispiele für Dienste dieser Art, die XML-Dokumente parsen, prüfen und umsetzen von einem XML-Dialekt in den anderen. Weitere Produkte wie COBXML und PLIXML bauen eine Brücke zu der Legacy Software, während JAVAXML und CPPXML die Verbindung von XML zu Java bzw. CPP-Methoden herstellen. All diese elektronischen

Datenübermittlungen zwischen getrennten Anwendungssystemen können nur dann stattfinden, wenn eine normierte Datenbeschreibungssprache in einem Anwendungsnetz vorherrscht. Man spricht hier von der Notwendigkeit einer gemeinsamen Ontologie [285].

3.2.2 Anpassungsfähigkeit der Geschäftsprozesse

Anpaßbare Prozesse

Die Bedeutung der Anpassungsfähigkeit elektronischer Geschäftsprozesse kann nicht genug betont werden. Der Markt, und erst recht der E-Business-Markt, ist ständig im Fluß. Es fallen fast täglich neue Anforderungen an. Die implementierten Prozesse müssen auf diese Anforderungen reagieren und zwar in einer angemessenen Zeit. Sonst veralten sie. Dazu müssen sie äußerst flexibel erstellt und weitestgehend parametrisiert sein. Es muß außerdem möglich sein, bestehende Funktionalität über zusätzliche Umsetzungsschichten zu erweitern bzw. zu modifizieren. Das muß alles auf der Oberfläche möglich sein, ohne Eingriffe in die darunterliegenden Komponenten. Das Verhalten der Systeme muß von außen steuerbar sein. So schreiben Yang und Papazoglou - „ *A critical challenge to building robust business applications is to be able to identify the reusable and modifiable portions (functionality and data) of an existing business process or object and combine these with newer generation business processes or objects in a piecemeal mainer...*" [373].

3.2.3 Interoperabilität der Anwendungssysteme

Normierte Prozesse

Systeminteroperabilität ist die Fähigkeit von getrennt entstandenen Anwendungssystemen in seperaten Produktionsumgebungen miteinander zu kollaborieren. Dies ist ein Muß für elektronische Geschäftsabwicklung - sowohl für Anwendung zu Anwendung (A2A) Interaktion innerhalb eines Unternehmens wie erst recht für Business zu Business (B2B) Interaktion außerhalb eines Unternehmens. Abgesehen von einer gemeinsamen Geschäftssprache wie Englisch und einer gemeinsamen Datenbeschreibungssprache wie XML brauchen die Beteiligten ein gemeinsames Schema für ihre Geschäftstransaktionen. Geschäftstransaktionen müssen nach der Art des Geschäftes klassifiziert werden z.B. nach

- Angebotstransaktionen,
- Auftragstransaktionen,
- Lieferungstransaktionen,

3.2 Voraussetzungen für den Einstieg ins E-Business

- Zahlungstransaktionen,
- Auktionstransaktionen und
- Vertragstransaktionen [195].

Geschäftsregeln Für jede Transaktionsart muß es vordefinierte Regeln - Geschäftsregeln - geben, die in einer normierten Sprache wie OCL oder XML verfaßt sind und die allen Parteien zugänglich sind.

Außerdem müssen die Daten einheitlich dargestellt und verschlüsselt sein. Es darf nicht vorkommen, daß die Länge bei dem einen Geschäftspartner in Millimeter und beim anderen in Inches angegeben wird, oder daß der eine „AS" für Austrian Schilling und der andere „ÖS" verwendet. Die Daten müssen alle einen einzigen, allgemein gültigen Domain- bzw. Wertebereich haben [70].

Interoperabilität Interoperabilität ist mit Kompatibilität eng verwandt, und beide bauen auf einer einheitlich abgestimmten Semantik der Transaktionen und Operationen sowie der Objekte und Daten auf. (siehe Abb. 3.3)

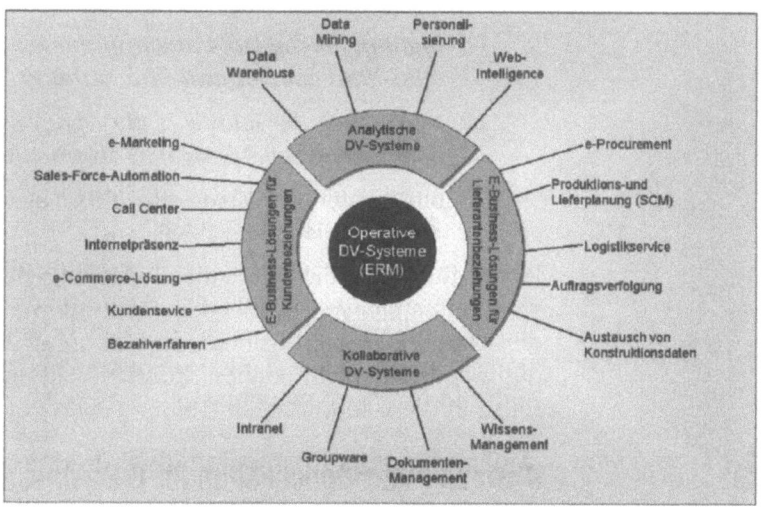

Quelle: COMPUTERWOCHE EXTRA Nr. 4, 1998

Abb. 3.3: Interaktion der Anwendungssysteme

3.2.4 Einbeziehung der Legacy Software

Einbindung der Altsoftware Die Einbeziehung der Legacy Software ist eine Grundvoraussetzung für das E-Business, denn keiner käme auf die Idee, alle vorhandenen Softwaresysteme neu zu entwickeln, bloß damit sie

E-Business-fähig sind. Sie müssen so, wie sie sind, E-Business-fähig gemacht werden, und das heißt kapseln. Um gekapselt zu werden, müssen sie erst *„componentized"* werden, d.h. in Komponenten zerlegt werden. Dies erfordert ein Reengineering der Programmarchitektur. Große, komplexe Programme werden in kleinere, weniger komplexe Komponenten bzw. Module zerlegt. Diese Componentization heißt auch *„Software-Downsizing"* und wird in einem späteren Kapitel ausführlicher behandelt. Es genügt hier, zu erklären, daß zwecks der E-Business-Kompatibilität alte Programme in mehrere Module - jeder mit einer eigenen Schnittstelle - aufgeteilt werden [73].

Anschließend werden die Schnittstellen in eine allgemeingültige Form umgesetzt z.B. in XML, CXML oder ebXML. Damit können Java-, C#- oder VB-Clients die Schnittstellen bedienen. Zum Schluß werden ein oder mehrere Wrapper bereitgestellt, um die Schnittstellen umzusetzen und die gewünschten Funktionen aufzurufen.

In der Literatur werden drei Schritte zur Einbeziehung bestehender Anwendungen erwähnt:

1) identify the logical content of the existing system in terms of its data content and functionaltiy

2) restructure the source of the legacy systems into separate components with their own abstract interfaces

3) publize the interfaces and direct new applications to access these interfaces [288].

Es ist auf jeden Fall klar, die Kapselung der bestehenden Anwendungssysteme ist eine der wichtigsten Voraussetzungen für die Migration zur E-Business, und sie ist etwas, das die Anwendungsbetriebe nicht kaufen können. Sie müssen diese Sache selbst in die Hand nehmen [18].

3.3 Anwendungsmöglichkeiten für E-Business

Die drei Hauptanwendungsgebiete für das E-Business sind bereits erwähnt worden. Es sind

- A2A = Anwendung zu Anwendung
- B2B = Business zu Business und
- B2C = Business zu Customer

3.3.1 Anwendung zu Anwendung

A2A-Verkehr

Anwendung zu Anwendung ist der elektronische Datenaustausch zwischen Anwendungssystemen innerhalb eines Unternehmens. Im Prinzip ist A2A analog zum EAI. Das Vertriebssystem übermittelt Daten an das Produktionssteuerungssystem, und dieses sendet Aufträge an das Lagerhaltungssystem. Auch wenn diese Systeme auf unterschiedlichen Rechnern in unterschiedlichen Umgebungen laufen, auch wenn sie unterschiedliche Datenhaltungssysteme benutzen und in unterschiedlichen Programmiersprachen implementiert sind, können sie sich miteinander über genormte E-Business-Schnittstellen wie BizTalk oder ebXML verständigen. Dies ist für die Realisierung bereichsübergreifender Geschäftsprozesse unentbehrlich.

A2A E-Business in einem Unternehmen fördert nicht nur die innerbetriebliche Kommunikation, es baut auch die redundante Datenhaltung ab. Da jeder Geschäftsbereich eine Insel für sich bildete, hat auch jeder Geschäftsbereich und manchmal jede Abteilung ihre eigenen Daten gehalten. Das führte dazu, daß die gleichen Daten an verschiedenen Stellen in unterschiedlicher Form redundant gespeichert sind. Die Vertriebsabteilung hat Kundendateien, die auch das Marketing hat. Gewisse Produktionsdaten werden sowohl in den Produktionsstätten als auch in der Firmenzentrale geführt. Die Client/Server-Technologie hat diese mehrfache Datenhaltung regelrecht gefördert. Verteilung heißt in einer C/S-Welt oft Vervielfältigung, damit jeder die Daten hat, die er braucht, wann er sie braucht.

In der E-Business-Welt ist dies nicht mehr erforderlich und ist sogar hinderlich. Da jede Anwendung im Netz Zugriff auf jede andere Anwendung und auch zu deren Daten hat, ist es egal, wo die Daten gehalten werden. Prinzipiell sollten sie dort gehalten werden, wo sie entstehen. Funktionen sind ebenfalls dort zu halten, wo sie weiterentwickelt und gepflegt werden. Man braucht keine Objekte mehr im Netz hin und her zu schieben. Die Objekte bleiben an einer Stelle, von wo aus sie alle Anforderungen an sie erfüllen können. Lediglich die Nachrichten zwischen den Objekten bzw. den XML-Dokumenten fließen über das Netz, aber diese dafür in einem gewaltigen Umfang, der früher überhaupt nicht möglich gewesen wäre. Die Web-Technologie macht es möglich [180].

Insofern ist das A2A E-Business der erste Schritt in die E-Business-Welt. Er ist mit der Enterprise Application Integration eng verbunden und wird von manchen als Teil davon angesehen. Auf jeden Fall ist es eine Voraussetzung für das B2B E-Business, denn nur, wenn die eigenen Anwendungssysteme reibungslos miteinander kommunizieren können, sind sie reif für den Datenaustausch mit fremden Anwendungssystemen. (siehe Abb. 3.4)

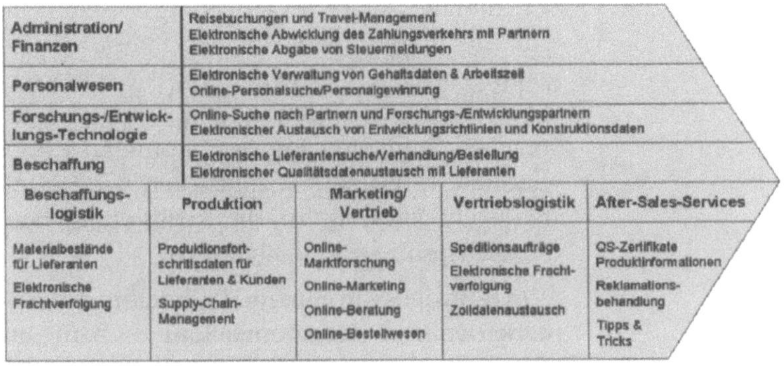

Administration/Finanzen	Reisebuchungen und Travel-Management Elektronische Abwicklung des Zahlungsverkehrs mit Partnern Elektronische Abgabe von Steuermeldungen			
Personalwesen	Elektronische Verwaltung von Gehaltsdaten & Arbeitszeit Online-Personalsuche/Personalgewinnung			
Forschungs-/Entwicklungs-Technologie	Online-Suche nach Partnern und Forschungs-/Entwicklungspartnern Elektronischer Austausch von Entwicklungsrichtlinien und Konstruktionsdaten			
Beschaffung	Elektronische Lieferantensuche/Verhandlung/Bestellung Elektronischer Qualitätsdatenaustausch mit Lieferanten			
Beschaffungslogistik	Produktion	Marketing/Vertrieb	Vertriebslogistik	After-Sales-Services
Materialbestände für Lieferanten Elektronische Frachtverfolgung	Produktionsfortschrittsdaten für Lieferanten & Kunden Supply-Chain-Management	Online-Marktforschung Online-Marketing Online-Beratung Online-Bestellwesen	Speditionsaufträge Elektronische Frachtverfolgung Zolldatenaustausch	QS-Zertifikate Produktinformationen Reklamationsbehandlung Tipps & Tricks

Quelle: COMPUTERWOCHE EXTRA Nr. 4, 1998

Abb. 3.4: A2A-Kommunikation

3.3.2 Business zu Business

B2B-Verkehr

Business zu Business ist der elektronische Datenaustausch zwischen Betrieben - besser gesagt, zwischen den IT-Systemen jener Betriebe. Das Bestellwesensystem des einen Betriebs sendet Bestellungen an das Auftragssystem eines anderen Betriebs, oder ein Reisebüro fragt bei einem Flugbuchungssystem einer Fluggesellschaft ab, ob noch Plätze frei sind. Die Möglichkeiten hierzu sind fast unbegrenzt. Sie reichen von der Logistik zum Vertrieb und Marketing. Manche großen Automobilhersteller kommunizieren nur noch direkt mit den Systemen ihrer Zulieferer und bestellen ihre Teile in Echtzeit von IT-System zu IT-System - so Volkswagen [155]. Ohne E-Business wäre das alles über mehrere Sachbearbeiter, Telefonate, Fax und umständlichen Briefverkehr gegangen. Auch mit E-Mail läuft es immer noch über die Menschen, die die E-Mail verfassen und die, die sie empfangen und umsetzen. Vor allem der Sachbearbeiter auf der Empfängerseite hat zu tun. Er muß den Auftrag interpretieren und dem eigenen Auftragsverwaltungssystem mitteilen. Damit ist die elektronische Kette durchbrochen, was Zeit und Geld kostet. Im Fachjargon wird dies als Medienbruch bezeichnet [220].

Mit E-Business geht es darum, den Mensch aus dem Geschäftsprozeß auszuschalten. Der Mensch ist nur eine zusätzliche

Fehlerquelle. Ohne ihn läuft alles viel besser und auf jeden Fall viel schneller. Die schnellste und sicherste Art der Kommunikation ist die direkt zwischen den Softwaresystemen. Wenn das System A im Betrieb X etwas vom System B im Betrieb Y braucht, dann sendet es ihm direkt einen Auftrag in Form eines XML-Dokuments. Das System B interpretiert den Inhalt, ruft die entsprechenden Funktionen auf, sammelt die Ergebnisse und leitet sie zurück in Form eines zweiten XML-Dokuments. Notfalls wird System B auch andere Systeme benachrichtigen, z.B. das lokale Finanzamtsystem, das dann automatisch die Umsatzsteuer vom Kontoführungssystem in der Bank von Betrieb X abbucht.

Mit B2B E-Business wird sich die Wirtschaft dramatisch verändern. Es wird in der Bürowelt das stattfinden, was in der Landwirtschaft und in der Industrie bereits passiert ist, nämlich eine Automatisierung der Arbeitsabläufe mit einer entsprechenden Reduzierung der darin tätigen Menschen. Wenn heute weniger als 5% der Menschen in der Landwirtschaft und kaum noch 20% in der Industrie tätig sind, dann wird es bald in der Bürowelt ähnlich aussehen. Es werden nur noch wenige, hochqualifizierte Menschen gebraucht, um die voll automatisierten Geschäftsprozesse zu überwachen und zu korrigieren [193]. (siehe Abb. 3.5)

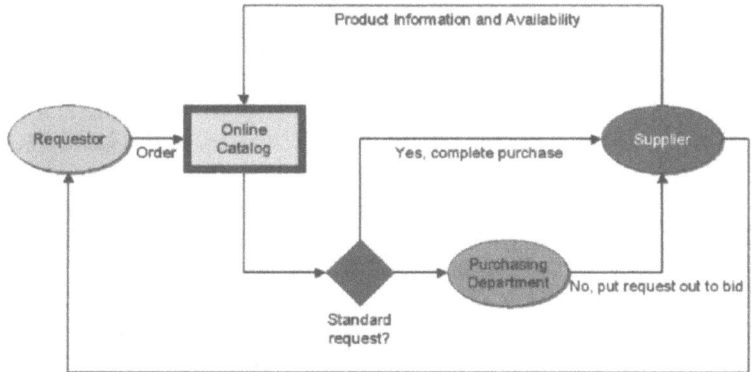

Abb. 3.5: B2B-Kommunikation

3.3.3 Business zu Customer

B2C-Verkehr

Business zu Customer ist der elektronische Datenaustausch zwischen den Betrieben und deren Kunden bzw. zwischen den Kunden und den IT-Systemen der Betriebe. Er setzt natürlich voraus, daß die Kunden computerkundig sind. Ersten müssen sie einen Computer haben - auch wenn das nur ein mobiles Gerät ist - und zweitens müssen sie ihn bedienen können. Die meisten Länder, Deutschland zum Beispiel, sind noch weit entfernt davon. So gesehen ist die Zeit für B2C E-Business noch nicht reif. Das soll aber nicht heißen, daß sie nicht kommen wird, sondern nur, daß es noch länger dauern kann, bis die Menschen soweit sind.

Nichts desto trotz laufen einige Geschäfte bereits im direkten Verkehr zwischen Kunden und dem IT-System eines Dienstleisters. Ein gutes Beispiel ist das Home Banking. Immer mehr Menschen wickeln ihre Finanzen, Kontoauszüge, Überweisungen und dergleichen über das Internet mit dem Kontoführungssystem ihrer Bank ab. Die gleichen Menschen buchen auch ihre Flüge und ihre Hotelzimmer direkt beim Flugbuchungssystem bzw. dem Zimmerreservierungssystem der Reiseveranstalter. Ein sehr erfolgreiches Beispiel von B2C E-Business ist die Bestellung von Büchern über Firmen wie Amazon. In den USA pflegt man auch sein Abendessen über das Internet zu bestellen.

Dennoch darf man nicht übersehen, daß der B2C-Umsatz in der Wirtschaft immer noch einen winzigen Anteil des Gesamtumsatzes ausmacht. In Deutschland wird er auf weniger als 5% geschätzt. Er wächst allmählich, aber es wird Jahre dauern, bis dies einen signifikanten Teil des Handels ausmachen wird [244].

Darum ist es bedauerlich, daß so viele Unternehmen beim Aufkommen des Internets sich nicht erst auf das A2A bzw. das B2B konzentriert haben, sondern sich gleich auf das B2C E-Business gestürzt haben und zwar in der Hoffnung, dort das große Geschäft zu machen. Die meisten davon haben, wie es sich später herausstellte, keine der Voraussetzungen für einen erfolgreichen Einstieg in die E-Business-Welt erfüllt und sind schnell wieder rausgeflogen. Andere, die es geschafft haben, stellen jetzt fest, daß sie einen großen Nachholbedarf an A2A und B2B E-Business haben. Hier trifft wörtlich das Sprichwort zu vom „Pferd von hinten aufzäumen". Die Gier der Menschen nach schnellem Geld hat sie verblendet.

B2C E-Business ist ein vielversprechendes Anwendungsgebiet. Aber es sollte auf einem soliden Fundament von A2A- und B2B-Systemen aufgebaut werden. Firmen sind falsch beraten, alles auf einmal umsetzen zu wollen, bloß weil die Technologie vorhanden ist. Es empfiehlt sich wie immer, eins nach dem anderen zu bewältigen - erst A2A, dann B2B und am Ende B2C. So haben es die traditionellen Unternehmen wie Walmart und ToysRus gemacht, und deshalb sind sie noch am Markt [299]. (siehe Abb. 3.6)

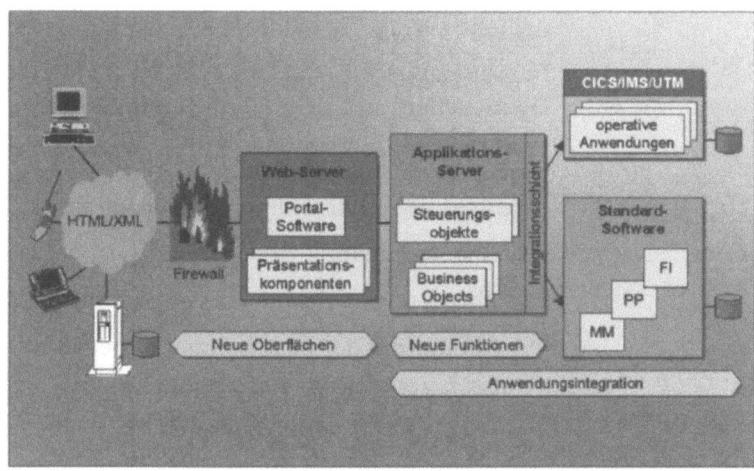

Abb. 3.6: B2C-Kommunikation

3.4 E-Business-Modelle

E-Business Frameworks

Jian Yang und Mike Papazoglou schreiben in der CACM vom Juni 2000: *„e-Commerce is not simply about business transactions that run over the Internet, but is fundamentally about the exchange of information"* [374]. Organisatorische Grenzen sind fließend geworden. Supply chain Management und länderübergreifende Geldbewegungen zwingen Firmen, ihre Geschäftsprozesse zu verändern, nicht weil sie wirklich wollen, sondern weil ihnen nichts anderes übrig bleibt, um im Markt mitzuhalten. In dem Moment, in dem ein Kundenauftrag eintrifft, wird eine Kette aufeinanderfolgender Datenübertragungen ausgelöst. Es gehen Bestellungen an Lieferanten raus. Es gehen Lieferaufträge ans Lager. Es gehen Rechnungsdaten an die Buchhaltung, und es fließen Statistiken an die Vertriebsdatenbank. Alles passiert elektronisch ohne menschliche Einmischung. Wertschöpfungsketten führen zu erweiterten Unternehmen, indem mehrere Unternehmen kollaborieren, um einen Auftrag zu erledigen.

Solche elektronischen Wertschöpfungsketten sind heute ohne weiteres möglich. Die Hardware und Software ist da, um den elektronischen Datenaustausch zu fördern. Wo es am meisten hapert, ist an den Unternehmensstrukturen und an den bestehenden Anwendungssystemen, die einen Zugriff von außen verweigern. Hinzu kommt die Inkompatibilität der Daten zu den verschiedenen Altsystemen. Die gleichen Daten sind oft völlig unterschiedlich verschlüsselt. E-Commerce kann aber nur dort gedeihen, wo alles einheitlich oder zumindest 1:1 umsetzbar ist.

Interoperabilität ist hier das Stichwort für die Fähigkeit, diverse Dienststellen und deren Anwendungssysteme zusammen wirken zu lassen und untereinander über elektronische Schnittstellen Informationen auszutauschen. Im Zusammenhang mit E-Business wird Interoperabilität durch fünf Faktoren bestimmt:

- Datenkompatibilität,
- Anpassungsfähigkeit der Geschäftsprozesse,
- Anbindung der bestehenden Systeme,
- Steuerbarkeit der Transaktionen und
- Sicherheit des Netzes [126].

3.4.1 Struktur einer E-Business-Umgebung

E-Business-Strukturen

Webbrowser

Webserver

E-Business-Rahmenkonzepte sind Modelle für die Zusammenstellung einer E-Business-Umgebung. Um sie umzusetzen, ist es wichtig, zu wissen, aus welchen Bestandteilen ein E-Business-System sich zusammensetzt. Das folgende Bild stellt die Struktur einer E-businessfähigen IT-Welt dar. Vorn am Frontend ist der Webbrowser auf einem Arbeitsplatzrechner - einem mobilen Gerät oder einem speziellen Netzrechner. Das Ziel ist hier, einen möglichst dünnen Client zu haben. Zwischen dem Webbrowser und dem Webserver ist ein Firewall, um unerlaubte oder unerwünschte Aufträge abzublocken. Hinter dem Firewall wartet der Webserver auf Kundschaft. Er ist meistens auf einem eigenen Vermittlungsrechner. Der Webserver beinhaltet die Präsentationskomponente bzw. die eigentliche Website und die Portalsoftware dazu.

Applicationserver

Hinter dem Webserver lauert ein Applikationsserver, der darauf wartet, Aufträge zu erfüllen. Auf dem Applikationsserver liegt die Geschäftsprozeßsteuerung, die Aufträge empfängt und an die entsprechenden Geschäftsobjekte delegiert. Auf dem Applikationsserver wird entschieden, welche Funktionen in welcher Reihenfolge auszuführen sind. Möglicherweise sind einige Funktionen in den Geschäftsobjekten auf dem Applikationsserver vorhanden.

3.4 E-Business-Modelle

*Operations-
server
Datenserver*

Es ist aber wahrscheinlicher, daß ein Großteil der Funktionen weiter hinten auf dem Operationsserver bzw. dem Datenserver zu finden sind. Hier liegen sie in den Legacy-Systemen oder in den Standardsystemen. Diese Systeme verwalten die Stammdatenbanken, die in der Regel zentral gehalten werden. Nur in Sonderfällen werden Daten auf den Applikationsserver vorverlagert. Nämlich dann, wenn sie nur von dieser Applikation verwendet werden oder wenn aus Performancegründen die Daten redundant gehalten werden. (siehe Abb. 3.7)

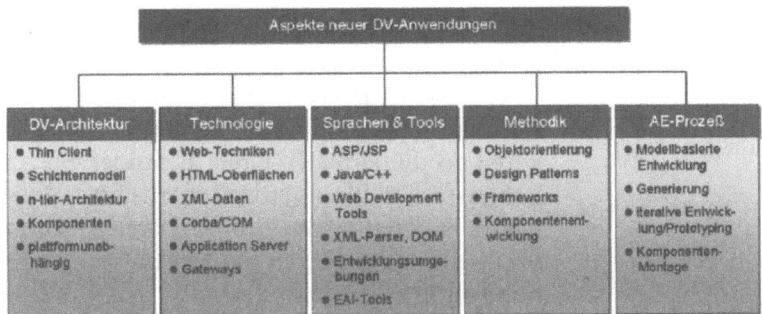

Abb. 3.7: Struktur einer E-Business-Umgebung

3.4.2 B2B E-Business-Szenarien

*Geschäfts-
szenarien*

Michael Fitzgerald beschreibt in seinem Buch „Building B2B Applications with XML" die vielen Szenarien für das B2B E-Business [84]. Es genügt hier, die wichtigsten zu erwähnen. Ein E-Business-Szenario bezieht sich immer auf einen bestimmten Typ von Geschäftsprozessen. Beschaffungsprozesse laufen z.B. nach dem gleichen Szenarion ab. Firma A sucht im UDDI-Verzeichnis nach potentiellen Lieferanten. Dort stößt sie auf Firma B. Im Vergleich zu den anderen Anbietern scheint Firma B der beste Kandidat zu sein. Also wird von Firma B ein Angebot verlangt. Firma B, bzw. das Vertriebssystem von Firma B, reagiert mit einem entsprechenden Angebot. Wenn dieses den Erwartungen von Firma A entspricht, erfolgt eine Bestellung. Firma B erfüllt den Auftrag und sendet eine Rechnung an Firma A.

Natürlich gibt es jede Menge Variationen zu diesem Standardmodell, z.B. wenn Firma A ihre Bestellung storniert, oder wenn sie etwas an der Dienstleistung von Firma B reklamiert. Dafür sind Modelle da; nämlich als Muster, um ergänzt zu werden.

Ein anderes Szenario ist das für den Informationsaustausch. Firma A entdeckt in den Gelben Seiten des Internets, daß Firma B eine Erfindung gemacht hat. Sie stellt eine Nachfrage über nähere Einzelheiten. Das Informationssystem von Firma B reagiert mit einer entsprechenden Anwort. Sie könnte die Information aus Kulanz kostenlos liefern, oder sie fordert eine Mitteilungsgebühr für den Informationsdienst. Information wird immer mehr zu einer wichtigen Ressource, ebenso wichtig, wie die konventionellen Naturressourcen. Sie wird also in zunehmendem Maße als kostenpflichtig gehandelt [16].

Ein drittes Szenario dürfte für die Software-Industrie von Interesse sein. Firma A hat alte Software, die sie konvertieren möchte. Über das UDDI-Verzeichnis erfährt sie, daß Firma B solche Dienstleistungen anbietet. Sie sendet eine Aufforderung zum Angebot an die Firma B. Firma B sendet ein Angebot für eine Probekonversion für n Programme. Firma A sendet einen Auftrag mit den betreffenden Source-Dateien. Firma B konvertiert die Programme und sendet die Ergebnisse der Konversion mit Rechnung zurück.

Dies sind nur einige von vielen B2B-Szenarien, die sich zwischen Betrieben abspielen können. Die Möglichkeiten sind unbegrenzt.

3.4.3 B2C E-Business-Modelle

Laut Hajnal und Davis gibt es vier Grundmodelle für B2C E-Business-Anwendungen:

- das Broker Modell,
- das Manufacturer's Modell,
- das Auction Modell und
- das Sellers Modell [110].

Vermittlungsmodell

Im Broker Modell ist das E-Business-System nur ein Vermittler zwischen Kunden und Lieferanten. Es vermittelt einen Kunden an einen Lieferanten. Firmen, die nach diesem Modell arbeiten, verdienen ihr Geld durch die Vermittlungsgebühren. Ihr Beitrag liegt in ihrem Marketingaufwand. Sie haben die Anschriften der potentiellen Kunden, die sie direkt anwerben können. Sie haben auch die Websites, in denen sie die Produkte der Lieferanten anpreisen können. Ansonsten müssen sie nur warten, bis Kundenanfragen oder Kundenaufträge kommen und sie an das System des jeweiligen Lieferanten weiterleiten. Auch die Zahlung mit Kreditkarte erfolgt meistens über das Broker System, das seinen

3.4 E-Business-Modelle

Anteil für die Vermittlung abzieht und den Rest an den Lieferanten weiter gibt. Dieses Modell ist in der Abbildung 3.8 abgebildet. (siehe Abb. 3.8)

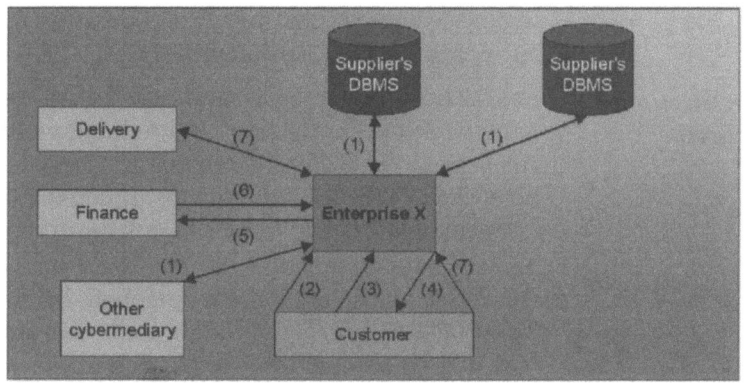

Quelle: IEEE Computer March 1999

Abb. 3.8: Das Broker Modell

Fertigungs-modell

Im Manufacturer's Modell kann der Kunde die Produktion des gewünschten Produkts beeinflussen, indem er die gewünschten Produktausstattungen, Eigenschaften, Farben usw. auf der Website des Produzenten auswählt.

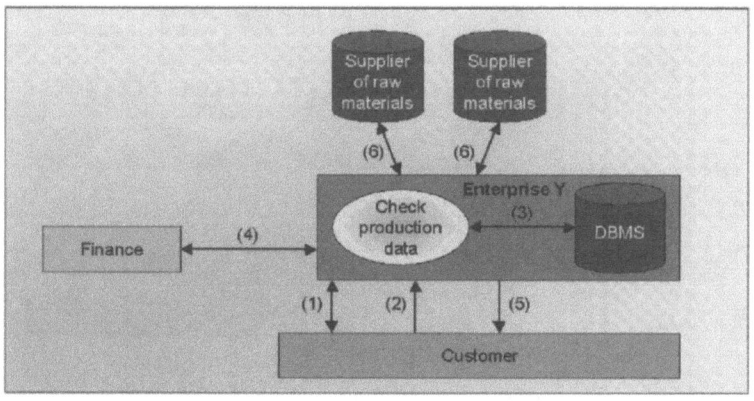

Quelle: IEEE Computer March 1999

Abb. 3.9: Das Manufacturer's Modell

Hier geht es also nicht nur um die Bestellung irgendeines Produkts, sondern auch um die kundenspezifische Gestaltung des Produkts. Dieses Modell funktioniert am besten für Betriebe, die konfigurierbare Produkte wie Autos, Fahrräder, Computer und

Software-Werkzeuge herstellen. Dieses Modell hat zum einen den Vorteil, daß der Auftraggeber am Produktionsprozeß beteiligt ist und zum zweiten den Vorteil, daß der Produzent eine Rückkopplung über die Kundenprofile erhält. Auf diese Weise lernt er seine Kunden besser kennen und kann seine Produkte auf sie einstellen. (siehe Abb. 3.9)

Versteigerungsmodell

Im Auction Modell verbindet das E-Business-System potentielle Käufer mit dem Anbieter. Die Produkte werden auf der Website zur Schau gestellt, und interessierte Klienten können ihre Angebote einreichen. Es läuft ab wie auf dem Flohmarkt und hat viele Ähnlichkeiten damit. Jeder Klient kann die letzten Angebote zur Ansicht bekommen und entsprechend reagieren. Am Ende gewinnt der mit dem höchsten Angebot. Wenn er es nicht zurückzieht, bekommt er das Produkt und auch die Rechnung. Dieses Modell ist bei Firmen entstanden, die ihre Restbestände los haben wollten - vor allem Firmen mit vergänglichen Produkten wie Modellkleidung und Bücher. Mittlerweile wird dieses Modell aber von Reisebüros benutzt, um freie Flugtickets und von Hotels, um leere Zimmer zu verschachern. Es ist auch eine Möglichkeit für Anbieter, die Aufmerksamkeit der Kunden auf sich zu lenken. Dieses Modell hat das Potential, sich auf breiter Front durchzusetzen. (siehe Abb. 3.10)

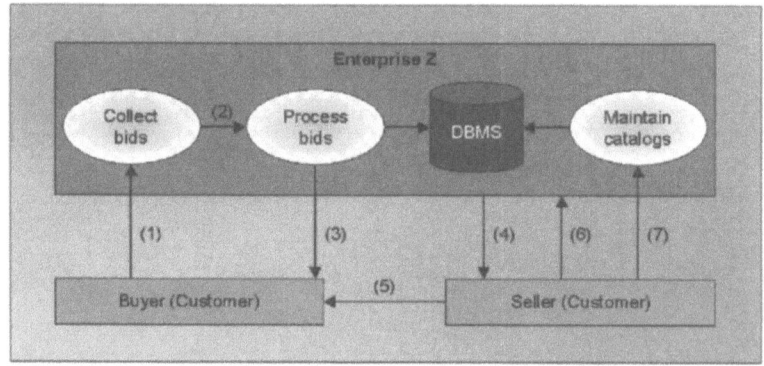

Quelle: IEEE Computer March 1999

Abb. 3.10: Das Auction Modell

Zum Schluß kommt das Sellers Modell. Eine Firma, die etwas verkaufen will - ob Versicherungen, Aktien oder Spiele - bietet ihre Produkte bzw. Dienstleistungen auf ihrer Website an und publiziert diese Website in den Gelben Seiten des Internets. Interessenten, die solche Produkte oder Dienste suchen, können die Website besuchen und dort weitere Informationen bekommen.

Falls sie sich zu einer Bestellung entschließen, müssen sie in der Regel ein entsprechendes elektronisches Formular ausfüllen und samt elektronischer Signatur absenden. Dieses ist das klassische Modell für das B2C E-Business.

3.4.4 Das Strawman-Modell

Strawman-Modell

In ihrem ACM-Beitrag vom Juni 2000 schlagen Yang und Papazoglou die Strawman Referenzarchitektur als Sprungbrett für den Sprung in das E-Business vor. Dieses Schichtenmodell mit den fünf Schichten

- Workflowsteuerungsschicht,
- Geschäftsprozeßschicht,
- Geschäftsobjektschicht,
- Dienstleistungsschicht und
- Middleware-Verbindungsschicht

soll helfen, verteilte Anwendungen miteinander zu integrieren. Erst muß der Rahmen stehen, dann werden erst die Legacy-Anwendungen eingebunden, und anschließend die neuen Frontend-Anwendungen hinzugefügt [375]. (siehe Abb. 3.11)

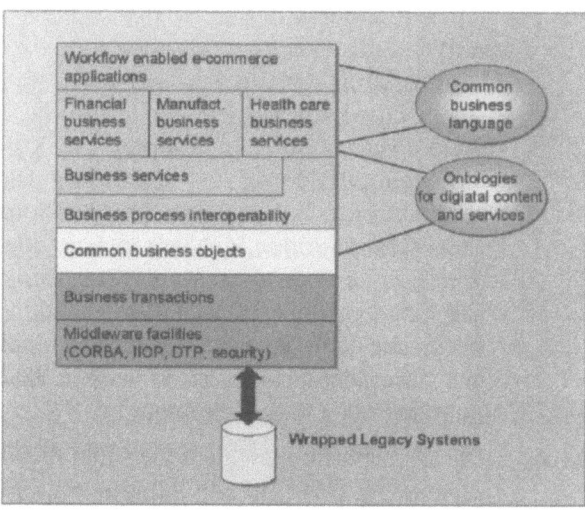

Quelle: Comm. of the ACM, Vol. 43, No. 6, June 2000

Abb. 3.11: Das Strawman-Modell

Workflow

Der Zweck der Workflowsteuerung ist es, die langlaufenden Geschäftstransaktionen durch das unternehmensweite Netz und darüber hinaus in fremde Netze hindurchzusteuern. Eine Geschäftstransaktion kann weitere Geschäftstransaktionen auslösen, z.B. wenn ein Kundenauftrag einen Nachlieferungsauftrag verursacht. Möglicherweise können Transaktionen tagelang offen bleiben, bis sie erledigt sind. Falls es nicht zum Abschluß kommt, müssen alle veränderten Zustände wieder hergestellt werden. Dies zu bewerkstelligen ist die Aufgabe der Workflowsteuerung. Die Workflowsteuerung verbindet auch die alten mit den neuen Anwendungen.

Geschäftslogik   Die Geschäftsprozeßschicht bietet die prozeßspezifischen Geschäftsfunktionen an. Hier handelt es sich um eine detaillierte Substeuerung, bei der im Einzelnen entschieden wird, welche Methode als nächstes auszuführen ist. Diese Prozeßsteuerung wird individuell für jeden Geschäftsprozeß programmiert. Hier werden keine Objekte verarbeitet, sondern es wird entschieden, auf welche Objekte wie zugegriffen wird. Die Hauptarbeit der Geschäftsprozeßschicht besteht darin, die Schnittstellen zu den darunterliegenden Objekten zu bedienen bzw. die Argumente zusammenzustellen - marshalling - und die Ergebnisse zu empfangen.

Geschäftsobjekte   Die Geschäftsobjektschicht umfaßt die eigentliche Geschäftslogik, verbunden mit den Daten, gekapselt in den Geschäftsobjekten. Ein Großteil der Geschäftsobjekte wird aus den bestehenden Anwendungssystemen übernommen bzw. sie werden in ihrer Urumgebung zugänglich gemacht. Einige neue Application-Server-Objekte kommen hinzu, um das Funktionsangebot durch neuere Anwendungsfunktionen wie Kundenbetreuung und Lieferkettenoptimierung zu ergänzen. Die Einhüllung der Geschäftsobjekte hinter einer Wrapper-Software gewährleistet, daß alle Fachfunktionen, egal ob in Java oder in COBOL, in gleicher Weise, etwa über gleichartige XML-Schnittstellen, zugreifbar sind. Die übergeordnete Geschäftstransaktion darf nicht merken, ob sie es mit einer Java Bean oder mit einer COBOL-Section zu tun hat. Die Schnittstelle ist in jedem Falle die gleiche, ob IDL-Interface oder XML-Dokument.

Dienstleistungen   Die Dienstleistungsschicht faßt alle allgemeingültigen Funktionen zusammen. Das sind alle Funktionen, die von verschiedenen Geschäftsprozessen in Anspruch genommen werden. Dazu gehören Zahlungsmodalitäten, Sicherheitsprüfungen jeglicher Art, Methoden für die Umsetzung der Schnittstellen und Zugriffsroutinen. Solche Dienstleistungskomponenten werden in der Regel von Softwareherstellerfirmen angeboten, oder sie werden mit der

Plattform

Middleware mitgeliefert. Sowohl CORBA als auch .Net bieten zahlreiche solcher vorgefertigten Service-Komponenten an.

Die Middleware-Verbindungsschicht ist das technische Fundament, auf dem die anderen Schichten aufgebaut sind. Sie regelt die Nachrichtenvermittlung zwischen den Schichten und zwischen den Komponenten bzw. Objekten innerhalb der Schichten, also vertikale und horizontale Kommunikationswege. Sie sorgt für das Logging und für die Verfolgung der Transaktionen; ebenso für die Verwaltung und Sicherung der Objekte. Speicherzuteilung, Lastverteilung und Fehlermittelung sind alles Aufgaben der Middleware. Hinzu kommen die technischen Sicherheitsmaßnahmen und die Netzüberwachung. Diese Grundschicht wird von den Middlewareprodukten wie ORBIX, Intershop, .Net, ONE, Websphere und Weblogic gebildet. Sie stellen das Fundament für den Bau der anderen Schichten [300].

3.5 E-Business-Frameworks

E-Business-Normen

E-Business-Frameworks sind normierte, generische Kommunikationsmuster, die den Rahmen für spezifische E-Business-Lösungen vorgeben. Im Grunde genommen handelt es sich um Vereinbarungen oder Normen über die Darstellung und den Austausch von Daten im Internet. Ohne Kommunikationskonventionen ist es nicht möglich, Informationen zwischen autonomen Körperschaften auszutauschen. Also raufen sich mehrere Firmen und Behörden zusammen, um eine Norm für sich und den Rest der Welt zu verabschieden. Mittlerweile gibt es leider mehrere solche Konsortien - jedes mit einer eigenen Konvention. Die wichtigsten sind:

- ebXML von der OASIS-Gruppe,
- xCBL von der Commerce one Gruppe,
- cXML von der Ariba-Gruppe,
- eco von der eCo Framework Working Group,
- E2E von der OAGIS-Gruppe,
- BizTalk von der Microsoft-Gruppe und
- RosettaNet von der ASL X12-Gruppe [358].

Diese Gruppen setzen sich aus Vertretern der Lösungsanbieter und potentiellen Anwendern zusammen. Im Falle der OASIS-Gruppe steckt auch die UNO - United Nations Center for Trade Facilitation and ElectronicBusiness - UN/CEFACT - dahinter, was dieses Konsortium von den anderen abhebt. Große Anbieter wie

IBM, SUN und Microsoft arbeiten in mehreren Gruppen, um ja überall Einfluß zu nehmen.

Es ist im Moment nicht erkennbar, welche dieser Konsortien sich durchsetzen werden. Es ist auch hier nicht angebracht, auf all diese Konventionen einzugehen. Sie werden alle in der Literatur über E-Business behandelt. Es geht hier vielmehr darum, zu beschreiben, was E-Business-Frameworks sind und welche Rolle sie bei der webbasierten Systemintegration spielen.

Im Prinzip stellen die Frameworks eine Verbindung zwischen den Geschäftsprozessen fremder Betriebe, die miteinander Handel treiben, her. Die Geschäftsprozesse stützen sich auf die bestehenden Anwendungssysteme der Beteiligten sowie auf einige neugestrickte E-Business-Verbindungssysteme. Das Framework regelt, wie die Nachrichten zu gestalten sind und wie die Kommunikationsprozesse abzulaufen haben. (siehe Abb. 3.12)

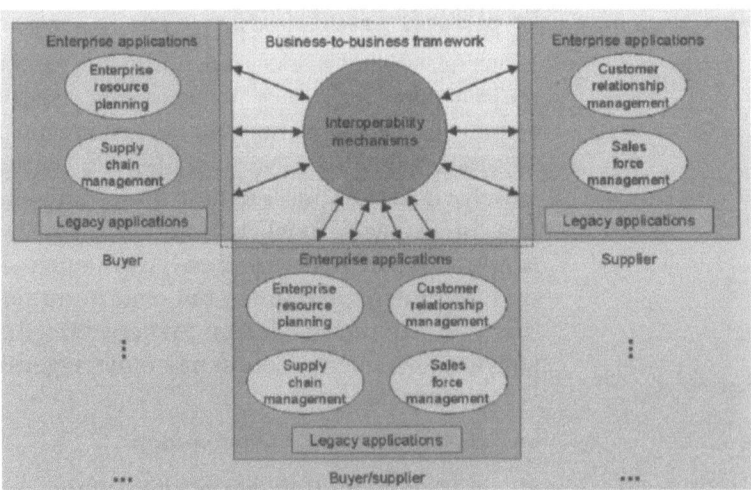

Abb. 3.12: E-Business-Framework

3.5.1 Funktionen eines E-Business-Frameworks

E-Business-Funktionen

Um über das Internet Dokumente auszutauschen, müssen die Anwendungssysteme ein striktes Exchange-Protokoll einhalten. Das Protokoll muß zunächst alle möglichen Interaktionen abdecken. Darüber hinaus muß es flexibel, änderbar und ausbaufähig sein. Eine Verständigung zwischen den beiden am Prozeß beteiligten Teilnehmern kann nur gelingen, wenn beide Parteien sich an die Konvention halten. E-Business-Framework regelt u.a.:

- die Gestaltung der Dokumente,
- die Formatierung der Dokumenteninhalte,
- die Verpackung der Dokumente,
- die Übergabe der Dokumente,
- die Sicherheit der Dokumente,
- die Zwischenspeicherung der Dokumente und
- die Vereinheitlichung der verwendeten Begriffe [166].

Mit der Gestaltung der Dokumente ist die Gliederung in Kopfteil, Rumpfteil und Fußteil sowie der Dokumentenrahmen gemeint. Auf ein Kopfteil können mehrere Rumpfteile folgen. Der Rahmen enthält Standardanweisungen für die Identifikation und Übertragung des Dokuments.

Mit der Formatierung der Dokumenteninhalte ist gemeint, wie der Inhalt - die Texte, die Tabellen und die Graphen - syntaktisch aufbereitet wird, so daß der Empfänger ihn interpretieren kann. Hierzu wird eine Markup-Sprache verwendet.

Mit der Verpackung der Dokumente ist die Einpackung eines Anwenderdokuments in einen normierten Nachrichtenumschlag mit bestimmten Eigenschaften gemeint, die erlauben, daß er versiegelt wird, aber vom richtigen Empfänger aufgemacht werden kann.

Mit der Übergabe der Dokumente ist die Übermittlung der Nachrichten über ein Standard-Nachrichtenprotokoll wie HTTP gemeint.

Mit der Sicherheit der Dokumente ist gemeint, daß die Nachrichten ungeöffnet an ihrem Bestimmungsort ankommen, und daß sie unterwegs nicht abgefangen oder aufgehalten oder in irgendeiner Art verändert werden.

Mit der Zwischenspeicherung ist das Logging der Dokumente gemeint. Alle Dokumente, die versendet werden, werden vorher kopiert, und die Kopien werden aufbewahrt, falls mit dem Originaldokument etwas passiert.

Mit der Vereinheitlichung der verwendeten Begriffe - der Ontologie - ist gemeint, daß das Framework ein Wörterbuch der gültigen Begriffe bereitstellt. Zur Förderung der Verständigung dürfen nur diese Begriffe verwendet werden. Z.B. wird festgelegt, was die Begriffe „Purchase" und „Order" genau bedeuten [51].

3.5.2 Komponenten eines E-Business-Frameworks

E-Business-Komponenten

In seinem ACM-Beitrag „Component based Frameworks for E-Commerce" beschreibt Peter Fingar die wichtigsten Komponenten eines E-Business-Frameworks. Darin wird betont, daß die Anwender die Wahl haben müssen, welche Komponenten eines E-Business-Frameworks sie wie einsetzen. Es wird nur selten vorkommen, daß Anwender ein Framework in seiner Gesamtheit benutzen. Die Komponenten eines E-Business-Frameworks sind den Dienstkomponenten eines CORBA-Frameworks ähnlich. Sie werden in einer Komponenten-Repository ausgeliefert und können nach Bedarf abgerufen werden. Da jede Komponente von jeder anderen Komponente unabhängig ist, dürfen sie sich beliebig zusammensetzen.

Typische E-Business-Komponenten sind:

- Message Transmission Services,
- Workflow Control Services,
- Access Control Services,
- Trade Management Services,
- Data Access Services,
- Event Notification Services und
- User Profiling Services [81].

Jede Komponente enthält eine Menge Dienstfunktionen zu einem bestimmten Aspekt der E-Business-Technologie. Komponenten haben eine veröffentlichte Schnittstelle mit ihren Funktionen samt deren Parametern und Ergebnissen, über die ihre Dienste von den Anwenderkomponenten aus aufgerufen werden können. Die Komponenten werden in eine Schichtenarchitektur unterhalb der Geschäftsprozeßkomponente und oberhalb der Technologiekomponente, zu denen auch die Legacy-Anwendungen und Datenbanken gehören, angeordnet. Somit haben die Frameworkkomponenten auch Zugriff auf diese vom Anwender bereitgestellten Funktionen und Daten aus seiner bestehenden Welt.

Federation-Model

Ein Modell für die Integration vorgefertigter E-Business-Komponenten mit den anwendereigenen Komponenten ist das „Federation Model" von Peter Herzum und Oliver Sims. Dieses Modell sieht eine Komponentenhierarchie vor, die mit den gängigen E-Business-Geschäftsprozessen übereinstimmt. Sie ist isophomorph mit der Geschäftswelt. Jede übergeordnete Komponente behandelt die darunter liegende Komponente in einer Netzstruktur, wobei mehrere übergeordnete Komponenten die gleichen untergeordneten verwenden. Wir haben es also hier mit einer Aggregation zu tun. *„The Federated Component Systems Model (FCS) provides the interfaces for Business Components to interconnect with other Business Components across the internet ..."* [127]. Sie müssen nicht alle auf einem Rechner oder gar in derselben Organisation implementiert sein, sie können über das Netz verteilt sein. Das Netz bildet einen gemeinsamen virtuellen Rechner, der von allen Beteiligten benutzt wird. (siehe Abb. 3.13)

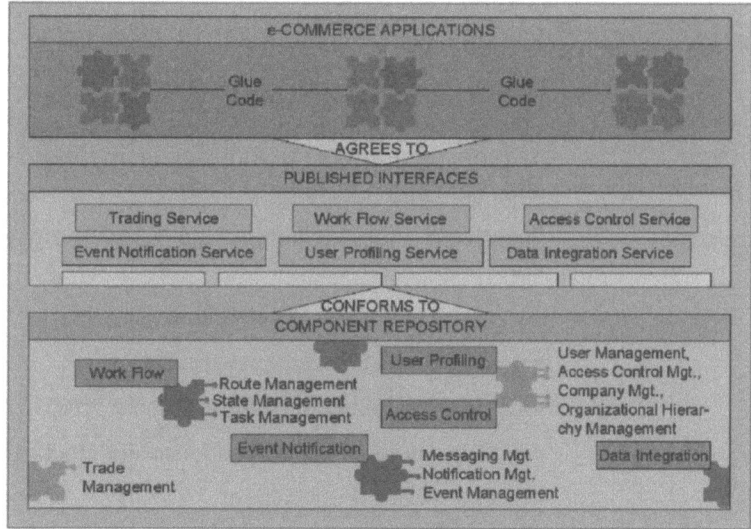

Abb. 3.13: Komponenten eines E-Business-Frameworks

3.5.3 Stellvertretende E-Business-Frameworks

Stellvertretend für den Stand der E-Business-Frameworks sind:

- eCo Framework,
- RosettaNet,
- Commerce XML (cXML),
- E-Business XML (ebXML) und
- BizTalk

eCo eCo Framework vom CommerceNet Konsortium hat sechs Schichten:

- die Network-Schicht für die Identifikation aller beteiligten Parteien,
- die Business-Schicht für die Beschreibung der Dienstleistungen und die Adressen (URLs) der beteiligten Parteien,
- die Service-Schicht für Standard-Informations- und Kommunikationsdienste,
- die Interaction-Schicht für den Nachrichtenaustausch zwischen den Parteien,
- die Dokumentenschicht für die Gestaltung der ausgetauschten Dokumente und
- die Informationsschicht für die Beschreibung der Dokumenteninhalte.

Dieses Framework bietet neben den Dokumentenaustauschkonventionen eine Gateway Webpage, ein Regelwerk für die Dokumentengestaltung und Informationen über die Dienstleistungen aller beteiligten Partner an [138].

RosettaNet

RosettaNet vom gleichnamigen Konsortium sieht fünf Schichten vor:

- eine E-Business-Anwendungsschicht,
- eine E-Geschäftsprozeßschicht,
- eine Partnerschnittstellenschicht (PIPs),
- eine gemeinsame Dienstleistungsschicht und
- eine Wörterbuchschicht.

Über das RosettaNet werden Partnerschnittstellen an die Beteiligten verteilt. Diese werden von den Anwendern als Richtlinie und Ausgangspunkt für die eigene E-Business-Systementwicklung benutzt. Durch die Nutzung einer gemeinsamen PIP können zwei Geschäftspartner Daten miteinander austauschen. Das RosettaNet-Framework bietet vorgefertigte Muster für bestimmte Geschäftsprozeßtypen, unterstützt Agentenprotokolle und stellt gewissen Sicherheitsvorkehrungen zur Verfügung [141].

cXML

Commerce XML Framework vom Ariba Konsortium hat lediglich vier Schichten:

- eine Dokumentenschicht,
- eine Informationsschicht,
- eine Authentikationsschicht und
- eine Transportschicht.

3.5 E-Business-Frameworks

In der Dokumentenschicht werden Standard-Dokumentenformate angeboten, die die Anwender verwenden können. In der Informationsschicht wird über den Status der Dokumente und deren Aufenthaltsort berichtet. Die Authentikation sichert die Dokumente gegen unberechtigte Benutzer ab. Es dürfen nur authentisierte Partner auf sie zugreifen. In der Transportschicht werden die Dokumente in Nachrichten verpackt und über eine HTTP-Verbindung vermittelt [139].

ebXML

E-Business XML Framework vom OASIS-Konsortium stellt den Versuch dar, einen weltweiten Standard für Frameworks im allgemeinen zu setzen. Es ist sozusagen ein Frameworkmodell. Es schreibt vor, welche Schichten ein Framework haben und welche Dienste es leisten sollte. Die zwei Hauptschichten sind die

- Business Operational Schicht und
- Functional Service Schicht.

Die Business Operational Schicht enthält weitere Schichten wie

- Business Semantic Schicht,
- Kernkomponentenschicht und
- Gemeinsame Ressourcenschicht.

Die Functional Service Schicht umfaßt die Unterschichten

- Protokollschicht,
- Schnittstellenschicht und
- Dienstleistungsschicht.

Die Functional Service Schicht bietet diverse Dienste für Registration, Suchanfragen, Partnervermittlung, Vertragswesen und Nachrichtenvermittlung an. Die Business Operational Schicht bietet Namen und Richtlinien sowie einige allgemeingültige Komponenten und Daten für die Entwicklung einiger E-Business-Anwendungen an [140].

BizTalk

BizTalk Framework von Microsoft sieht vier Schichten vor:

- eine Anwendungsschicht,
- eine gemeinsame Komponentenschicht,
- eine Serverschicht und
- eine Kommunikationsschicht.

In der Anwendungsschicht werden Dokumente produziert bzw. konsumiert. Dazu müssen sie nach einem normierten Schema strukturiert und ihre Inhalte in einer normierten Sprache vorliegen. In der gemeinsamen Komponentenschicht werden vorgefertigte Schablonen und Funktionen für die Dokumentenerstellung und Interpretation angeboten. In der Serverschicht werden die Dokumente verpackt bzw. entpackt, verdichtet bzw. entdichtet und verschlüsselt bzw. entschlüsselt. Der BizTalk Server ist ein Softwareprodukt, das eine zentrale Steuerung der Nachrichtenvermittlung und der Dokumententransformation von einem Schema ins andere ermöglicht. Die Kommunikationsschicht behandelt die eigentliche Nachrichtenvermittlung bzw. den Dokumententransport von einem Netzknoten zum anderen. Besondere Funktionen von BizTalk sind:

- Schemaversionierung,
- Schema-Transformationsdienste,
- Verarbeitung von Nicht-XML-Dokumenten und
- Einbindung bestehender E-Business-Systeme [137].

Alle oben genannten Frameworks basieren im Wesentlichen auf der Sprache XML als Dokumentensprache sowie auf HTTP als Datenübertragungsprotokoll. Sie bilden den konzeptionellen Rahmen für die eigentlichen E-Business-Umgebungen wie .Net, ONE, Websphere und Weblogic, die im nächsten Kapitel behandelt werden.

3.6 Anforderungen an eine E-Business-Architektur

E-Business-Architektur

Die Notwendigkeit einer neuen IT-Architektur, um den Anforderungen des E-Business gerecht zu werden, ist inzwischen allen klar. Nach einer Umfrage vom Cutter Consortium im Juli 2000 haben 92% der befragten Unternehmen in den USA eine Umstellung ihrer IT-Systeme auf E-Business als notwendig betrachtet. Allerding haben davon nur 17% ihre Systeme bereits umgestellt. 76% sind dabei, ihre Systeme umzustellen und 7% haben noch nicht damit angefangen [116]. Wie es in Europa aussieht, kann man nur vermuten. Aber auch hier ist ein definierter Trend in Richtung E-Business erkennbar. Laut einer Studie der Metagruppe haben sich 60% der deutschen Betriebe zum E-Business bekannt, und 25% sind schon auf dem Wege dahin [62].

Bedienerfreundlichkeit

Zwei Faktoren sind für den E-Business-Trend ausschlaggebend. Zum Einen wollen immer mehr Endverbraucher das Internet benutzen, um sich zu informieren und womöglich auch ihre Wünsche damit zu befriedigen. Vor allem sind es die Firmen, die darauf drängen, ihre Geschäfte über das Internet abzuwickeln. Ein gutes Beispiel ist die Volkswagen AG, die darauf besteht, daß all ihre Lieferanten E-Business-fähig sind, damit deren Produkte online bestellt werden können. Wer nicht am Web angeschlossen ist, droht ins Abseits zu gelangen. Firmen ohne Internetanschluß werden vom Wettbewerb abgedrängt. Dies gilt auch für den Mittelstand [291].

Integrationsfähigkeit

Zum Zweiten sollen immer mehr Geschäftsprozesse miteinander gekoppelt werden. Die Integration und Abstimmung der innerbetrieblichen Abläufe mit den außerbetrieblichen Abläufen ist ein altes Anliegen der Betriebswirtschaft. Nur haben bisher die technischen Mittel dazu gefehlt. Das Internet macht es jetzt möglich. Über das Web können Geschäftsprozesse über die Firmengrenzen hinaus gesteuert werden und innerbetriebliche Stellen mit außerbetrieblichen Stellen elektronisch Daten austauschen. Dies ist ein signifikanter Fortschritt mit einem ungeheuren Sparpotential. Nicht nur Kosten werden gespart, sondern auch Fehler vermieden. Die manuelle Datenerfassung war bisher eine der Hauptfehlerquellen. Überhaupt ist die manuelle Informationsverarbeitung langsam und unzuverlässig. Je weniger sie stattfindet, desto besser. Elektronische Geschäftsabwicklung verspricht, den manuellen Anteil an betrieblichen Arbeitsvorgängen weiter zurückzudrängen, um damit dem Ziel einer vollautomatisierten Betriebswirtschaft näher zu kommen. Dieses Ziel hat die Datenverarbeitung eigentlich von Anfang an verfolgt. E-Business ist nur ein weiterer Schritt in Richtung der Zielerfüllung [295].

3.6.1 End-to-End-Integration

Unterbrechbarkeit

Die Anforderungen an eine moderne, webbasierte IT-Architektur ergeben sich aus den Zielen der E-Business-Bewegung. Die oberste Anforderung ist die End-to-End-Integration. Alle Softwarebausteine, die einen Geschäftsprozeß unterstützen, sollten nahtlos aneinander angeschlossen sein, unabhängig davon, wie sie implementiert sind. Es darf keine Brüche in den Geschäftsvorgängen geben, auch wenn ein Vorgang bzw. Use Case über mehrere Teilsysteme hinausgeht.

3.6.2 Generische fachliche Komponenten

Standardbausteine

Eine weitere Forderung ist die nach geschlossenen (self contained) fachlichen Komponenten. Jede Softwarekomponente sollte eine gekapselte Menge an Daten und Funktionen verkörpern, die mit jeglichen anderen Komponenten in jeder beliebigen Umgebung zusammenwirken kann. Dieser Bedarf an zusammensetzbaren Komponenten folgt aus dem Unvermögen der Anwender und Anbieter, alles selbst aus einem Guß entwickeln zu können. Dafür haben sie jedoch weder Zeit noch Geld, geschweige denn das nötige Know-How. Die IT-Industrie wird zunehmend spezialisiert. Um auf dem Markt überleben zu können, sind Software-Anbieter gezwungen, sich auf ein Gebiet zu konzentrieren. Demzufolge werden die verschiedenen Komponenten einer E-Business-Anwendung in der Regel aus unterschiedlichen Quellen stammen. Einige werden gekauft. Einige werden selbst entwickelt, und andere - vorläufig die meisten - werden aus den alten Systemen übernommen. Wichtig ist, daß sie wirklich in sich geschlossen und nach außen beliebig anschließbar sind, damit der Anwender sie auch beliebig kombinieren kann. Diese Anforderung wird wohl am schwierigsten zu erfüllen sein [74].

3.6.3 Adaptierbare technische Komponenten

Plug-kompatible Bausteine

Zur Erfüllung ihrer Aufgaben sind die fachlichen Komponenten auf technische Dienstleistungskomponenten angewiesen. Dazu gehören die Datenhaltungs-, Datenübertragungs- und Datenumsetzungskomponenten sowie der Webserver und der Transaktionsmonitor bzw. Scheduler. Performance Monitoring-Werkzeuge überwachen die Webtransaktionen und erstellen Nutzungsprofile, mit deren Hilfe die Abläufe optimiert werden. Solche Tuning-Tools verwenden regelbasierte Inferenzmaschinen oder gar neuronale Netze, um die Transaktionssteuerung nach den jeweiligen Kundenprofilen zurecht zu schneidern. Dies ist nur ein Beispiel für die vielen technischen Komponenten, die eine optimale Auslastung der fachlichen Komponenten gewährleisten. Lastverteilungs- und Nachrichtenverwaltungskomponenten zählen auch dazu [361].

3.6.4 Offene technische Infrastruktur

Offene Systeme

Unterhalb der fachlichen und technischen Komponenten ist eine dritte Schicht erforderlich - die Webinfrastruktur oder Middleware. Diese Softwareschicht verbindet die fachlichen und technischen Komponenten mit dem darunterliegenden Betriebssystem. Die Infrastruktur soll ein offenes System sein, das die Anbindung an verschiedene Betriebssystemtypen erlaubt. Es soll also möglich sein, genau so gut in einer MS-Windows- als auch in einer UNIX- oder IBM-Host-Umgebung zu operieren. Hier muß sich jedoch der Anwender auf einen bestimmten Middleware-Standard festlegen, z.B. EJB, CORBA oder .NET.

3.6.5 Leistungsgerechte Hardware-Konfiguration

Hochleistung

Schließlich gibt es die Hardwareplattform, auf der alle oben genannten Softwareschichten ausgeführt werden. Dafür kommt ein breites Spektrum an Rechnertypen in Betracht - vom PC bis zum Mainframe. Die Kompatibilität der Rechner untereinander wird durch die Middleware gewährleistet. Die Wahl der richtigen Rechner hängt von dem erforderlichen Transaktionsvolumen und Mengengerüst ab.

Wird ein großes Volumen an Webtransaktionen erwartet, dann hat im Mittelpunkt der Webarchitektur ein Mainframe zu stehen. Um den Mainframe herum können mehrere Vermittlungsrechner - die sogenannten Application Server - stehen. Sie verbinden die vielen Webbrowser mit den Diensten auf dem Host. Einen Teil der Dienste können sie selber übernehmen. An der Peripherie sind die Arbeitsplatzrechner, an denen die Websites im Sinne von Thin Clients implementiert sind. Oft werden sie nur aus HTML- oder XHTML-Seiten bestehen.

Primat der Architektur

Auf jeden Fall spielt die Architektur eine entscheidende Rolle bei den E-Business-Systemen, vielleicht sogar die entscheidende Rolle. Sie muß sorgfältig geplant und Schritt für Schritt aufgebaut werden - und zwar nicht von Laien, sondern von professionellen Fachleuten [42].

4 Webbasierte Systemarchitekturen

4.1 Die Bedeutung einer IT-Architektur

IT-Architektur

In Anbetracht der Vielfalt der IT-Technologien und Anwendungsmöglichkeiten ist ein Anwendungsbetrieb ohne IT-Architektur kaum vorstellbar. Es wäre wie Autoverkehr ohne Straßennetz - das reine Chaos. Die Architektur ist der Ordnungsrahmen, innerhalb dessen die betrieblichen Anwendungen ablaufen. Sie zwingt die Geschäftsprozesse, die Datenflüsse und die Transaktionsabläufe in gewisse normierte, vorgestanzte Rahmen. Eine IT-Architektur ist ein Regelwerk aus Hardwaregeräten, Kommunikationsnetzen, Softwareprodukten, Datenbanken und Vorschriften, die einen geordneten, koordinierten IT-Betrieb ermöglicht. Die Architektur sorgt dafür, daß die bestehenden Anwendungen weiterlaufen und daß neue Anwendungen in Betrieb genommen werden, ohne den laufenden Betrieb zu beeinträchtigen. Die Architektur sichert damit die Kontinuität der IT-Dienstleistungen. Kein Faktor ist so wichtig für den Erfolg der IT-Abteilung wie die Architektur. Nur über eine Architektur ist es möglich, die steigende Komplexität der Informationstechnologie zu beherrschen - erst recht im Zeitalter des Internets [333].

Laut einer Studie des MIT-Zentrums für Information Research lassen sich ohne eine zusammenhängende IT-Architektur weder Effizenz- und Synergiepotentiale ausschöpfen, noch läßt sich die Geschäftsstrategie nachhaltig unterstützen. Die Politik der Insellösungen, die in der Client/Server-Epoche vorherrschte, hat sich nicht bewährt. Es kostet einfach zu viel, die verschiedenen Lösungen zu pflegen und zu verbinden. Es gehört ein Rahmen her, um die IT-Entwicklung in geordnete Bahnen zu lenken [359].

Unternehmensarchitektur

Einem Bericht der Meta Group zufolge werden bis zum Jahr 2003 40% der Global-2000 Firmen ihre IT-Architekturen von eng fokussierten Lösungs- und Technologieansätzen hin zu umfassenden Unternehmensarchitekturen fortentwickeln. Es reicht nicht, die IT-Architektur allein auf den IT-Bereich zu beschränken. Sie muß auch die Arbeitsabläufe der Fachabteilungen und im Zuge der E-Business-Revolution auch die Beziehungen zu den Kunden und zu den externen Geschäftspartnern einbeziehen. So gesehen ist die IT-Architektur nicht nur für die innerbetriebliche Integration sondern auch für die außerbetriebliche Interaktion von zentraler Bedeutung. Dies geht aus einer Studie der IBM Unternehmensberatung in Frankfurt hervor [86].

4.1.1 Die IT-Architektur als Bebauungsplan

Bebauungsplan

Klaus Wagner von IBM Hamburg vergleicht die IT-Architektur mit einem betrieblichen Bebauungsplan. Auf ihm ist die gesamte Soll-Anwendungslandschaft verzeichnet, die Zugangskanäle für die unterschiedlichsten Benutzergruppen skizziert und die wechselseitigen Abhängigkeiten zwischen Anwendungen und Unternehmensdaten kartiert. Dabei ist die Vollständigkeit und Konsistenz des Planes wichtiger als die Regelung von Detailfragen. Um so wichtiger ist es, daß die Unternehmensleitung voll dahinter steht und daß alle Betroffenen an der Entstehung des Planes beteiligt sind – keine leichte Aufgabe im Hinblick auf die Größe und Verschiedenartigkeit mancher Unternehmen [351].

In der IT-Architektur verschmilzt also das Betriebswirtschaftlich-Organisatorische mit dem Informationstechnischen. Es werden Geschäftsprozesse, IT-Transaktionen und Datenstrukturen aufeinander abgestimmt, um zu einem übergeordneten, allumfassenden Modell zu gelangen. Dieses Modell muß die Strategie des Unternehmens, zumindest aber die Kernprinzipien widerspiegeln. Selbst die technisch raffinierteste Architektur ist unzulänglich, wenn sie nicht nachhaltig strategische und operative Unternehmensziele unterstützt wie z.B. eine bessere Kundenbindung, die Entwicklung neuer Produkte oder eine verbesserte Prozeßintegration und Kostenstruktur.

Tragwerkslehre

Stephan de Haas, der ehemalige Systemarchitekt im FISCUS-Projekt, vergleicht die IT-Architektur mit dem Bauwesen. Der IT-Systemarchitekt muß Vision und Realität miteinander in einem System versöhnen, wobei er stets auf die Grenzen der Physik bzw. des Machbaren achten muß. Es kommt darauf an, eine Tragwerkslehre für die IT zu entwickeln. Das Architekturmodell ist im Prinzip ein solches Tragwerk. Es leitet aus dem Geschäftsmodell Subsysteme ab und ordnet diese den Trägerschichten zu. Dadurch findet eine Verschmelzung von Geschäftsmodell bzw. der logischen Dimension und Architekturmodell bzw. der physischen Dimension statt. Dieser Vorgang folgt den gleichen Prinzipien wie die Zuordnung von Funktionalität zu Form im Bauwesen [2].

4.1 Die Bedeutung einer IT-Architektur

Architektur-schichten

De Haas betont die Rolle der Schichten in einer Architektur. Eine IT-Architektur sei wie auch andere Baumodelle ein Schichtenmodell. Häuser haben ein Fundament, einen Keller, in dem Sachen gespeichert werden, ein oder mehrere Geschosse, in denen gewohnt wird und ein Dach, um das Gebäude nach oben abzugrenzen. Es gibt auch jede Menge Leitungen, um die Räume untereinander zu verbinden - elektrische Leitungen, Wasserleitungen und Heizleitungen. IT-Systeme haben eine technische Grundlage, die Basissoftware, einen Speicherraum - die Datenbank für die Unternehmensdaten, einige Wohnräume für die Anwendungen und eine Oberfläche, um das System nach außen abzugrenzen. Dazu kommen die vielen Kommunikationsleitungen, die die Anwendungen miteinander verbinden - die sogenannte Middleware. So gesehen gibt es zu jeder IT-Architektur zumindest vier Schichten

- eine Basisschicht,
- eine Datenschicht,
- eine Funktionsschicht und
- eine Oberflächenschicht [56].

Hinzu kommt die neben den anderen Schichten quergelegte Kommunikationsschicht, die diametral zu ihnen läuft. Insofern gibt es durchaus Parallelen zur Bauarchitektur. (siehe Abb. 4.1)

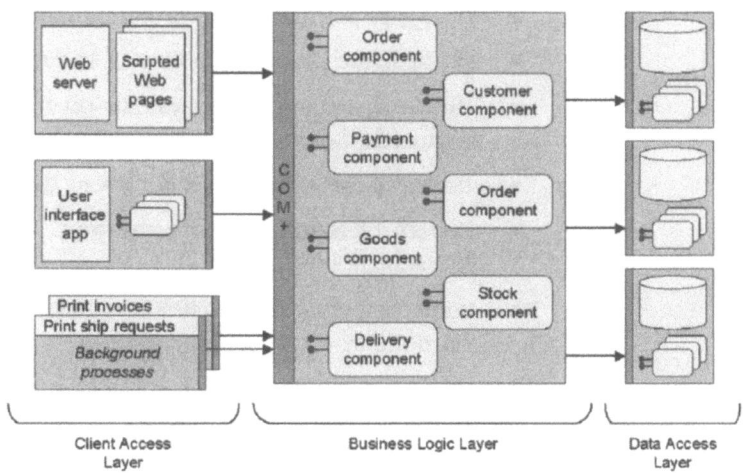

Abb. 4.1: Layered Systemarchitektur

4.1.2 Organisatorische Einflüsse auf die IT-Architektur

Mensch und Architektur

Wie die Bauarchitektur ist auch die IT-Architektur nicht unabhängig von den Menschen, die darin wohnen bzw. arbeiten. IT-Architekten müssen wie Bauarchitekten auf die menschlichen Elemente Rücksicht nehmen. Auf diesen Zusammenhang verwies Alistair Cockburn in einem Artikel in den ACM Communications zum Thema „Interaction of Social Issues and Software Architecture" [48]. Laut Cockburn gibt es eine Wechselbeziehung zwischen Organisation und Architektur. Erkannt wurde dieser Zusammenhang bereits 1968 von Conway, der schrieb *„organizations which design systems are constrained to produce systems which are copies of the communication structures of those organizations"*. Fred Brooks beschreibt das gleiche Phänomen in seinem vielzitierten Buch „The Mythical Man Month". Er behauptet *„ the organization chart will reflect the systems design ... Management Structures have to be changed as the system changes ..."* [39]. Cockburn betont *„IT-System Designers must account for human social issues, not just technical concerns, when making architectural decisions ... most software architects do not think of themselves accounting for social issues, but that is one of the main influences on good architecture ..."*

Architektonische Grundsätze

Cockburn stellt einige Prinzipien auf, die ein guter IT-Architekt zu berücksichtigen hat. Dazu gehört u.a.

- design IT Architectures for permanent evolution
- encapsulate predicted points of variation
- divide systems into subsystems on the basis of human skills required to develop the systems
- ensure there is an owner for every deliverable element
- system elements of the same type should be on the same hierachical level
- separate between infrastructure, user interface and application domain
- make it possible for each subsystem to evolve independently of the others
- check all data at the point of entry
- adapt the user interfaces to the skill level of the user
- if neceessary, have different user interfaces to the same functionality.

4.1 Die Bedeutung einer IT-Architektur

Design Patterns

Cockburn hat in Anlehnung an Erich Gamma und andere eine Reihe Design Patterns für Software- Architektur entwickelt, die IT-Systemarchitekten leicht anwenden können. Diese Muster können helfen, komplexe Systeme von Anfang an auf die richtige Bahn zu bringen. Dies ist von immenser Bedeutung, denn eine schlechte Anfangsarchitektur ist nie wieder gut zu machen. Die Schwachstellen einer Architektur führen früher oder später zum Tod eines Systems, denn je länger das System lebt, desto mehr wirken sich die Mängel aus. Solange die Systeme nur einzelne Anwendungen waren, konnte ein Betrieb den Tod einer Anwendung verkraften. Ist aber das System die komplette Infrastruktur eines Unternehmens, werden architektonische Mängel früher oder später zum Untergang des Unternehmens führen. Darum können sich Unternehmen schlechte Architekten nicht leisten. Ein IT-Architekt muß ein Meister auf seinem Gebiet sein [90].

4.1.3 Die IT-Architektur im Wandel der Technologie

Zum Schluß ist zu sagen, daß IT-Architekturen anpassungsfähig sein müssen. Eine gute Architektur wird auch nicht durch einen Technologiewechsel umgeworfen. Sie wird die neue Technologie absorbieren.

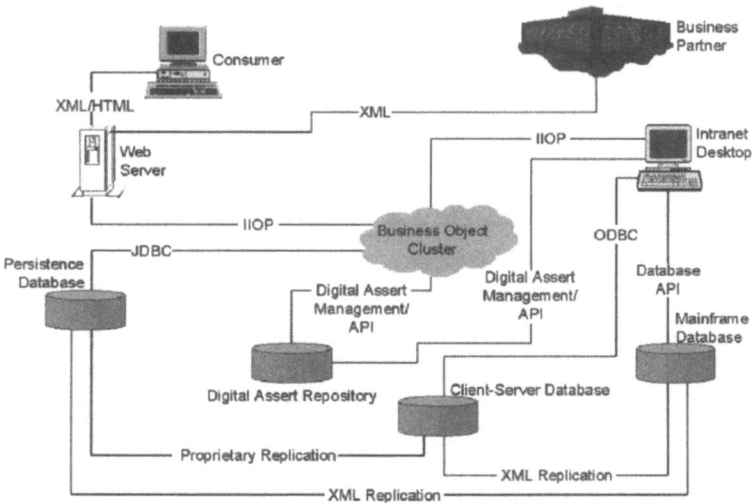

Abb. 4.2: E-Business Anwendungsarchitektur

Firmen, die mit einem Mainframe arbeiten, sind gut beraten, den Mainframe beizubehalten. Nur wird er durch weitere Komponenten wie Application Server, Integration Server und ein Internet Frontend ergänzt. Später muß es möglich sein, auch diese Komponenten zu ergänzen oder zu ersetzen.

Kontinuität bewahren

Das oberste Ziel der IT-Architektur ist, die Kontinuität zu bewahren, d.h. immer auf dem Bestehenden aufzubauen und dies kontinuierlich auszubauen. Richard Nußdorfer, bekannter EAI-Spezialist aus München, unterstreicht die Bedeutung eines Rahmenkonzepts zur Integration und permanenten Weiterentwicklung der betrieblichen IT. Die IT-Systemarchitekten müssen deshalb sehr nahe an der Spitze eines Unternehmens angesiedelt sein, denn durch die richtige IT-Architektur wird das Unternehmen gedeihen und mit der falschen sterben. Von ihrer Entscheidung hängt die Zukunft des Unternehmens ab [217]. (siehe Abb. 4.2)

4.2 Die Komponenten einer IT-Architektur

Bauteile

Die Hauptkomponenten einer IT-Architektur sind bereits erwähnt worden. Es handelt sich um

- zentralen Unternehmensserver,
- Applikationsserver,
- Integrationsserver und
- Client-Arbeitsplätze.

Unternehmensserver

Der <u>Unternehmensserver</u> - der Mainframe - ist die Heimat der vorhandenen Anwendungen - der Legacy-Systeme - und die Ausgangsbasis für die Wiederverwendung und Weiterentwicklung jener Systeme.

Applikationsserver

Der <u>Applikationsserver</u> ist die Run-Time-Umgebung für neu zu entwickelnde Anwendungen oder für gekaufte Anwendungen mit fertigen, eingebauten Funktionen, die der Anwender einsetzen kann.

Integrationsserver

Der <u>Integrationsserver</u> ist die Run-Time-Umgebung für die Integrationssoftware - ein gekauftes oder eigenentwickeltes Steuerungssystem, das die anderen Anwendungen auf dem Unternehmensserver und dem Applikationsserver miteinander verbindet. Er bewirkt die eigentliche Enterprise Application Integration.

Klientenarbeitsplätze

Die <u>Client-Arbeitsplätze</u> dienen der Präsentation der Anwendungsdaten sowohl für interne und externe Sachbearbeiter als auch für Kunden. Hierfür empfiehlt sich die Nutzung generischer, einstellbarer Frameworks, die eine schnelle und flexible Präsentationstechnik unterstützen [117].

Webbasierte Architektur

Eine solche komponentenartige Software-Architektur verbindet auf optimale Weise die vorhandenen Anwendungen mit der neuen Webtechnologie. Durch eine evolutionäre Entwicklung läßt sich die Architektur Schritt für Schritt ausbauen und zusammenwachsen. Der Nutzen einer evolutionären Strategie unter Einsatz der Komponententechnologie beinhaltet

- Investitionsschutz für bestehende Anwendungen,
- Zeit- und Kostengewinn bei Modernisierungsprojekten,
- neue Integrationslösungen für die Enterprise Application Integration,
- Befriedigung der E-Business-Anforderungen und
- schnelle Realisierung der neuen, webbasierten Oberflächentechnik.

4.2.1 Die Bedeutung der Komponententechnologie

Komponenten

Komponententechnologie ist also ein wichtiger Ausgangspunkt für moderne IT-Architekturen. Andererseits wird die Komponententechnologie durch den Einsatz normierter Frameworks wie Weblogic, Websphere, Silverstream und .NET gefördert. Denn erst durch solche technischen Rahmensysteme lassen sich die diversen Komponenten miteinander verbinden. Erst die Einführung des Component Object Model und Distributed Component Object Model (COM/DCOM) von Microsoft sowie die Common Object Request Broker Architecture (CORBA) der OMG schuf die Voraussetzungen für einen normierten Datenaustausch zwischen getrennt hergestellten Softwarekomponenten. Die Praxis hat inzwischen gezeigt, daß selbst zwischen völlig unterschiedlichen Komponenten Berührungspunkte bestehen können, sei es hinsichtlich der gemeinsamen Datengrundlage oder durch voneinander abhängige Aufgaben. Im Prinzip läßt sich alles miteinander verbinden [354].

Diese Eigenschaft wird in dem Maße immer wichtiger, als Anwender aus Kostengründen gezwungen sind, fertige Komponenten zu kaufen und zusammenzustecken. Das Zeitalter der individuellen Softwareentwicklung geht seinem Ende zu. Es ist jetzt schon abzusehen, daß in nächster Zukunft nur noch mit fertigen Softwarebausteinen gearbeitet wird, wozu auch die vorhandenen Legacy-Systeme zählen. Es wird Komponenten für jede Stufe der IT-Architektur geben, von der Präsentationsschicht bis hin zur Datenhaltungsschicht.

Mit der Komponententechnologie entstehen ausgetestete, überschaubare und wartbare Bausteine, die in ihrer Gesamtheit eine Anwendung bilden. Aus der Sicht der Anwender sind Komponenten programmierbare „Black-Boxes" mit eindeutigem Verhalten und klar definierten Ein- und Ausgabeschnittstellen. Diese Legosteine der Software lassen sich in verschiedenen Konstellationen zusammenstecken und ergeben damit komplette Anwendungen, die gewisse Rollen innerhalb der IT-Architektur übernehmen [338]. Nur mit Komponenten bzw. mit fertigen Softwarebausteinen läßt sich die IT-Landschaft eines Anwenderbetriebs rasch und relativ risikolos bevölkern. Der Weg über individuelle, maßgeschneiderte Eigenentwicklungen dauert viel zu lange, ist viel zu teuer und ist außerdem unsicher. Insofern hat ein Anwenderbetrieb, der vor der Aufgabe steht, eine IT-Architektur aufzubauen, nur die Wahl zwischen

- Standardkomponenten von der Stange und
- bereits vorhandener Altsoftware.

Falls noch Eigenentwicklung betrieben wird, dann nur noch zum Zwecke des Brückenbaus zwischen fertigen Komponenten und vorhandenen Altprogrammen. Die neuen Standards, z.B. für XML und Web Services, sind alle darauf ausgerichtet, diese Tendenz zu fördern.

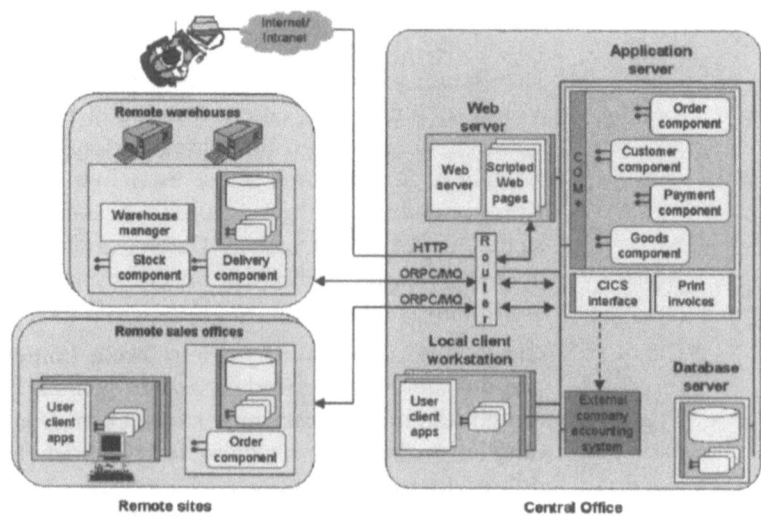

Abb. 4.3: Komponenten in einem verteilten System

Komponentenintegration

Diese These wird auch von Louis Praxmarer von der Metagroup in München untermauert. Er behauptet „der heutige Entwickler ist nicht mehr jemand, der Code schreibt, sondern jemand, der Schnittstellen zusammenbringt... Die Integration ist die Herausforderung der Zukunft..." [228]. Die Einsatzmöglichkeit von Komponenten erstreckt sich auf alle Ebenen der Softwarearchitektur sowie auf alle Phasen der Softwareentwicklung. Componentware sieht vor, daß auf der Basis gemeinsamer Schnittstellen beliebige Softwareteile miteinander gekoppelt werden können. Sogar Anwendungen unterschiedlicher Art lassen sich zu einem durchgängigen System zusammenbinden. (siehe Abb. 4.3)

4.2.2 Die Entwicklung zur Komponententechnologie

Am Anfang war NEXT

OpenDoc

Die erste Rahmensoftware für die Integration von Komponenten war das System „NEXT" von Steven Jobs. Mit NEXT ließen sich extern entwickelte Komponenten wie Teile eines Puzzles in eine „NextStep"-Umgebung einpassen. Dieser erste Ansatz funktionierte allerdings nur innerhalb der proprietären Betriebsumgebung von NEXT [127]. Danach folgte Microsoft mit dem OLE/COM-Konzept und IBM mit dem OpenDoc-Konzept. Mit OLE/COM konnten die verschiedenen Windows-Anwendungen über eine MS-Standard-Schnittstelle - MIDL - Microsoft Interface Definition Language, zusammengelinkt werden. Visual-Basic-Programme konnten z.B. mit C-Programmen und mit Windows-Office-Produkten gekoppelt werden, aber auch diese Lösung blieb auf die Microsoft-Windows-Umgebung beschränkt [298]. IBM ist dagegen in eine offene Richtung gestoßen. OpenDoc wurde von vornherein für unterschiedliche Betriebssysteme - OS/2, UNIX und Apple Macintosh - konzipiert. OpenDoc-Anwender hatten Zugriff sowohl auf eigene Komponenten als auch auf Microsoft-COM-Komponenten, denn IBM setzte die CORBA-Interfaces ein und zwar im Rahmen ihres System Object Models - SOM [168].

SOM

Allmählich setzte sich das von der OMG propagierte Konzept eines Object Request Brokers als Komponentenverbindungsrahmen durch. Im Mittelpunkt dieses Konzepts stand die Interface Definition Language, die dazu diente, die Schnittstellen zwischen den Komponenten zu beschreiben. Die in IDL spezifizierte Schnittstelle mußte bei der Clientkomponente - dem Auftraggeber - sowie auch bei der Serverkomponente - dem Auftragnehmer - zur Compilezeit eingebunden werden. Dies ermöglichte den Aufruf einzelner Funktionen und die Übergabe der dazugehörigen Parameterdaten. Damit war ein großer Schritt in Richtung Komponentenintegration getan [204].

San Francisco Andere Schritte sollten folgen. Auf der IBM-Seite wurde OpenDoc durch das San Francisco Framework abgelöst. San Francisco setzte auf der von Sun entwickelten Java-Technologie auf. Man muß dazu wissen, daß Java viel mehr ist als nur eine andere Programmiersprache. Es ist ein Minibetriebssystem für die Just in time- Compilierung, Bindung und Ausführung von Teilprogrammen. Auf dieser Basis entwickelte IBM ein allumfassendes Programmrahmensystem, innerhalb dessen individuelle Komponenten über CORBA-Schnittstellen gekoppelt werden konnten. Dazu lieferte IBM jede Menge Standardbausteine für Oberflächengestaltung, Speicherverwaltung, Tabellenverarbeitung und Datenhaltung. Vorgesehen war, daß die branchenspezifischen Komponenten von den Branchen selbst kommen würden, was sich leider nicht verwirklichte. Auf jeden Fall lief San Francisco recht oder schlecht auf allen gängigen Plattformen [33].

CORBA Über die Java-Schiene kam auch Sun ins Spiel. Sun entwickelte eine eigene Komponentenverbindungstechnik Remote Method Invocation (RMI), unterstützte aber auch in starkem Maße den CORBA-Standard für Component Linkage. Unter Mitwirkung aller führenden Frameworkanbieter, außer Microsoft, hat die OMG die CORBA-Spezifikation ständig weiterentwickelt. Aus einer Konvention für die Kommunikation zwischen verteilten Komponenten über eine normierte Schnittstellensprache wurde CORBA immer mehr zu einer Basisarchitektur für verteilte Systeme schlechthin. Es kamen immer mehr Standarddienste dazu - Dienste für Transaktionssteuerung, für Objektaufbewahrung, für Nachrichtensicherheit usw. In der CORBA-II-Spezifikation gab es bereits mehr als 16 verschiedene Standarddienste, die dem Anwender Arbeit abnehmen sollten. Diese Dienste wurden in auslieferbaren Systemkomponenten realisiert, die die anwendungsspezifischen Komponenten des Anwenders ergänzten. Inzwischen ist CORBA die Standardarchitektur für Client/Server-Anwendungen [212].

EJB Parallel zu CORBA und im Anschluß an das San Francisco-Projekt ist ein Java-basiertes Integrationsfamework bei Sun und IBM entstanden - Enterprise Java Beans. Diese Umgebung bezieht auch den Mainframe ein und integriert nicht nur die Komponenten auf derselben hierarchischen Stufe bzw. semantischen Schicht, sondern auch die Schichten miteinander und zwar vom Client-Arbeitsplatz bis zum Backend-Datenserver. EJB hat sich als geeigneter Rahmen für die webbasierte Systemintegration erwiesen. Die EJB-Umgebung ist zur Zeit die Standardumgebung für

4.2 Die Komponenten einer IT-Architektur

komponentenorientierte Entwicklung, auch wenn Steve Ballmer behauptet, man werde sie eines Tages wegwerfen [234].

COM/DCOM

In der Microsoft-Welt ist die Entwicklung auch nicht stehen geblieben. Aus COM - Common Object Model - ist DCOM - Distributed Common Object Model - hervorgegangen. Mit DCOM konnten Komponenten auf verschiedenen Rechnern miteinander gekoppelt werden. Somit eignete sich DCOM für Client/Server-Anwendungen, allerdings nur innerhalb der Microsoft-Welt. ActiveX galt als Konvention für die Schnittstellen [92].

Am Ende war .NET

Microsoft hat die Bedeutung des Internets für die betriebliche Datenverarbeitung sehr früh erkannt und begann schon Ende der 90er Jahre mit der Entwicklung eines Komponenten-Frameworks auf Internetbasis. Der Zweck ist, wie bei allen Frameworks davor, die „plug in compatibility" für eigene und fremde Komponenten. Der große Unterschied ist, daß die Komponenten nicht mehr in einer geschlossenen Umgebung über Component to Component Calls verbunden sind, sondern sich in einem offenen Netzwerk befinden, in dem jede Komponente jede andere Komponente benutzen kann und in dem Nachrichten zwischen Komponenten ausgetauscht werden. Microsoft setzte früh auf die XML-Sprache als allgemeingültiges Medium zur Schnittstellenspezifikation und zur Inhaltsbeschreibung. Die Ergänzung der COM/DCOM-Komponententechnologie mit der neuen XML-basierten Webtechnologie führte zu .NET - einem allumfassenden, vollintegrierten Komponentenrahmen für webbasierte Systemintegration in der Microsoft-Welt [330].

4.2.3 Die Verdrängung der Eigenentwicklung durch Komponenten

Zum Tode der Eigenentwicklung

Fest steht, daß die IT-Architekturen der Zukunft weitestgehend aus fertigen Komponenten zusammengestellt werden. Für eigene, maßgeschneiderte Komponenten gibt es weder Zeit noch Geld. Die Grundidee hinter dem IBM-San Francisco-Projekt war völlig richtig. Es soll nicht jede Bank eine eigene Kontoführungskomponente und nicht jede Versicherung eine eigene Prämienberechnungskomponente haben. Getreu dem Motto „Lieber eine richtige als hundert falsche Lösungen" sollten die Mitarbeiter einer Branche sich auf eine Lösung einigen. Es gibt demnach einen riesigen Bedarf an branchenspezifischen Komponenten jeglicher Art - Komponenten für die Logistik, für die Produktion, für die Touristik und für die Finanzdienstleistung. Hier sind die Geschäftszweige aufgefordert, sich zusammen zu tun, um Komponentenentwicklungszentren wie die des Fraunhofer-Instituts in

4 Webbasierte Systemarchitekturen

ERP

Stuttgart gemeinsam zu finanzieren. Notfalls muß auch der Staat oder gar die EU sich einschalten, um die Entwicklung zu fördern.

Die daraus hervorgehenden Komponenten sollen letztendlich allen Beteiligten zu Gute kommen. Viele Komponenten werden bereits angeboten. Die führenden ERP-Systemanbieter, allen voran SAP, Oracle und Peoplesoft, sind dazu übergegangen, einzelne Komponenten anzubieten. Im Web Service-Angebot von Microsoft werden mehr als 600 Komponenten angeboten. Es ist also nur eine Frage der Zeit, bis der Bedarf gedeckt ist [183].

Bis es so weit ist, daß die betriebsspezifischen IT-Architekturen mit neuen, normierten Komponenten ausgefüllt sind, werden die bestehenden Altprogramme als Komponentenlückenbüßer dienen müssen.

4.3 Der Mainframe als Dreh- und Angelpunkt der Webarchitektur

Hostrechner

Die Tatsache, daß die Altsoftware sich in der Regel auf dem Mainframe befindet, ist ein Grund mehr, den Mainframe in den Mittelpunkt der Webarchitektur zu stellen. Es gäbe aber auch genügend andere Gründe. Ein gewichtiger Grund ist der Kostenfaktor. Untersuchungen der kalifornischen International Technology Group haben festgestellt, beim Vergleich der Gesamtkosten bzw. den „Total Cost of Ownship" schneidet der Mainframe gegenüber den dezentral installierten Servern eindeutig besser ab [198].

4.3.1 Das Preis/Leistungsverhältnis

Host vs. Client/Server

Der Fehler, der beim Kostenvergleich gemacht wird, ist die Fokussierung auf die Beschaffungs- und Installationskosten. Man vergißt, daß es auch Personal- und Wartungskosten gibt. Die Personalkosten fallen in Europa besonders schwer ins Gewicht. Durch die Rezentralisierung der Serverkapazität auf einem Host konnten die 58 untersuchten Unternehmen in Amerika 60 bis 80% ihrer Personalkosten einsparen. Das heißt, die Verteilung auf UNIX-Server hatte die Personalkosten verdreifacht - und das für weniger Rechnerleistung. Denn was die MIPS anbetrifft, sind die Hostanlagen immer noch überlegen. Die folgende Tabelle zeigt den Kostenvergleich zwischen Hostanlagen und zentralen bzw. dezentralen UNIX-Servern. In einzelnen Fällen kamen bis zu 15 Mitarbeiter pro Server vor. Bei sechs Servern waren bereits 90 Mitarbeiter für die Instandhaltung der Produktion erforderlich.

4.3 Der Mainframe als Dreh- und Angelpunkt der Webarchitektur

Das Kostenargument ist also eine starke Motivation für die Rezentralisierung der Serverkapazität auf einem Hostrechner. Andere Argumente, die in der ITG-Studie erwähnt werden, sind

- verbesserte Verwaltung und Verfügbarkeit,
- vereinfachter Zugang zu den Daten,
- besserer Schutz für die Daten,
- Verringerung der technischen Komplexität,
- einfacherer Ausbau der Gesamtinstallation,
- Skalierbarkeit,
- veränderte Geschäftsstrategien,
- Einzug der Webtechnologie und
- Anzahl der gescheiterten Client/Server-Projekte [143]. (siehe Abb. 4.4)

	KOSTENVERGLEICH			
		250 Nutzer	500 Nutzer	1000 Nutzer
Lokation	Architektur	Jahreskosten der Systeme *		
zentral	mitgenutzte S/390	7000	10500	14000
zentral	dedizierte S/390	12250	15750	21000
zentral	einzelner Unix-Server	14000	21875	33250
zentral	mehrere Unix-Server	keine Angaben	24500	49000
dezentral	mehrere Unix-Server	30625	50750	96250

Beim Kostenvergleich von dezentralen und konsolidierten Finanz-DV-Systemen schneiden S/390-basierte Installationen am besten ab.
* Angaben in tausend Mark

Quelle: ITG COMPUTERWOCHE Nr 23, Juni 1998

Abb. 4.4: Host-Client/Server Kostenvergleich

Total Cost of Ownership

Allmählich setzt sich die Erkenntnis durch, daß Anwendungen, die bisher nur auf UNIX- oder LAN-Plattformen liefen, auch auf der S/390-Plattform laufen könnten. Der Ausflug in die verteilte Client/Server-Welt hat sich bei vielen US-Anwendern als ein teures Experiment ohne besonderen Nutzen erwiesen. Abgesehen davon, daß nach der Standish Group-Studie aus dem Jahre 1995 57% der Client/Server-Projekte gescheitert sind, entpuppten sich die erfolgreichen Projekte als Pyrrhussiege [248]. Bei einer schon 1996 betriebenen Untersuchung stellte sich heraus, daß dezentralisierte UNIX-Server bei weitem die teuerste Lösung darstellen, während ein mitbenutzter S/390 Mainframe die geringsten Kosten verursacht. Dazwischen lagen die dedizierten S/390-Systeme, einzelne und multiple UNIX-Server. Auch der Betriebsort spielte bei den Kosten eine Rolle, denn gleiche Architekturen lassen sich bei zentraler Unterbringung mit niedrigeren Kosten betreiben als an verteilten Betriebsorten [350].

Wartungskosten

Diese Analyse der ITG war nicht allein in ihrer Beurteilung. Eine weitere Studie der Software Productivity Group kam zum gleichen Ergebnis, daß nämlich der Einsatz unterschiedlicher Plattformen die Wartungskosten verdoppelt, während die Entwicklungskosten trotz objektorientierter Methoden sich verdreifachen. Es gibt also keinen wirtschaftlichen Grund, vom Host auf verteilte Server umzusteigen, es sei denn, die verbleibenden Hostspezialisten werden immer rarer [196].

4.3.2 Die technische Überlegenheit des Mainframes

Host als Netzserver

Einen technischen Grund für verteilte Server gibt es nicht. Technisch gesehen ist der Host als Internetserver überlegen. Von einem Aussterben des Hosts in der Internetwelt kann daher keine Rede sein. Im Gegenteil - Host-Technologie und Internet/Intranet-Technologie befruchten sich gegenseitig und bewirken eine Übereinstimmung beider Welten. Durch die Verbreitung der Webtechnologie bietet sich die Möglichkeit, die Kommunikationsbeziehungen zwischen Desktop- und Hostrechnern auf eine neue, zukunftsweisende Basis zu stellen. Die Host-Anbindung der Web-Technologie fördert eine Renaissance der Mainframes. Kein Rechnertyp ist besser in der Lage, die Last des Internet/Intranet-Betriebs - das Parsen irrelanger Texte, die Verdichtung langer Zeichenketten, das Hin- und Herschieben großer Dokumente, das Marshalling vieler Nachrichten - zu übernehmen als die S/390- bzw. die Z-900-Mainframeanlage.

Marktforscher der IDC ermittelten für 1995 gegenüber dem Vorjahr eine Leistungssteigerung bei den Mainframes von 50%. 1996 betrug die Steigerung 60% und 1997 nochmals 50%. Die Meta Group bestätigte diesen Trend und sagte bis zum Jahr 2003 eine Performance-Steigerung von 60% pro Jahr, gepaart mit einer Verbesserung des Preis/Leistungsverhältnisses um 30% jährlich, voraus [108].

Zudem bieten die neuen TCP/IP-Stacks und die SNA-Gateways eine gute Ausgangsbasis, um die auf dem Host gespeicherten Datenbestände via Browser-Technologie in einem Intranet nutzen zu können. Die TCP-Datenübertragungsdienste werden seitens der IBM kontinuierlich weiterentwickelt. Schon jetzt erfolgen mehr als zwei Drittel aller Zugriffe auf Legacy-Datenbestände auf

4.3 Der Mainframe als Dreh- und Angelpunkt der Webarchitektur

Mainframes via Web-Browser-Technologie. Der Web-Browser ist damit zum universellen Client und der Host zum universellen Server geworden [371].

Web-to-Host-Verbindung

Diese Entwicklung wird durch die Notwendigkeit gefördert, auf vorhandene Informationsbestände und Legacy-Programme über das Internet durch Web-to-Host-Verbindungen zuzugreifen. Da diese Lösung anpassungsfähig ist, erlaubt sie auch die Einbeziehung und Weiterentwicklung der traditionellen zweistufigen Terminal-Host-Architektur in eine dreistufige Webarchitektur. Die erste Stufe bildet der Web-Browser als allgemeingültiger Client. Als Schaltstelle auf der zweiten Stufe fungiert der Web-Applikationsserver. Er stellt die Verbindung zwischen dem Web-Browser und dem Host der dritten Stufe her. Daraus erfolgen die drei Architekturschichten

- Präsentation (in Form des Web-Browsers),
- Applikation (in Form des Applikationsservers) und
- Datenhaltung (in Form der bestehenden Programme und Datenbanken) [332]. (siehe Abb. 4.5)

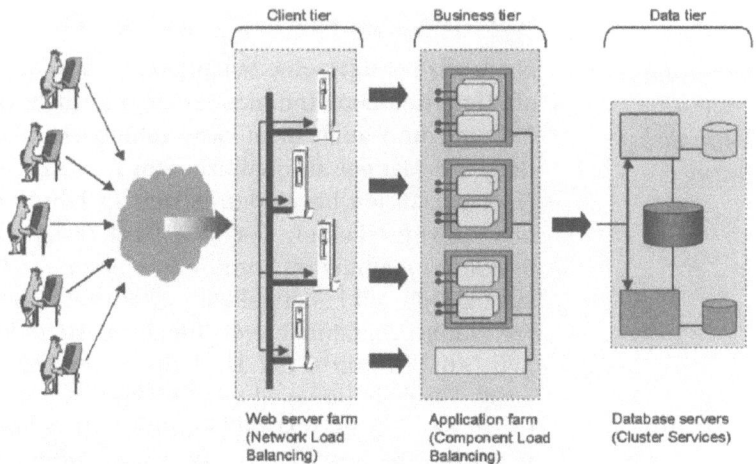

Abb. 4.5: Webbasierte Verbindungen

Versunkene Kosten

Ein weiterer gewichtiger Grund für den Einsatz des Hosts ist die Tatsache, daß die Investitionen aus 30 Jahren Datenverarbeitung dort gelagert sind. Marktanalytiker gehen davon aus, daß sich weltweit 70% aller Datenbestände auf Mainframes befinden. Bis zum Jahre 1998 sind allein in den USA mehr als 20 Milliarden US-Dollar in die Mainframe-Entwicklung und -Wartung investiert worden. Hinzu kommen die 5 Milliarden US-Dollar für den Jahr-

2000-Datumswechsel. Demnach gibt es einen Gesamtwert an Mainframe-Software von mehr als 30 Milliarden US-Dollar in den USA. Dort greifen auch mehr als 10 Millionen PC-Arbeitsplätze regelmäßig auf Hostanwendungen zu [5].

Hostsoftware dominiert

In Europa sieht es nicht anders aus. Hier ist der Host eher dominanter, denn viele europäische Unternehmen haben die Client/Server-Epoche verschlafen. So brauchen sie nicht erst zu rezentralisieren. Sie können gleich in die Internetepoche eintreten. Jedenfalls residieren von den verbleibenden eigenentwickelten IT-Anwendungssystemen in Deutschland - ein Großteil ist bereits durch Standardsoftware abgelöst worden - mehr als 75% auf einem Mainframe [247]. In der Client/Server-Welt dominieren die gekauften Software-Pakete, so daß nur ein geringer Teil der C/S-Anwendungen eigene Entwicklungen sind. Banken, Versicherungen, Behörden und große Versandhäuser haben fast alle ihrer eigenen Anwendungen auf dem Host. Es handelt sich allein im Bankenbereich um ca. 1 600 000 Programme und 40 000 Datenbanken - ein Investitionswert von 4,5 Milliarden EURO. Dies ist Grund genug, auf dem Host zu bleiben [17]. Für Anwender mit einer großen Altlast auf dem Host ist die Webtechnologie eine Gottessendung. Sie sichert ihre Zukunft.

Personalmangel

Optimale Lösung

Natürlich hat alles eine Schattenseite. Die Schattenseite des Hosts als Unternehmens-Intranet-Server sind nicht die Kosten, nicht die Leistung und auch nicht die Verfügbarkeit der Altsoftware, sondern der Mangel an qualifiziertem Personal. Die Ausbildung von Hostspezialisten hat in den letzten 15 Jahren stark nachgelassen - ein schwerer Fehler, der sich bald rächen könnte. Mainframe-Systemprogrammierer und Datenbank/Datenkommunikationsspezialisten sind Mangelware geworden. Es fehlt auch an Anwendungsprogrammierern für die bestehenden Hostanwendungen. Zu oft wurde der Host für tot erklärt. Dies hat vor allem junge Programmierer abgeschreckt. Dies ist zu bedauern, denn noch nie wurden Hostkenntnisse so gefragt wie heute. Die Kombination von Java- und Hosttechnologie ist nach Gernot Starke, einem bekannten Softwareberater in Deutschland, eine optimale Lösung [332]. Sie verbindet

- die Sicherheit,
- die Zuverlässigkeit und
- die Kosteneffizienz

des Hostrechners mit

- der Flexibilität,

4.3 Der Mainframe als Dreh- und Angelpunkt der Webarchitektur

- der Portabilität und
- der Wiederverwendbarkeit

von Java-Komponenten. Es gibt nach Starke genügend Möglichkeiten für die Anwendung moderner Komponententechnologie auf dem Host. Java im Zusammenhang mit XML kann sehr wohl als Bindeglied zwischen dem Web-Browser und den Legacy-Programmen und den bestehenden Datenbanken dienen. Ein Artikel von zwei Doktoranden der Universität Leipzig im Informationsspektrum läßt keine Zweifel mehr offen. Aufgrund ihrer Untersuchung mehrerer hundert deutscher Anwenderbetriebe wird der Host weiterhin im Zentrum des IT-Universums stehen [152]. Offen bleibt nur, was als Fenster zum Host verwendet wird.

4.3.3 Die Zukunft gehört dem Mainframe

In einem Leitartikel des IEEE Computer Magazins vom August 1999 verweist Ted Lewis, Chief Scientist bei der Technology Assesement Group, auf die Rolle des Mainframes in der Zukunft. Er betont auch die Bedeutung dieses oft totgesagten Rechnertyps in der Gegenwart. Der Lebenspuls der amerikanischen Wirtschaft hängt davon ab. Bei Chrysler hängen mehr als 25 000 Endbenutzer am Mainframe. Das SAPRE-Flugbuchungssystem bearbeitet mehr als eine Milliarde Buchungen pro Woche. Renommierte Firmen wie American Express, Wells Fargo, Federal Express und Charles Schwab benutzen den Mainframe als Intranet-Server. Es gibt keinerlei Zeichen für ein Aussterben der Hostanlage. Im Gegenteil, der Mainframe erlebt eine Renaissance [176].

Hosttugenden Die Gründe für die Wiederentdeckung des Host sind die alten Tugenden

- hohe Zuverlässigkeit durch Hardware-Redundanz,
- voll ausgereifte, optimierte Betriebssysteme,
- Trennung von Batch- und Online-Verarbeitung,
- optimaler Lastenausgleich der Ressourcen,
- unbegrenzte Speicherkapazität und
- standardisierte Entwicklungsumgebungen.

Hinzu kommt die neue Rolle der Hostanlage für das Internet/Intranet. Lewis schreibt, *„today's e-economy is being built on a scalable three-tier computer architecture. PC's, thin clients, mobile personal data assistants, and Internet appliances running HTML browsers form tier one. This tier links via the Internet to U-*

NIX and NT servers running HTTP and application server Software which form tier two. The tier-two boxes connect to the tier-three databases. Tier three is dominated by mainframes because that is where the bulk of the business data has accomulated over the years... This three-tier architecture may not be ideal, but it reflects today's computing reality..." [290].

Lewis bestätigt, daß zwischen 1995 und 1997 die MIPS auf IBM S/390 Mainframes von 320 000 auf über 900 000 gestiegen sind. Gleichzeitig sind die Kosten pro MIPS um 32% jährlich gefallen. Die Leistung der Mainframes steigt unentwegt. Ein einziger 10-CMOS-Prozessor unterstützt bis zu 10 000 Lotus Notes-Anwender. Mainframes sind beliebig ausbaufähig. Sie haben die breiteste Kommunikationsbandbreite, den größten Hauptspeicher und unbegrenzten Plattenspeicher. Deshalb ist der Mainframe prädestiniert als Träger der Internettechnologie.

Host als Trägersystem

Nach David Simpson bilden Mainframes die Pfeiler, auf denen das Word Wide Web ruht [302]. Ohne ihre zuverlässige, dauerhafte Performance würde das Web zusammenbrechen, denn keine Maschine hat nur annähernd die Verfügbarkeit eines S/390. Außerdem wird das S/390-System immer offener. Das OS/390-Betriebssystem beinhaltet sowohl Standard Unix APIs als auch Windows APIs. Durch die Recompilierung von NT-Anwendungen unter dem MVS Open Edition kann man PC-Anwendungen ohne weiteres auf den Host portieren. Das bedeutet, man kann unter Windows Anwendungen auf dem PC entwickeln und testen, dann anschließend auf den Host übertragen. Sie laufen auf Anhieb.

Es verspricht noch besser zu werden. Das letzte 390-Modell erreicht eine Performance von 1600 MIPS pro Box, eine 50% Steigerung gegenüber der letzten Generation. Dazu braucht es weniger Strom als ein Haartrockner [353]. Hinzu kommt die zunehmende Offenheit des Betriebssystems. Es gibt fast nichts, was nicht auf einem Mainframe laufen würde. Wenn man das Preis/Leistungsverhältnis dazu addiert, gibt es keine vernünftige Alternative zum Mainframe.

Lewis resümmiert *„Today, mainframes still hold the data and the business logic, and now do most of the work. The PC may have replaced the dumb green screen terminal, but the internet has put the mainframe back in the center of the computing universe.... Processing a billion web transactions per weeks is typical. So why convert from something that works to something that will be less* *reliable, less secure, less efficient and, in the long run, more expensive...".*

Schnee von gestern

Michael Bauer kommt zum gleichen Schluß. Im Leitartikel zur Computerwoche Extra vom Oktober 1995 schrieb er schon „in einigen Jahren werden heutige C/S-Konzepte Schnee von gestern sein ..." [19]

Dem ist nichts hinzuzufügen. Im Mittelpunkt einer Webarchitektur sollte für alle größeren Betriebe ein Mainframe stehen. (siehe Abb. 4.6)

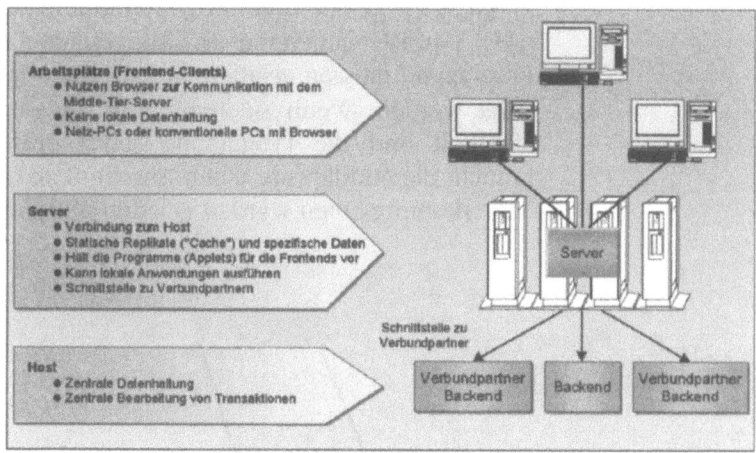

Abb. 4.6: Rezentralisierung der IT

4.4 Die Middleware als Nervensystem der Webarchitektur

Digitale Nervensysteme

Die Middleware ist für eine Webarchitektur das, was das DB/DC-System früher für die Hostanwendungsarchitektur war. Sie dient als technische Infrastruktur für die Anwendungssoftware und verbindet sie mit der Umgebung. Sie verbindet auch die Anwendungskomponenten miteinander und sichert den Datenfluß zwischen ihnen. Insofern ist die Entscheidung für eine bestimmte Middleware von großer Tragweite. Die Middleware bestimmt die Konfiguration der Webarchitektur [265].

4.4.1 Die Aufgaben der Middleware in einer Webarchitektur

Web Middleware

In einer Webarchitektur werden andere Anforderungen als bisher an die Middleware gestellt. In einer offenen Umgebung muß sie viel mehr leisten als in den bisherigen geschlossenen Umgebungen. Es geht um weitaus mehr als nur entfernte Prozeduraufrufe

4   Webbasierte Systemarchitekturen

und Parameterübergaben. Es geht um die gesamte Transaktionssteuerung von der Website bis zum Datenbankserver und zurück. Die Middleware verbindet die Architekturschichten, indem sie die Nachrichten zwischen den Schichten vermittelt. Sie bestätigt den Erhalt der Nachrichten im Sinne eines two-phase commits und sorgt dafür, daß sie protokolliert werden. Es werden alle Schritte einer Webtransaktion verfolgt und gesichert. Falls eine Transaktion aus irgend einem Grund abgebrochen wird, ist es die Aufgabe der Middleware, die Transaktion abzuwickeln und die Urzustände wieder herzustellen. Auf jeden Fall muß die Middleware in der Lage sein, Verbindungen zu den unter CICS oder IMS/DC laufenden Hostprogrammen herzustellen. Diese Programme müssen geladen, gestartet und mit Eingabedaten versorgt werden. Wenn sie fertig sind, müssen die Ausgabedaten abgeholt und die Programme selbst entsorgt werden. Dafür braucht die Middleware einen Anschluß an den Host-TP-Monitor. Serverkomponenten werden geladen und mit Speicher versorgt.

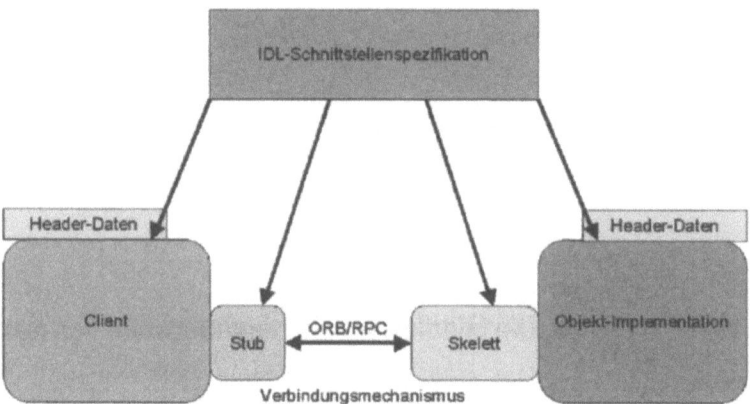

Abb. 4.7: CORBA-IDL als Bindeglied zwischen entfernten Komponenten

Die Middleware sammelt die Nachrichten, verwaltet die Warteschlangen und behandelt die Ausnahmebedingungen. Sie sorgt ebenfalls für eine ausbalancierte Lastverteilung. Hinzu kommt eine Vielzahl an Systemdiensten, die von der Middleware angeboten werden, wie z.B.:

CORBA-Dienste

- Objektlebenszyklusdienste,
- Serialisierung von Datenströmen,
- Objektbenennungsdienste,

- Objektaufbewahrungsdienste,
- Sortierung von Nachrichten und
- Verschlüsselung und Entschlüsselung von Daten [12].

Der Schutz der Kommunikationswege vor Eindringlingen, ebenso wie der Schutz der Nachrichten vor unerlaubten Zugriffen, ist eine besondere Herausforderung, die erst durch die Offenheit des Internets entstanden ist. Von der Middleware wird erwartet, daß sie eine gesicherte und geschützte Arbeitsumgebung gewährleistet. So gesehen ist die Middleware im Prinzip ein erweitertes Netzverwaltungssystem. (siehe Abb. 4.7)

4.4.2 Die Rückkehr zur Message oriented Middleware

Synchrone/ asynchrone Nachrichten

Message oriented Middleware (MOM) basiert auf dem asynchronen „Store and Forward"-Modell, das die Zustellung der Nachrichten selbst dann garantiert, wenn keine Netzwerkverbindung besteht. Die Nachrichten werden aufbewahrt und immer wieder gesendet, bis sie ankommen. Im Gegensatz dazu stehen die synchronen Lösungen wie CORBA und RMI, die auf dem „Anfrage/Antwort"-Modell beruhen. Diese beiden Kommunikationsarten werden gekennzeichnet als

- direkte, synchrone, eng gekoppelte Kommunikation (CORBA, RPC, RMI, DCOM) und
- indirekte, asynchrone, lose gekoppelte Kommunikation (Nachrichtenaustausch MOM).

Message oriented Middleware

Für eine Webarchitektur ist die zweite Form der Kommunikation besser geeignet, und zwar aus vielen Gründen. Zum Einen aus Performance-Gründen. Mit MOM bestimmt das System, wann und wie eine Nachricht gesendet wird. Es kann sogar bestimmen, wohin. Also hat das System die Möglichkeit, die Nachrichtenlasten zu verteilen. Zum Zweiten sind die Komponenten in der Webarchitektur weitgehend voneinander unabhängig, ergo ist die Kopplung viel loser. Zum Dritten ist es leichter möglich, die Nachrichten zu protokollieren und zu sichern. Als wichtigste Argumente für eine Message oriented Interaktion zwischen Komponenten in einer Webarchitektur werden angegeben:

- Zeitliche Entkopplung der Komponenten - Produzent und Konsument müssen nicht gleichzeit aktiv sein.
- Örtliche Entkopplung der Komponenten - Produzent und Konsument können auf andere Netzknoten versetzt werden, dennoch werden sie gefunden.

- Asynchrone Interaktion - der Client ist nicht verurteilt, zu warten, bis der Server antwortet.
- Skalierbarkeit - die Anzahl Server, die ein Clientauftrag bearbeiten kann, kann beliebig erhöht werden.
- Ereignisorientiert - Ereignisse werden lediglich als eine besondere Nachrichtenart behandelt und verursachen keinen Mehraufwand.
- Einfachheit - Message oriented Kommunikation ist die einfachste und natürlichste Art der Kommunikation zwischen zwei entfernten Objekten.
- Ausreichende Zuverlässigkeit - im Gegensatz zu RPCs und RMIs braucht MOM keine 100%ige Zuverlässigkeit. Es muß nicht jede Nachricht ankommen, und es muß nicht jede Nachricht beantwortet werden. Es gibt mehr Fehlertoleranz. Falls eine Nachricht nicht ankommt, wird sie eben nochmals versendet.
- Eignung für das Netz - Message oriented Middleware ist eben besser geeignet für die Kommunikation im Netz, bei der es sich um die Vermittlung von großen Nachrichtenmengen in einer möglichst kurzen Zeit handelt [7].

Message oriented Middleware Systeme lassen sich in drei Typen klassifizieren:

- Message Parsing,
- Publish/Subscribe und
- Message Queuing.

Message Parsing Message Parsing Systeme sind die einfachsten. Sie transportieren eine Nachricht von einem Netzknoten zum anderen und überlassen es dem Empfänger, mit der Nachricht fertig zu werden. Es obliegt dem Sender, zu bestimmen, an wen seine Nachricht fließt. Sie unterstützen somit eine einfache 1:1-Kommunikation.

Publish/Subscribe Publish/Subscribe Systeme wissen, wer an einer Nachricht interessiert ist und sichern, daß alle interessierten Parteien diese Nachricht erhalten. Sie sind natürlich komplizierter, weil sie wissen müssen, wer welche Nachrichten bekommen sollte. Dies erspart dem Sender die Arbeit, seine Nachricht an jeden einzelnen zu versenden. Diese Systeme fördern also eine 1:n-Kommunikation.

Message Queuing Message Queuing Systeme stellen eine virtuelle Rohrpost zur Verfügung. Sender können das Rohr mit Nachrichten vollstopfen.

4.4 Die Middleware als Nervensystem der Webarchitektur

Empfänger können ihre Nachrichten nach eigener Geschwindigkeit herausnehmen und abarbeiten. Hier obliegt es der Middleware, das Rohr zu verwalten. Wenn ein Stau entsteht, werden Nachrichten an einen anderen Server umgeleitet oder sie werden vorübergehend in einem Wartespeicher aufgehoben, bis der Server dazu kommt, sie zu empfangen [21].

Das Wichtigste an Message oriented Middleware ist die Entkopplung von Sender und Empfänger. Ein Sender erzeugt Nachrichten und übergibt sie der Middleware. Die Middleware entscheidet, was mit den Nachrichten passiert. Sie kann sogar entscheiden, welcher Empfänger sie empfängt. Der Empfänger braucht nur auf die ihm aufgetragenen Aufgaben zu reagieren. Insofern muß eine Message oriented Middleware viel intelligenter sein.

FTP

Wie alle neuen IT-Techniken ist auch die Message oriented Technik nicht wirklich neu. Das FTP - File Transfer Protocol - entstand schon zu Beginn der 70er Jahre und wurde vielfach benutzt, um Dateien von einem Rechner an den anderen zu übertragen. Mit der Client/Server-Phase kam jedoch der Remote Procedure Call, und der File Transfer rückte in den Hintergrund. Jetzt, im Zuge des Internets und des Electronic Mails, ist es wieder aktuell geworden und feiert sein Comeback in Form von Message Queuing. Die Folge davon ist eine neue Generation von Message-orientierten Middleware-Produkten, die jene Call-orientierten Middleware-Produkte der 90er Jahre ablösen [94]. (siehe Abb. 4.8)

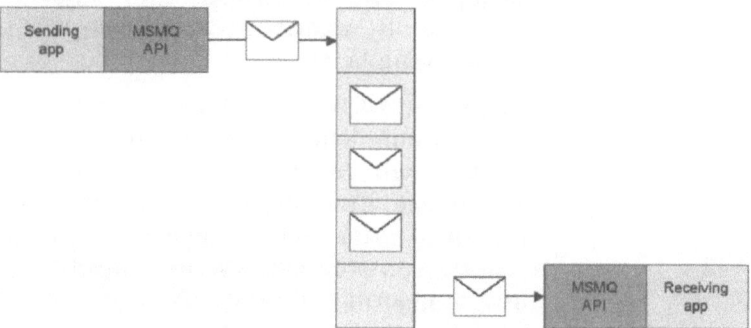

Abb. 4.8: Kommunikation über ein Message Queue

4.5 Middleware-Produkte für die Webarchitektur

Middleware-Produkte

IMS/CICS

Middleware-Produkte sind seit Anfang der 90er Jahre auf dem Markt. Wenn die klassischen TP-Monitore wie IMS-DC, UTM und CICS dazu gezählt werden, sind sie schon seit Ende der 60er Jahre vorhanden, denn auch diese Produkte haben Verbindungen zwischen Programmen untereinander sowie zwischen Programmen und Datenbanken und zwischen Programmen und Datenendgeräten hergestellt. Sie haben Transaktionen gesteuert, Nachrichten vermittelt, Zwischenzustände protokolliert und abgebrochenen, Transaktionen zurückgestellt und neu gestartet. Insofern gibt es nichts, was nicht schon einmal da war. Die Probleme sind die gleichen geblieben

COM
DCOM
SOM

Der große Unterschied zwischen den Middleware-Produkten der 90er Jahre und deren Vorgängern auf dem Mainframe lag in der Rechnerarchitektur. Die früheren TP-Monitore liefen auf einem Rechner mit einem Adreßraum unter einem Betriebssystem. Sie waren voll proprietär. Die Middleware-Produkte im Client/Server-Umfeld wie COM, SOM und die vielen CORBA-Produkte mußten Transaktionen über Rechnergrenzen hinaus steuern und Programme in unterschiedlichen Adreßräumen unter unterschiedlichen Betriebssystemen verbinden. Die Aufgaben eines Transaktionsmonitors sind in einer heterogenen, verteilten Architektur viel schwieriger. Die Client/Server-Architektur stellt höhere Anforderungen an die Steuerungssoftware. Da die Hauptaufgabe dieser Software darin bestand, zwischen diversen Rechnern, Betriebssystemen und Programmen zu vermitteln, wurde sie als Middleware bezeichnet, was so viel wie Vermittlungssoftware heißt.

TCP/IP

Jetzt haben wir wieder mit einem Umbruch in der Rechnerarchitektur zu tun, dem Übergang von Client/Server-Architekturen zu webbasierten Architekturen. Die darunterliegende TCP/IP-Technologie (Transmission Control Protocol and Internet Protocol) stellt neue Anforderungen an die Middleware. In der Client/Server-Welt hatte sie die Aufgabe, entfernte Prozeduraufrufe zu unterstützen. In der Webwelt hat sie die Aufgabe, Nachrichten zu vermitteln bzw. Dateien von einem Sendepunkt an einen Empfangspunkt über ein Portal zu übertragen. Dies setzt voraus, daß die Dateien bzw. Nachrichten ein bestimmtes, normiertes Format haben, daß sie adressiert sind und daß die Vermittlungssoftware so über sie verfügen kann wie die Post über unsere Briefe. Noch wichtiger ist, daß die transportierten Nachrichten ihre eigene Beschreibung und auch die Steuerungsinfor-

4.5 Middleware-Produkte für die Webarchitektur

mation über das, was mit ihnen zu geschehen hat, in sich beinhalten.

HTTP

Das Hypertext Transfer Protocol (HTTP), auf dem das Internet aufgebaut ist, gibt Netzparteien die Möglichkeit, auf zwischengespeicherte Nachrichten zuzugreifen und sie zu lesen. Ein Empfänger, sei es ein Mensch oder ein Programm, kann entscheiden, ob er die Nachricht verarbeiten will oder nicht. Die Netzknoten sind autark und voneinander unabhängig. Sie haben also ein völlig anderes Verhältnis zueinander als in der Client/Server-Welt, in der der Server die Rolle eines willigen Sklaven zu den Clients spielt. Die Probleme der Kommunikation sind anders gelagert. Daher sind auch andere Middleware-Produkte erforderlich [80].

Außer den Standards TCP/IP und HTTP, die zum Glück im öffentlichen Bereich liegen, wird eine ganze Reihe proprietärer Produkte angeboten, die mehr oder weniger offen sind. Es ist nicht möglich, sie alle hier zu erwähnen und noch unmöglicher, sie alle zu beschreiben. Dafür gibt es genug andere Literatur. Da jedoch keine Webarchitektur ohne sie auskommt, sollen hier die wichtigsten grob umrissen werden.

Webbasierte Middleware gehört zu einer der drei folgenden Kategorien, je nachdem, welche Technologie sie unterstützen:

- CORBA,
- EJB oder
- Microsoft [9].

Stand der Technik

Als Stellvertreter der CORBA-Welt kommt hier ORBIX vor. In der EJB-Welt gibt es viele Produkte. Hier werden Silverstream, ONE, Websphere und Weblogic behandelt. Im Mittelpunkt der Microsoft-Welt steht .NET. Ihr Schicksal steht und fällt mit der Zukunft von Microsoft. Da diese Zukunft mit der Zukunft der Informationstechnologie schlechthin verbunden ist, gilt .NET als sicherer Kandidat.

4.5.1 ORBIX

ORBIX

CORBA - Common Object oriented Request Broker Architecture - galt und gilt immer noch als Defacto-Standard für die Client/Server-Welt. Als Stärke des Standards gilt die Möglichkeit, verteilte Objekte mit Hilfe der Interface Definition Language (IDL) zu verbinden, auch wenn sie in unterschiedlichen Sprachen verfaßt sind. Es gibt normierte Sprachumsetzungen von IDL zu ADA, C, C++, COBOL, Java, Lisp, PL/I, Python und Smaltalk.

Da CORBA selbst nur ein Standard ist, müssen sie durch Middleware-Produkte umgesetzt werden. Ein solches Produkt ist ORBIX von der Firma IONA in Irland.

ORBIX wurde ursprünglich als Middleware für die Verbindung von Client- und Server-Komponenten einer Client/Server-Architektur konzipiert. Aber bereits im Jahre 2000 wurde ORBIX um einen Portal-Server für den Zugang zum Internet erweitert. Alle Nachrichten vom Frontend an das Web fließen durch dieses Portal. So mußten die Sicherheitskontrollen bzw. Firewalls lediglich an einer Stelle eingerichtet werden. Über das Internet sowie intern werden die Nachrichten über Standard-Message-Protokolle geroutet.

Als zweite Plattform für die Einrichtung von Firmenportalen bietet ORBIX 2000 einen Applikationsserver. Dieses Programm ist eine voll integrierte Entwicklungsumgebung für EJB und CORBA. Es unterstützt Entity- und Session Beans sowie das Java Naming and Directory Interface (JNDI). Der Applikationsserver liefert auch die EJB-Containerfunktionalität, die für J2EE nötig ist.

Die dritte Plattform ist der Integrationsserver, der automatisierte Verbindungen zwischen diversen Systemkomponenten herstellt. Darunter fallen interne und externe Backoffice-Systeme, Application Server und Portale selbst. Vorgefertigte Adaptoren gibt es für CICS und IMS-DC von IBM, DCOM von Microsoft und für R3 von SAP.

Inzwischen ist ORBIX wieder erweitert worden, um Client/Server-Komponenten mit Webapplikationen zu verbinden. Die neue Produktreihe heißt ORBIX End-to-Anywhere oder ORBIX E2A. ORBIX E2A setzt sich aus zwei separaten, aber kombinierbaren Produktgruppen zusammen. Zum Einen die „E2A Web Services Integration Platform", mit der sich vorhandene Anwendungen unabhängig von der Plattform und deren Programmiersprache einbinden und weiterverwenden lassen. Dazu werden sowohl die bisherigen Produkte für das A2A mit Adaptern für Standard-Softwareprodukte wie SAP als auch neue Produkte für B2B-Integration angeboten. Ein solches Produkt ist die Entwicklungsumgebung für Web Services - XML Bus.

ORBIX-E2A

Zum Anderen bietet ORBIX E2A drei Versionene des eigenen Java Application Servers. Sie nutzen die Java 2 Enterprise Edition (J2EE), CORBA und den XML Bus, um eine Verbindung nach außen zu bewerkstelligen. Diese Plattform untergliedert sich in eine Java Server Edition, eine Standard Edition, die den Java Server mit dem Object Request Broker kombiniert, und eine Enterprise Edition, die den Java Server mit dem neuen ORBIX 2000 Server vereint.

Aus dieser Produktentwicklung wird ersichtlich, daß IONA entschlossen ist, eine Brücke von der traditionellen Client/Server-Welt zur Webwelt zu schlagen, um damit die bestehenden Client/Server-Anwendungen in die neue, webbasierte Architektur ihrer Kunden einzubeziehen. Auf diese Weise soll es gelingen, die alten Kunden zu behalten. Neue Kunden werden damit kaum angesprochen [249].

4.5.2 Silverstream

Silverstream

Silverstream war das das erste Middlewareprodukt, das auf Basis von J2EE Verbindungen zwischen verteilten Komponenten im Web herstellte. Das Produkt aus Atlanta in den USA war sogar einmal ein Vorreiter in der Schaffung von Gateways zu Mainframe-Anwendungen. Darin liegt auch seine Stärke. Silverstream schließt Backend-Systeme über XML-Schnittstellen ans Netz. Gleichzeitig bietet Silverstream einen Entwicklungsarbeitsplatz an, mit dem neue, internetbasierte Komponenten erstellt werden, die auf die angeschlossenen Backendsysteme zugreifen.

Die Workbench stellt verschiedene in Java geschriebene Tools zur Verfügung, um Services zu erzeugen, zu verknüpfen, Frontend-Oberflächen zu generieren und fertige J2EE-Anwendungen zu verteilen. Als Oberflächen können HTML, XHTML, MySAP oder normale 3270-Masken erstellt werden. Die bestehende Oberfläche wird in den neuen GUI-Entwurf geladen. Per Drag and Drop weist der Entwickler Ein- und Ausgabe-Felder sowie Aktionselemente bzw. Funktionen zu, auf die im Backend zugegriffen werden kann. Damit generiert Silverstream eine XML-Schnittstelle, die an den Host im Hintergrund gesendet wird.

Silverstream beinhaltet neuerdings auch einen Editor für WSDL - Web Service Description Language - und einen UDDI- (Universal Description, Discovery and Integration) Browser für die Veröffentlichung und Auffindung von Web Services. Die Web Services kommen als Ergänzung zu der bestehenden Funktionalität der Legacy-Systeme am Backend hinzu. Der Anwender kann auf diese Weise fertige Webkomponenten mit existierenden eigenen Komponenten verbinden [261]. (siehe Abb. 4.9)

4 Webbasierte Systemarchitekturen

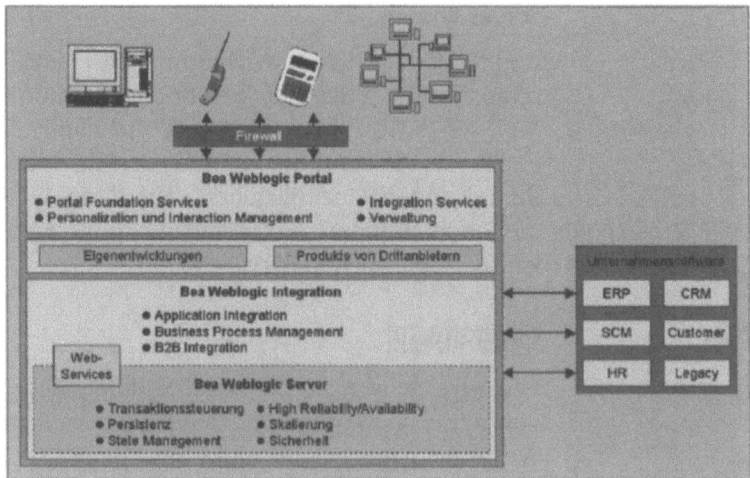

Abb. 4.9: Bea Web Logic Modell

4.5.3 WebLogic

WebLogic

WebLogic von BEA ist ein Middleware-Produkt, das es erlaubt, auf Basis von J2EE vorhandene Altsysteme auf dem Host oder der AS400 mit Komponenten von Microsoft (COM+) sowie mit CORBA-Komponenten zu integrieren und Anwendungen ins Web zu bringen. Dabei werden vornehmlich drei Clientarten bedient

- Java Client,
- Microsoft Windows-Anwendungen und
- HTML Clients bzw. Webbrowser.

WebLogic erlaubt mittels einer mehrschichtigen Architektur und durch Nutzung der Schnittstellen der J2EE die Anbindung unterschiedlicher Clients auf ein und derselben Anwendungslogik. Den Kernpunkt bildet dabei die EJB-Spezifikation, die wiederverwendbare, transaktionale Komponenten beschreibt. WebLogic bietet eine durchgängige Implementierung dieser Spezifikation und verfügt über einen intelligenten Persistenzmechanismus namens TOPLink für die performante und produktive Speicherung von Objektdaten in relationalen Datenbanken.

Für die Integration von Hostsystemen stellt WebLogic eine Implementierung der Java Messaging Services - JMS - bereit (eine entsprechende Schnittstelle für „Message oriented Middleware").

4.5 Middleware-Produkte für die Webarchitektur

Mit J2EE zusammen wird eine asynchrone Kommunikation mit dem Host realisiert. Hinzu kommt eine Reihe von Datenbanksystemanbindungen für Oracle, Microsoft, Informix und DB-2 jeweils mit einem eigenen Treiber.

WebLogic Version 7 beinhaltet weitere Java-Funktionen und Web Services sowie noch bessere Datenbankanbindungen. Für die Entwicklung von Web Services unterstützt sie Universal Description, Discovery and Integration (UDDI), das Simple Object Access Protocol (SOAP) und die Web Service Description Language (WSDL). Mit dem neuen WebLogic wird es immer leichter, fremde Produkte anzubinden, so daß jetzt neben dem Zugang zu den eigenen Backendsystemen und den Standard-Softwaresystemen noch die Möglichkeit besteht, auf Web Services und Fremdprodukte zuzugreifen. WebLogic verspricht die total offene Umgebung, in der alles mit allem verknüpfbar ist [236].

4.5.4 WebSphere

WebSphere

WebSphere hat den großen Vorteil, daß es von IBM kommt. IBM ist Herr über die Hostrechner, wo die meisten Legacy-Systeme laufen. Auch WebSphere baut auf der Enterprise Java Bean - EJB - Lösung auf. Die Wurzeln von WebSphere liegen im ursprünglichen IBM-CORBA-Produkt SOM - Systems Object Model. Aus SOM wurde später Component Broker, ein Produkt für die Integration verteilter Komponenten, vor allem mit den bestehenden IBM-Hostanwendungen. Daraus ist wiederum WebSphere hervorgegangen - eine Kreuzung der CORBA-, JAVA- und Web-Technologien. So gesehen ist WebSphere der momentane Stand einer langen Evolution, die eigentlich schon mit CICS begonnen hat.

Das Ziel von WebSphere ist die Unterstützung aller wesentlichen offenen Standards im internetgetriebenen Middleware-Bereich, die auf den Säulen Java und XML beruhen. Auf der Java-Seite wird J2EE voll implementiert und zwar einschließlich der neuen Sicherheitsfunktionen und der Kommunikationsprotokolle IPr6. Mit J2EE können Java-Frontend-Komponenten mit jeder beliebigen Backend-Komponente kommunizieren, und zwar entweder über CICS oder über die Message Queuing Facility von IBM. Auf der XML-Seite unterstützt WebSphere alle gängigen Dialekte. Der Websphere Application Server 4 läßt den Informationsfluß zwischen Anwendungen per SOAP steuern. Auch Web Services sind eingeschlossen. Es kann auf die UDDI-Dienstleistungsverzeichnisse zugegriffen werden, und es läßt sich die WSDL-Sprache verwenden, um auf fertige Webfunktionen zuzugreifen. Neben diesen Standards bietet WebSphere die Nutzung aller klassischen IBM-Produkte wie CICS, MQS und IMS-DC. WebSphere 4 soll angeblich mit 35 Software-Plattformen und Standardprodukten wie SAP R/3, Peoplesoftware, CICS, MQ-Series und IMS-DC sowie mit den Datenbanksystemen DB2, Oracle und SQL-Server zusammenarbeiten. Außerdem unterstützt die Version 4 sowohl die CORBA- als auch die ActiveX-Standards. Im Mittelpunkt steht jedoch nach wie vor die Java 2 Enterprise Edition und das in ihr enthaltene Komponentenmodell EJB.

Wer sich also in der IBM-Welt zurechtgefunden hat und bereits IBM-Middlewareprodukte benutzt, wird mit WebSphere einen gleitenden Übergang zu der großen weiten Welt des Internets erleben. Als gleichwertige Alternative in der Hostwelt käme nur WebLogic in Frage [149]. (siehe Abb. 4.10)

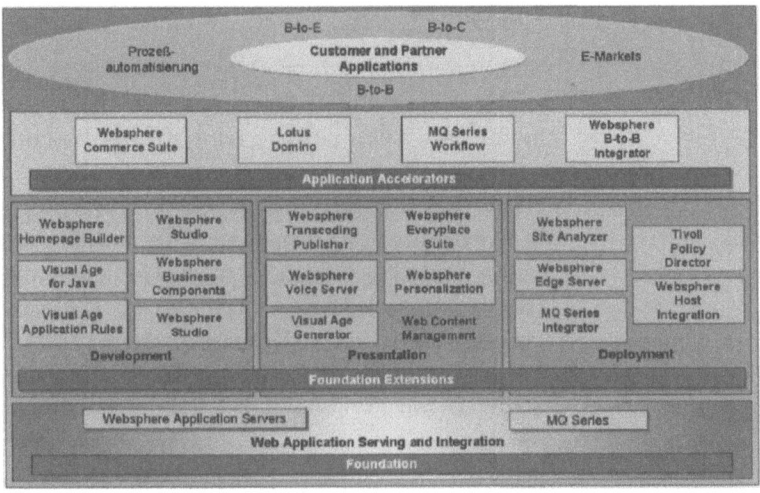

Abb. 4.10: IBM Websphere Plattform

4.5.5 ONE

ONE

Auch der Erfinder der EJB-Technologie bietet ein Middlewareprodukt auf der Basis dieser Technologie an. SUN vertreibt in der Unix-Welt das Open Net Environment - ONE. ONE besteht aus den drei Komponenten

- Services Integration,
- Services Container und

- Services Delivery.

Dieses Komponentenframework vereinigt eine Vielzahl fremder Produkte wie Iplanet Integration Server, XML-Schnittstellenserver Ecxpert und Trustbase Transaction Manager, die in ihrer Gesamtheit ein halbwegs zusammenhängendes, aber offenes Middleware-Produkt bilden.

J2EE

Die Programmlogik des Web Services wird als Enterprise Java Beans implementiert und in einem Java Application Server gespeichert. Der Endanwender greift auf die Web Services im Netz über den Iplanet- oder Web- oder Portal-Server zu. Die für den Datenaustausch zwischen Servern verwendeten Formate sind entweder mit Document Type Definition oder mit XML-Schemata festgelegt. Außerdem werden alle Dienste von UDDI oder ebXML Registry und Repository eingetragen. Danach erkundigt sich der Anwender mit Hilfe der Web Service Description Language, welche Dienste ihm zur Verfügung stehen und verbindet sie miteinander [212].

In diesem Zusammenhang bietet SUN den Webtop Developer an, eine Entwickler-Workbench für die Entwicklung von Web Services. Mit JavaScript werden die Oberflächen programmiert. Es bleibt dann nur übrig, die Webseiten mit den Web Services über das „Startportal" zu verbinden. Im Grunde genommen ist ONE ein Konglomerat einzelner, lose verbundener Werkzeuge, das gut zur UNIX-Welt paßt, einer Welt, in der jeder nur damit beschäftigt ist, an der Umgebung zu basteln.

4.5.6 .NET

.NET

Das Nonplusultra aller Middleware-Produkte ist natürlich .NET von Microsoft. .NET vereinigt die Middleware mit dem Betriebssystem. Insofern ist .NET viel mehr als nur ein Nachrichtenvermittlungssystem. Es ist eine allumfassende Entwicklungs- und Produktionsumgebung für das Web. Im Mittelpunkt stehen das Common Language Runtime System und die Common Language Infrastructure. Damit werden sämtliche Programmiersprachen in einen gemeinsamen Byte Code übersetzt, und dieser wird zur Laufzeit in gleicher Weise in jeder Umgebung ausgeführt.

In .NET ist alles bereits integriert, der Browser im Betriebssystem, der Serverzugang in den Web Services. UDDI für Registrierung und Abfrage von Web Services ist eingebaut, ebenso die Web Service Description Language - WSDL-, mit der auf die Dienste zugegriffen werden kann. Alle Nachrichten werden mit SOAP-

Umschlägen versendet. Die Inhalte der Nachrichten sind in XML formatiert. BizTalk bietet eine Konvention für die B2B-Kommunikation. Natürlich gibt es Verbindungen zu den bestehenden COM/DCOM-Anwendungen und neuerdings über das Inter/Intranet zu den fremden Hostanwendungen. Mit den Message Queuing Services von .NET können Nachrichten in alle Welt geleitet werden [253].

Der Vorsprung gegenüber den J2EE-basierten Produkten besteht laut der Gartner Group in den vielen Application Programming Schnittstellen, die eine Technologieunabhängigkeit der Anwendungen schaffen [301]. Auch Michael Bauer, langjähriger Berater und Dozent für TP-Monitore und Middleware-Produkte gibt zu, daß .NET den J2EE-Lösungen überlegen ist. Er schreibt: „in puncto Architektur und Funktionalität sind sich .NET und J2EE sehr ähnlich, doch Microsoft bietet die modernere technische Lösung. Dies sieht man zum Beispiel am konsequenten Einsatz von Webtechnologie und XML ..." [20]. Abgesehen davon ist J2EE kein Produkt, sondern eine Spezifikation so wie CORBA, für die viele Hersteller Produkte anbieten. Jedes Produkt setzt die Spezifikation anders um, so daß in Einzelheiten der Anwender doch von der Middleware abhängig ist. Außerdem obliegt es dem Anwender, die Middleware mit dem Betriebssystem, den Datenbanksystemen und den Programmiersprachen zu integrieren. .NET ist dagegen eine zusammenhängende Produktsammlung eines Herstellers, die mit dem Betriebssystem ausgeliefert wird. Dadurch ist die Integration der einzelnen Produkte von vorn herein gewährleistet. Zugleich können spezielle Eigenschaften des Betriebssystems genutzt werden [227].

C#

XML

Die Frage der Sprache spielt auch in .NET eine wichtige Rolle. In den J2EE-Produkten dreht sich alles um Java. In .NET ist die Sprache offen. Man kann zwar mit der neuen javaähnlichen Sprache C# arbeiten, aber die Common Language Infrastructure mit dem gemeinsamen ByteCode erlaubt dem Anwender, in fast jeder beliebigen Sprache zu arbeiten, da alle zum gleichen ByteCode führen. Schließlich ist XML der große gemeinsame Nenner der .NET-Welt. Alle Daten, die über Programmgrenzen hinüberfließen, werden in XML-Dokumenten verpackt. Insofern übernimmt XML in .NET die Rolle, die Java in EJB spielt. Sie ist die Klammer, die alles zusammenhält. Dabei darf man nicht vergessen, daß Java immer noch eine proprietäre Sprache von Sun ist, während XML eine weltweite, öffentliche Norm der W3C ist. Steve Ballmer bringt es auf den Punkt. Die Sprache der nächsten Zukunft heißt XML [14]. Daraus folgt, daß auch die Architektur

4.5 Middleware-Produkte für die Webarchitektur

der Zukunft ebenfalls von XML geprägt wird [55]. (siehe Abb. 4.11)

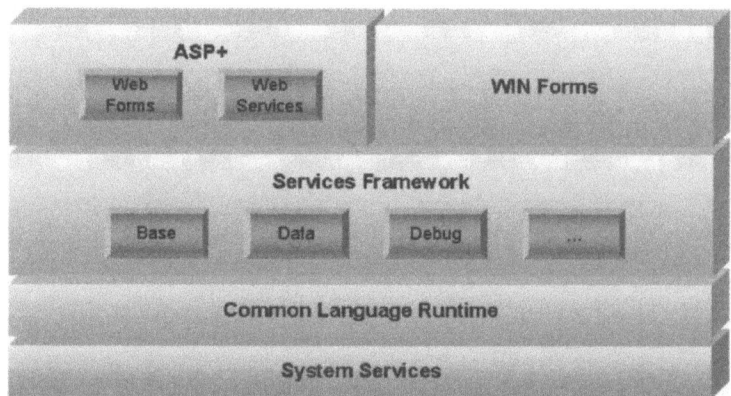

Quelle: COMPUTERWOCHE Nr. 29, Juli 2001

Abb. 4.11: Microsoft .NET Framework

5 XML als IT-Systemkleber

5.1 Der Nutzen von XML

System-Schnittstellen

Der Klebstoff einer jeden Web-basierten Systemarchitektur bzw. das Scharnier zwischen den Schichten ist die Websprache XML [23]. XML ist so etwas wie das Esperanto der IT-Welt geworden - das universale Bindeglied zwischen allen anderen Sprachen. Denn es ist schließlich möglich, XML in jede typbasierte Sprache zu übersetzen, von Assembler bis hin zu Java, und umgekehrt. In XML werden Datenstrukturen und Dateninhalte so spezifiziert, daß jeder sie lesen kann, auch der Mensch. Die Datenwerte ebenso wie die Datenbezeichner und Datenattribute, werden in ASCII Character Format in einem universalen Code dargestellt. Also sind sie für jeden Texteditor und jeden Textparser integrierbar. XML-Dokumente werden in Umschläge gesteckt und als Nachrichten über das Netz an jeden beliebigen Zielknoten verschickt. Dort angekommen, wird der Umschlag aufgemacht und der Inhalt gelesen. Dadurch braucht der Sender über den Empfänger nichts zu wissen, zumindest viel weniger, als wenn über eine Parameterschnittstelle eine ganz bestimmte Funktion mit ganz bestimmten Parametertypen aufgerufen wird wie bei RPC's, RMI's und CORBA Calls. Diese funktionalen Schnittstellen fordern eine viel engere Kopplung zwischen dem Aufrufer - dem Client und dem Aufgerufenen - dem Server. Die aufrufende Komponente muß wissen, daß es in der aufgerufenen Komponente diese Funktion gibt und welche Parameter sie in welcher Reihenfolge erwartet. Wird die Schnittstelle des Clients geändert, z.B. wird ein Parametertyp von integer auf float geändert, muß auch die Parameterliste aller Benutzer dieser Funktion mit geändert werden, sonst kracht es.

Funktions-Schnittstellen

Auch mit CORBA ist dieses Problem nur gemildert, aber nicht gelöst. Die gemeinsame IDL-Schnittstelle wird an beiden Enden des Aufrufs eingebunden. Aber dazu müssen Aufrufer und Aufgerufener nochmals compiliert und getestet werden. Man kann nie wissen, welche Auswirkungen einer Parameteränderung auf die Zielfunktion haben kann. Eine funktionale Schnittstelle ist eben von der Zielfunktion abhängig [58].

Anders bei der Datenschnittstelle bzw. der Message-oriented-Verbindung. Hier übergibt der Client ein Datenpaket bzw. eine Nachricht. Das Paket hat natürlich auch einen Adressaten. Aber der Adressat ist keine einzelne Funktion, sondern eine Komponente oder ein Modul. Die Komponente, die die Nachricht erhält, entscheidet anhand des Inhalts der Nachricht, welche Funktion oder Funktionen auszuführen sind. Sie wird einen Umsetzer beinhalten, der die Nachricht auspackt und die Daten in die Sprache des Empfängers umsetzt. Eine zentrale Steuerung wird dann die Daten auslegen und die erforderlichen Funktionen mit den entsprechenden Parametern aufrufen. Die Parameterlisten für die Funktionen werden auf der Serverseite aufbereitet.

Als Rückgabewert wird auch nicht ein bestimmter Datentyp oder eine Datenstruktur zurückgereicht. Statt dessen wird ein neues Dokument erzeugt und verpackt. Das verpackte Dokument wird anschließend als Nachricht an den Sender zurückgeleitet. Jetzt ist der Sender verpflichtet, das Rückgabedokument auszupacken und zu interpretieren. Auf diese Weise sind Sender und Empfänger möglichst voneinander entkoppelt. Datenkopplung wurde schon in den 70er Jahren von Glen Myers als eine überlegenere Form der Modulverbindung angepriesen und gehört seitdem zu den Grundprinzipien des Software Engineering [207].

Diese asynchrone Form der Interaktion zwischen Client und Server hat auch andere Vorteile für eine Webarchitektur. Da muß der Auftraggeber nicht warten, bis sein Auftrag erledigt ist. Er kann inzwischen etwas anderes machen. Ihm wird schon mitgeteilt, wenn eine Antwort da ist. In einem weit verteilten Netz, in dem Nachrichten von Knoten zu Knoten weitergereicht werden, ist die Message-orientierte Steuerung die einzige vernünftige Alternative.

Daten-Schnittstellen

Ausschlaggebend für die Datenschnittstelle ist die Form, in der die Daten übergeben werden. Das ist die Stelle, wo XML ins Spiel kommt. Mit XML werden Datenstrukturen abgebildet und die Datenwerte als ASCI Character Strings angegeben. Die Datenwerte sind durch die Datenbezeichner, z.B.

```
<Name>Huber</Name>
```

gekennzeichnet und können auch noch mit Attributen versehen werden, z.B.

```
<Name Typ="Nach">Huber</Name>
```

Durch die Verschachtelung der Daten werden Gruppen gebildet, z.B.

```
<Person>
```

```
            <Name Typ="Nach">Huber</Name>
            <Name Typ="Vor">Josef</Name>
            <Beruf>Bauer</Beruf>
            <Einkommen Waehrung="EURO">12000</Einkommen>
        </Person>
```

Damit besteht die Möglichkeit, Daten samt ihrer Beschreibung als Textdateien von einem Programm an das andere zu übergeben. Der Sender erzeugt die Daten. Der Empfänger integriert sie. Durch entsprechende Verdichtungsprogramme können die sonst aufgeblähten Texte auf ein Minimum reduziert werden.

Datendarstellung

XML hat auch noch den Vorteil, daß die Datenbeschreibungen für die Darstellung in einer Webseite geeignet sind. Man braucht dafür keine aufwendige Oberflächenprogrammierung, sondern nur ein passendes Stylesheet mit Obertitel, Format, Schriftgröße, Schriftart und dergleichen. So können die Daten aus dem XML-Dokument heraus direkt angezeigt werden. Die Notwendigkeit eines Clientprogrammes entfällt [87].

Datenhaltung

Schließlich können XML-Dokumente als Speicherbehälter für die darin enthaltenen Daten dienen. Ganze Dokumente werden als Objekte in einer Objektdatenbank abgelegt. Vorher werden sie indiziert und gepackt. Über die Indizes werden sie wiedergewonnen. Über Querverweise werden sie miteinander verknüpft. Somit entsteht ein Hypertext-Netzwerk gespeicherter Datendokumente. Auch die relationalen Datenbanken bieten inzwischen die Möglichkeit, XML-Dokumente zu zerlegen und in Relationen zu speichern und die gleichen Dokumente wieder aus den Relationen zusammenzustellen [103].

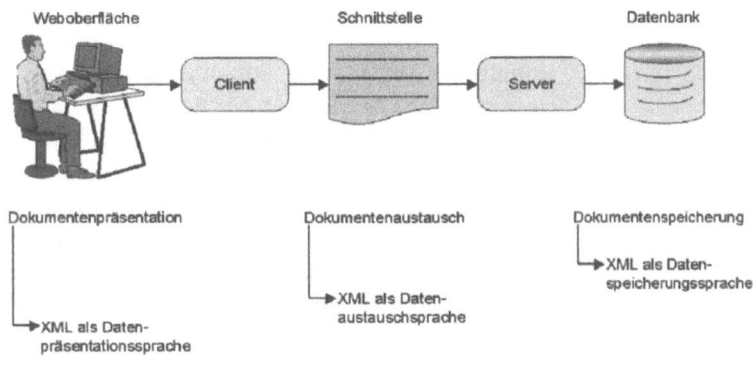

Abb. 5.1: XML-Anwendungsmöglichkeiten

Insofern dient XML dreierlei Zwecken:
- als Datenpräsentationssprache,
- als Datenspeicherungssprache und
- als Datenaustauschsprache.

(siehe Abb. 5.1)

5.2 Die Herkunft von XML

SGML

Es wäre abwegig, zu behaupten, XML sei wirklich etwas grundsätzlich Neues. Denn die Vorgängersprache, aus der XML hervorgegangen ist, die Standard Generalized Markup Language - SGML - ist schon in den 60er Jahren entstanden. Schon damals haben zwei IBM-Forscher eine Auszeichnungssprache für Dokumente vorgeschlagen. Das Problem war allen, die mit Informationsverarbeitung zu tun hatten, hinlänglich bekannt. Wie soll man Informationsinhalt und Informationsstruktur trennen bzw. wie soll man Information so verpacken, damit andere, auch andere Programme, sie interpretieren können.

Es ging damals wie heute um drei grundsätzliche Fragen
- zum Einen um die Präsentation von Dokumenten,
- zum Zweiten um den Austausch von Dokumenten und
- zum Dritten um die Speicherung von Dokumenten.

Auszeichnungssprache

Was die erste Frage anbetrifft, ging es darum, Dokumente mit zusätzlichen Attributen zu ergänzen, um den Inhalt in einer beliebigen Form darzustellen, wobei damals mehr die Druckausgaben gemeint waren. Heute geht es vorwiegend um Bildschirmausgaben, aber das Prinzip ist gleich. Ein Dokument muß Steuerungsinformation beinhalten, die vorgibt, wie der Informationsinhalt des Dokuments aufzubereiten ist. Soll die Seite im Hochformat oder Querformat erscheinen? Welchen Zeichensatz (Font) sollten die Zeichen bekommen? Welchen Abstand soll es zwischen den Zeilen geben? Welche Felder sind wie zu drucken (z.B. fett oder unterstrichen)? Diese und ähnliche Fragen gibt es nicht erst seit gestern. Sie gibt es so lange, wie wir Dokumente erstellen. Dokumentenpräsentation gehört traditionell zum Bereich der Drucktechnik [103].

Die zweite Frage gehört mehr zum Gebiet der Nachrichtentechnik. Hier geht es um die Übermittlung von Daten von einem Sender an einen Empfänger. Alle Daten sind letztendlich nur digitalisierte Zeichenfolgen. Eine Zeichenfolge wird so verschlüs-

5.2 Die Herkunft von XML

selt bzw. so aufgebaut, daß der Nächste damit etwas anfangen kann. Solche Verschlüsselungstechniken hat es schon immer gegeben.

Anbindungssprache

Don Estes, ein anerkannter amerikanischer Experte für den Umgang mit Legacy-Systemen, bezeichnet die Nutzung von XML als eine Strategie der zweiten Generation für die Anbindung von Legacy-Systemen ans Web. Zur Strategie der ersten Generation gehörten Ansätze wie „screen scraping", Webstudio, CICS-Gateway und COBOL-CGI. Bei diesen Ansätzen gibt es eine Abhängigkeit vom Präsentationsformat zum Programm, da das Präsentationsformat aus der bisherigen Maske abgeleitet wird, und die Struktur der Maske im Programm eingebettet ist. Jede Änderung zum Programm führt also indirekt zu einer Änderung der Oberfläche. Estes vergleicht diese Technik der ersten Präsentationsgeneration mit den Datenbanken der ersten Generation. Jedes Mal, wenn ein Satzformat geändert wurde, mußten alle Programme, die diese Satzart verwendeten, auch neu compiliert werden. Mit SQL hat sich das geändert. Die Programme bekamen eine Sicht auf die Struktur der Datenbank statt die Struktur selbst. Diese Sichten machten die Programme unabhängig von der Datenbank. Wenn sich im Programm etwas änderte, brauchte man fortan nur die Sicht auf die Daten zu ändern und das einzelne Programm neu zu kompilieren. Die Datenbank blieb unberührt.

XML erfüllt den gleichen Zweck für die Benutzeroberfläche. Das Stylesheet ist eigentlich eine Sicht auf die Daten, die in dem XML-Dokument enthalten sind. Man kann die Präsentation der Daten, sprich das Stylesheet, ändern, ohne die Struktur der XML-Dokumente selbst ändern zu müssen. XML geht auch einen Schritt weiter. Es schirmt die Komponente von ihrer Umgebung ab. Da das XML-Dokument nur eine Sicht auf die Funktionalität, sprich auf die Ein- und Ausgaben eines Programms ist, läßt sich das Programm ändern ohne Auswirkung auf die Sicht. Die Programme sind von deren Benutzer durch die XML-Semantik abgeschirmt bzw. gekapselt.

Estes weist darauf hin, daß Programme in einer herkömmlichen verteilten Umgebung über entfernte Prozeduraufrufe gekoppelt sind. DCOM und CORBA sind stellvertretend für solche Umgebungen. Das Format, in dem die Daten ausgetauscht werden, bzw. das Protokoll, muß zwischen beiden Seiten, dem Sender und dem Empfänger, vereinbart sein. Eine derartig funktionale Schnittstelle setzt voraus, daß die Daten bzw. Typ, Länge und Reihenfolge genau abgestimmt sind.

5 XML als IT-Systemkleber

Lose Kopplung

XML baut diese gegenseitige Abhängigkeit ab. Estes schreibt „*Adopting a loosely coupled data exchange architecture based on XML not only removes the need for middleware with its attendant maintenance burden, but also reduces the maintenance burden across all programs that share the same data ...*" [72]

XML trägt also dazu bei, das Wartungsproblem zu lindern, indem es

- die Sicht auf die Funktionalität einer Komponente von der Implementierung derselben entkoppelt
- die Fehlerhäufigkeit durch sichtbare, leicht zu verstehende Schnittstellen reduziert
- die Änderbarkeit und Flexibilität der Komponente steigert.

XML-Eigenschaften

Hinzu kommt die normierende Kraft der Sprache. Immer mehr Branchen und Behörden schreiben sie als offizielle Datenaustauschsprache vor, so die US Depository Trust Company. Finanzdienstleister haben keine andere Wahl als auf XML umzusteigen [120]. (siehe Abb. 5.2)

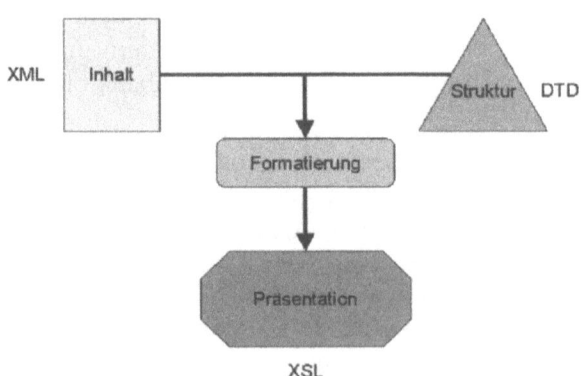

Abb. 5.2: Grundkonzept der XML-Sprache

5.3 Die Weiterentwicklung der Sprache

5.3.1 Datenverknüpfungen

Verknüpfungstechniken

In einer relationalen Welt geht es nicht nur darum, elektronische Dokumente zu produzieren und zu kommunizieren, sondern

5.3 Die Weiterentwicklung der Sprache

auch darum, die Dokumente miteinander zu verknüpfen. Es sollte möglich sein, von einem Basisdokument aus auf jedes andere beliebige Dokument zu verweisen. Die Verbindungen zwischen Dokumenten im Netz sollten ebenso mächtig und flexibel sein wie die Verkettung von Datenbanktabellen.

Zu diesem Zweck wurde die XML Linking Working Group ins Leben gerufen, und diese Gruppe hat bereits drei aufeinander aufbauende Normen zur Verbindung von XML-Dokumenten verabschiedet

- Xlink,
- Xpointer und
- Xbase.

XLink

Die Xlink-Norm beschreibt mehrere Verweistechniken vom einfachen, internen Verweis bis hin zu komplexen, externen Verweisen zwischen Dokumenten. Es gibt außer 1:1-Verweisen zwischen einem Basisdokument und einem Zieldokument auch 1:n-Verweise zwischen einem Basisdokument und n Zieldokumenten sowie m:n-Verweise zwischen m Basisdokumenten und n Zieldokumenten. Diese Verkettungtechniken über eindeutige Schlüssel in den Dokumenten ermöglichen die Navigation durch ein Netzwerk assoziierter Datenobjekte im Sinne von Hyperlinks. So können z.B. verschiedene Medientypen wie Text, Bilder und Audiosignale miteinander verbunden werden.

XPointer

Die Xpointer-Norm ergänzt Xlink dadurch, daß sie den Verweis auf einzelne Felder innerhalb eines Dokuments erlaubt. Man bekommt damit einen Zeiger direkt auf Elemente eines Dokuments. Z.B. verweist ein Auftrag nicht nur auf einen bestimmten Artikel, sondern direkt auf ein Attribut dieses Artikels, wie z.B. die Größe. Damit wurde es möglich, Dokumente über ihre Eigenschaften abzufragen.

XBase

Die Xbase-Norm gibt vor, wie die Adresse des Ausgangsdokuments bzw. des Basisobjekts zu formulieren ist. Sie entspricht dem <BASE> Tag in HTML. Sie soll dazu dienen, den Ausgangspunkt einer Suchaktion im Netz festzuhalten. Xbase und Xlink haben beide schon 2001 den Status einer gültigen, weltweiten Norm erhalten. Die Annahme der Xpointer-Spezifikation steht noch unmittelbar davor. Somit ist die Verknüpfung verteilter Objekte im weltweiten Web weitgehend geregelt [231].

Entwicklung in XML

Die Konsequenzen für die Geschäftswelt und für die Integration bestehender Datenbestände ist jetzt schon abzusehen. Es kommt eine Zukunft auf uns zu, in der alle betrieblichen Daten sämtlichen betrieblichen Anwendungen, sowohl innerbetrieblich als auch außerbetrieblich, zur Verfügung stehen. Es wird nur noch eine Frage der Zugriffsberechtigung sein. (siehe Abb. 5.3)

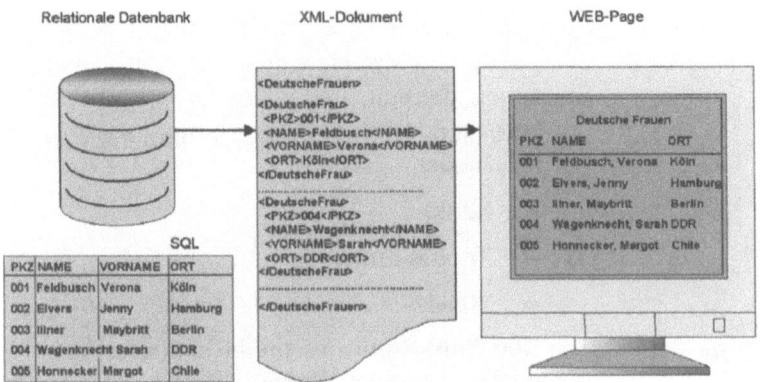

Abb. 5.3: Von der SQL-Datenbank zur Webseite via XML

5.3.2 Datenschemen

XML-Datenstrukturen

Eine andere Weiterentwicklung von XML, die auch vieles verspricht, ist die neue Schemasprache. Bisher haben DTD's bzw. Dokumententypendefinitionen dazu gedient, die Struktur der Daten in einem Dokument zu beschreiben. Die Syntax der DTD-Sprache wurde von SGML geerbt und paßt eigentlich gar nicht zu XML. Mit ihr werden Strukturelemente und Attribute eines Dokuments in einer fremden Weise spezifiziert. Außerdem folgen DTD's einem dokumentenzentrierten Ansatz, nach dem alle Daten Zeichenketten sind - so wie es sich in der SGML-Welt gehört. Die neue Schemasprache führt demgegenüber eine mehr datenorientierte Sicht ein. So lassen sich einzelne Datentypen festlegen - z.B., daß die Postleitzahl eine Ganzzahl mit der Länge 5 sein muß. Die Schemasprache verwendet die übliche XML-Syntax mit Tags und Attributen, um die Struktur der jeweiligen Datenobjekte zu beschreiben. D.h., die XML-Daten werden mit XML-Daten beschrieben [347].

Mit dem XML-Schema lassen sich XML-Dialekte einfacher und präziser spezifizieren. Durch die damit verbundene Typüberprüfung einzelner Datenfelder wird auch die Integration der Daten besser bewahrt. Daher ist abzusehen, daß DTD's langsam aussterben werden. Für Einsteiger in die XML-Welt ist zu empfehlen, daß sie gleich auf Schemas setzen und ihr gesamtes betriebliches Datenmodell in einem XML-Schema abbilden.

5.3 Die Weiterentwicklung der Sprache

XML und SQL

Natürlich ist XML eine Alternative zu SQL. Dokumente lassen sich als persistente Objekte anstelle von relationalen Tabellen ablegen. Man kann zwar aus XML-Dokumenten relationale Tabellen ableiten und umgekehrt aus relationalen Tabellen XML-Dokumente generieren, aber es hat auch Vorteile, die Dokumente direkt abzuspeichern - so wie das im Datenbanksystem Tamino von der Software AG der Fall ist. Dadurch entsteht die Notwendigkeit, einmal gespeicherte Datenobjekte wiederzufinden. Man braucht eine Abfragesprache für XML-Dokumente [95].

XQL Query-Sprache

Dazu liegen zwei Vorschläge vor: XQL und XML-QL. Für XQL liegen bereits konkrete Implementierungen vor, z.B. die von Microsoft, und dies erschwert den Normierungsprozeß. Es sollte möglich sein, mit Hilfe von Deskriptoren (wie Postleitzahl) und Wertebereichen (z.B. von 8200 bis 8400) alle Dokumente, die diesen Bezeichner mit einem entsprechenden Wert enthalten, aus einem Pool von Dokumenten herauszufischen. Natürlich müssen die potentiellen Deskriptoren vorher bei der Speicherung identifiziert und indiziert werden. Dies setzt eine Erweiterung der bestehenden Sprachnorm voraus, was wiederum zu neuen Diskussionen in den Normierungsgremien führt. Es ist jedoch nur eine Frage der Zeit, bis der XQuering-Standard verabschiedet wird [365].

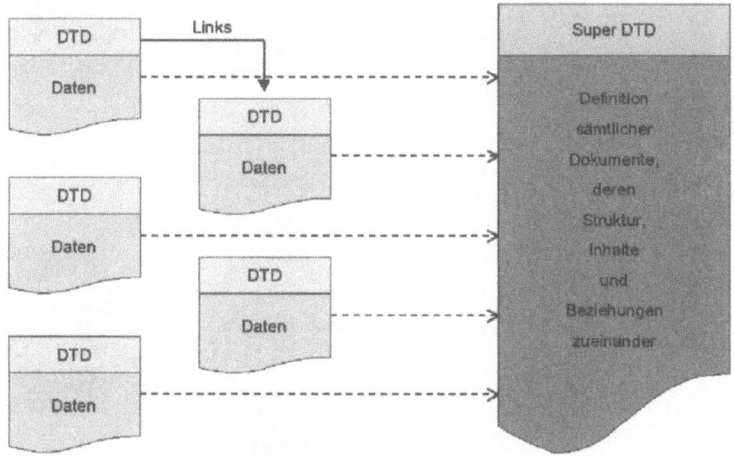

Abb. 5.4: XML-Schema statt DTD

5 XML als IT-Systemkleber

Elektronische Unterschrift

Noch länger auf sich warten läßt die Norm für eine elektronische Unterschrift. Die Bestrebungen hier zielen auf die Erstellung eines XML-basierten Standards für jede Art von Signatur, um Aufträge, Mitteilungen und andere Dokumente, z.B. Steuererklärungen, zu signieren. Dieser Schritt ist aber absolut notwendig, um die Rechtmäßigkeit elektronischer Geschäftstransaktionen zu gewährleisten. (siehe Abb. 5.4)

5.3.3 Datennamensräume

XML Name Spaces

Eine wichtige Ergänzung zu XML sind die Namensräume. Ein Namensraum ist so etwas wie ein gültiges Wörterbuch für die Bezeichner, die in den XML-Dokumenten verwendet werden. Bezeichner können durch ein bestimmtes Namensverzeichnis qualifiziert werden. In dem jeweiligen Namensverzeichnis wird die semantische Bedeutung der Bezeichner festgelegt. So kann z.B. der Bezeichner „Football" in einem englischen Namensraum etwas ganz anderes bedeuten als in einem amerikanischen Namensverzeichnis. Alle Softwareprodukthersteller und Application Service Provider sind bemüht, ihre eigenen Namensräume zu definieren, damit die Semantik ihrer Begriffe nicht verwechselt werden kann. Das Konzept der Namespaces ist schon seit 1999 ein W3C-Standard. Es sollte sichern, daß Elemente und Attribute eine eindeutige Bedeutung haben. Neben den umgebungsspezifischen Namensräumen gibt es globale Namensräume wie xml-data, die allgemeingültige Datentypen, z.B. integer, float, string usw., vereinbaren [239].

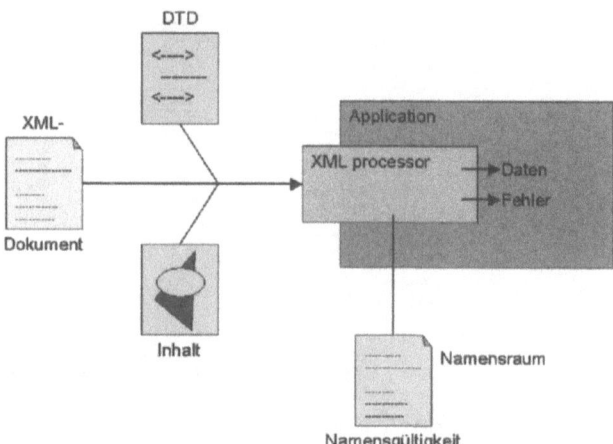

Abb. 5.5: Bedeutung der Namensräume

5.3 Die Weiterentwicklung der Sprache

Verbindliche Namensräume sind für den Austausch von Daten über Firmengrenzen hinaus absolut notwendig. Deshalb sind Bestrebungen im Gange, branchenweise solche Wörterbücher aufzubauen. Daß dieser Normierungsprozeß in einen Kampf der Begriffe ausartete, war nicht zu vermeiden, und so ist es auch gekommen. Über jede einzelne Bezeichnung wird hart gerungen nach dem Motto nomen est omen. Für alle Fälle kann jedes Unternehmen seine eigenen Namensräume vereinbaren, damit zumindest firmenintern keine Mißverständnisse entstehen. (siehe Abb. 5.5)

5.3.4 Datentransformierung

XSLT

Eine für die Systemintegration besonders wichtige Weiterentwicklung ist die Transformation von XML-Dokumenten in andere Dokumente, z.B. in HTML. Die Methode dafür heißt XSLT - eine XML-basierte Sprache, mit der man Regeln für die Umwandlung einer XML-Dokumentenklasse in eine andere ausdrücken kann. XSLT ist im Prinzip eine Programmiersprache, die zur Laufzeit interpretiert wird. Sie ist auch nur eine Alternative zu einer Programmiersprache, denn die Dokumentenübersetzung könnte ebenso mit Java, C++ oder irgend einer anderen Sprache implementiert werden. Warum dann XSLT? Die Antwort zu dieser Frage liegt auf der Hand, weil es besser ist, alles selbst in XML zu haben. XML-Datenstrukturen sollen im Interesse der Einheitlichkeit von XML-Algorithmen verarbeitet werden. Außerdem ist ein Programm auch nichts anderes als eine Datenstruktur, und Datenstrukturen lassen sich in XML besser spezifizieren. Sie sind in diesem Falle leichter änderbar und leichter verarbeitbar. Außerdem ist XML die Vollendung der Objektorientierung. Die Daten beschreiben selbst, was mit ihnen zu geschehen hat. Sie sind retroaktiv. Daher XSLT [254].

Datentransformation

Um die Transformation der Daten zu beschreiben, benötigt XSLT zwar die gleiche Syntax, verwendet aber einige zusätzliche Sprachkonstrukte. Z.B.

    xsl:copy-of   um ein Element zu kopieren

    xsl:value-of   um einen Datenwert zu selektieren

    xsl:choose   um eine Fallanweisung zu formulieren

    xsl:for-each   um eine Wiederholung zu formulieren

    xsl:if   um eine Auswahl zu treffen

	xsl:copy	um die Datenknoten der Reihe nach zu übertragen
	xsl:variable	um ein Arbeitsfeld anzulegen

Strukturlogik Da XSLT alle Konstrukte der strukturierten Programmierung

- Sequenz,
- Auswahl,
- Wiederholung

beinhaltet, kann man mit ihr ohne weiteres Daten im XML-Format verarbeiten. Die Umsetzung von XML-Daten in HTML bzw. XHTML oder Cascading Style Sheets zwecks Präsentation ist ohnehin vorgesehen, und die Umsetzung von XML-Daten in SQL-Tabellen zwecks Speicherung ist Sache des Datenbanksystems. Wenn man davon ausgeht, daß alles andere nur eine Frage der Datentransformation ist, ist die XML-Welt mit XSLT autark geworden. Sie kann auch ohne zusätzliche Programmiersprachen existieren. (siehe Abb. 5.6)

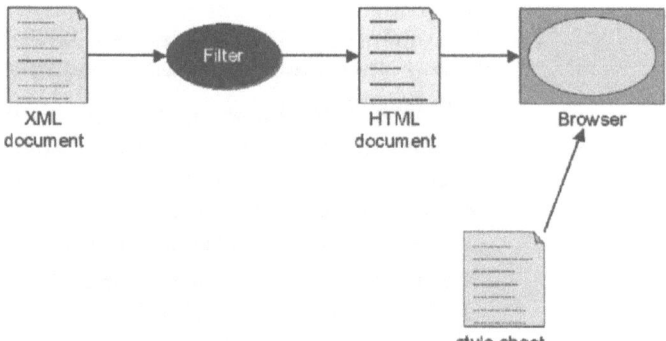

Abb. 5.6: Transformation von XML zu HTML

5.4 Datenmodellierung mit XML

Metasprachen Die XML-Norm hat vieles mit der früheren CODASYL-Norm für Datenbanken gemeinsam. Unter anderem sind beide Metasprachen mit einem Schema als Datenlandkarte verbunden. Das Schema ist in beiden Fällen dazu gedacht, die Datenintegrität zu bewahren, was ja in B2B E-Commerce besonders wichtig ist.

Daten werden auf vier verschiedenen Ebenen dargestellt:

- auf der physischen Ebene als Bits und Bytes,

- auf der logischen Ebene als Felder,
- auf der referentiellen Ebene als Attribute und
- auf der semantischen Ebene als Begriffe.

*Daten-
integrität*

Auf der physischen Ebene wird die Integrität der Darstellung durch Parity Bits und desgleichen Hardwaremechanismen gesichert, die verhindern, daß die Bitfolge korrumpiert wird.

OCL

Auf der logischen Ebene wird die Datenintegrität durch die Datentypvereinbarung gewährleistet. Datenfelder werden als Integer, Dezimalzahlen, Zeichenfolgen und dergleichen mit einem bestimmten Format und einer bestimmten Länge, manchmal sogar mit einem bestimmten Inhalt, dargestellt. Daß dies eingehalten wird, dafür sorgt der Compiler bzw. das Datenbanksystem.

Auf der referentiellen Ebene ist es eine Frage der referentiellen Integrität. Es werden hier gewisse Regeln vereinbart, in welchem Zusammenhang die Daten wie verwendet werden. So wird vereinbart, daß manche Felder einen Inhalt haben müssen, während andere leer sein können. Es wird darüber hinaus auch spezifiziert, mit welchen anderen Daten ein bestimmtes Datum im Zusammenhang steht. Referentielle Integrität wird über Integritätsregeln und Zusicherungen gewährt. Die Object Constraint Sprache - OCL - ist gedacht, um referentielle Integrität zu sichern [237].

*Nomen est
Omen*

Auf der semantischen Ebene geht es um die Bedeutung der Daten. Bisher wurde dies über lokale Dictionaries für jede einzelne Anwendung oder für ein Unternehmen insgesamt geregelt, sofern das Unternehmen eine unternehmensweite Begriffskonvention hatte. Damit war es bisher möglich, Daten zwischen Anwendungssystemen in einer Firma auszutauschen. Mit der Einführung von B2B-Commerce ändert sich die Lage. Ein Begriff kann in verschiedenen Firmen völlig andere Bedeutungen haben. Ein Beispiel ist der Begriff „Endpreis". Er kann z.B. bedeuten mit oder ohne Mehrwertsteuer. Über Ländergrenzen hinaus wird dies noch verwirrender. Ein und derselbe Begriff wie z.B. „Name" kann sehr unterschiedlich ausgelegt werden. In dem einen Land ist es Vor- und Nachname, im anderen Land ist es nur der Familienname. Daher müssen alle Daten, die über Firmengrenzen hinaus fließen, in ihrer Bedeutung fixiert sein, d.h. die Bedeutung aller Begriffe muß mitgeliefert werden.

Tagging

XML bietet die Möglichkeit an, dies über die Tags bzw. die Bezeichner zu regeln. Alle Datenfelder können einen eindeutigen Bezeichner haben, und diese Bezeichner können in dem Schema bezüglich ihrer Bedeutung über die Attribute erklärt sein. In der Schemadeklaration wird der Inhalt eines Feldes genau beschrieben, z.B. daß ein Datum sich aus Jahrhundert, Jahr, Monat und Tag in der Reihenfolge zusammensetzt, oder daß ein Name mit dem Familiennamen beginnt, gefolgt durch den Vornamen und getrennt durch ein Komma. Man kann auch die Maßeinheit zu einer Meßzahl liefern, z.B. ob in Zentimer oder Inches. Diese semantische Auslegung hätte den teuren Abbruch einer Weltraummission verhindern können, bei der ein Programm Zentimeter als Inches auslegte [241].

Mit einem Schema für den Datenaustausch dürften dererlei Pannen nicht mehr vorkommen. Jedes Programm hat Zugang zu dem Schema und kann daraus die semantische Bedeutung der Begriffe entnehmen, die als Bezeichner für die Datenfelder verwendet werden. Damit sorgt das XML-Schema bzw. die Document Type Definition dafür, daß die Daten korrekt ausgelegt werden.

Dictionary

Das XML-Schema wird das betriebliche Dictionary ablösen. Es entstehen Schemen nicht nur für einzelne Unternehmen, sondern für ganze Branchen, so z.B. für die Automobilbranche oder die Versicherungsbranche. Innerhalb einer Branche teilen sich die Firmen ein XML-Schema, das sie gemeinsam ausarbeiten. Die Wahrscheinlichkeit einer falschen Auslegung wird dadurch wesentlich verringert.

Schemenumsetzung

Was ist jedoch, wenn verschiedene Firmen unterschiedliche Schemen haben? Die Daten müssen in diesem Fall konvertiert werden, so z.B. von einer 4-stelligen numerischen Postleitzahl in eine 6-stellige alphanumerische. Dafür ist auch die Extensible Style Sheet Language Transformation - XSLT - gedacht. Mit XSLT ist es relativ einfach, ein Schema in ein zweites umzusetzen. Die Bezeichner werden einander zugeordnet, und die Inhalte über die Attribute angepaßt. Solange es nur um Austausch zwischen zwei Beteiligten geht, ist die Transformation die Lösung. Wenn aber mehrere Beteiligte miteinander Daten austauschen wollen, wird die Transformation zu komplex. In diesem Falle wird ein gemeinsames, übergeordnetes Schema gebraucht. Benutzen Anwender das gleiche Schema, steht dem reibungslosen Austausch von Daten und Bildern nichts mehr im Wege. Sie werden nicht nur physisch und logisch, sondern auch semantisch vernetzt. Insofern ist die Erarbeitung branchenspezifischer Schemen eines der primären Ziele in der XML-Welt [260]. (siehe Abb. 5.7)

5.5 XML-Dialekte

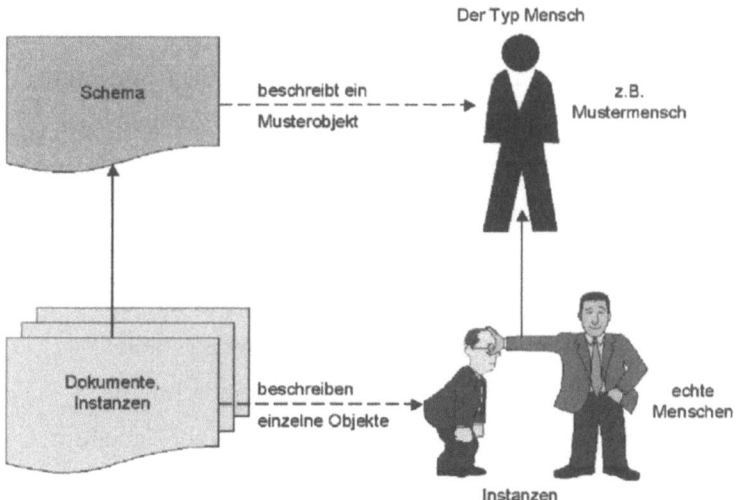

Abb. 5.7: Schemen und Instanzen

5.5 XML-Dialekte

Subsprachen

XML heißt Extensible Markup Language und war von Anfang an als Metasprache gedacht, aus der spezielle, branchenspezifische Sprachen bzw. Dialekte abgeleitet werden können. Dies ist auch geschehen und geschieht auch weiter. Ein typisches Beispiel ist die Web Service Definition Language - WSDL - die auch ein XML-Derivat ist. Weitere Derivate sind XMI, XSLT, CML, Multimedia XML und MathML. Es würde den Rahmen dieses Buches sprengen, sämtliche XML-Derivate zu beschreiben. Daher werden hier nur einige beschrieben, die eventuell für die Integration vorhandener IT-Systeme von Interesse sein könnten. Dazu gehört

- MathML,
- XMI und
- XMLHOST.

5.5.1 MathML

MathML

Die Math Markup Language - MathML - ist stellvertretend für allgemeingültige Sprachen, die branchenübergreifend sind. Sie beschreibt die symbolische Sprache der Mathematik. Alles, was zur Mathematik gehört - Sätze, Gleichungen, Polynome, Integrale, Mengen usw., wird damit ausgedrückt. Somit läßt sich MathML verwenden, um die rechentechnische Seite der XML-Datenverarbeitung abzudecken.

Die wichtigsten MathML-Bezeichner sind:

<MI>	= Item bzw. Element
<MF>	= Fence bzw. Trennzeichen
<MN>	= numerischer Wert
<MO>	= Operator wie +, -, /, *, .AND., .OR. usw.
<MTABLE>	= Tabelle oder Matrize
<MTR>	= Zeile einer Tabelle
<MTC>	= Spalte einer Tabelle
<MTD>	= Element einer Tabelle
<MERROR>	= Fehlermeldung
<MFRAC>	= Bruch
<MROOT>	= Wurzel
<MROW>	= Gruppierung mehrerer verschachtelter Ausdrücke

Dies sind die Grundoperanden. Hinzu kommen weitere arithmetische und algebraische Operatoren wie:

<PLUS/>	für Addition
<MINUS/>	für Subtraktion
<OVER/>	für Division
<TIMES/>	für Multiplikation
<POWER/>	für Potenz
<EXP/>	für Exponent
<MAX/>	für Maximum
<MIN/>	für Minimum

Damit kann man recht komplexe Ausdrücke formulieren wie z.B.

```
    <MROW>
      <MROW>
        <MI>X</MI>
        <MO><TIMES/></MO>
        <MI>2</MI>
      </MROW>
      <MO><PLUS/></MO>
      <MROW>
        <MI>X</MI>
```

```
            <MO><MINUS/></MO>
            <MN>4</MN>
         </MROW>
      </MROW>
```

für den arithmetischen Ausdruck ((X*2)+(Y-4)). Zur Formulierung von Mengenoperationen bietet MathML noch mehr Bezeichner, darunter

<EXPR>   für Gültigkeit
<SET>   für Menge
<UNION/>   für Vereinigung
<INTERSECT/>   für Schnittmenge
<IN/>   für Element von
<NOTIN/>   für nicht Element von
<SUBSET/>   für Teilmenge

Die Aussage „A vereinigt mit der Schnittmenge von B und C" bzw. A ⊂ (B∪C) wird so dargestellt:
```
   <EXPR>
      <MI>A</MI>
      <UNION/>
      <EXPR>
         <MI>B</MI>
         <INTERSECT/>
         <MI>C</MI>
      </EXPR>
   </EXPR>
```

An Hand dieser Beispiele ist geht hervor, was alles aus MathML zu machen ist. Von einfachen Rechenoperationen bis zu komplexen Mengenoperationen läßt sich die Welt der Mathematik erschließen [252].

5.5.3 XMI

XMI Metadata Interchange Language

XMI - Extensible Metadata Interchange Language - ist die UML der XML-Welt. Mit ihr können, wie im letzten Abschnitt gezeigt, die Objekte und Daten einer Anwendung oder die des gesamten Betriebes modelliert werden. XMI setzt auf UML und der XML-Schemasprache auf, um Objekthierarchien und Objektvernetzungen so abzubilden, daß sie von einem XML-Parser verarbeitet werden können.

5   XML als IT-Systemkleber

XMI kennt wie UML Objekte und Objektbehälter - so genannte Container. Ein Container-Dokument kann ein oder mehrere Objektdokumente beinhalten.

```
<Container Element>
   <Objekt xmi:version="2.0" xmlns:xmi="Farben"/>
   <Objekt xmi:version="2.0" xmlns:xmi="Formen"/>
   ..............................
</Container Element>
```

Ein Objekt wird über ein eindeutiges Objektkennzeichen identifiziert, z.B.

```
<Objekt xmi:id="4711" xmi:label="Konto"/>
```

Objekte haben, wie in UML auch, mehrere Attribute

```
<Objekt xmi:id="4711" xmi:label="Konto">
   <Kontonr>11112222</Kontonr>
   <Kontoinhaber>Bond</Kontoinhaber>
   <Kontostand>1000</Kontostand>
   ..............................
</Objekt>
```

Die Objekthierarchie ergibt sich aus der Vererbungsbeziehung zwischen unter- und übergeordneten Objekten. In XMI ist das untergeordnete Objekt eine Extension bzw. eine Erweiterung des übergeordneten. Ein Unterkonto ist somit eine Extension des Hauptkontos

```
<Objekt xmi:id="47112" xmi:label="Unterkonto">
   <xmi:Extension extented="4711">
      <Kontostand>100</Kontostand>
   </xmi:Extension>
</Objekt>
```

Assoziationen werden über Querverweise zwischen Dokumenten bzw. zwischen Objekten angezeigt, z.B.

```
<Objekt xmi:id="4711" xmi:label="Konto">
   <Kontonr>11112222</Kontonr>
   <Kontoinhaber href="Person.xmi#007"/>
   ..............................
</Objekt>
```

Hier haben wir einen Verweis auf die Objekte Personen und zwar dort zu dem Objekt mit dem Id="007"

```
<Objekt xmi:id="007" xmi:label="Person">
   <Nachname>Bond</Nachname>
   <Vorname>James</Vorname>
   ..............................
```

</Objekt>

Auch die Kardinalität der Beziehungen wird mit den minoccurs- und maxoccurs-Eigenschaften wie folgt festgehalten:

```
<Objekt xmi:id="007" xmi:label="Person">
   <Nachname>Bond</Nachname>
   <Vorname>James</Vorname>
   <Konten>
      <xsd:choice minoccurs="1" maxoccurs="1">
         <Konto href="Konto.xmi#4711"/>
      </xsd:choice>
   </Konten>
   ................................
</Objekt>
```

Diese Beispiele illustrieren, wie UML in XML abgebildet wird. Es ist damit möglich, aus UML-Diagrammen XMI-Schemen zu generieren und umgekehrt aus XMI-Schemen UML-Diagramme zu erzeugen [105]. (siehe Abb. 5.8)

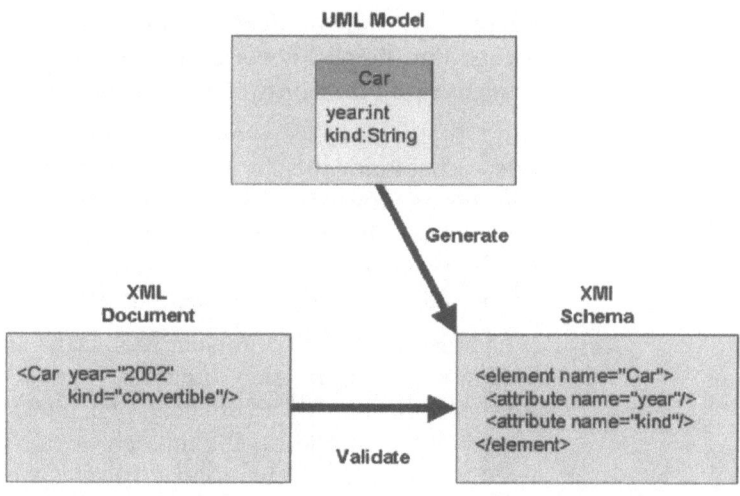

Abb. 5.8: Beziehung zwischen UML, XMI und XML

5.5.4 XMLHOST

Host-Kapselungssprache

Ein für die Kommunikation mit Hostprogrammen besonderer XML-Dialekt ist XMLHOST. Eine Sprache für die Definition von Assembler-, PL/I- und COBOL-Datenstrukturen sowie für die Bestimmung eines Entry-Points ist XHOST. XHOST wurde speziell für die Datenübergabe an und die Datenabgabe von Hostprogrammen entwickelt. Im Vordergrund stehen die Struktur der Daten so, wie sie vom Hostprogramm erwartet werden, und die Attribute der Daten so, wie sie von den Hostsprachen beschrieben sind. Dazu muß man wissen, daß alle Hostsprachen, zumindest in der IBM-Welt, die gleichen Datentypen kennen:

- Halbwort binär,
- Vollwort binär,
- Hexadecimal Strings,
- Character Strings,
- Decimal Zahlen,
- Packed Decimal Zahlen,
- Bits und
- Pointers.

Die Datenfelder haben eine feste Länge, einen Wiederholungsfaktor, falls sie ein Vektor sind, eine Ausrichtung (links oder rechts) und möglicherweise einen Grundwert. Zahlen haben außerdem eine Präzisions- bzw. Kommastellenangabe.

In COBOL und PL/I haben die Daten ein sogenanntes PICTURE oder Schablone, die ihr Layout beschreibt, z.B. mit führenden Leerstellen, Kommastellen und besonderen Editierzeichen. Diese Eigenschaften waren schon immer eine Stärke der Hostsprachen und erlauben es, die Werte anzuzeigen bzw. zu empfangen, ohne sie selber transformieren zu müssen.

Wenn also Daten in Form einer XML-Datei an das Hostprogramm gelangen, müssen sie zunächst einmal aus dem ASCII-Zeichenformat in die Hostdatentypen transformiert werden und umgekehrt für die Rückgabe müssen sie von den Hostdatentypen wieder ins ASCII-Zeichenformat versetzt werden. Dazu braucht man ein Schema für die Hostdatenstrukturen. Die Sprache für dieses Schema heißt XMLHOST.

XMLHOST unterscheidet zwischen den Datensätzen Bildschirmmasken, Datenbanksichten und Parameterlisten. Dies sind drei Typen von Datenstrukturen. Eine XML-Datei wird immer nur einen Strukturtyp haben - diesen dafür in 1:n Ausprägungen. Eine solche Datenstruktur - Satz, Maske, Sicht oder Parameterliste - besteht aus Datengruppen und Datenelementen. Die Datengruppen werden als Complex Types bezeichnet. Eine Datengruppe hat die Attribute

type	="#group"
name	="etwas"
content	="eltonly" (nur Unterelemente)
model	="closed" oder "open"
level	="99" Hierarchiestufe
occurs	="ONEORMORE" oder "OPTIONAL"
minoccurs	="1" oder "Zero"
maxoccurs	="1" oder "999" oder "unbounded"

Ein Datenelement hat die Attribute

type	="#dec I #packed I #float I #binary I #char I #edit I #hex I #ptr"
name	="etwas"
content	="Textonly" (nur Zeichenfolgen)
model	="closed" oder "open"
level	="99" Hierarchiestufe
occurs	="ONEORMORE" oder "OPTIONAL"
minoccurs	="1" oder "Zero"
maxoccurs	="1" oder "999" oder "unbounded"
pos	="9999" (Absetzung vom Strukturanfang)
lng	="9999" (Feldlänge in Bytes)
pic	="XXXX" bzw. "ZZZ99v99" (Feldformat)
usage	="DISPLAY I BINARY I FLOAT I PACKED" (Feldtyp)

An Hand dieser Angaben werden die Daten aus der XML-Struktur geholt und an der richtigen Stelle im richtigen Format in die Hostdatenstruktur verlegt, wo sie vom Hostprogramm weiterverarbeitet werden können. Wenn das Hostprogramm fertig ist, werden die Ergebnisse an Hand dieser Angaben aus der Hostdatenstruktur herausgeholt und in eine neue XML-Datenstruktur entsprechend dem XMLHOST-Schema als ASCII-Zeichenfolgen zwecks Rückgabe an den Auftraggeber übertragen. Auf diese Weise dient XMLHOST als Bindeglied zwischen der XML-Sprachwelt und der Hostsprachwelt der Legacy-Software in Assembler, PL/I oder COBOL [370].

5.6 Einfluß von XML auf IT-Architekturen

XML-Architekturen

Daß XML mehr als nur eine Auszeichnungssprache ist, zeigt ihr Einfluß auf die am Markt neu entstehenden IT-Architekturen. In der Tat ist das Potential der XML-Sprache als allgemeine Datenaustauschsprache ebenso groß - wenn nicht größer - als ihr Potential als Datenpräsentationssprache. Alle modernen Webarchitekturen sehen XML als Schnittstellensprache vor.

Die Autoren des Buches „Essential XML" stellen es so dar: "Die XML-Gemeinde ist in zwei Lager geteilt. Auf der einen Seite ist das ,Dokument'-Lager, auf der anderen das ,Daten'-Lager. Das Dokumentenlager ist auf die Formatierung und Präsentation der Dokumenteninhalte fokussiert. Sie sehen in XML hauptsächlich eine Präsentationssprache in der Tradition von HTML und CSS. Das Datenlager sieht jedoch XML primär als Datenaustausch- und Datenspeicherungssprache an. Die Datenpräsentation wird als nützliche Beigabe betrachtet. Dieses Lager vertritt die Meinung, daß der Löwenanteil der XML-Dokumente nicht handkodiert, zwecks der Datendarstellung, sondern automatisch generiert, zwecks der Datenübergabe wird [35]."

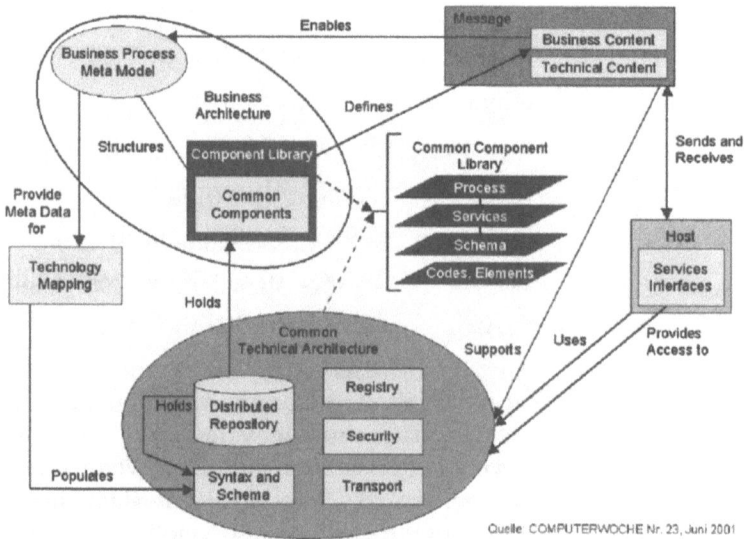

Abb. 5.9: ebXML-Konzeptarchitektur

Charles Goldfarb, einer der Väter der SGML-Sprache, beschreibt XML als Kombination von MOM und POP. MOM sei die „message-oriented middleware" und POP sei das presentation-oriented publishing [98]. Bei POP geht es um die Kommunikation zwischen Menschen und Computer bzw. um die Erfassung und Darstellung von Information in der Mensch/Maschine-Schnittstelle. Bei MOM geht es wiederum um die Speicherung und Verarbeitung der Information innerhalb des Systems. Hier ist der Platz, wo XML zur Sprache der Middleware wird. XML-Dokumente sind Objekte, die zwischen Anwendungen ausgetauscht werden können. In dieser Rolle hat XML einen nicht unerheblichen Einfluß auf die betriebliche IT-Architektur. Es entstehen jetzt neue Middleware-Lösungen auf dem Markt, die die Sprache XML als Grundlage bedienen. Eine der wichtigsten ist die ebXML-Architektur. (siehe Abb. 5.9)

5.6.1 Die ebXML-Architektur

ebXML

ebXML bzw. electronic business XML ist ein allumfassendes Konzept für End-zu-End-Systemintegration. Es wird von einer gleichnamigen Organisation mit über 2000 Mitgliedsfirmen gefördert. Hinter der ebXML-Organisation steht OASIS und UN/CEFACT. OASIS ist ein relativ neuer internationaler Normierungsverein, mit dem Ziel, XML in aller Welt zu fördern. CEFACT ist der alte Förderverein, der seit Jahrzehnten hinter der electronic data interchange-Bewegung steht - EDI. EDI wurde ursprünglich zum gleichen Zweck wie XML erfunden, nämlich um Daten über Unternehmensgrenzen hinaus auszutauschen. Leider entpuppte sich die ursprüngliche Norm als zu umständlich und teuer, so daß sie sich nie richtig durchsetzen konnte. Hinzu kommt, daß EDI batchorientiert war. XML verbindet EDI mit dem Internet in einer Online-/interaktiven Umgebung und bietet eine flexible, erweiterbare und auch noch einfachere Lösung. Daher ist CEFACT jetz zu XML übergegangen und steht hinter dem ebXML-Konzept als Lösung zum Problem des elektronischen Datenaustauschs [78].

Wie alle internationalen Normen ist auch ebXML sehr umfangreich geworden. Natürlich will jedes Mitglied seine Lieblingsideen hineinbringen, und dies führt dazu, daß das Konzept ausufert. Inzwischen wurde der Kreis der Beteiligten in mehrere Arbeitskreise aufgeteilt. Jeder Arbeitskreis ist für ein anderes Teilgebiet zuständig. So gibt es die Teilgebiete

- technische Architektur,
- Repository,
- Datenübertragung,
- Geschäftsprozeßmodellierung und
- Kernkomponenten.

Verbunden sind alle Teilgebiete über die XML-Sprachnormen der W3C-Gruppe. Alles basiert auf einem gemeinsamen XML-

Schema, und alle verwenden das Document Object Model, um auf die XML-Dokumente zuzugreifen.

XML Repository

Die konzeptionelle Architektur ist in Abb. 5.9 abgebildet. Diese zeigt die Hauptelemente und deren Beziehungen untereinander. Dies ist das Ziel der technischen Architektur, nämlich Komponenten, Interaktionen und Schnittstellen der technischen Umgebung festzulegen. Alle Bestandteile der Architektur werden von der ebXML-Gruppe bestimmt und ihre zulässigen Beziehungen zueinander definiert.

Die Repository in ebXML erinnert an die CORBA-Repository. Sie soll in der Lage sein, alle Artefakte der XML-Sprache - seien es Templates, Modelle, Dokumente oder Daten - aufzunehmen, zu indizieren, zu speichern und wiederaufzufinden - eine wahre Herkulesaufgabe. Die Import/Export-Schnittstelle zur XML-Repository soll die extensible Markup Interchange-Sprache - XMI - sein, die auch dazu dient, Informationen zwischen diversen CASE-Werkzeugen auszutauschen.

Die Aufgabe der Datenübertragungsgruppe ist die Vereinbarung einer Nachrichtenvermittlungsnorm, nach der Daten zwischen entfernten Anwendungen physikalisch übermittelt werden. Hier kommt es darauf an, eine einheitliche Transaktionslogik mit Restart- und Recovery-Verfahren, Commit- und Backup-Mechanismen zu vereinbaren, die allen ebXML-Produkten zugrunde liegen. Ein Vorschlag für die Dokumentenübergabe ist SOAP - das Simple Object Access Protocol - von Microsoft. Es wird neben anderen Vorschlägen vom Arbeitskreis bewertet. Am Ende soll ein weltweit einheitliches Protokoll für den elektronischen Datenaustausch herauskommen.

Das Geschäftsprozeßmodell in ebXML ist gedacht, um Geschäftsprozesse in verschiedenen Unternehmen, die Informationen austauschen, miteinander abzustimmen. Das Metamodell steckt einen Rahmen mit Regeln ab, innerhalb dessen Partnerunternehmen ihre eigenen Prozesse individuell gestalten können. Mit dem Modell als Orientierungshilfe soll die Migration in die ebXML-Architektur erleichtert werden. Natürlich ist dieser Rahmen nach unten beliebig erweiterbar.

Die Spezifikation der Kernkomponenten soll als Richtlinie für die Entwicklung einzelner Standardbausteine der Architektur dienen. Softwarehersteller, die vorhaben, Komponenten im Rahmen der ebXML-Umgebung anzubieten, sind angehalten, sich an die hier entstehenden Normen zu halten, insbesondere was die Schnittstellen anbetrifft. In dieser Richtlinie für XML-Bausteine werden u.a. spezifische Dokumententypen, Datentypen und Datenbezeichner bzw. Namensräume vereinbart. Es soll hier dafür gesorgt werden, daß künftige XML-Bausteine in einer globalen E-Business-Umgebung tatsächlich zusammenpassen.

WSDL Die ebXML-Architektur ist eigentlich als globaler B2B-Standard gedacht. Die im Rahmen der ebXML-Arbeitsgruppe entstandenen Spezifikationen decken - vom Auffinden möglicher Geschäftspartner und ihrer Leistungsprofile über die Definition von Workflows bis hin zur Übertragung von Aufträgen oder Rechnungen - alle Schritte von elektronischen Geschäftsbeziehungen ab. Damit wird auch die Dienstleistung der UDDI - Universal Description Discovery and Integration - übernommen. Diese führt auf, welche Dienstleistungen von welchen Firmen angeboten werden. Die Dienstleistungen selbst sind auf den lokalen Websites der Anbieter in der Web Services Description Language - WSDL - beschrieben. Fortan sollten diese Dienstleistungsangebote in der ebXML Repository notiert sein, wo sie vom Anbieter regelmäßig aktualisiert und vom Interessenten nach Bedarf abgefragt werden können. Alle beiden Parteien haben über das Internet einen direkten Zugriff auf die Repositories.

Es ist zudem vorgesehen, daß die ebXML-Repositories aus den bestehenden UDDI-Firmenverzeichnissen gespeist werden [266].

5.6.2 Universal Description Discovery and Integration

UDDI Die UDDI-Verzeichnisse haben bisher als gelbe Seiten des Word Wide Web gedient. Dort konnten sämtliche Webanbieter sich registrieren lassen. Nun sollen diese Daten in die ebXML Repositories hineinfließen, so daß künftige Abfragen nach Dienstleistungen über die ebXML-Schiene laufen können. Eine einmalige Ablösung von UDDI ist nicht vorgesehen. Es wird eher so sein, daß UDDI und ebXML nebeneinander koexistieren und Informationen miteinander austauschen - natürlich über XML-Schnittstellen. Eine Studie, wie diese Koexistenz aussehen könnte, ist bereits vom ebXML-Konsortium veröffentlicht worden (siehe http://www.ebxml.org/specs/rrUDDI.pdf).

Allerdings wird diese Koexistenz nur mit einem größeren Aufwand erreichbar sein, denn beide Systeme sind auf der Basis unterschiedlicher Modelle implementiert worden. UDDI fußt auf einem Peer-to-Peer-Konzept, bei dem diverse Verzeichnisse zum Auffinden dezentral hinterlegter Dienstleistungsbeschreibungen im Mittelpunkt stehen. ebXML baut hingegen auf einem zentralen Domain Name Service - DNS - auf. UDDI erlaubt auch nur einen beschränkten Zugriff auf die Verzeichnisse, während ebXML die Dienstleistungsangebote als Teil einer allgemein öffentlichen Infrastruktur vorzieht. Dies sind immerhin die Voraussetzungen zur Bereitstellung kostenpflichtiger Anwendungsdienstleistungen durch die Application Service Providers [112].

5.6.3 Simple Object Access Protocol

SOAP

Ursprünglich wurde der Vorschlag von Microsoft und IBM, das Simple Object Access Protocol als Norm für den Datentransport einzubringen, abgelehnt. Der Arbeitsgruppe erschien die Lösung zu mager zu sein. Inzwischen haben die Befürworter von SOAP ihr Konzept ausgeweitet, um auch Nicht-XML-gemäße Daten zu übertragen. Damit wurde dem Antrag zugestimmt, und SOAP zur allgemeinen Norm zum Packen und Versenden von Daten angenommen. Eine Schwäche von SOAP bleibt die Sicherheit. Es kann z.B. nicht nachträglich festgestellt werden, wie oft eine Nachricht verschickt wurde. Es wird daher noch daran gearbeitet, den Nachrichtenüberwachungsmechanismus zu verbessern. Dies geschieht, indem die gesamte SOAP-Nachricht zum Kopf einer ebXML-Nachricht wird. Noch bleibt das Verhältnis zwischen SOAP und UDDI unklar.

Das ebXML-Konsortium verfolgt primär einen Top-Down-Ansatz. Es versucht zunächst, einige möglichst allumfassende konzeptionelle Rahmen abzustecken in der Hoffnung, daß es den Produktherstellern gelingen wird, diesen Rahmen auszufüllen. Manches Mal werden auf diese Weise die Ziele zu hoch gesteckt. Im Gegensatz dazu kommen die Hersteller oft mit bereits fertigen Lösungen an, die sie in den Rahmen hineinzwingen wollen. Dies führt natürlich zu Diskrepanzen. Es darf auch nicht außer acht gelassen werden, daß die Hersteller im Wettbewerb miteinander stehen. Sie kommen zusammen, um gemeinsame Konzepte zu verabschieden, aber wenn es um die Realisierung jener Konzepte mit handfesten Produkten geht, brechen die alten Rivalitäten aus.

So auch der Fall mit SOAP. Microsoft versucht krampfhaft, seine Lösung durchzusetzen. Sun kontert mit einer anderen. Da Microsoft sich im ebXML-Konsortium behaupten konnte, weicht SUN aus und schließt sich der UDDI-Norm an. Dazwischen steht IBM, die versucht, beiden Seiten gerecht zu werden. Sie hat zwar einen eigenen Vorschlag für den Dialog zwischen Geschäftspartnern eingebracht - die sogenannte „Trading Partner Agreement Markup Langugage - tpaML" als Erweiterung zu XML, unterstützt

5.6 Einfluß von XML auf IT-Architekturen

jedoch, was die Datenübertragung anbetrifft, sowohl SOAP als auch UDDI und WSDL [301]. (siehe Abb. 5.10)

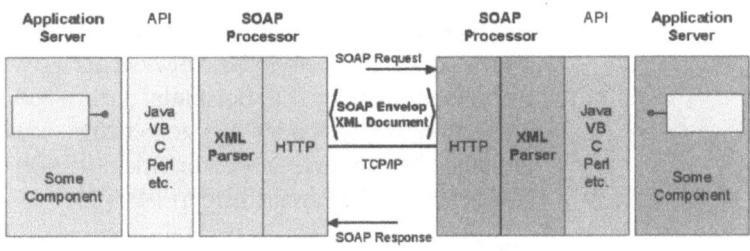

Abb. 5.10: Datenaustausch mit SOAP

5.6.4 XCBL

XCBL

Ein weiteres XML-basiertes Framework ist die XML Common Business Library von Commerce One. Diese öffentliche Bibliothek umfaßt mehrere hundert XML Komponenten für den Dokumentenaustausch zwischen Geschäftspartnern. Mit diesen frei verfügbaren Komponenten kann der Anwender XML Dokumente prüfen, präsentieren, umsetzen und ablegen. Die XCBL hat den Vorteil, daß sie vieles aus der bestehenden EDI-Welt übernommen hat. Dies sichert eine Rückwärtskompatibilität für Edifact-Anwendungen.

In der XCBL Bibliothek befinden sich solche Dokumente wie Produktbeschreibungen, Angebote, Bestellungen, Rechnungen und Mahnungen. Diese Dokumente sind alle von der Transaktionslogik und vom Transportmechanismus unabhängig. Es handelt sich lediglich um Schnittstellendefinitionen, die den Aufbau bestimmter Standardnachrichtenarten vorgeben. Interessanterweise werden in diesen XCBL-Dokumenten wenige Attribute verwendet. Statt der Darstellung eines Datums als

```
<Date Day="31" Month="12" Year="2002"/>
```

benutzt XCBL grundsätzlich die flexiblere Form der Datendarstellung

```
<Date>
   <Day>31</Day>
   <Month>12</Month>
   <Year>2002</Year>
</Date>
```

Insofern sind die XCBL Schnittstellendefinitionen ein guter Ausgangspunkt für die eigenen. Man kann daraus nur lernen. Leider verwendet XCBL keine eigenen Namensräume, so daß es leicht zu Synonymen und Homonymen kommen kann. Nichtsdestotrotz ist die XCBL Bibliothek ein Schatz an wiederverwendbaren XML Dokumenten. Die Beispiele darin - ob Bestellung, Bestätigung, Preisanfrage oder Versteigerung - demonstrieren in vorbildlicher Weise, wie XML zur Spezifikation betriebswirtschaftlicher Schnittstellen anzuwenden ist [64].

5.6.5 CXML

CXML

Ein Pendant zu XCBL ist CXML von Ariba Technologies. Auch hier steht ein Konsortium mehrerer Anbieter wie Microsoft, HP und CISCO dahinter. Auch ihr Ziel ist, eine Norm für die Anwendung von XML im E-Business zu proklamieren. Ihr Framework beinhaltet

- ein Online-Katalogmanagementsystem,
- ein Lieferanteninformationssystem,
- ein Auftragsbearbeitungssystem und
- ein Kundenbeziehungssystem.

Diese fertigen Komponenten können kostenlos übernommen werden. Sie bestehen wiederum aus den vorgefertigten CXML DTDs, Stylesheets und musterhaften XML-Dokumenten. Auch einzelne Java-Klassen sind dabei. Alle Lösungen zeigen in vorbildlicher Art und Weise, wie XML anzuwenden ist, um standardbetriebswirtschaftliche Geschäftsvorfälle zu implementieren. Wer würde also so ein Angebot abschlagen? Man braucht die Lösungen nur von der Ariba Website herunterzuladen. Ob sie zu den Geschäftsprozessen des Anwenders genau passen, ist eine andere Frage. Dennoch, wie bei XCBL, sind die CXML Ansätze sicherlich Wert, daß man sie studiert und von Fall zu Fall kopiert [189].

Das Problem der Anbieter aller XML-Technologien ist weniger die Konkurrenz untereinander als viel mehr die Trägheit der Anwender, sich mit diesen Technologien überhaupt zu beschäftigen. Durch das Angebot freier Musterprodukte hofft man, den Markt anzukurbeln.

(siehe Abb. 5.11)

5.6 Einfluß von XML auf IT-Architekturen

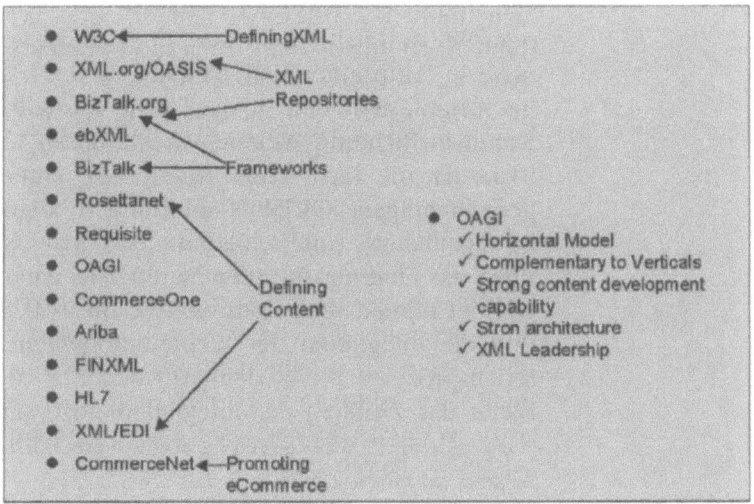

Abb. 5.11: XML-Standards für E-Business

5.6.6 Web Services

Web Service

Das trifft erst recht für das Non-plus-ultra der XML Technologien - Web Services - zu. Web Services sind eigentlich ein Thema für sich. Andererseits gehören sie hier in die Reihe der XML-basieren Architekturen, denn Web Services basieren auf XML. Der Begriff Web Services ist an sich wieder so eine Erfindung der Vertriebswelt, die darauf ausgerichtet ist, die Anwender zu verwirren. Man möchte den Eindruck erwecken, als ob etwas völlig Neues dahinter steckt. In der Tat sind aber Web Services wieder ein Bündel vorhandener Technologien unter einem neuen Namen. Dahinter steckt die UDDI (Universal Description Discovery and Integration Technology), um Webdienste zu registrieren und zu suchen, DISCO - Discovery - für die Veröffentlichung von Webdiensten, SOAP für die Nachrichtenvermittlung im Web, WSDL - Web Sercive Description Language - für den Zugriff auf die Web Services. Dies ist praktisch nur eine weitere Schnittstellensprache mit XML für die Übergabe der Eingabedaten und die Rückgabe der Ausgabedaten. Dazu kommen die Web Services selbst - Mini-Komponenten, die eine WSDL-Schnittstelle bedienen wie z.B. eine Zinsberechnung, eine Wettervorhersage oder eine Börsenauskunft [24].

.NET

In .NET stehen angeblich bereits mehr als 600 solcher Dienste zur Verfügung. Es kommen ständig mehr dazu. Um sie zu benutzen, muß der Anwender lediglich eine SOAP-Nachricht mit einem WSDL-Inhalt abschicken, und zurück kommen seine Ergebnisse in Form eines XML-Dokuments [147]. Das klingt alles sehr interessant, aber neu ist dies nicht. Es stellt nur einen weiteren Schritt in Richtung Weiterentwicklung der Komponententechnologie dar, die auch schon in den 50er Jahren mit den ersten allgemeingültigen FORTRAN-Subroutinen begonnen hat. Der einzige signifikante Unterschied ist, daß man jetzt die Subroutinen über das Internet aufrufen kann. Die Parameter muß der Anwender immer noch konstruieren, ob in FORTRAN oder WSDL, und die Integration der Webkomponenten in die eigenen Geschäftsprozesse bleibt dem Anwender auch nicht erspart. Also bleibt das Problem der Integration noch offen. Möglicherweise wird es durch Web Services sogar verschärft. *La plus de change, la plus de meme chose.*

5.7 Systemintegration mit XML

Eines der Hauptziele der XML-Sprache ist die Systemintegration - und zwar auf allen Ebenen. Zwischen allen Schichten der Webarchitektur soll XML als Bindeglied dienen, egal ob zwischen Webseite und Webbrowser, zwischen Webbrowser und Application Server oder zwischen Application Server und Host. XML ist omnipräsent. Eigentlich dürften die Anwendungskomponenten weder direkt mit der Oberfläche noch mit der Datenbank zu tun haben. D.h. auch die Anwendungsentwickler haben mit Oberflächen und Datenbankprogrammierung nichts mehr zu tun. Denn die Oberflächen reduzieren sich auf Stylesheets und HTML, während die Datenbankschnittstellen sich auf XSLT und XQL reduzieren. Die Hauptentwicklerarbeit der Zukunft wird darin bestehen, Schnittstellen zu spezifizieren und Schnittstellen umzusetzen.

DOM Die Application Server-Komponenten bekommen XML-Dateien vom Web-Browser, die sie mit dem Document Object Model (DOM) verarbeiten können. Falls sie Daten speichern, dann nur über eine XML-Schnittstelle. Die Daten, die sie ausgeben - entweder zurück an die Website oder weiter an den Host - sind in XML-Dokumenten eingebettet.

Insofern sind die Application-Server-Komponenten in XML eingewickelt. Sie sind von XML gekapselt. Das gleiche trifft in beschränktem Maße für die Hostprogramme zu. Die Hostprogramme erhalten zwar ihre Aufträge über eine XML-Schnittstelle, die die bisherigen Masken- oder Datenschnittstellen ablösen, aber sie greifen weiterhin direkt auf die Datenbanken zu, bedienen Systemschnittstellen und erstellen Berichte. Sie sind somit nur zum Frontend hin von XML gekapselt.

5.7.1 XML für die Datenpräsentation

XSL

Am Frontend wird XML für die Datenpräsentation benutzt. Da im Gegensatz zu HTML ein XML-Dokument aus unendlich vielen verschiedenen Bezeichnern bestehen kann, ist kein Browser in der Lage, Informationen zur Darstellung des Inhalts aus dem Dokument selbst zu beziehen. Dies wäre auch nicht im Sinne der Trennung von Inhalt, Struktur und Layout. Die Darstellung der Daten erfolgt daher mit Hilfe einer Formatvorlage, eines Stylesheets. Im Stylesheet wird das Layout des Dokuments festgelegt.

CSS

Das W3C hat mit der Extensible Style Sheet Language (XSL) eine eigene Präsentationssprache für XML bereitgestellt. Parallel dazu wird seit 1996 die Entwicklung von Cascading Style Sheets (CSS) vom W3C betrieben - eine Sprache, die sowohl XML- als auch HTML-Dokumente präsentiert. Schließlich wird HTML weiter benutzt, und mit XHTML ist es möglich, XML-Dokumente in HTML-Dokumente umzusetzen.

Voraussetzung für die Präsentation eines XML-Dokuments ist also ein XML-Stylesheet. Darin beschreibt der Anwender sein Seitenlayout mit Kopfteil, Rumpfteil und Fußteil - somit Abschnitte und Zeilen. Die Daten selbst bestehen aus Titeln und Werten. Die Titel sind im Stylesheet als Literale angegeben. Die Werte, die in den Textschachteln oder Tabellen angezeigt werden, stammen aus dem XML-Dokument. Auf sie wird mit einer Select-Anweisung hingewiesen. Im Kopfteil des XML-Dokuments gibt es nicht nur einen Verweis auf die entsprechende DTD, sondern auch einen Verweis auf das dazugehörige Stylesheet, das mit der Extension .xsl gekennzeichnet ist.

Durch die Vereinigung der XML-Datei mit der DTD-Datei und der XSL-Datei kann der Webbrowser die XML-Inhalte erst prüfen und dann anzeigen. Wenn irgend etwas nicht übereinstimmt, erfolgt eine Fehlermeldung. Ansonsten ist die Präsentation damit erledigt. Die einzige Arbeit des Entwicklers besteht darin, das Stylesheet korrekt zu spezifizieren.

Bei der Erfassung von Daten wird es komplizierter. Hier müssen die Variablen in der Webseite kontrolliert, ausgerichtet und transformiert werden, ehe sie den XML-Strukturen zugeordnet werden. Bei Vektoren und optionalen Feldern kann dies schwierig werden. Also braucht man ein kleines Programm oder eine XSLT-Transformationsspezifikation. Auf jeden Fall ist das Ergebnis ein neues XML-Dokument, das zur Verarbeitung an den Application Server verschickt wird [211].

Die Implementierung der Datenpräsentation und -erfassung mit XML wird im nächsten Kapitel ausführlich behandelt - dazu auch noch die vielen Alternativen. Hier genügt es, zu betonen, daß die Präsentationsschicht möglichst wenig Logik beinhalten sollte. Wenn möglich, beschränkt man sich auf ein Stylesheet zur Präsentation und eine XSLT-Spezifikation zur Erfassung der Daten. (siehe Abb. 5.12)

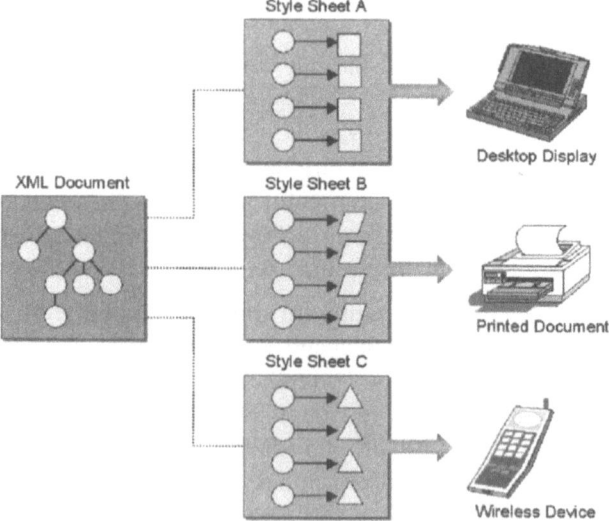

Abb. 5.12: XML als Datenpräsentationssprache

5.7.2 XML für die Datenspeicherung

XML2SQL

Für die Ablage der XML-Daten gibt es inzwischen mehrere Alternativen. Zum Einen kann der Anwender selbst ein Programm schreiben, um die Daten aus dem XML-Dokument zu extrahieren und in eine relationale Tabelle zu übertragen. Sissi Closs beschreibt einen ausführlichen Algorithmus für den typischen DOM-Ansatz mit Feldnummern, um die Spalten zu identifizieren. Das Ergebnis ist eine Baumstruktur in SQL. Der gleiche Algorithmus, nur invertiert, dient dazu, die Daten aus den SQL-Tabellen wiederzugewinnen und in eine XML-Struktur zu übertragen. Die Grundlage dafür ist die „Tree Walking"-Funktion in DOM, womit man von Knoten zu Knoten in der XML-Struktur navigiert [267].

Das ist alles sehr interessant, um Praxiserfahrung mit dem Document Object Model und SQL zu gewinnen, aber es ist sehr unwahrscheinlich, daß ein Anwender diesen Aufwand betreiben würde. Es ist viel wahrscheinlicher, daß er das Ganze seinem Datenbanksystem überläßt. Denn im Grunde genommen braucht das Anwendungsprogramm nur das XML-Dokument zu übergeben. Den Rest erledigt das Datenbanksystem. Entweder zerlegt es die Daten und speichert sie in einer oder mehreren relationalen Tabellen ab, oder es speichert das XML-Dokument als ganzes indiziertes Objekt ab.

Der erste Ansatz wird von den objektrelationalen Datenbanken verfolgt. Dazu zählen Oracle und DB-2. Sie haben eine zusätzliche Zugriffsschicht für XML-Dokumente, die entweder Dokumenteninhalt zerlegt und die einzelnen Felder den relationalen Tabellen zuordnet, oder das Dokument in seiner Gesamtheit als Binary Large Object (BLOB) ablegt. Im ersten Falle geht es um eine datenbezogene Speicherung. Sie wird gewählt, wenn es wichtig ist, auf einzelne Attribute zuzugreifen und sie mit Attributen aus anderen Dokumenten zu vereinen. Der Preis dafür ist, daß es länger dauert, die zerlegten XML-Dokumente wieder herzustellen.

Im zweiten Falle geht es um eine dokumenten- oder objektbezogene Speicherung. Sie wird gewählt, wenn es wichtig ist, das XML-Dokument als Gesamtobjekt wiederzugewinnen und wenn nur selten oder überhaupt nicht auf einzelne Attribute zugegriffen wird. Der Preis hierfür ist, daß man nicht so leicht an die einzelnen Attribute kommt - eine Aufgabe, die von der Sprache XQL erleichtert werden sollte [282].

Objekt-datenbanken

Der zweite Ansatz - die Speicherung der Dokumente als ganze Objekte - wird von den objektorientierten Datenbanken am besten abgedeckt. Dazu zählen Tamino und Poet. Vor allem Tamino von der Software AG ist ein hervorragendes Produkt für die Speicherung und Wiedergewinnung von XML-Dokumenten - einschließlich graphischer und audiovisueller Elemente. Mit Tamino ist es nicht nur möglich, Dokumente als ganzes zu speichern, sondern auch Untermengen der Dokumente mit Untermengen anderer Dokumente quer zu verbinden, um dadurch neue XML-Objekte zu bilden [69].

In Anbetracht des Produktangebotes kann man die XML-Datenspeicherung und -Wiedergewinnung als gelöstes Problem betrachten. Es bleibt nur übrig, in den vorhandenen Anwendungssystemen die nötigen XML-gerechten Schnittstellen nachträglich einzubauen. In den neuen Anwendungen, falls es welche gibt, soll dafür gesorgt werden, daß sie gleich mit einer XML-Datenbankschnittstelle implementiert werden. Auf den Einbau XML-gerechter Datenbankschnittstellen wird in einem späteren Kapitel tiefer eingegangen. (siehe Abb. 5.13)

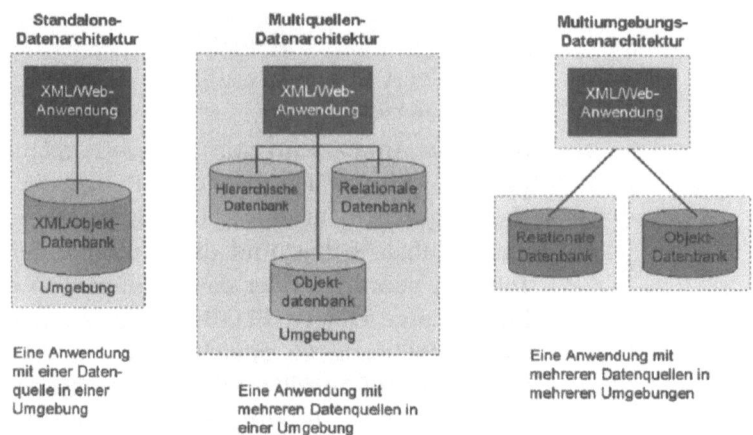

Abb. 5.13: XML als Datenspeicherungssprache

5.7.3 XML für den Datenaustausch

XML für die Oberfläche. XML für die Datenbanken. Es bleibt nur noch XML als Bindemittel zwischen den Web-Komponenten. Mit der neuen Application Server Software bzw. mit den Web Services ist das weniger problematisch. Hier gibt es genug vorgefertigte XML-Parser, die XML-Daten in Java-Daten bzw. C#-Daten umsetzen und umgekehrt. Das Document Object Model - DOM - spielt dabei eine wichtige Rolle.

Data Mapping

Das Data Mapping geht über die Document Type Definition - DTD- oder über das XML-Schema. In beiden Fällen ist die Struktur und der Inhalt der Daten spezifiziert. Bei den Strukturen handelt es sich um Datengruppen und Datenelemente. Beide können wahlweise, obligatorisch oder mehrfach vorkommen. Bei den Elementen werden ihre Attribute und Inhalte beschrieben. Typische Attribute sind, ob das Element ein Text, eine Notation oder ein Querverweis auf ein anderes Element ist. Attribute beschreiben auch den Wiederholungsfaktor und den Datentyp. In der Schemasprache gibt es vorgeschriebene Standard-Datentypen. Der Inhalt der Elemente ist schließlich eine Zeichenfolge, eine Zahl, ein Symbol oder ein Verweis auf etwas, was auch ein Graph sein könnte.

XML-Parsers

Die XML-Parser liefern Zeiger auf die Werte und im Falle der XML-Schemas setzen sie sie in das gewünschte Format um. Mit Get- und Set-Methoden kann das Zielprogramm auf die Daten zugreifen, sie lesen und schreiben. So läßt sich ein XML-Dokument ohne Weiteres verarbeiten und zwar mit einem Minimum an Aufwand. Mit XSLT ist es sogar möglich, das Eingabedokument direkt in das Ausgabedokument umzusetzen, auch mit Hilfe von IF-Abfragen, Fallanweisungen und Schleifen. Insofern, wenn die Logik nicht zu kompliziert ist, braucht man keine weitere Programmiersprache. Nur wenn eine komplexe, verschachtelte Verarbeitung mehrerer Objekte auf einmal in einer Komponente vorkommt, wird es nötig sein, auf Java, C++ oder C# zurückzugreifen [258].

Anders sieht es mit den Legacy-Programmen aus. Sie sind nach ganz anderen Prinzipien konzipiert, in einer Zeit, in der Schnittstellen auf der Bitebene realisiert wurden. Als Folge sind die Schnittstellen zu den Altprogrammen ein Konglomerat von überlagerten Datenstrukturen, die oft Pointers und Hex-Felder beinhalten.

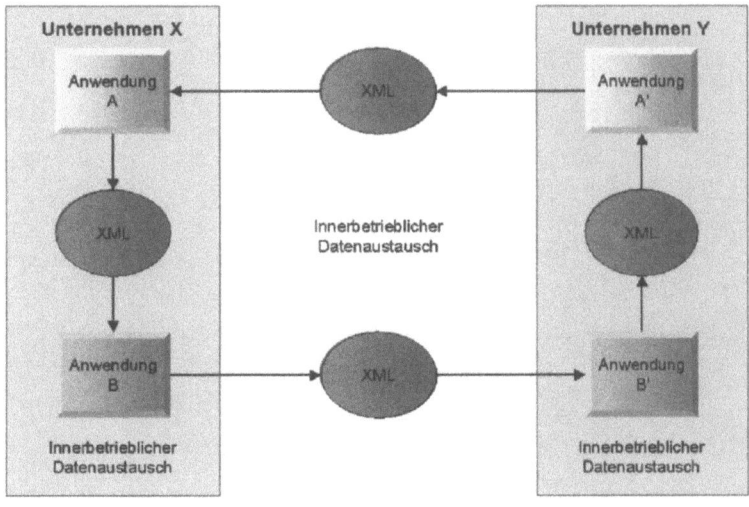

Abb. 5.14: XML als Datenaustauschsprache

XML-Masken   Sogar die Bildschirmmasken sind komplexe Strukturen mit verschlüsselten Werten, Feldlängen und Attribut-Bytes. Hinzu kommen die Funktionstasten, Statuscodes und Rückgabewerte. Solche Schnittstellen sind von den sauberen, wohlstrukturierten XML-Schnittstellen weit entfernt. Dazwischen eine Brücke zu bauen, ist eine diffizile Aufgabe, die auf die Eigenarten der jeweiligen Zielsprache eingehen muß. Derjenige, der sie zu lösen hat, braucht tiefe Kenntnisse sowohl von XML als auch von der Zielsprache, sei sie Assembler, C, PL/I oder COBOL. Standard-Lösungen sind nur bedingt brauchbar. Eine solche Lösung wird noch in Kapitel 7 erläutert [235]. (siehe Abb. 5.14)

6 Website Entwicklung

6.1 Die Bedeutung der Clientseite

Bildschirm-masken

Die Urform des Clients war das Terminal für den Mainframe. Bildschirmprogramme, wie z.B. der Basic Map Service von IBM, bestanden aus einer Assembler-Maske, welche eine Anzahl fest formatierter Felder umfaßte und die eingegebenen Variablen an den Hostrechner übergeben konnte. Im Bedarfsfall wurden bereits formale Prüfungen der eingegebenen Daten vorgenommen, um nur Transaktionen mit formal korrektem Inhalt zu garantieren. Ebenfalls waren die Bildschirmprogramme in der Lage, die vom Hostrechner generierten Ergebnisse zu empfangen und in der vordefinierten Form anzuzeigen. All dies klingt eigentlich recht vertraut, insbesondere für diejenigen, die mit aktuellen Technologien eine Web-Lösung entwickeln. Das Terminal heißt heute Desktop PC und kann einige (für die Webapplikation völlig irrelevante) Dinge mehr als der Terminal. Das Bildschirmprogramm heißt Internet Explorer und hat dafür einige Bugs mehr. Die Assembler-Maske wurde durch ein HTML Formular ersetzt und somit um einige, marketingspezifische und mittlerweile unentbehrlich gewordene Gestaltungsmöglichkeiten erweitert. Die formale Datenprüfung übernimmt Java-Script, und der Submit Button schickt den Inhalt der Felder dann in Form von Get oder Post an den Server. Im Prinzip hat sich nicht viel geändert, was auch die Tatsache bestätigt, dass wir damals wie heute mit den selben Problemen zu kämpfen haben. Dies wiederum ist darauf zurückzuführen, das man sich in den wenigsten Fällen der Bedeutung des Clients klargeworden ist.

Der Client empfängt vom Benutzer Daten, gibt diese an die Applikation weiter und stellt die Ergebnisse der Applikation wieder für den Menschen lesbar dar. Er ist die Schnittstelle zwischen Mensch und Applikation. Heute kommt dazu, dass ein Client auch durch eine andere Applikation ersetzt werden kann. Eine gelungene Architektur trägt der Tatsache Rechnung, dass Maschinen heute von Menschen und Maschinen bedient werden können.

6.2 Thin-Client versus Fat-Client

Thin Clients

In der heutigen Entwicklung des Clients unterscheidet man primär zwischen Thin-Client und Fat-Client. Die Frage, ob Thin- oder Fat-Client vorzuziehen sind, ist in erster Linie eine Frage der Intelligenz- bzw. Funktionsverteilung. Der Mensch könnte im Prinzip Gehirnzellen in den Fingerspitzen haben, um diese zu steuern. Damit würde man die Datenübertragung an das Gehirn und zurück sparen. Allerdings wüßte dann die linke Hand nie, was die rechte Hand tut. Die Teilung der Funktionalität ist eben eine schwerwiegende Design-Entscheidung. Falls sie in die Peripherie des IT-Systems verlagert wird, ist das System zwar schneller in seiner Reaktionsfähigkeit, aber weniger beherrschbar und schwieriger zu koordinieren. Am leichtesten zu beherrschen sind Systeme, deren Intelligenz und Entscheidungsfähigkeit an einem Ort konzentriert sind. Natürlich gibt es zwischen den Extremen jede Menge Zwischenschritte, wobei ein Optimum situationsbedingt schwer zu erreichen ist. (siehe Abb. 6.1)

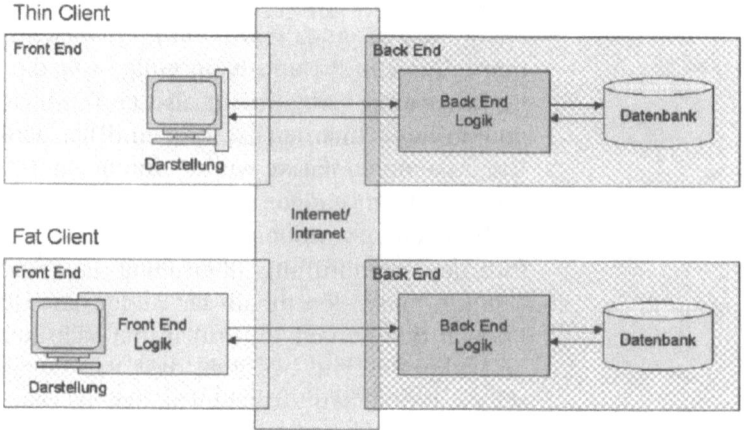

Abb. 6.1: Thin-Client versus Fat-Client

6.2.1 Alternative Client-Strategien

Fat Clients

Die Client/Server-Architektur favorisierte den Fat-Client. Die Webarchitektur zieht den Thin-Client vor. Eine generelle und immer gültige Entscheidung zu fällen, wäre eine Ignoranz gegenüber der Vielfalt der in der IT-Welt bestehenden Anforderungen. Das einzige, was eine Studie leisten kann, ist, die Vor- und Nachteile der beiden Architekturansätze aufzuzeigen und es dem Entscheidungsträger zu überlassen, sich je nach seinen individuellen Anforderungen für einen der beiden Ansätze - oder auch für einen Kompromiss - zu entscheiden.

Wann aber spricht man überhaupt von einem Thin-Client und wann von einem Fat-Client? Prinzipiell gilt nach Lewis [175] folgende Definition, welche sich jeweils auf das Client-Server-Paradigma beruft:

Fat-Client:Bei einem Fat-Client wird ein erheblicher Teil der Funktionalität auf dem Client ausgeführt. Auf dem Server werden in der Regel nur die Zugriffe auf die (relationalen) Datenbanken durchgeführt. So waren auch die ersten Client/Server Systeme konzipiert.

Thin-Client:Ein Thin-Client besteht lediglich aus der graphischen Oberfläche (wie etwa HTML in einem Internet-Browser). Die ganze Funktionalität liegt auf dem Server.

Allerdings würde diese Definition einen HTML-Client mit Java-Script Formatprüfung bereits zu den Fat-Clients zählen, was die Sache aber auch nicht trifft. Obige Definition beschreibt die beiden Extremwerte, die Begrenzungspunkte eines Intervalls, und diese werden in der Praxis eher selten Ausgangspunkte darstellen.

Applets

Solange sich die Funktionalität beschränkt auf die Darstellung der GUI und eine Client-seitige Aufbereitung der Daten, welche dann auf dem Server verarbeitet werden, kann man noch getrost von einem Thin-Client sprechen. Bei einem Java-Applet wiederum hängt es von dessen Größe und von der Art der damit realisierten Funktionalität ab, zu welcher Sparte man es zählen möchte. Eine Gegenüberstellung der beiden Ansätze ist somit als Gegenüberstellung zweier Extreme mit dazwischen liegenden Nuancen zu betrachten [348].

6.2.2 Performance-Überlegungen

Performance-Kriterien

Grundsätzlich ist ein Datenzugriff oder ein Funktionsaufruf über das Netz nie so effizient wie auf dem eigenen Rechner. Daher sollten im Bezug auf die Performance möglichst wenige Daten über das Netz laufen. Das spricht für den Fat-Client. Allerdings ist bei den heutigen Durchsatzraten die Frage zu stellen, in wie weit diese Verluste eine Rolle spielen, auch wenn es sicher Anwendungen geben mag, die diese berücksichtigen müssen.

Es kann - abgesehen von der Funktionalität - auch sinnvoll sein, zeitkritische Daten auf dem Client zu halten. Allerdings sollte hier auf die Gefahren der damit verbundenen Datenredundanz, deren möglichen Ungültigkeit und sonstige Probleme der Konsistenz hingewiesen werden. Schlüsseltabellen oder Texte, die nur gelesen werden, gehören aus Sicht der Performance bestimmt auf den Client. In dem Fall würde man allerdings wohl nicht mehr von einer herkömmlichen Web-Anwendung sprechen, sondern von einer web-gestützten Applikation. Ein bekanntes Beispiel für eine solche Architektur sind die gängigen Mailprogramme wie etwa MS-Outlook [144].

MS-Outlook

In solchen Programmen werden Daten (in diesem Falle E-Mails) vom Server angefordert, die dann vom Client-Programm bearbeitet werden, um sie wieder (beantwortet) zum Server zurückzuschicken. MS-Outlook hat also eine Fat-Client Architektur, und dies für jeden sinnvoll nachvollziehbar aus Gründen der Performance. An diesem Beispiel wird klar, wie schwierig eine pauschale Beurteilung beider Ansätze ist. Es kommt eben auf die Art der Anwendung an. Im Falle eines Mail-Programms gewinnt aus Sicht der Performance der Fat-Client.

6.2.3 Entwicklungsaufwand

Oberflächen-entwicklung

Die Entwicklung eines Frontends wird in der Regel mit derselben Technologie realisiert wie das Backend. D.h., die Clientsoftware wird von derselben oder zumindest von einem Teil der gleichen Mannschaft realisiert, die auch das Backend entwickelt. Personal wird dabei oft zwischen Frontend und Backend ausgetauscht, um Entwicklungsengpässe ab zu fangen. Entwickelt man aber Frontend und Backend parallel, kann man zwar auch Personal hin- und herschieben, benötigt aber trotzdem mehr Entwickler, die in Programmiersprachen wie C, C++ oder Java bewandert sind. Dies wiederum erhöht die Kosten, da ein C++ Programmierer um einiges teurer ist als ein HTML Programmierer. Auch ist der Aufwand für ein Front-End in den klassischen Programmiersprachen wesentlich höher als in HTML. Eine Java-Klasse, die etwas formatierten Text anzeigt, einige Textfelder für die Eingabe von Daten bereithält und diese auf Knopfdruck über das Netz an das Back-End weitergibt, benötigt eine viel größere Menge an Codezeilen als ein HTML-Formular mit der selben Funktionalität [8].

HTML

Die bei einem Fat-Client eingebaute Anwendungslogik fällt beim Thin-Client natürlich nicht einfach weg. Sie muss im Back-End implementiert werden, und verursacht dort in etwa den gleichen Aufwand, wie in einem Fat-Client. Für reine Präsentationsaufgaben ist allerdings HTML wesentlich kostengünstiger, da dem Entwickler viel Arbeit abgenommen wird und die nötigen Qualifikationen für HTML Programmierer nicht so hoch sind wie für Java- oder C-Entwickler.

Die Entwicklung eines Thin-Clients in Form einer Website birgt aber auch einige Nachteile in sich. Zu den erforderlichen Internet-Kenntnissen kommt das Wissen über Graphik und Design sowie das Fachwissen über die Anwendung. Nur selten kann eine Website ohne vorhergehendes Design zustande kommen. Die notwendige Kommunikation zwischen Designer und Programmierer kostet jedoch Zeit und Koordinationsaufwand, insbesondere wenn, wie heute meist üblich, das Design an eine externe Multimedia Design Agentur vergeben wird. Bei diesem Schritt sollte man darauf achten, dass die Designer der Agentur mit den Problemen und Beschränkungen von HTML vertraut sind, sonst kann dies viel Geld und Zeit kosten. Prinzipiell ist aber, wie bereits erwähnt, weniger Code als mit klassischen Programmiersprachen nötig, um Inhalte zu präsentieren. Es ist kaum eine Aussage über die Aufwände im direkten Vergleich zu machen, da man sich mit Webseiten und deren Gestaltungseigenschaften jeder Zeit verkünsteln kann. Im Normalfall solle aber der Web-Client weniger Aufwand bereiten als der für die Präsentation verantwortliche Teil des Fat-Clients.

Ein weiterer Nachteil ist, dass der Komplexität in HTML einfach Grenzen gesetzt sind. Letztlich ist ein 3-D Spiel für das Internet wie Doom oder Quake nichts weiter als ein Client mit einer dreidimensionalen Benutzeroberfläche. Dies ist nur als extremes Beispiel für die Möglichkeiten eines Clients in C++ gedacht.

6.2.4 Wartungsaufwand

Oberflächenwartung

Was die Wartungsfreundlichkeit anbetrifft, so entstehen bei dem Fat-Client die ersten Probleme schon bei der Auslieferung. Die Client-Software muss auf CD gebrannt werden oder zum Download bereit gestellt werden. Dies erfordert eine aufwendige Infrastruktur mit einem Mehr an Kosten und Problemen. Ohne ein umfangreiches Configuration Management ist die Sache nicht zu bewältigen. Hinzu kommt, daß die Software eines Fat-Clients in der Regel (abgesehen von Java ohne Native-Code) nicht plattformunabhängig ist. Unter Umständen müssen also mehrere Implementierungen für mehrere Plattformen vorhanden sein, oder man beschränkt den Benutzer in seinen Bedienungsmöglichkeiten. Dies findet aber in der Regel wenig Anklang und führt zur Ablehnung der Anwendung. Ein daraus folgendes Problem sind regelmäßige Updates. Entweder muss der Benutzer wieder von einer zugeschickten CD aus die neue Version aufspielen, oder sich diese aus dem Netz ziehen. Da man nicht wegen einzelner Bugs oder kleineren Änderungswünschen sofort ein neues Release ausfahren kann (aus obigen Gründen, hauptsächlich um der Kosten willen), muß der Anwender bis zum nächsten oder übernächsten Release warten, bis sein Wunsch berücksichtigt wird. Das kann Monate dauern.

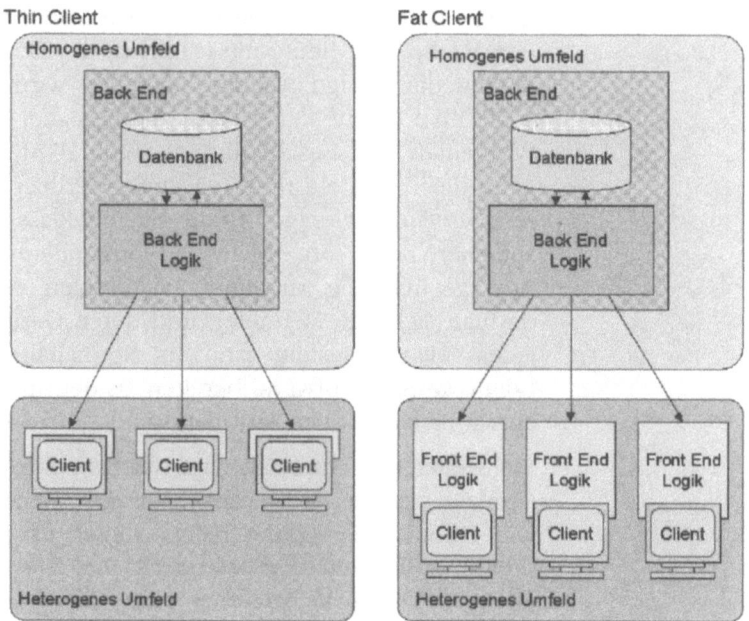

Abb. 6.2: Erschwerte Wart- und Testbarkeit beim Fat-Client

Abgesehen von den Nachteilen für den Anwender bringt ein Fat-Client in Bezug auf Wartungsfreundlichkeit auch für die Entwickler viele Nachteile mit sich. Jede Korrektur oder Änderung muss auf allen Plattformen nachvollzogen und getestet werden. Möglicherweise erschweren Hardware-Beschränkungen beim Kunden das Ganze dann noch zusätzlich. Die Fehlersuche ist ebenfalls ein Kapitel für sich, da sich der Entwickler nie sicher sein kann, ob der Fehler bei seiner eigenen Hardware-Konfiguration in der selben Form auftritt wie beim Kunden und ob seine Korrektur auch dort Früchte trägt. Gerade bei Web Browsern ist die Umgebung sehr kritisch. Prinzipiell hat man eben bei einem Fat-Client ein Programm, welches in unterschiedlich fortgeschrittenen Stadien in unterschiedlichen Ausführungen auf Rechnern sonst wo in der Welt laufen muss und stets mehr oder weniger dasselbe machen soll. (siehe Abb. 6.2)

Webserver

Der Thin-Client hat da einige Vorteile, resultierend aus der Tatsache, dass das Ganze nur einmal in einer Version und Ausführung auf einem Web-Server laufen muss. Es ist durchaus möglich, sich denselben Zielrechner anzuschaffen, das dazugehöriges Betriebssystem und den Webserver darauf zu installieren und sich an einer 1:1-Umgebung zu erfreuen. Dadurch fallen alle eben erwähnten Probleme, mit denen die Wartung des Fat-Clients behaftet ist, komplett weg. Der Code eines Thin-Clients wird, wie erwähnt, auf einem Webserver verwaltet. Sobald die neuen Files auf dem Webserver aufgespielt wurden, ist die Arbeit getan. Den Rest übernimmt der Webserver. Der Benutzer sieht automatisch bei seinem nächsten Besuch auf der Seite die aktuelle Version - wenn man ihn nicht explizit darauf hinweist, vielleicht sogar ohne dies überhaupt wirklich zu bemerken. Der Fat-Client ist eben im Gegensatz zum Thin-Client sehr wartungsunfreundlich. Er ist die Ursache für die hohen Folgekosten der Client/Server-Systeme und führte zu dem Begriff „Total cost of ownership" [342]. Es gibt in der Zwischenzeit in der Wartungsliteratur genügend Studien, die nachweisen, wie viel mehr die Pflege und Weiterentwicklung von Client/Server-Systemen kostet. Diese Mehrkosten sind hauptsächlich auf den Fat-Client zurückzuführen [222].

6.2.5 Testaufwand

Oberflächentest

Eine der wichtigsten Voraussetzungen für den Software-Systemtest ist die Übereinstimmung zwischen Testumgebung und Produktionsumgebung. Dies kann die Fat-Client-Architektur schon mal pauschal nicht erfüllen - es sei denn, die Auslieferung des Clients erfolgt an eine abhängige Zielgruppe, deren Umgebung von dem Softwarelieferanten diktiert wird. Der Thin-Client ermöglicht die Erfüllung dieses Prinzips um ein Vielfaches leichter, da man nur die Umgebung des vorgesehenen Web-Servers simulieren müßte. Durch die Teilung der Funktionalität zwischen Client- und Server-Programmen, ist man gezwungen, beide Programme zunächst mal getrennt von einander zu entwickeln. Dies bringt auch zwei verschiedene Testumgebungen mit sich, wodurch die Anzahl der Testfälle erhöht wird und somit der Testaufwand steigt. Wenn die Client-Programme in einer anderen

Sprache als die Server-Programme realisiert sind, bedeutet dies auch zusätzliche Testwerkzeuge und in jedem Falle zwei Testrahmen. In der Tat verdoppelt sich der Testaufwand. Nicht umsonst behauptet Boris Beizer, verteilte Client/Server-Systeme verursachen bis zum 3fachen Aufwand von traditionellen Hostsystemen [25]. Diese Behauptung ist vielleicht etwas übertrieben, aber der Mehraufwand ist nicht zu leugnen. Seit der Einführung der Fat-Clients hat sich der Anteil der Testkosten an den Gesamtprojektkosten von 40% auf 60% erhöht [309].

6.2.6 Anwenderfreundlichkeit

Oberflächenergonomie

In diesem Punkt gibt es in beiden Ansätzen Vorteile wie auch Nachteile. HTML Clients haben den Vorteil, dass sie nicht an eine spezielle Maschine gekoppelt sind, auf der sie installiert werden müssen. Sie sind von jedem Computer mit Internetverbindung und Browser aus zu bedienen, was dem Anwender eine große geographische Freiheit läßt. Es ist somit z.B. kein Problem für einen Versicherungsangestellten, auch auf Reisen oder beim Kunden auch ohne seinen Laptop auf die Applikation zuzugreifen.

Ein weiterer Vorteil von HTML-Clients ist die Plattformunabhängigkeit. Der Anwender hat keine Hardwarevorgaben und kann von jeder Plattform aus auf die Applikationen zugreifen. Dieser Punkt ist zwar so selbstverständlich, dass sich kaum jemand darüber Gedanken macht, aber das liegt nur daran, dass dies schon bei der breiten Masse im World Web Web als so etwas wie ein Grundrecht angesehen wird. Hinzu kommt, dass der Anwender sich nicht um die Installation von irgendeiner Software zu kümmern braucht, ebensowenig wie über die ständige Aktualisierung seiner Software. Automatisierte Prozesse machen das Leben einfacher, und Web-Prozesse sind weitgehend automatisiert.

OWL

Andererseits spricht für den FAT-Client, dass die Möglichkeiten von HTML, auch wenn sie durch JavaScript ergänzt werden, begrenzt sind. Komplexe Benutzerführung, eine Vielzahl von Menüs, Submenüs, Dialoge und Schaltflächen sind mit Java Swing oder der Object Windows Library (OWL) mit C++ sicher für manche Anwender angenehmer zu bedienen. Allerdings ist mit Java, wenn auch nicht im vollen Umfang, eine Einbindung von DesktopGUIs durch Applets möglich. Für Java-Applets steht allerdings nur das AWT-Package ohne die vielen graphischen Erweiterungen von Swing zu Verfügung.

Letztlich ist nicht abzustreiten, dass in diesem Punkt die Vorteile des Fat-Clients überwiegen. Die Anwenderfreundlichkeit war auch immerhin das Hauptargument für Client/Server-Systeme. Allerdings zahlt man dafür einen hohen Preis, der nur gerechtfertigt ist, wenn dieser Aspekt eindeutig überwiegt.

6.3 Überblick über die Web Client-Technologien

6.3.1 HTML, CSS, XHTML

HTML wurde 1992 von Tim Berners-Lee für das Internet entwickelt [27]. Es leistet letztlich nicht mehr als ein Textverarbeitungsprogramm. Es versetzt Texte oder andere Inhalte mit Metadaten. Da die Bedeutung und der Einsatz von HTML mittlerweile bekannt sein dürften, wird hier auf Punkte eingegangen, die leider immer wieder außer acht gelassen werden, so wie die Verwendung des XHTML-Standards und die Ausgliederung von Formatierungsanweisungen mit Cascading Style Sheets (CSS). Die Verwendung von CSS–Stylesheets trägt zur angestrebten Trennung von Inhalt und Darstellungen bei. Ähnlich einem Textverarbeitungsprogramm ermöglicht CSS die einmalige Definition von Formatierungsanweisungen für HTML-Elemente wie in etwa den Font, die Fontgröße und die Fontfarbe für Überschriften. Die Vorteile dieser Methode sind die selben wie in einem Textverarbeitungsprogramm. Der Entwickler kann die jeweiligen Formatierungsanweisungen verbindlich für alle entsprechenden Elemente an einer Stelle ändern. Der gesparte Aufwand gegenüber einem manuellem Ändern dieser Attribute ist schon bei Webseiten mit geringem Umfang erheblich. Ein Code-Beispiel demonstriert die Verwendung von CSS.

CSS   In Zeile 4 des folgenden Beispiels wird auf die CSS Datei mit den styles verwiesen.

```
<html>
  <head>
    <title>Website</title>
    <link rel="stylesheet" type="text/css"
          href="css/formate.css">
  </head>

  <body>
    <h1>Dies ist die Überschrift</h1>
    <br>
```

```
<std>Das ist Standard-text, bla bla bla
</std>
</body>
</html>
```

Und so definiert man in CSS styles, die für jede HTML-Datei verbindlich sind, die auf die CSS-Datei verweisen:

```
/* CSS Stylesheet: Formate für Website.html */
/* Überschrift */
h1 { font-size:26px; margin-bottom:18px; }
/* Standardtext */
std { font-size:12px; margin-bottom:10px; }
```

XHTML   Ein weiterer Schritt in dieselbe richtige Richtung ist die Verwendung des XHTML Standards, auch wenn manche Browser noch Schwierigkeiten damit haben. XHTML ist letztlich nichts weiter, als korrektes HTML. Man wird sich fragen: Gibt es denn auch unkorrektes HTML im Einsatz? Die Antwort ist leider ja. Und nicht nur das, die meisten Seiten des WWW sind nicht mit der HTML Spezifikation des W3C (http://www.w3.org/) konform. Sie funktionieren allerdings trotzdem, zumindest auf manchen Browsern (der Internet Explorer 5 ist besonders fehlertolerant), aber eben nicht auf allen. Abgesehen davon bietet XHTML weitere Vorteile, denn XHTML ist der Standard für die meisten PDA's, die konsequenter weise als User-Agents auf dem Vormarsch sind. Außerdem haben XHTML und XML dieselbe DTD (Doc Type Definition). Damit sind XHTML Dokumente für die automatische Erzeugung und Weiterverarbeitung von Webseiten prädestiniert. Auf die Verbindung zur XML wird später eingegangen. Ein XML Parser ist letztlich auf die saubere Einhaltung der Tag-Struktur angewiesen, welche in normalem HTML nicht unbedingt Voraussetzung für einwandfreie Funktionalität ist und daher entsprechend selten vorkommt. Ein Internet Explorer sieht oft über die Tatsache, dass ein Entwickler einen Tag nicht geschlossen hat, hinweg. In manchen Fällen sind die abschließenden Tags bei HTML4.0 sogar optional.

In HTML 4.0 sind gewisse abschließende Tags nicht zwingend erforderlich.

```
<select name="Biersorten" size="3">
<option>Schwechater
<option>Löwenbräu
```

```
<option>Ettaler
</select>
```

XHTML folgt bei der Tagstruktur dem XML-Standard, und ist daher für einen XML-Parser einwandfrei zu parsen.

```
<select name="Biersorten" size="3">
<option>Schwechater</option>
<option>Löwenbräu</option>
<option>Paulaner</option>
</select>
```

6.3.2 JavaScript

JavaScript

Der Einsatz von JavaScript ist manchmal sehr hilfreich, oft unnötig und in manchen Fällen für die Browserkompatibilität sogar schädlich. Java Script ist eine Skriptsprache in Java-typischer Syntax, die innerhalb der JavaScript Tags in einem HTML-Document eingebettet ist. Typische Funktionen für JavaScript sind das Animieren von Buttons oder Layern, welches HTML zu DHTML (Dynamic HTML) werden lässt, das Öffnen eines neuen Browser-Windows und die Kontrolle von benutzerausgefüllten HTML-Formularen einer Website auf formale Korrektheit. Wie anfänglich erwähnt, bringt JavaScript auch einige Schwierigkeiten mit sich. So hat Microsoft für seinen IE einen eigenen Dialekt der ursprünglich von Netscape stammenden Skriptsprache entwickelt. JavaScript basiert auf dem Document Object Model in XML. Dies bedeutet, dass Teile eines HTML-Dokuments (wie in etwa für einen Frame, ein Window oder ein Layer) in JavaScript wie Objekte in der OO-Programmierung anzusprechen sind. In Microsofts JScript weichen die Namen dieser Objekte vom ursprünglichen Standard ab, was dazu führt, dass es bei der Verwendung dieser abweichenden Objekte (wie etwa der Layer in MS-JScript als Dif) letztlich nur mit dem entsprechenden Browser-Typ funktioniert. Besteht man auf dem sogenannten Cross-Browsing (die Seite ist für alle bzw. einige Browser ausgelegt), hilft in der Regel nichts anderes, als über Standard-JavaScript Funktionen den Browsertyp des Benutzers zu ermitteln und den Code entsprechend zweimal zu implementieren [99]

DHTML

Solche Abweichungen sind zum Glück eher selten und machen eigentlich nur den eingefleischten DHTML-Freaks Probleme. Eine formale Prüfung von Formulardaten lässt sich sehr wohl mit JavaScript Standardmittel erreichen, wie im folgendem Code-

Beispiel gezeigt wird, bei dem überprüft wird, ob alle Felder ausgefüllt wurden:

```html
<html>

<head>
  <meta http-equiv="Content-Type"
  content="text/html; charset=utf-8">
  <title>Webpage</title>

  <script language="JavaScript">
<!--
// --------------------------------------------
// Function    : formComplete
// Language    : JavaScript
// Description :
//   Überprüft, ob alle Felder ausgefüllt sind.
// --------------------------------------------

function formComplete(formName) {
  var x        = 0;
  var formOk   = "vollst&auml;ndig";
  var statement = "Formulardaten sind ";

  while (
  (x < docment.forms[formName].elements.length)
   && (formOk))
  {
    if (document.forms [formName].elements[x].value
        == '')
    {
      alert('Bitte geben Sie den'
      + document.forms[formName].elements[x].name
      + 'n ein und versuchen Sie es erneut.');
      document.forms[formName].elements[x].focus();
      formOk = "unvollst&auml;ndig";
    }
    x ++;
  }
  return statement+formOk;
}
// -->
```

```
</script>
</head>
```

Letztlich unterscheiden sich alle Web-basierten Technologien hauptsächlich durch die Form, in der die Client-Sourcen auf dem Webserver vorliegen, denn - von einigen Ausnahmen abgesehen - kommt letztlich nur HTML beim Client-Programm bzw. dem Browser an. Diese Ausnahmen sind eigentlich auch gar keine Ausnahmen, denn HTML ist mittlerweile eine Beschreibungssprache für alle möglichen Daten. Im Prinzip ist es für HTML irrelevant, ob in einer Tabelle ein Text, ein Bild, ein Film oder ein Applet (Java Code, der am Browser-Rechner ausgeführt wird) eingebettet ist, so lange der Browser mit dem mitgelieferten Inhalt etwas anfangen kann. Wichtiger ist die Frage, was auf dem Server passiert. Werden in den HTML Code eingebaute PHP Tags auf dem Server ausgeführt und deren Ergebnisse als HTML Snipplets in Code eingefügt, läuft das Ganze genau so über JSP oder CGI, oder ein XSLT Prozessor verwandelt ein XML Dokument und das entsprechende XSLT Stylesheet in eine HTML Page. Eine ausgezeichnete, ausführliche Referenz mit vielen Beispielen und leicht verständlicher Dokumentation liefert SelfHTML von Stefan Münz, die Online-Referenz für alle Web-Technologien, derzeit erreichbar unter:

http://selfhtml.teamone.de/ [205].

6.3.3 XML und XSLT

Wie bereits erwähnt, bietet XML, besonders in Kombination mit XSLT, viele Möglichkeiten für Web-Anwendungen. Letztlich kann eine Applikation mehrere unterschiedliche Clients bedienen, und dies auch gleichzeitig. Ein modernes Frontend sollte darauf ausgerichtet sein. Um dies bequem zu ermöglichen, ist eine weitere Schicht für den universellen Datenaustausch in die bisherige 3-Tier Architektur einzubeziehen. Bisher liefern Datenbanken und Programme in der Regel die notwendigen dynamischen Daten bereits in HTML. Diese HTML Sniplets werden anschließend in der Präsentationsschicht als Platzhalter in der HTML Seite eingeflochten und die Seite an den anfragenden Browser weitergereicht. XML bringt mehr Flexibilität in diesen Ablauf. Falls Datenbanken und Programme die abgefragten Daten in XML Format liefern, ist es nun möglich, diese in jedem x-beliebigen Ausgabeformat darzustellen, unter anderem auch in pdf oder eben in HTML.

6   *Website Entwicklung*

DTDs

XML Dokumente sind letztlich nur Inhalte, versehen mit Meta-Tags, verschachtelt in einer Struktur. XML als Datenbeschreibungssprache ist genau das, was in Zukunft Standard für den Datenaustausch zwischen Applikationen und auch innerhalb werden sollte und auch wird. Ein XML Dokument ist maschinenlesbar und damit auch maschinell konvertierbar. Gleichzeitig ist es auch mit dem entsprechenden Viewer von Menschen lesbar. Die DTD (Document Type Definition) oder die komplexeren XML Schemas sind als Inhaltsverzeichnisse zu verstehen, die beschreiben, welche Daten in welchem Dokument wie häufig und wo vorkommen können. Verweise auf die betreffenden DTD's oder Schemas stehen am Anfang eines jeden XML Dokuments. Mit Hilfe dieser Inhalts- und Strukturdefinitionen ist es nicht nur möglich, die Daten zu lokalisieren, sondern auch formal zu prüfen. Mit XSLT ist es außerdem möglich, die Daten in jedes andere Format zu konvertieren. (siehe Abb. 6.3)

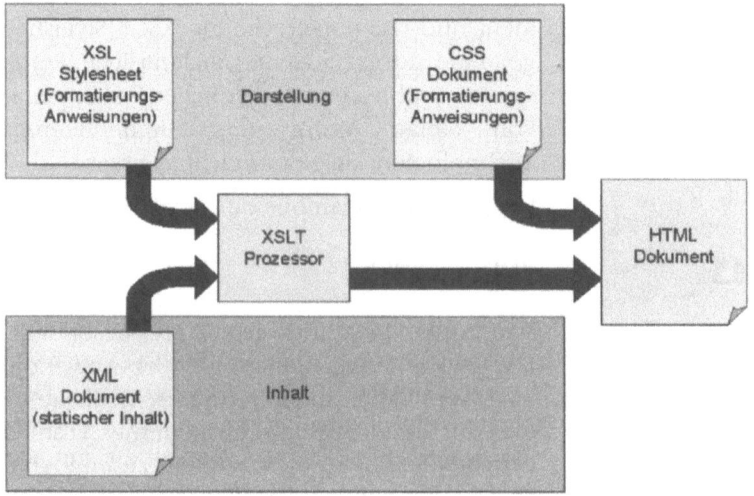

Abb. 6.3: HTML-Generierung mit XML

XSL

In diesem Fall wird ein XML Dokument in HTML umgewandelt. Die Formatierungsanweisungen stehen im XSL Stylesheet. Dieses Beispiel funktioniert mit dem Internet Explorer Version 5.5 als XSLT Prozessor. Wenn der Browser das XML Dokument öffnet, welches auf ein Stylesheet verweist, wird in HTML konvertiert, wie in folgendem Beispiel:

Code des XML-Dokuments:

6.3 Überblick über die Web Client-Technologien

```xml
<?xml version="1.0" encoding="ISO-8859-1"?>
<?xml-stylesheet type="text/xsl"
href="Mitarbeiter.xsl"?>
<!DOCTYPE mitarbeiter SYSTEM "Mitarbeiter.dtd">
<mitarbeiter>
   <name>Stephan Sneed</name>
   <funktion>Consultant</funktion>
   <zweigstelle>München</zweigstelle>
</mitarbeiter>
```

Code des DTD-Dokuemts:

```
<!-- E-Mail-DTD Version 1 -->
<!ELEMENT mitarbeiter (name, funktion, zweigstelle)>
<!ELEMENT name (#PCDATA)>
<!ELEMENT funktion (#PCDATA)>
<!ELEMENT zweigstelle (#PCDATA)>
```

Code des XSL-Dokuments:

```xml
<?xml version="1.0" encoding="ISO-8859-1"?>
<xsl:stylesheet
   xmlns:xsl="http://www.w3.org/TR/WD-xsl"
   xmlns="http://www.w3.org/TR/REC-html40">
<!-- Author: Stephan Sneed -->
<xsl:template> <xsl:apply-templates/></xsl:template>
<xsl:template match="text()">
<xsl:value-of/></xsl:template>
<xsl:template match="mitarbeiter">
   <html>
      <head><title>Mitarbeiter</title></head>
      <body bgcolor="#CC0000">
         <table border="1">
            <xsl:apply-templates/>
         </table>
      </body>
   </html>
</xsl:template>
<xsl:template match="name">
   <tr>
```

175

```
              <th>Name</th>
              <td><xsl:apply-templates/></td>
           </tr>
        </xsl:template>
        <xsl:template match="funktion">
           <tr>
              <th>Funktion</th>
              <td><xsl:apply-templates/></td>
           </tr>
        </xsl:template>
        <xsl:template match="zweigstelle">
           <tr>
              <th>Zweigstelle</th>
              <td><xsl:apply-templates/></td>
           </tr>
        </xsl:template>
     </xsl:stylesheet>
```

6.3.4 CGI und Perl

CGI

Eine nun schon etwas ältere Technologie, um Webseiten an Datenbanken anzubinden oder mit einer Geschäftslogik zu verknüpfen, ist die Verwendung des Common Gateway Interface (CGI) des Webservers. Über diese Schnittstelle werden in der Regel Perl Programme aufgerufen. Diese Kombination hat, wie zu erwarten, einige Vorteile und auch einige Nachteile, und so ist sie für den einen oder anderen Fall die maßgeschneiderte Lösung.

Perl

Der Name der Skriptsprache Perl ist eine Abkürzung und steht für „Practical Extraction and Report Language". Dieser Name beinhaltet eigentlich schon die größten Stärken von Perl - das Extrahieren von bestimmten Teilen aus Dateien und das Generieren und Ausgeben von Reports über diese extrahierten Informationen [173]. Insofern ist XML eine gewisse Konkurrenz zu Perl, da sie Dateien vorschreibt, strukturiert und entsprechend einem Standard aufbaut. Allerdings wird eine Abweichung von diesem Standard oder ein Fehler in der Dateistruktur einen XML Parser sofort aus der Bahn werfen. Perl ermöglicht dem Programmierer, schnell und effizient seine eigenen Parser zu schreiben, individuell auf die Gegebenheiten angepasst.

Eine wichtige Einsatzmöglichkeit von Perl ist die Anbindung von Informationen aus einzelnen Dateien oder die Transformation von diesen in eine andere Sprache, z.B. in XML. Für solche Zwecke ist Perl konzipiert worden. Sie ist wahrscheinlich der beste Universalparser. Immer noch liegt ein Großteil von Informationen in vielen Betrieben in Form von sequentiellen Dateien vor. Die Möglichkeiten, dort Perl zum Einsatz zu bringen, sind vielfältig. Die wichtigste wäre zu einen das Anbinden dieser in den Dateien verborgenen Informationen via CGI ans Web, und zum anderen die Transformation der irgend einem selbst definierten Standard folgenden Dateien in ein universelles Datenaustauschformat wie XML für den selben Zweck oder für eine bessere Weiterverwendung.

6.3.5 Servlets und Java Server Pages

JSP

Eine zunehmend beliebte Methode der serverseitigen Programmierung sind Java Server Pages, kurz JSP. Servlets sind Java-Klassen, die auf einem java-fähigen Webserver liegen und spezielle Methoden beinhalten. Diese Methoden lassen sich über HTTP ansprechen und liefern als Ergebnis eine HTML-Seite zurück. Innerhalb dieser Methoden steht der volle Funktionsumfang von Java zu Verfügung, was Servlets sehr mächtig macht. Aus den Servlet-Methoden heraus können weiter Klassen und deren Methoden angesprochen werden bzw. ein ganzes OO-System initialisiert und benutzt werden [208].

Während der Funktionsumfang innerhalb eines Servlets beinahe uneingeschränkt ist, ist die Art der HTML-Generierung weniger zufriedenstellend. Die Informationen aus dem Back-End werden an Stelle von Platzhaltern in einem Java-String eingefügt, welcher bereits die kompletten HTML-Anweisungen der angeforderten Seite enthält und welcher schließlich an den Webbrowser zurückgeschickt wird. Inhalt und Darstellung sind eng miteinander verknüpft und machen schon das Entwickeln des Designs äußerst schwierig oder umständlich, nicht zu reden von der Wartung. Hier setzten Java Server Pages an. Sie sind leichter zu handhaben und werden beim ersten Aufruf automatisch in ein Servlet umgewandelt. JSP's führen Inhalt und Darstellung im Gegensatz zu XML und XSL. Sie sind aber durch die JSP Tags deutlich zu unterscheiden. Wem dies nicht genügt, dem kann das SourceForge Projekt Freemaker Abhilfe schaffen:

http://freemarker.sourceforge.net/

Neben HTML können Java Server Pages auch JavaScript enthalten und ihre Formatanweisungen aus einer CSS-Datei beziehen. JSP ist Bestandteil der Java 2 Enterprise Edition und folgt dem Model View Controler –Pattern für objektorientierte Programmierung. Über Tag Libraries gewährleistet die JSP Technologie einen hohen Grad an Wiederverwendung. So finden sich bereits auch viele derartige Bibliotheken mit großem Funktionsumfang frei im WWW. Java eignet sich auch besonders für die Interaktion mit XML, denn für Java gibt es im WWW doch einige sehr gute und frei verfügbare Frameworks, um XML zu parsen und zu generieren, wie in etwa dom4j. (http://www.dom4j.org) [278].

6.3.6 PHP

PHP

PHP steht für Project Hypertext Preprocessor. PHP ist ein Open-Source-Projekt und erfreut sich zunehmender Beliebtheit, vor allem durch seine leichte Erlernbarkeit. Ähnlich Microsoft's ASP (Active Server Pages) besteht PHP aus normalen HTML-Seiten mit speziellen Tags, die serverseitig ausgeführt werden. PHP läuft im Gegensatz zu ASP allerdings nicht nur auf Windows, sondern auch auf MacOS und Unix. Die Stärke von PHP besteht in der Möglichkeit, mit wenig Aufwand viele verschiedene Datenbanksysteme an Websites anzubinden [366].

PHP Anwendungen bestehen aus Skripten innerhalb einer HTML-Datei. Ruft der Anwender eine solche Datei ab, werden die PHP Skripte ausgeführt. Diesen Skripte können auch als Variablen, etwa in Form eines Formulars, übergeben werden. Die Skripte innerhalb des PHP Tags verarbeiten diese direkt oder holen sich Daten aus der Datenbank. Zum Schluß werden die verarbeiteten Daten vom Parser serverseitig in HTML konvertiert und mit dem Rest der PHP Seite, den reinen HTML Teilen, wieder an den Adressaten zurückgeschickt. Die Syntax von PHP orientiert sich an Perl und C. PHP bietet weit mehr als reine Datenbankanbindungen, und wie bei Java gibt es auch für PHP mittlerweile sehr umfassende Code Bibliotheken.

6.4 Web Services

6.4.1 Was ist ein Webservice

Web Service

Ein Webservice ist ein Stück Applikationslogik irgendwo im Internet, das über Standardprotokolle wie HTTP oder SMTP auf eine bestimmte, standardisierte Weise für andere Applikationen zur Verfügung steht. Dieser Standard basiert hauptsächlich auf XML als universelle Datenaustauschsprache, und dieser Standard ist es auch, durch den sich Webservices unterscheiden von all dem, was es bisher gab - einschließlich Klassenbibliotheken und Standard Subroutine Libraries. Logik war schon immer irgendwo im Netz verfügbar, aber eben nicht standardisiert. Die Architektur von Webservices basiert im Wesentlichen auf vier Komponenten:

- XML (eXtended Markup Language)
- SOAP (Simple Object Access Protocol)
- WSDL (Web Service Description Language)
- UDDI (Universal Description, Discovery and Integration)

SOAP ist zuständig für die plattform- und sprachunabhängige Kommunikation zwischen Objekten. Es basiert auf XML. Jeder Webservice besitzt ein WSDL File, welches seine Funktionalität und deren Handhabung beschreibt. WSDL basiert ebenfalls auf XML. UDDI ist der Standard, der verwendet wird, um einen Webservice in einer offenen Umgebung wie dem WWW zu finden, zu publizieren und zu beschreiben [47].

6.4.2 Bereitstellung eines Webservices

Um einen Webservice bereitstellen zu können, sind einige Bedingungen zu erfüllen:

So muss die entsprechende Logik, die zur Verfügung gestellt werden soll, eine Komponente mit klar definierter Schnittstelle sein. Diese Komponente kann auch der komplette funktionale Teil einer Applikation sein. Sie kann aber auch eine winzige Funktion sein, die ein einziges Ergebnis errechnet. Die Web Verfügbarkeit befreit zwar von dem Kriterium der Komponentenarchitektur, erzwingt aber eine Thin-Client Lösung, da die Webservice-Funktionalität von einem Fat-Client aus nicht zu erreichen ist. Ob Komponente oder komplette Applikation, die Schnittstellen sollten XML- bzw. SOAP-gerecht sein. Dies bedeutet, dass eine Architektur, die früher oder später die Bereitstellung von Webservices beinhaltet, vom Anfang an entsprechend komponentenbasiert und XML-basierend geplant werden sollte.

6.4.3 Stärken und Schwächen von Webservices

Web Service Probleme

Die Einbindung von Webservices in die eigene Applikation hat einen entscheidenden Vorteil: Sie spart Entwicklungsarbeit und damit Geld. Aber es gibt kaum Vorteile in einem Bereich, die nicht Nachteile in einem anderen mit sich bringen. Bei der Verwendung von Webservices ist ein Teil der Applikation nicht in dem Maße kontrollierbar, wie der Rest des Programms, da er eben geographisch und organisatorisch außerhalb des Zuständigkeitsbereiches des Anwenders liegt. Dieser Nachteil kann sich situationsbedingt sehr verschieden auswirken. Im schlimmsten Falle wird Ihr Webservice von einer dem Kapitalismus feindlich gesinnten Terror-Organisation in einem mit Krieg verwüsteten Land fern ab der Zivilisation gehostet, wobei jede Antwort des Services sechshundertsechsundsechzig Trojaner mit sich bringt.

Im angenehmsten Falle hingegen ist es der Kreditkarten-Validierungsservice von American Express oder die zu Ihrer Organisation gehörende Rechnungsabteilung im unteren Stockwerk. Problematisch wird es, wenn diese wiederum selbst einen Webservice benutzt und sie sich ohne blassen Schimmer erneut Trojaner von der erwähnten Terror-Organisation einfangen, denn Webservices können beliebig tief verschachtelt werden. Am Ende weiß keiner so genau, wo die Quelle der Ergebnisse ist, auf der seine Entscheidung basiert.

6.4.4 Einbindung von Web Services

Web Service Einbindung

Damit Webservices effektiv und bedenkenlos genutzt werden können, müssen sie in jeder Hinsicht verläßlich sein. Dies betrifft die Ausfall- und Antwortzeiten, die Fehlerrate, die Sicherheit bezüglich Viren usw. Letztlich muss man sich auf einen Webservice verlassen können wie auf seinen eigenen Code. Im Falle eines Versagens der eigenen Applikation wird man sich kaum mit dem Verweis auf den Webservice entschuldigen können, es sei denn, die juristische Abteilung hat bereits im Vorfeld mit dem Betreiber des Services eine Vereinbarung getroffen. Auf jeden Fall sind Webservices ein interessantes Gebiet, welches man genau im Auge behalten sollte. Stimmen die Rahmenbedingungen, spricht nichts gegen die Verwendung eines Webservices. Die Bereitstellung eines Webservices für den Durchschnittsanwender ist in den meisten Fällen unbedenklich. Es wäre aber kaum zu empfehlen, sie in kritische Anwendungen einzubinden.

6.5 Richtlinien für die Website Entwicklung

6.5.1 Besonderheiten der Web-Client Entwicklung

Website Entwicklung

Bei der Entwicklung eines Clients für Webanwendungen sollte man sich über die Unterschiede zur klassischen IT im Klaren sein Dies dürfte auch nicht weiter verwundern, waren doch für den Boom des WWW mit seinen unzählbaren Webseiten weniger studierte Informatiker verantwortlich, als eher technikbegeisterte, künstlerische, kreative und chaotische Jugendliche. Dementsprechend chaotisch verlief auch bisher die Website Entwicklung, wie die Fallstudie am Ende des Kapitels zeigt. Erst allmählich haben die Jugendlichen begonnen zu verstehen, dass ihre Probleme schon längst bekannt und mit etlichen Lösungsmöglichkeiten versehen sind. Für viele Projekte kam diese Erkenntnis leider zu spät. Jetzt hält die Informatik Einzug in die Web-Site Entwicklung, oder die Web-Site Entwicklung wandert in die Informatik. Beides ist wohl zutreffend. Trotzdem hat die Zeit des wilden WWW's Spuren hinterlassen, wie z.B. die Schnelllebigkeit des Internets. Die prägenden Figuren im WWW empfanden stets gleiches Design langweilig, änderten das Aussehen ihrer Websites ständig, und die Besucher gewöhnten sich daran. Und so ist eine Website mit gleichbleibenden Designs nun auch für einen Großkonzern nicht mehr haltbar. So wie dies gibt es noch jede Menge anderer Erblasten, die der Boom des WWW mit sich brachte und mit denen die IT sich nun auseinander zu setzen hat.

Eine klassische IT Anwendung richtet sich an ein ganz anders Klientel. Vor den Bildschirmen sitzen keine Freaks sondern biedere Bankangestellte, Versicherungskaufleute, Beamte, Chemiker, Sachbearbeiter und sonstige Fachleute bei der Berufsausübung. Das WWW hat allerdings angefangen mit dem Anspruch, in erster Linie der Freizeit und dem Konsum zu dienen. Dafür wurde mehr gefordert als eine strenge, spartanische Benutzeroberfläche, und in entsprechende Richtung ging auch die Entwicklung.

Durch die daraus resultierenden neuen Möglichkeiten der Oberflächengestaltung wurden rückwirkend auch die Frontends der fachspezifischen Applikationen beeinflußt. Dies gilt nicht nur für die softwareseitige Betrachtung, sondern ebenso für die der Hardware.

PDA's

Personal Digital Assistants (PDA's) wie Palm und Konsorten waren zu ihrer Anfangszeit mehr Spielzeug als Arbeitsmittel und entsprechend für konsumfreudige Technik-Freaks ausgelegt. Mittlerweile sind wohl einige in der Lage, auch konstruktive Arbeit zu leisten - und die Industrie sieht sich mit WAP konfrontiert.

Ein weiter Unterschied zur bisherigen Softwareentwicklung ist der Projektansatz. Die meisten klassischen Projekte beinhalten eine lange Planungs- und Entscheidungsphase sowie die Zeit für ein durchdachtes Konzept mit strengen Konventionen und Richtlinien. Die Qualität steht im Vordergrund. Webprojekte hingegen leiden häufiger und intensiver unter Zeitdruck als herkömmliche IT Projekte. Der qualitative Anspruch an Webseiten und webbasierte Systeme hat mittlerweile aber den allgemeinen Standard eingeholt.

Hinzu kommt, dass der Kunde letztlich bisher immer eine recht klare Zielvorstellung hatte.

Oberflächenlabilität

In der Web Entwicklung ist dies nicht immer so, und es hat sich daher eingebürgert, dass Kunden in die laufenden Projekte jeder Zeit eingreifen und ihre Anforderungen ständig verändern, meistens ohne eine Vorstellung von der Tragweite solcher Entschlüsse, basierend auf einem oft mangelhaften Verständnis für die Grenzen der Software. Zusammenfassend ergeben sich folgende Probleme bei der Web Entwicklung:

- Sich schnell ändernde Programmiertechnologien
- Sich schnell ändernde Hardware
- Hoher Zeitdruck
- Wenig IT Verständnis vom Kunden

6.5.2 Der Web-Client als Aushängeschild

Der Client ist heutzutage mehr als eine simple Eingabemaske. Er ist letztlich die für alle Anwender einschließlich Kunden und Geschäftspartner sichtbare Verpackung der Applikation. Ein Bug im Backend System ist für den Anwender in der Regel äußerst unangenehm. Allerdings wird er niemals in diese unangenehme Situation geraten, wenn er vom Anfang an aufgrund einer unzumutbaren Oberfläche abgeschreckt wird. Allzu oft schließt der perspektive Benutzer automatisch von der Verpackung auf das Produkt. Dies hat bereits eine Studie von Scheiderman in den 70er Jahren bewiesen [280].

Website Schaufenster

Daraus geht hervor, wie wichtig der optische Eindruck bei der Benutzeroberfläche ist. Dies soll nicht heißen dass der Web-Client vor lauter Design nicht mehr zu bedienen ist. Im Gegenteil: elegantes Aussehen und perfekte Funktionalität schließen sich nicht aus. Die Automobilbranche in Deutschland macht es vor. Genau wie in einem gutem Auto sollte der Besucher der Website maximalen Komfort, leichte und logische Bedienung sowie ein stilvolles Design vorfinden. Die Tatsache, dass der Mensch, ob er nun will oder nicht, in der Regel vom ersten Eindruck ausgeht und durch diesen auf den Rest schließt, muß man sich hier bewußt zu Nutze machen.

6.5.3 Richtlinien für das Entwicklerteam

Website Entwickler

Bei einem großen Webprojekt gibt es mehrere Gruppen von Beteiligten, die sehr unterschiedliche Interessen und Fähigkeiten besitzen. Damit steht die Website-Entwicklung in einem weiteren Gegensatz zu klassischen Softwareentwicklungsprojekten, bei deren technischer Realisierung die Informatiker unter sich sind. Programmierer und Web-Designer haben in den seltensten Fällen ähnliche Interessen. Die Anzahl Probleme, die hier durch mangelnde Kommunikation, Mißverständnisse und verschiedene Prioritäten entstehen, ist beinahe unbegrenzt. Die zwischenmenschlichen Beziehungen werden in IT-Projekten meistens unterschätzt, doch mit ihnen steht und fällt das Projekt.

Um eine reibungslosen Ablauf zu garantieren, müssen die Beteiligten über ihre Kernkompetenzen hinaus blicken können. Sie sollten die Probleme und Schwierigkeiten der anderen Kompetenzbereiche, so weit es geht, kennen und im Sinne einer ergebnisorientierten Arbeitsweise berücksichtigen. Ein effektiver Entwicklungsprozeß ist das Ergebnis gemeinsamer Meetings und bildet die Voraussetzung für ein rasches Vorankommen. Alle Mitarbeiter sollten angehalten werden, diesen stets zu überprüfen und zu optimieren.

Regelmäßige und flüssige Kommunikation muss gerade zwischen den Gruppen ermöglicht und gefördert werden, denn dies kann oft viel Zeit einsparen. Vielleicht ist es ja für den Designer kein Problem, sein Design um ein paar Pixel zu ändern, wenn dem HTML-Entwickler dafür etliche Stunden Arbeit erspart bleiben [6].

6.5.4 Richtlinien für das Website Entwicklungskonzept

Website Anforderungen

Generelle Richtlinien für Website Entwicklungsprojekte anzugeben ist wie bei anderen Projektarten immer schwierig. Meistens bleiben sie auf einer sehr abstrakten Ebene. Dennoch gibt es ein paar Grundsätze, die man sich vor Augen halten sollte. Diese sind:

- Hohe Flexibilität
- Strenge Verzeichnisstruktur
- Strenge Konventionen
- Definierte Formate und Strukturen

- Trennung von Logik, Inhalt und Darstellung

Hohe Flexibilität und strenge Strukturen stehen nicht etwa in einem Widerspruch zu einander, sie bedingen sich sogar. Flexibilität ist von vornherein in höchstem Maße zu berücksichtigen, um den in Abschnitt 6.5.1 angesprochenen Besonderheiten der Web-Entwicklung Rechnung zu tragen. Der Kunde wird mit einer von seiner Branche abhängigen Intensität gezwungen, mit einem Internetauftritt auf den Markt zu reagieren. Es ist nicht selten, dass sich bereits in der Realisierungsphase neue Anforderungen ergeben und bestehende sich verändern oder wegfallen. Änderungen und Kurswechsel bei Webprojekten können auf verschiedenen Ebenen stattfinden:

- Inhaltliche Ebene
- Darstellungsebene
- Funktionale Ebene
- Technologische Ebene

Daraus ergibt sich bereits die nötige Trennung dieser Aspekte. Um die Darstellung, also das Design zu ändern, ist es von Vorteil, dieses möglichst separiert behandeln zu können, ebenso wie den Inhalt, die Anbindung an das Backend. Bei einer Umstellung oder Erweiterung der eingesetzten Technologien ist es ebenso von Vorteil.

Content Management

Statische Inhalte aus zu gliedern ist bei einer gewissen Größe durch ein Content-Management-System (CMS) bequem zu realisieren. Der Markt bietet eine Fülle von Tools, teils sehr umfangreiche, teils sehr einfache, auf jeden Fall gibt es genug Angebote, um das Passende zu finden. Im Prinzip wird hierbei der statische Inhalt (Texte, Bilder, Verweise) eines HTML-Containers (wie in etwa ein Frame, Layer, Window oder eine Tabelle) über das CMS eingefügt. Verschiedene HTML-Templates (Startseite, Login-Seite, Produktbeschreibungsseite) liegen in blanker Form auf dem Server und werden durch das CMS mit dem Inhalt gefüllt.

Dynamische Inhalte kommen über die Logik aus der Datenbank und stellen sich somit im Template als entsprechende Aufrufe an das Backend dar. Diese sind meist in speziellen Tags gekennzeichnet und leicht vom Rest zu unterscheiden. Es gibt hier natürlich noch weitreichendere Möglichkeiten, Aufruflogik zu separieren. Diese sind jedoch abhängig von der angewandten Technologie.

Änderungen auf technologischer Ebene dürften in erster Linie ebenfalls die Aufrufe für das Backend betreffen und sind bei deren entsprechender Ausgliederung oder Kennzeichnung ebenfalls schnell und leicht zu realisieren. Die Darstellung läßt sich im wesentlichen in zwei Aspekte unterscheiden. Zum einen gibt es die positionsbedingten Angaben der Elemente als das Gerüst der Seite. Dieses ist natürlich der wesentliche Anteil einer HTML-Seite und bleibt somit dort. Zum anderen, die Formatierungsanweisungen. Diese sollten mit der Verwendung von externen CSS-Dateien umgesetzt werden. Damit wird man der Empfehlung nach strikt gesonderten Formatdefinitionen gerecht [106].

Website Templates

Strukturen ordentlich zu gliedern hilft dem Entwickler, sich in seinem Code zu recht zu finden. Alle Templates einer Seite sollten nach einer durchgängigen Struktur aufgebaut sein. So sollte an erster Stelle ein Bereich für Kommentare stehen, mit Informationen über das Template wie Autor, Version, Funktion und Verwendung. Danach folgt in der Regel der Skript-Bereich, in dem in etwa alle JavaScript Funktionen definiert sind. Anschließend folgt der HTML Code mit Header und Body. Solche Strukturen lassen sich sicherlich noch weiter verfeinern, was immer nur zu einer höheren Performance bei der Entwicklung weiterer und der Änderung bestehender Templates führt.

Die Einhaltung einer strikten Verzeichnisstruktur erfordert im Vorfeld Gedanken über die funktionale Gliederung der Website und die nachfolgende Zusammenfassung der Templates zu funktionalen Komponenten, auf welche im folgenden Abschnitt eingegangen wird. Bei einer Website mit mehreren hundert Templates bedarf es keiner Phantasie, sich vorzustellen wie lange die Suche nach dem richtigen File dauern kann. Sind diese in Verzeichnissen zusammengefaßt, kann die Suchzeit entsprechend verkürzt werden. Ein solches Verzeichnis könnte in etwa alle Templates betreffend die Benutzerregistrierung oder die Neuigkeiten beherbergen. Eine durchgängige Namenskonvention der Files vervollständigt die saubere Verwaltung der Templates. Beides zusammen erleichtert auch die Arbeit mit einem Versionskontrollsystem (VCS).

6.5.5   Funktionale Komponenten

Website Komponenten

Eine Web-Anwendung läßt sich in verschiedene funktionale Komponenten unterteilen; die Registrierung von Benutzern, die Darstellung von Produkten, die Suchfunktionalität, die Kontoverwaltung einer Bankapplikation, um einige zu nennen. In einer Web-Anwendung macht es mit Hinsicht auf deren Flexibilität Sinn, sie anhand jener funktionalen Unterschiede in Komponenten zu gliedern. Der Grund dafür ist, dass der Auftraggeber die Anwendung in diesen funktionalen Komponenten sieht. Er wird wahrscheinlich niemals die Datenbankschicht austauschen wollen, dafür aber ständig die Aufmachung der News oder die Benutzerregistrierung. Oder er möchte das Kaufverhalten seiner Kunden analysieren und die getätigten Bestellungen unter den Kundenprofilen abspeichern. In der Regel wird er mehrere Änderungen zur gleichen Zeit fordern. Dem ist nur nachzukommen, wenn man von Anfang an funktionale Komponenten berücksichtigt hat. Diese werden als eigene Subprojekte behandelt und auch entsprechend separiert im Versionskontrollsystem geführt. Zu jeder funktionalen Komponente gibt es Templates, Logik und Datenbanktabellen. Natürlich läßt sich nicht vermeiden, dass sich Komponenten gewisse Dinge teilen. Diese können in jedem Subprojekt „shared" verwaltet werden, welches mit besonderer Vorsicht behandelt werden sollte. Änderungen, die an dieser Stelle geschehen, können eine Auswirkung auf das ganze System haben. Dies ist ein weiterer Vorteil dieses Vorgehens. Man sieht auf einen Blick, wo Änderungen weitreichende Konsequenzen haben. Dies hilft nicht nur bei deren Realisierung, sondern auch dem Projektmanagement, um präzise CR-Aufwandsschätzungen vornehmen zu können. Im Falle der hier vorgenommen Betrachtung der Client-Seite ist die Trennung relativ einfach durchzuführen. Eigentlich ist es nichts weiter als die Zusammenfassung von Templates in Verzeichnisordnern.

6.5.6 XML-Wrapping

XML-Kapselung

In klassischen Client/Server Anwendungen ist man in der Regel von drei Schichten für eine Applikation ausgegangen - einer Datenbankzugriffschicht, einer drüber liegenden Logikschicht und einer dem Benutzer gegenüber liegenden Präsentationsschicht. Im Prinzip ist dieses Modell auch richtig so, denn es entspricht den drei Grundfunktionen der Datenverarbeitung:

- Datenspeicherung
- Datenverarbeitung
- Datendarstellung

CORBA-IDL

Was bisher aber unter den Tisch fiel, ist der Datenaustausch. Auch wenn er zwar immer stattgefunden hat, sei es zwischen den Schichten oder zwischen den Applikationen, blieb es in der

Middleware verborgen. Fortschrittliche Client/Server Anwendungen haben CORBA-IDL verwendet, um den Datenaustausch zwischen Komponenten zu spezifizieren. Sie blieben aber Ausnahmen. Große Aufmerksamkeit in der Öffentlichkeit bekam der Datenaustausch erst mit der Einführung von XML. Ganz theoretisch könnte man zwischen alles und jedes eine Datenaustauschschicht in XML einziehen. Jede Schnittstelle hat den selben Standard. Jede Komponente, Schicht, Datenbank, Oberfläche oder was auch immer kann mittels einer XML-Schnittstelle wiederverwendet oder mehrfach verwendet werden. Ganz neue Geschäftsmodelle eröffnen sich. Man kann sogar Funktionalität oder auch den Zugriff auf eine Datenbank verpacken und nach außen anbieten. (siehe Abb. 6.4)

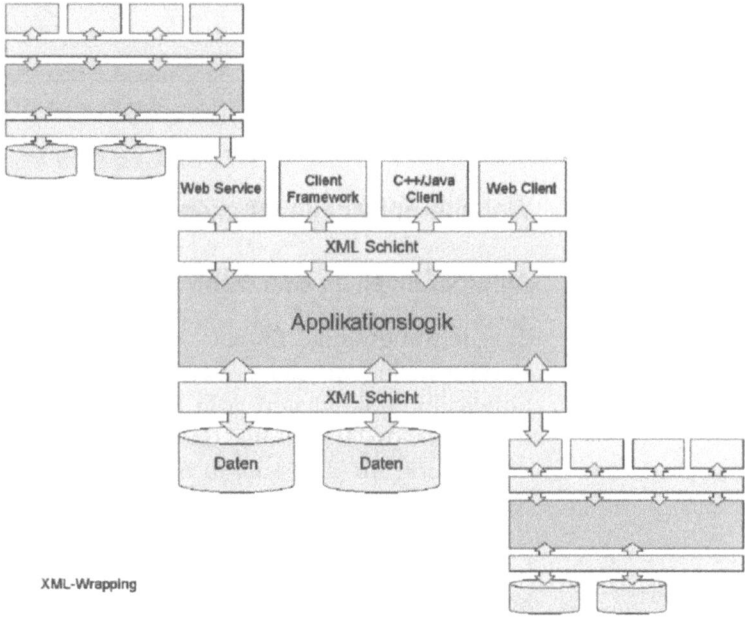

Abb. 6.4: Applikationen verschachteln mit XML

Allerdings bringt der uneingeschränkte Datenaustausch in XML auch Nachteile mit sich. Daten müssen laufend in XML konvertiert und wieder aus XML geparst werden. Dies wirkt sich natürlich negativ auf die Performance aus. Mittlerweile werden diese Performance-Verluste durch mächtigere Parser und schnellerer Hardware kompensiert. Es ist abzusehen, daß das Performance-Problem bald verschwinden wird.

Daten-austausch

Eine der sinnvollsten Stellen für eine Datenaustauschschicht ist natürlich zwischen Verarbeitung und Darstellung der Daten, insbesondere im Hinblick auf Webservices. Der Grund ist folgender: Nichts ist so vielfältig wie die Darstellungsmöglichkeiten von Daten. Die Speicherung der Daten wird von den wenigen großen Datenbanksystemen auf dem Markt wie DB2 und Oracle weitestgehend abgedeckt. Die Verarbeitung der Daten wird bereits von den zahlreichen Legacy Systemen geleistet. Was übrig bleibt, ist die Datendarstellung. Die Darstellung ist mit Abstand der vielfältigste Bereich. Daten präsentieren sich in visueller Form durch Textformate und Bildformate über den Browser, den PDA, das Handy, ein Windows-GUI, einen Viewer oder über sonstige Text- und Bildverarbeitungsprogramme. Sie können gehört, gefühlt (Force Feed Back) und wohl bald auch gerochen werden.

Insofern ist eine universelle Datenaustauschschicht zwischen Logik und Präsentation für eine langfristige Planung auf jeden Fall sinnvoll [232].

6.6 Website-Entwicklungsumgebungen

6.6.1 Anforderungen an eine Website-Entwicklungsumgebung

Website Werkzeuge

Eine leistungsfähige Entwicklungsumgebung ist eine unbedingte Voraussetzung für die Entwicklung einer Website. Sie muß alle Entwicklungsaktivitäten vom Konzept bis zum Test unterstützen, d.h. from top to bottom, und das aufeinander abgestimmt. Der erste Schritt für den Aufbau einer Entwicklungsumgebung ist das Konzept, welches sich aus dem Entwicklungsprozeß ableitet. Der Entwicklungsprozeß selbst definiert bereits alle Entwicklungsstufen und alle Einzelaufgaben. Für die Entwicklungsumgebung kommt als Faktor hinzu die Größe des Projektes und das verfügbare Budget sowie unter Umständen bereits vorhandene Tools und Systeme.

Nun gilt es, den Entwicklungsprozeß durch eine möglichst exakte Abbildung von Tools bestmöglich zu unterstützen. Nichts anders betreibt die Firma Rational mit ihrem RUP (Rational Unified Process), der durch ihre Tool Suite abgebildet und unterstützt wird. Das Rational Toolset ist ein gutes Beispiel dafür, wie der Entwicklungsprozeß in der Entwicklungsumgebung abgebildet wird. Komplexe und mächtige Tools müssen aber konfiguriert und bedient werden, und dies erfordert bei anspruchsvollen Produkten wie Rational-Suite die Beschäftigung von mindestens

6.6 Website-Entwicklungsumgebungen

einem Spezialisten im Hause. Ohne geeignete Infrastruktur ist es kaum möglich, solche allumfassenden Umgebungen richtig einzusetzen [164].

Für die Realisierung von Webprojekten soll eine Entwicklungsumgebung natürlich alle Komponenten anbieten, die auch in gewöhnlichen Entwicklungsprojekten gebraucht werden. Dazu gehören, u.a.:

- Anforderungsverwaltungssystem (Request management)
- System zur Versionskontrolle (Version control)
- Fehlerverwaltungssystem (Bug tracking)
- Tools für die Modellierung
- Tools für die Realisierung (Editoren, Designwerkzeuge, u.s.w)
- Testwerkzeuge

Internet-Tools

In Anbetracht der bereits behandelten Besonderheiten von Internet-Projekten in Bezug auf die Schnelllebigkeit des Internets, die rasche Änderung der Wünsche des Kunden usw. ist ein hohes Maß an Flexibilität von Nöten. Internet-Projekte haben in der Regel ein Vielfaches mehr an Change Requests und Releases als herkömmliche Projekte. Diese weiteren Anforderungen führen zu zusätzlichen Komponenten der Entwicklungsumgebung, wie z.B.

- System zur Verwaltung von Change Requests (Change Management)
- System für Release Management

Im Bezug auf Website-Entwicklungsumgebungen ist Flexibilität fast so wichtig wie Funktionalität. Das Ganze ist aber nur so flexibel wie die einzelnen Komponenten. Was aber bedeutet Flexibilität etwa bei einem Versionsverwaltungssystem? Hier sind die folgenden Fragen zu stellen:

- Welche Import/Export - Möglichkeiten der Daten gibt es?
- Welche Schnittstellen gibt es?
- Welche Formate werden unterstützt?
- Gibt es eine offene API?

XGPL

Je mehr und je offenere Möglichkeiten zur Interaktion mit andern Systemen bestehen, desto flexibler und langfristiger einsetzbar ist das System. Integrierte Entwicklungsumgebungen haben diesbezüglich natürlich einen Vorteil, da ihre interne Kommunikation aufeinander abgestimmt ist. Für einzelne Produkte sind daher die offenen Schnittstellen von entscheidender Bedeutung. Für den Austausch von Daten zwischen Werkzeugen gibt es inzwischen Standard Sprachen auf XML Basis wie XGPL und Gpro. Sie erlauben es, sowohl Texte als auch Graphiken auszutauschen [283].

Ein weiterer Faktor ist, wie bei jeder guten Software für den professionellen Einsatz, die Qualität des Supports. Der Ausfall einer Komponente der Umgebung aufgrund vielleicht nur eine unbeantworteten Frage kann das Fortlaufen eines Projekts verzögern und sogar ernsthaft gefährden. Fällt in etwa das VCS (Version Control System) aus, dürfte eigentlich niemand mehr entwickeln. Passiert dies trotzdem, kann die ganze Sache bei der Zusammenführung der Sourcen in einem Chaos enden.

Versionskontrolle

Eine Entwicklungsumgebung, die unter den erwähnten Gesichtspunkten zusammengestellt und auch zumindest grob dokumentiert und getestet wurde, sollte für die Entwickler eine effektive Plattform für die rasche Abwicklung des Projektes darstellen. Da der Aufbau und die Konfiguration einer derartigen Entwicklungsumgebung viel Aufwand verursacht, ist von Anfang an darauf zu achten, daß genügend Tool-Support vorhanden ist. Ab einer gewissen Komplexität der Umgebung empfiehlt es sich auf jeden Fall, die entsprechenden Festplatten der Entwicklungsrechner und Server zu spiegeln und auf CD zu brennen. Sollte der Rechner aufgrund von verpfuschten Einstellungen oder zu vielen kritischen Abstürzen irgendwann nicht mehr funktionieren, ist es meist am schnellsten, die Festplatte zu formatieren und per CD den Urzustand wieder herzustellen.

6.6.2   HTML / XML –Editoren

XML Editoren

Bei HTML-Editoren läßt sich zwischen zwei Extremen unterscheiden. Auf der einen Seite steht der spartanische Notepad, auf der anderen Seite WYSIWYG-Editoren wie MS-Frontpage, Dreamweaver oder GoLive von Adobe. Beide Extreme erweisen sich allerdings in der Praxis als unzulänglich. Der reine Texteditor macht es für den Entwickler schwierig, bei der heutigen Vielzahl von Raffinessen und Erweiterungen, die mit HTML einher gehen, den Überblick zu bewahren. Allein das fehlende Syntax Highlighting lässt den Entwickler bestimmte Stellen im Code schon um einiges länger suchen [206].

6.6 Website-Entwicklungsumgebungen

WYSIWYG

Die WYSIWYG-Editoren hingegen sorgen für eine Distanz zwischen dem Entwickler und seinem per Drag & Drop generierten Code, was sich ebenfalls negativ auf die Fehlerbehebung auswirkt. Diese ist aber bei WYSIWYG in der Regel unvermeidlich, da bisher keines dieser Tools die nötige Intelligenz bzw. Intuition aufbringt, um mit den verschiedenen Syntaxinterpretationen der unterschiedlichen Browser umzugehen.

Prinzipiell ist es für ein Tool natürlich möglich, ein und den selben Code, z.B. eine JavaScript Funktion, für jeden Browsertyp explizit zu generieren. Dies führt allerdings zu furchtbar aufgeblasenem Quelltext und hilft auch nur über gewisse Hürden hinweg. Besitzt der eine Browser einen 5 Pixel breiten Rand, und der andere nicht, dann erscheint das Drop-Down Menü in einem Fall eben an der falschen Stelle, auch wenn die JavaScript Funktion einwandfrei funktioniert .Hinzu kommt, daß eine manuelle Nachbesserung eines vom WYSIWYG-Editor generierten Codes die Source Datei für weitere Bearbeitung im Editor unbrauchbar macht, da das Tool mit der improvisierten Änderung entweder nicht klar kommt, oder sie wieder verwirft.

Jedem sein Editor

Das Fazit: Weder der reine Texteditor noch das WYSIWYG-Tool bringt wirkliche Vorteile bei der Entwicklung. Wie bei so vielem hilft der goldene Mittelweg. Man pickt sich einfach die nicht nur scheinbaren Vorteile der beiden Ansätze heraus und landet bei einem reinen text-basierten HTML-Editor wie etwa Homesite vom Macromedia. Gute text-basierte HMTL Editoren verfügen über Syntax-Highliting, einen Code Prüfer und eine eingebundene Dokumentation, wie es z.B. bei Entwicklungsumgebungen in der Java Welt der Fall ist. Dort schreibt der Entwickler seinen Code selbst und findet sich bei anstehenden Änderungen oder bei der Fehlersuche entsprechend gut zurecht. Bei syntaktischen Spitzfindigkeiten unterstützt der Editor auch mit der eingebundenen Dokumentation. Dem Programmierer werden zu jeder Zeit alle möglichen Einstellungen und Optionen bei Bedarf angezeigt. Komplexere Strukturen wie etwa die Definition einer mit Hyperlinks versehenen Map (für Links sensibilisierte Fläche über einem Bild) sind sogar per Drag&Drop zu erstellen. Allerdings sieht der Entwickler immer genau, was für Code generiert wurde und an welchen Schrauben er drehen muß, um manuell etwas zu verändern. Gute Editoren dieser Art rücken auch automatisch Zeilen ein und zwingen den Entwickler, gut lesbaren und übersichtlichen Code zu produzieren. Dies hilft, den Überblick zu behalten. Der Editor soll ebenfalls den geschriebenen Code ständig validieren, was dazu führt, dass der Code immer vom Entwickler und dem Editor akzeptiert wird. Es entstehen keine Diskrepanzen wie bereits im Bezug auf die WYSIWYG-Editoren erwähnt.

Bei HTML setzt sich langsam durch, was bei anderen Programmiersprachen wie Java und C++ seilt langem als selbstverständlich gilt . Text-basierte HTML Editoren entwickeln sich allmählich zu einer abgemagerten (lightweight) Entwicklungsumgebung für Web-Sites. Nicht umsonst werden einige von ihnen bei dem Erwerb eines modernen Application Servers für die Frontend Entwicklung mitgeliefert.

Einige professionelle Editoren für HTML sind unter den folgenden Webaddressen zu finden:

Homesite   http://www.macromedia.com/software/homesite/

Alpha   http://www.kelehers.org/alpha/

FirstPage   http://www.evrsoft.com/

HotDog   http://www.sausage.com/

XMLSPY

Die Anforderungen an einen XML Editor sind zum Teil ähnlich wie die für den HTML Editor. Er sollte in jedem Falle alle wichtigen Features eines guten Text Editors besitzen, insbesondere einen mächtigen Search-and-Replace Mechanismus. Auch Syntax-Highlighting ist wünschenswert. Darüber hinaus sollte er selbstverständlich in der Lage sein, XML Dokumente zu validieren. Besonders hilfreich ist die automatische Generierung von DTD's oder Schemata. Dies ist die Voraussetzung für konsistente und korrekte XML Schnittstellen. Als Beispiel für einen guter XML Editor ist derzeit XML-Spy von Altova zu erwähnen. (im Web: http://www.xmlspy.com). Dieses Tool bietet neben allen obigen Eigenschaften verschiedene Ansichten auf ein Dokument, eine SOAP-Unterstützung, einen XSLT-Prozessor, Import/Export Möglichkeiten und einiges mehr [131].

6.6.3 Version Control Systeme

Versionskontrolle

Configuration Management

Versionskontrollsysteme wie in etwa Clear-Case von Rational, Visual Source Safe von Microsoft, PVCS von Merant oder das frei verfügbare VCS sind eine unerläßliche Hilfe bei der Realisierung größerer Projekte geworden. Allerdings ist der Grad ihrer Hilfestellung oft sehr unterschiedlich und von mehreren Faktoren abhängig. Beispielsweise ist ein System wie Clear Case nur dann eine wirkliche Hilfe, wenn es sich um ein wirklich großes Projekt handelt. Clear Case benötigt aufgrund seiner Komplexität eine längere Einarbeitungszeit der Mitarbeiter gegenüber anderen Systemen und eine weitaus aufwendigere Administration. Für kleinere Projekte ist es überdimensioniert. Das Konfigurationsverwaltungssystem sollte also in seiner Komplexität, seinem Funktionsumfang sowie in seinen Kosten zu dem Projekt passen. Für umfangreiche Integrationsprojekte rentiert sich alle mal die Investition in ein leistungsfähiges Tool [272].

Ein weiter Faktor im Bezug auf die Effektivität des VCS ist dessen gelungene Integration in die Entwicklungsumgebung, insbesondere die Interaktion mit dem Build-and-Deploy Prozeß sowie die komponentenbasierte Unterscheidung zwischen Aufgabengebieten. Was ein Version Control System in jedem Falle haben sollte, ist eine offenen Schnittstelle, besser noch eine offene API (Application Programmer Interface) nach außen. Eine XML basierte Batchschnittstelle ist auch zu empfehlen.

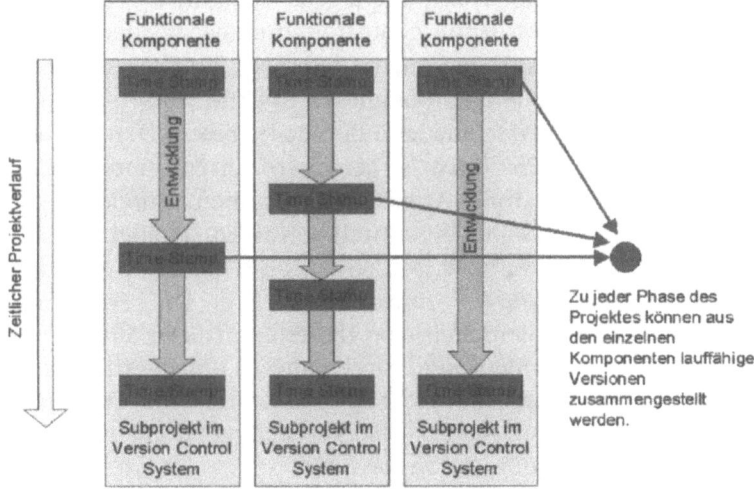

Abb. 6.5: Subprojekte im Version Control System

Wird die Website mit einer komponentenbasierten Architektur entwickelt, was auch für Webprojekte nur zu empfehlen ist, kann das Versionskontrollsystem dafür gute Unterstützung leisten. Funktionale Komponenten können entsprechend in Subprojekten über das VCS geführt werden. Dies ermöglicht dem Kunden, kurzfristige Änderungen in Komponenten durchführen zu lassen, während andere Komponenten wiederum zur selben Zeit einer langfristigen Umgestaltung unterzogen werden, ohne das System als Ganzes zu beeinträchtigen. Die einzelnen Subprojekte - eins für jede Komponente – werden in ihrem jeweiligen Evolutionsstadium stets mit Time-Stamps versehen, und es wird zusätzlich vermerkt, mit welchen Stadien anderer Komponenten sie erfolgreich den Systemtest überstanden haben. (siehe Abb. 6.5)

Dadurch kommt die offene Schnittstelle oder die API des Versionkontrollsystems ins Spiel. Soll nun ein neues Release gefahren werden, können anhand der Timestamps einfach die Komponenten in ihren gewünschten Stadien per Skript aus der Konfigurationsverwaltung gezogen und dann von den Build-and-Deploy Skripten kompiliert bzw. auf den Testserver zu einer lauffähigen Version zusammengestellt werden. Ohne derartige Automation gestalten sich komplexe Webentwicklungsprojekte sehr schwierig.

6.6.4 Build and Deploy Tools

Build and Deploy

Bei der kreativen Ideensuche ist der Mensch der Maschine bisher noch weit überlegen, wenn nicht gar unübertreffbar. Doch wenn es darum geht, stoisch immer wieder dieselben langweiligen Tätigkeiten zu wiederholen, Tätigkeiten, die unter Umständen Bestandteil komplexer Abläufe sind, sollte soweit als möglich die Maschine zum Einsatz kommen. Der Ablauf eines Build& Deploy Prozesses ist genau so ein Fall und gehört damit automatisiert. Große Applikationen haben Hunderte von einzelnen HTML-Dokumenten und sonstigen Dateien, die alle nur in einer einzigen gewissen Struktur mit nur einer ganz gewissen Konfiguration korrekt zusammenarbeiten. Die Fehlermöglichkeiten für den Menschen, von dieser einmaligen Struktur und Konfiguration abzuweichen, sind nahezu unbegrenzt. Entsprechend langwierig gestaltet sich die Suche nach der Fehlerursache, wenn die Site auf dem Live-Server aus irgend einem Grunde nicht so läuft, wie auf dem Testrechner.

Rolloutverfahren

Build&Deploy Skripte ziehen die gewünschten Source-Files aus dem Versionskontrollsystem, kompilieren diese, falls erforderlich, packen die gesamte Applikation in ein Archiv und senden dieses per FTP auf den Webserver. Per Telenet läßt sich dann noch eine Entpackung dieses Archivs anstoßen. Es gibt inzwischen eine Reihe fertiger Builder, wie in etwa den Ant-Builder, der hervorragend auf den wohl populärsten Webserver, den Apache und seine Java-fähige Version, den Tomcat, abgestimmt ist. Die anfängliche Investition in einen automatisierten Build-and-Deploy Prozess lohnt sich besonders bei Webprojekten auf Grund deren hoher Änderungsrate. Man muß davon ausgehen, daß ein Web-Projekt nie zu Ende sein wird. So lange die Web-Site lebt, wird sie sich verwandeln. Stillstand bedeutet Tod. Also muß die Web-

Site Entwicklung vom Anfang an darauf gerichtet sein [259]. (siehe Abb. 6.6)

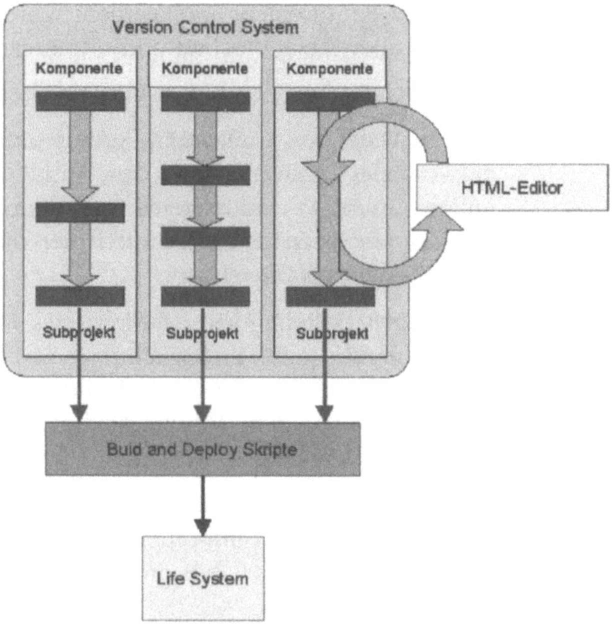

Abb. 6.6: VCS und Build & Deploy

6.7 Fallstudie zu einem Webprojekt

6.7.1 Ausgangssituation

Online Shop

Das dem Fallbeispiel zu Grunde liegende Projekt befasste sich mit der Entwicklung eines klassischen Onlineshop's für einen großen deutschen Sportwarenhändler. Es erstreckte sich in mehreren Phasen über einen Zeitraum vom Juni 2000 bis zum ersten Release-Termin im November, und dann bis zum Mai 2001, als das System schließlich allen Anforderungen genügte und das Projekt in eine Evolutionsphase überging [329].

Der Kunde hatte, wie bei derartigen Projekten allzu oft, kaum Berührung mit der Informationstechnologie gehabt. Zwar lag die IT-Verantwortung bei dessen Mutterkonzern, doch für die Abbildung seiner Geschäftsprozesse und für die Vertriebsmethoden war der Kunde allein zuständig. Die hierfür notwendige Kommunikationsbereitschaft wie auch die gängigen diesbezüglichen Reglements waren anfangs auf Kundenseite kaum vorhanden. Es fehlte auch an Verständnis gegenüber der Komplexität derartiger Systeme, was sich in einer niedrigen Toleranzgrenze bezüglich Zeit und Kosten niederschlug. Das in der IT-Welt so wichtige Change- und Requirement-Management wurde vom Kunden anfänglich als überflüssig erachtet und oft umgangen.

Folgende technische Vorgaben waren gegeben:

- Die Auswahl des Application Servers traf der für die IT verantwortliche Mutterkonzern des Kunden. Da dieser schon einige Online-Versandsysteme mit dem Application Server Enfinity realisiert hatte, fiel auch hier die Wahl wieder auf das Produkt von Intershop.

- Ein bereits bestehendes, host-basiertes Kundenverwaltungssystem mußte unter Ermöglichung von bidirektionalem Datenabgleich an den Shop angebunden werden. Hierfür war eine bereits auf dem Mainframe bestehende HTTP Schnittstelle zu verwenden.

- Die Produktdaten sollten jede Woche automatisch komplett aktualisiert, d.h. neu importiert werden. Die Daten sollten in Form einer (etwa 100 MB großen) CSV Datei geliefert werden.

- Neben herkömmlichen Eigenschaften wie Personalisierung, Mandatenfähigkeit, mehrfache Lieferadressen, Gewinnspiele, Hinweise und Anmeldemöglichkeiten für aktuelle Sport-Events sollte der Shop auch immer die neuesten Produkte gesondert darstellen, Newsletter versenden, Gutscheine verschicken und sogar ein Trendbarometer anbieten.

Enfinity

Die J2EE-konforme Architektur von Enfinity ähnelt etwa der von IBM Websphere oder BEA Weblogic [172]. Der Application Server besteht in der Tat aus zwei separaten Serven, dem CatalogServer und dem TransactionServer. Der CatalogServer verwaltet alle Templates, Logikbausteine und DB-Tabellen bezüglich des Produktumfeldes, während der TransactionServer dasselbe für den Shop-relevanten Geschäftspartner leistet. Diese Aufteilung ermöglichte, je nach Bedarf differenziert zu skallieren. Die Kommunikation der beiden Server lief über einen WebAdapter.

Die Architektur hatte die üblichen drei Schichten:

- Präsentationsschicht: Die HTML Templates von Intershop waren um die ISML Tag Library erweitert und konnten so einfach auf Methoden von Objekten zugreifen, wie etwa zum Suchen bestimmter Produkte und diese dann auch der

Reihe nach darstellen. ISML bietet hierfür Aufrufe, Schleifen, Bedingungen usw. an.

- Applikationsschicht: Enfinity bietet eine große Anzahl vorgefertigter Klassen für eBusiness-Anwendungen wie etwa für Session, User, Manager oder Shopping-Cart Objekte. Diese werden in Enfinity als Pipelets bezeichnet und werden von XML Deskriptoren gekapselt. Die ebenfalls in XML gehalten Pipelines bilden die Geschäftslogik des Shops ab. Pipelines bestehen aus einer oder mehreren Startnodes, Jumps, Calls, Decisions, Joins, Templates und den oben erwähnten Pipelets. Informationen werden beim Durchlaufen einer Pipeline im sogenannten Pipeline Dictionary gespeichert. Pipelines lassen sich mit dem Visual-Pipeline-Manager bequem und übersichtlich editieren.

- Persistenzschicht: Enfinity wurde mit einem Oracle-8 Datenbanksystem geliefert, welches die Produktdaten, die Benutzer- wie auch Entwicklerkonten und die EJB's verwaltete. EJB's konnten automatisch mit dem im Enfinity Packet enthaltenen Power-Tier generiert werden.

6.7.2 Vorgehensweise

Externe Programmierung

Vom Projektstart Anfang Juni mußte binnen ein paar Monaten eine lauffähige Version mit bereits relativ großem Umfang an Funktionalität online gehen. Daher blieb für Softwareentwicklung im konventionellen Sinne keine Zeit. Es wurde zeitweise nach eXtreme Programmierung gearbeitet, zumindest was die Paar-Programmierung anbetrifft mit zwei Entwicklern an einem Arbeitsplatz. Der Kunde war in dieser Phase intensiv beteiligt, wenn auch nicht immer in der gewünschten Art und Weise.

Nachdem die erste Version pünktlich online ging, standen noch etliche Change Requests und Erweiterungsanträge für neue Features an. Allerdings wurde es immer schwieriger, sich in dem kaum dokumentierten und zum Teil chaotischen Code zurecht zu finden. Die schnelle und rücksichtslose Vorgehensweise forderte nun ihren Preis. Die Wartung des Systems forderte einen Aufwand, der nicht mehr zu rechtfertigen war. Performance-Probleme traten auf und konnten mit dem vorhandenen System kaum gelöst werden, da ein Architekturfehler zu viel Datenverkehr auf dem Web-Adapter zwischen Catalog- und Transaction-Server verursachte.

6   Website Entwicklung

Qualitäts-
probleme

Die Projektverantwortlichen entschieden sich für ein Redesign, da mittlerweile auch alle größeren Change Requests und zusätzlichen Eigenschaften vorläufig endgültig feststanden. Sie sollten nun in das neue System einfließen, während das Online System vorerst ohne diese Neuheiten auskommen mußte und nur mit einem Mindestmaß gewartet wurde. Zu diesem Zeitpunkt änderte sich auch die Arbeitsweise, weil nicht mehr die Zeit im Fokus lag, sondern die Qualität. Der Kunde wurde mehr oder weniger ausgeschlossen und fügte sich den Vorgaben der Projektleitung, die fortan ein strenges Change- und Requirement-Management betrieb. Es wurde eine neue Entwicklungsumgebung für Version 2 sowie eine Test- und Staging Umgebung mit einem automatisierten Build&Deploy Prozeß aufgebaut. Gleichzeitig wurde der Rational Unified Process als Vorgehensmodell eingeführt und mit ihm ein iteratives und inkrementelles Vorgehen. Ziel war jetzt eine saubere, funktionsbezogene Komponentenarchitektur. Parallel dazu wurden Richtlinien für das Design und die Programmierung verabschiedet und eine Regressionstestumgebung aufgebaut. D.h nicht nur die Software, sondern auch die Entwicklungsumgebung und der Entwicklungsprozeß wurden reengineered [49]. (siehe Abb. 6.7)

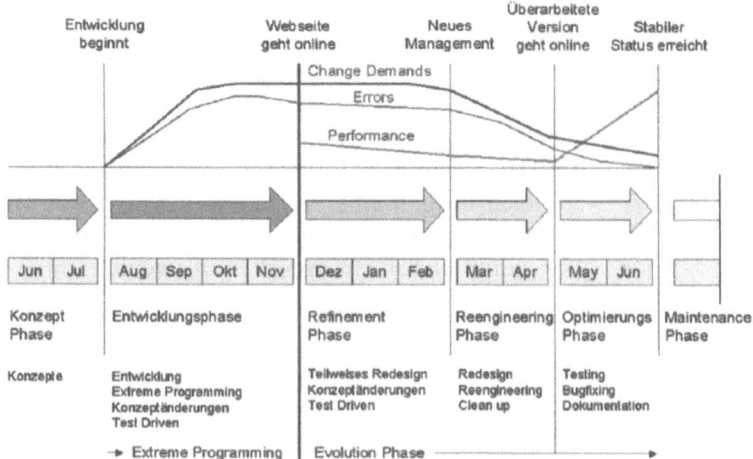

Abb. 6.7: Projektverlauf

6.7.3   Architektur und Prozesse

Prototypbau

Das Management zog aus der Erfahrung mit der Prototyp Phase die Erkenntnis, es ließe sich nicht vermeiden, daß der Kunde, um auf die sich ständig ändernde Marktsituation zu reagieren, immer wieder Änderungs- oder Erweiterungswünsche in Bezug auf funktionale Komponenten des Systems hervorbringt. Besondere Probleme entstanden in Situationen, in denen über längere Zeiträume an einem Teil des Systems gearbeitet wurde und der nächste Release-Termin sich nun aufgrund eines schnell einzuschiebenden Weihnachtsgewinnspiels vorverlegte. Die Konsequenz, die gezogen wurde, war eine Aufteilung des Projektes in separat zu behandelnde Teilprojekte. In diesem Falle:

- Aktuelles/Events
- Gewinnspiel
- Sonderangebote
- Login/Registration
- Shopping-Cart
- Hostanbindung
- Produktimport

Website Rahmen

Nach den gewonnen Erfahrungen mit Enfinity wurde erkannt, dass die Systemarchitektur in manchen Beziehungen nicht den von Enfinity vorgesehenen Richtlinien entsprach. Ein Beispiel dafür war der Performance-Engpaß aufgrund des zu hohen Datenverkehrs auf dem Webadapter. Enfinity stellt in seiner JSP-Tag Library ein ISINCLUDE zu Verfügung, welches die Möglichkeit bietet, Frames oder andere Teile einer Web-Page von einer externen Quelle über einen HTTP Request zu laden. So wurden in der ersten Version Frames mit Sonderangeboten vom Catalog Server in Seiten des Transaction-Servers geladen, was eben den hohen Traffic über den dafür nicht ausgelegten Webadapter verursachte. Diese Include-Seiten wurden nun auf den Transaction-Server umgelagert, und erst bei einem Klick auf die nähere Produktspezifikation wurde der Benutzer auf den Catalog-Server geleitet. So wie dieses Beispiel gab es etliche andere Probleme in Bezug auf die Nutzung der Enfinity Architektur. Meistens ergaben sich diese groben Design-Fehler aus Unkenntnis der technischen Umgebung.

Projektwerkzeuge

Mit der neuen Version 2 wurden diese Mängel behoben. Des weiteren wurden die vom Management definierten Teilprojekte nun auch in der Architektur umgesetzt. Funktionalität wurde in Bezug auf die Teilprojekte zusammengefaßt und in die von Enfinity dafür vorgesehenen Cartridges verlegt. Das eingesetzte Version Control System AlienBrain von NxN unterstützte die Unterteilung des Projektes in Subprojekte. So konnte jede einzelne funktionale Komponente getrennt von den andren weiterentwickelt und getestet werden. Dies kam dem Kunden sehr entgegen, da die dadurch erlangte Flexibilität es ermöglichte, langfristige und größere Änderungen vorzunehmen und trotzdem kurzfristig ein neues Release mit aktuellen Ereignissen ausliefern zu können. Ausschlaggebend für diese Verbesserung war die Tatsache, daß die einzelnen Teilprojekte nun unabhängig voneinander weitergeführt wurden und daß die Teilprodukte mit Zeitstempeln und Versionsnummern versehen wurden. Die späteren Releases wurden alle von dem automatisierten Build & Deploy System generiert.

Der bis dahin herrschende manuelle Build erwies sich als unendliche Fehlerquelle, die es auszumerzen galt. Bei der Auslieferung an den Kunden traten immer wieder die gleichen Probleme auf. Man erwog die Automatisierung beider Schritte durch Batch-Programme, und setzte diese auch um, nachdem NxN als Hersteller des eingesetzten Versionkontrollsystems half, die betroffene Schnittstelle entsprechend zu erweitern. Fortan war es möglich, per Eingabeparameter aus den gewünschten Versionen die jeweiligen funktionalen Komponenten vollautomatisch zu erzeugen. Die Files wurden zusammengezogen, kompiliert und gepackt. Weitere Skripte waren in der Lage, per FTP die Builddatei auf den als Parameter anzugebenden Rechner zu verschicken, sie dort via Telenet korrekt zu entpacken und den Server neu zu starten. In der Regel war dies zuerst einmal der interne Testrechner, dann der externe Testrechner mit Kundenzugriff und schließlich der Staging-Server.

Rational Unified Process

In Phase 2 des Projektes wurde der Rational Unified Process eingeführt und entsprechend mit Tools unterstützt. Nach dem Beginn des Redesigns trat jede Komponente wie definiert in die *Inzeptionsphase*. Hier wurde nochmals genau mit dem Kunden die Art und der technische Umfang der Komponenten durchgegangen und deren nun streng definierte Geschäftslogik mit Hilfe von UML-Diagrammen dargestellt. In der *Elaborationsphase* wurde nun nochmals das System-Design überarbeitet und festgelegt, welche Teile des Prototyps wiederverwendet werden können. In der *Konstruktionsphase* wurden schließlich alle anderen Teile neu entwickelt und mit den vorhandenen integriert. Hierbei setzten schon die ersten Tests ein, vorerst UnitTests und später Tests über das gesamte System. Der parallel dazu entwickelte Build&Deploy Prozeß mit seinen Skripten kam anschließend in der *Transitionsphase* zum ersten Mal zum Einsatz, wo er sich hervorragend bewährte. Das neue System konnte fast vollautomatisch ausgeliefert werden und ging mit relativ hoher Qualität online.

6.7.4 Lessons Learned

Probieren statt studieren

Die IT Welt ist voller ausgeklügelter und genormter Prozesse und Verfahren, unterstützt von einer nicht enden wollenden Vielzahl an Tools und Produkten. Die Kunst einer erfolgreichen Systemintegration besteht in der passenden Auswahl von Verfahren und Werkzeugen und vor allem in der richtigen Umsetzung. Was aber bedeutet „richtig" in diesem Kontext? Es bedeutet den goldenen Mittelweg zwischen dem Einsatz von standardisierten und bewährten Tools und Prozessen auf der einen und gesundem Menschenverstand und individueller Freiheit auf der anderen Seite. Software-Entwicklung - und dabei Website-Entwicklung im Besonderen - ist eine Synthese aus Kreativität und Disziplin. Prozesse und Werkzeuge haben den Sinn, ein Projekt zu unterstützen. Sie sind Empfehlungen und Hilfsmittel, welche, falls sie dem Projekt in seiner Eigenart nicht gerecht werden, anzupassen sind. Systemintegration bedeutet letztlich, die Leistungen Anderer kreativ und effektiv einsetzten [269].

7 Kapselung bestehender Anwendungen

XML-Schale   Wer heute eine neue Webanwendung entwickelt, würde bestimmt seine Anwendungen mit XML-Schnittstellen nach außen versehen. Dies gilt sowohl für die Benutzeroberfläche als auch für die Datenbanken und die Import/Export-Schnittstelle. Die Anwendung wäre regelrecht hinter einer XML-Schale versteckt. Alle Öffnungen zur Außenwelt sind in XML, alle Datenflüsse sind XML-Datenströme. Die Anwendung wäre von Anfang an gekapselt [142].

Dies ist insofern zu begrüßen, als es dann egal wäre, was sich hinter der XML-Schale verbirgt. Es könnte Java, C++, COBOL oder gar Assembler sein. Die Wahl der Komponentensprache obliegt denjenigen, die für die Wartung und Weiterentwicklung der Komponenten verantwortlich sind. Die Benutzer der Komponenten sehen nur die Schnittstellen zu einer Black-Box, und diese sind z.B. XML oder ein Derivat davon wie WSDL. (siehe Abb. 7.1)

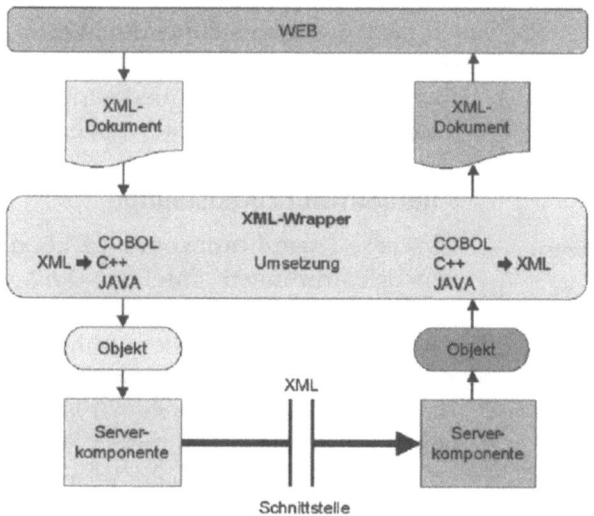

Abb. 7.1: Web-basiertes Software Wrapping

7 Kapselung bestehender Anwendungen

Wie ist es jedoch mit den bestehenden Systemen, den Legacy-Systemen, die wir in der Webarchitektur wiederverwenden wollen? Noch sind ihre Schnittstellen 3270-Masken, komplexe Satzstrukturen oder große Linkage-Bereiche, die fest verwurzelt in der jeweiligen Hostprogrammiersprache sind. Wie können solche Systeme in den Genuß von XML kommen und in eine moderne webbasierte Softwarearchitektur eingebunden werden? Bestimmt nicht dadurch, daß man einfach die bisherige Maske oder Linkagebereiche durch einen XML-Datenstrom ersetzt. So einfach ist das nicht. Die Daten müssen in die Form versetzt werden, die das Altprogramm erwartet. Erst dann, wenn sie als Bitfelder, Hexzeichenfolgen oder gepackte Dezimalzahlen erscheinen, kann das Programm mit ihnen etwas anfangen. Außerdem werden die alten Programme leider nicht nur über die expliziten Daten gesteuert. Sie werden auch in hohem Maße von impliziten Daten wie Status-Codes, Return-Codes und Function-Keys gesteuert, die vom alten TP-Monitor bzw. DB-System gesetzt werden. Was dann, wenn die Programme nur noch Daten aus einem XML-Dokument erhalten?

Kapselung

Das Zauberwort heißt „Kapselung", ein Begriff, den dieser Autor schon 1996 benutzt hat [314]. Don Estes, der Legacy Experte aus den USA, spricht von „XML retrofitting" bzw. der Anpassung der Programmdatenstrukturen an die XML-Sprache [73]. So oder so läuft es auf Arbeit hinaus - entweder für die Toolentwickler oder für die Anwender selbst. Anschließend müßte alles noch sorgfältig getestet werden. Daher die erste Frage - warum würde ein Anwender diese Mühe überhaupt auf sich nehmen, nur um seine alten Anwendungen weiterverwenden zu können?

7.1 Alternativen zu Kapselung

Alternativen

Um diese Frage beantworten zu können, muß man die Alternativen des Anwenders ansehen. D.h., was könnte der Anwender machen, anstatt seine Altsoftware zu kapseln? Mit dieser Frage hat sich der Autor in einem früheren Buch zum Thema „Objektorientierte Softwaremigration" schon auseinandergesetzt [327]. Die gleiche Frage kam schon 1989 im Zusammenhang mit Reengineering auf. Damals entstand der international anerkannte Beitrag „Economics of Software Reengineering" [313]. Die Antworten sind immer noch die gleichen geblieben. Der Anwender hat nur wenig Alternativen. Sie sind nach wie vor

- nichts tun,
- konvertieren,

- neu entwickeln oder
- ablösen durch ein gekauftes Produkt. (siehe Abb. 7.2)

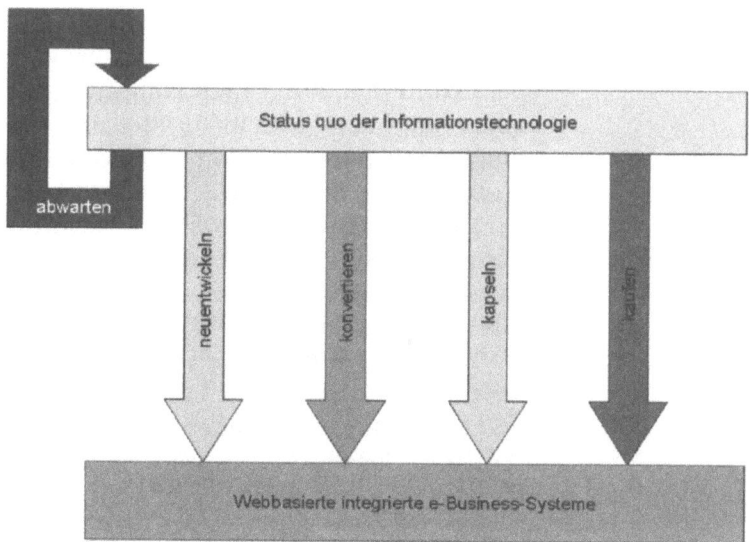

Abb. 7.2: Alternative Migrationsstrategien

Jede dieser Alternativen hat Vor- und Nachteile, Kosten und Nutzen. Es ist erstaunlich, wie viele Betriebe sich für die erste Alternative entscheiden - nach dem Motto, lieber gar nichts tun als etwas verkehrt. Dann beginnen wir mit dem Nichtstun.

7.1.1 Die Anwendungssysteme so lassen wie sie sind

Abwarten

Die Entscheidung, nichts zu tun, bedeutet, die Anwendungssysteme in der gewohnten Umgebung unverändert weiter laufen zu lassen. Der Anwender verzichtet eben auf die Webtechnologie. Er wartet lieber ab, bis die nächste technologische Welle kommt, oder er bleibt ewig dort, wo er ist, bis die technische Umgebung, in der die Anwendungen laufen, zusammenbricht. Damit spart er die Kosten einer Umstellung.

Diese Denkweise ist nicht so verkehrt, wie sie beim ersten Anblick erscheint. Nehmen wir die Hostanwender, die auf die Client/Server-Technologie verzichtet haben. Heute haben sie eine bessere Ausgangsposition für den Einstieg in die Webtechnologie und haben die enormen Kosten für die Client/Server-Migration gespart. Viel schlechter dran sind die Vorreiter der Client/Server-Welle, die erst einen riesen Aufwand betrieben haben, um ihre Anwendungen zu zerlegen und zu verteilen und jetzt einen hohen Preis bezahlen, um alles wieder zusammenzuziehen - rehosting. Siehe Charles Schwab [176].

Ein anderes Beispiel, das noch tiefer in der Vergangenheit liegt, ist das der konventionellen Sprachanwender. Als die 4GL-Sprachen in den 80er Jahren aufkamen, wurden die konventionellen Sprachen wie COBOL, PL/I und C für tot erklärt. Fortschrittliche Anwender sind mit hohen Kosten auf die neuen Sprachen wie ADS-ONLINE, IDEAL, CSP und Natural umgestiegen. Es hieß, sie würden riesige Produktivitätsgewinne erzielen. Zehn Jahre später trat die Ernüchterung ein. Die großen Produktivitätssteigerungen blieben aus, und die armen Anwender befanden sich in der sogenannten proprietären Falle. Ihre tollen 4GL-Sprachen wurden nicht mehr unterstützt und hinderten sie daran, neue Technologien einzusetzen. Sie wurden sogar von den COBOL-Anwendern überholt. Am Ende haben sie Millionen ausgegeben, um wieder in den sicheren Schoß einer konventionellen Sprache zurückzukehren [107].

Es ist noch nicht genau ermittelt worden, aber unnötige Technologiewechsel haben der Wirtschaft seit Beginn der IT mehrere Milliarden Dollar gekostet. Der Nutzen bleibt umstritten. Ob 4GL-Programme wirklich schneller fertig und leichter pflegbar sind, ist der Gegenstand vieler Studien gewesen [184]. Dasselbe trifft auch für Client/Server-Systeme zu. Einige Studien demonstrieren, daß sie etwas gebracht haben - flexible Arbeitsabläufe, mehr Kundenzufriedenheit, schnellere Reaktionszeiten usw. Andere Studien kommen zu dem Schluß, daß sie nichts gebracht haben außer erhöhten Kosten [96].

Das Gleiche könnte sich im Falle der Webtechnologie wiederholen. Wer weiß, ob wir nicht alle Opfer einer gigantischen Marketingkampagne sind. Möglicherweise wollen die Anbieter der neuen Technologie den Anwendern nur das Geld aus der Tasche ziehen. Dazu müssen sie uns überzeugen, daß Webtechnologie die Welt verändern wird. Wer nicht auf diesen Zug aufspringt, wird für immer und ewig abgehängt sein. Vielleicht ist es wirklich so. Nur das weiß keiner genau. Deshalb ist es verständlich, wenn manche Anwender entscheiden, nichts zu tun und mit ihren IBM-Assembler-Programmen aus den 70er Jahren weiter ausharren. Man darf ihnen deswegen keinen Vorwurf machen. Sie sind eben mißtrauisch.

7.1.2 Die Anwendungssysteme konvertieren

Konvertieren

Der klassische Ansatz zur Wiederverwendung der bestehenden Anwendungssysteme bei Technologiewechseln war die Konversion, später auch Reengineering genannt. Immer wenn IBM ein neues Betriebssystem in der Hostwelt angekündigt hatte, rückten Konvertierungsspezialisten an, um die Programme anzupassen. In der Regel waren diese Anpassungen geringfügiger Art - es mußten nur wenige Anwendungen im Programmcode geändert werden - meistens die I-O-Anweisungen bzw. die Datenbankschnittstellen. Darum gilt eine Reengineering-Maßnahme der Auslagerung aller I-O-Anweisungen und DB-Zugriffe in eine I-O-Schale. Mit solchen Maßnahmen konnte man Konverierungen erleichtern. In ähnlicher Weise lief es bei Datenbanksystemwechseln ab. Nur, in diesem Fall war es schwieriger, vor allem dann, wenn die Programmlogik von der Zugriffslogik abhing wie z.B. beim Übergang von hierarchischen auf relationale Datenbanken [82].

Die Ziele der Konversion waren eindeutig. Vorher sind die Programme mit IMS oder IDMS bzw. unter DOS-VSE gelaufen, nachher hatten sie in genau der gleichen Weise mit DB-2 bzw. unter MVS zu laufen. In der Regel waren weniger als 20% der Anweisungen betroffen. Die Programmergebnisse konnte man mit den alten Ergebnissen abgleichen. Damit wurde der Beweis erbracht, daß die Konversion gelungen ist. Solche Konversionsprojekte waren für Outsourcing gut geeignet, und es entwickelte sich daher ein Outsourcing-Markt. Gerade durch solche Konversionsprojekte sind einige Softwarehäuser wie Cap Gemini, SWS und Case Consult groß geworden.

Inzwischen ist es so, daß man auf dem Host nicht mehr konvertieren muß. Die neuen Betriebssysteme sind rückwärtskompatibel. Sie können alles emulieren. Die neuen Datenbanksysteme sind objektrelational, d.h. sie können sowohl die alten als auch die neuen Zugriffe bedienen. Auf dem Sektor ist für die Softwarehäuser nichts mehr zu holen. Die Konversionsarbeiten haben sich jetzt auf die PC-Welt verlagert, wo Microsoft alle zwei Jahre ein neues Betriebssystem auf den Markt bringt. Hier sind wieder gezielte Eingriffe in den Programmcode erforderlich, um sie unter der neuen Windows-Version zum Laufen zu bringen. Dennoch sind hier genügend Werkzeuge auf dem Markt, um dies zu erledigen. Konversionsprojekte im großen Stil sind kein Geschäft mehr.

Program Downsizing

Die Konversionsproblematik hat sich beim Übergang vom Host in die Client/Server-Welt anders gestellt. Für Assembler- und PL/I-Programme gab es auf den Unix- und PC-Rechnern keine Compiler. Also mußten solche Anwendungssysteme in eine andere Sprache, in der Regel C, umgesetzt werden. Jetzt waren 100% aller Anweisungen betroffen, und der Aufwand betrug das 5-fache von dem, was bisher auf dem Host üblich war. Auch mit COBOL mußten die Programme oft erst in mehrere kleine Programme zerlegt werden, um auf der Zielmaschine laufen zu können. Dieser Remodulisierungsanstaz wurde als „Program Downsizing" bezeichnet [306]. Außerdem mußten die ganzen I-O-Operationen und DB-Zugriffe umgeändert werden. Indes stellte sich heraus, daß der Ergebnisabgleich auf Grund der unterschiedlichen Datentypen nicht mehr so einfach war. Es wurde erforderlich, sämtliche Daten zu konvertieren - und zwar nicht nur in andere Strukturen, sondern auch in andere Typen. Auf jeden Fall war der Aufwand so groß, daß die meisten Anwender davon Abstand genommen haben. Hinzu kamen häufig Performance-Probleme. Die Batchlogik der Hostprogramnme paßte überhaupt nicht zur Unix- bzw. PC-Welt. Ein Grund mehr, warum die Anwender sich entweder für das Nichtstun oder für eine Neuentwicklung entschieden.

Es gab noch einen weiteren gewichtigen Grund. Die Entwickler in der Client/Server-Welt waren meistens junge Leute, die sich mit den alten Sprachen nicht auskannten. Dazu waren sie im Geist der objektorientierten Denkweise erzogen und konnten mit der prozeduralen Logik der alten Hostprogramme nichts anfangen. Es folgte daraus ein Generationenkonflikt, der dazu führte, daß nur wenige der Konversionsprojekte von Host auf Client/Server gelungen sind. Über zwei Drittel sind gemäß der Standish Group-Studie gescheitert.

Jetzt, beim Übergang von der alten Host- bzw. der neuen Client/Server-Technologie auf die Webtechnologie, stellt sich das Problem anders. Eine Konversion in der Client/Server-Umgebung bedeutet eine Abschaffung der Thick Clients und eine Verlagerung von deren Logik in den Server. Die alten Clientprogramme werden durch neue Java Clients bzw. durch Java Scripts ersetzt. Die Serverprogramme werden durch Verarbeitungslogik ergänzt, die bisher in den Clientprogrammen war. D.h., man muß Programmcode verlagern und auch die Schnittstellen zum Backend überarbeiten. Alles in allem eine ziemlich aufwändige und diffizile Operation, die viel technisches Detailwissen voraussetzt. Es ist auf jeden Fall um das Vielfache schwieriger, Client/Server-

7.1 Alternativen zu Kapselung

Systeme webfähig zu machen als die alten Hostanwendungen [136].

Programm-Reengineering

Bei den Hostanwendungen denkt man im Zusammenhang mit Konversionen zunächst an eine Konversion der Programme von Assembler, PL/I oder COBOL in Java, weil viele in Java die Verkörperung der Webtechnologie sehen. Sie denken, erst wenn die Programme in Java sind, sind sie auch webfähig. Dieser Irrglaube wird auch von denjenigen genährt, die an der Konversion der Programme verdienen wollen - entweder durch den Verkauf eines Tools oder durch ein Projekt. Wunderwerkzeuge wie Rescue Ware von Relativity werden als Gateway zur Webtechnologie angeboten. Damit werden alte COBOL-Programme automatisch in Java umgewandelt. Die Kehrseite dieses Konversionssatzes wurde vorbildlich im Aufsatz „The Realities of Language Conversion" von Andrey Terekhov und Chris Verhof geschildert [344].

Mittlere Kosten

Wenig Nutzen

Was die Anwender bekommen, ist ein COBOL/CICS-Programm mit einer Java-Syntax. Es mag sein, daß die Java-Version leichter zu pflegen ist als die bisherige COBOL-Version. Webfähig ist sie nicht. Man muß den gleichen Aufwand nochmals treiben, um das neue Java-Programm webfähig zu machen bzw. die Schnittstellen überarbeiten wie mit den alten COBOL-Programmen. Falls die Java-Programme weiterhin von den gleichen Programmierern gepflegt werden wie bisher in COBOL, dann werden die Wartungskosten auch nicht weniger. Im Gegenteil. Wartungsuntersuchungen beweisen, daß sie höher werden, weil die alten Programmierer sich mit den neuen Programmen nicht zurechtfinden [221]. Somit sind die Argumente für eine Konversion der Programme recht fadenscheinig. Das einzige stichhaltige Argument ist, wenn der Anwender vor hat, einen Generationswechsel bei seinen Programmierern zu vollziehen, so z.B., wenn die alten COBOL-Programmierer durch junge Java-Programmierer abgelöst werden sollen. In diesem Falle bietet sich die Konversion der Programme an, um die Alten loszuwerden. Sonst ist es wirtschaftlicher, die Programme so zu lassen, wie sie sind, nur webfähig zu machen. Diese Lösung wird hier aber nicht als Konversion, sondern als Kapselung eingestuft. Mit Konversion ist hier - im Zusammenhang mit dem Einstieg in die Webtechnologie - eine Sprachwechsel gemeint.

7.1.3 Die Anwendungssysteme neu entwickeln

Entwickeln

Mythen der IT

Die Neuentwicklung eines alten Anwendungssystems ist immer eine verlockende Alternative. Wie oft hört man von den Führungskräften den Satz : „Weg mit dem alten Kram!" Wenn das nur so einfach wäre. Die Vorteile einer Neuentwicklung sind allgemein bekannt. Zum Einen ist die Software in einer neuen Sprache, die von den jungen Programmiereren verstanden wird. Sie können die Programme, die sie selbst entwickelt haben, am besten pflegen und fortschreiben. Zum Zweiten befreit man sich aus der Abhängigkeit von den alten Programmierern, die sich entweder den jungen Programmieren unterordnen oder auf andere Tätigkeiten wie z.B. Testen ausweichen. Zum Dritten können die Programme um zusätzliche Funktionen erweitert werden, die schon lange von den Benutzern verlangt werden. Durch diese zusätzlichen Funktionen steigt der betriebswirtschaftliche Nutzen der Anwendung. Zum Vierten können die Programme endlich im Hinblick auf die optimale Ausnutzung der modernen Umgebung hingetrimmt werden. Sie werden in Einklang mit der Umgebung gebracht. Zu guter Letzt werden die neuentwickelten Programme gleich webfähig gemacht. Sie bekommen womöglich eine WSDL-Schnittstelle und werden als Webkomponente eingetragen [158].

Fehlende Dokumentation

Das sind ja alles gewichtige Argumente für eine Neuentwicklung. Wenn also der Fall für eine Neuentwicklung so eindeutig ist, warum wird sie nicht gemacht? Die Antwort auf diese Frage offenbart viele Mythen, die in der IT-Gesellschaft verwurzelt sind und öffnet viele alte Wunden. Es fällt sogar schwer, darüber zu schreiben oder zu sprechen. Der erste Mythos ist, daß die bestehenden Systeme dokumentiert sind. Das sind sie fast ausnahmslos nicht. Dieser Autor ist zumindest in seiner langen Karriere als Software-Reengineerer noch nie auf ein dokumentiertes Software-System gestoßen. Wenn es eine Dokumentation gibt, dann ist sie entweder absolut oberflächlich oder absolut überholt. Dies trifft leider auch für die neueren mit UML konzipierten, objektorientierten Systeme zu. Wie Prof. Robert Balzer es einmal formulierte *„the only true description of a program is the program itself"* [15].

Fehlendes Wissen

Der zweite Mythos ist der Irrglaube der Unternehmensführung, daß ihre IT-Kräfte wissen, was in ihren Programmen steckt. Weit verfehlt. Die wenigsten IT-Spezialisten verstehen, was in den Programmen abläuft. In den meisten Betrieben sind es nur diejenigen, die sie ursprünglich geschrieben haben. Aber auch die

7.1 Alternativen zu Kapselung

haben oft vieles vergessen. So gesehen sind die Programme autark. Sie laufen zwar, aber keiner weiß, wie. Zu glauben, junge Webprogrammierer könnten die Programme reproduzieren, ist eine Illusion. Sie haben nicht die nötigen Kenntnisse der alten Sprachen, geschweige denn von der alten Fachlogik.

Fehlende Motivation

Der dritte Mythos ist, zu glauben, die alten Programmierer könnten sich schnell in eine neue Entwicklungstechnologie einarbeiten. Viele Nichtprogrammierer, vor allem die Führungskräfte in den Unternehmen, unterschätzen, was es bedeutet, eine Programmiersprache bzw. eine neue Entwicklungstechnologie zu lernen. Es ist mit dem Erlernen einer natürlichen Sprache zu vergleichen. Das heißt, es dauert Jahre, bis man wirklich darin bewandert ist. Mit ein paar Seminaren ist es jedenfalls nicht getan. Besonders schwierig wird es, wenn die neue Sprache mit einer neuen Denkweise einhergeht. Genau so, wie es für einen Deutschen einfacher ist, Englisch als Ungarisch zu lernen, so ist es für einen COBOL-Programmierer leichter, PL/I zu lernen als Java. Denn Java verlangt eine reine objektorientierte Denkweise. Mit C++ oder OO-COBOL ist es wiederum einfacher, weil diese Sprachen eine prozedurale Denkweise im Zusammenhang mit der objektorientierten Denkweise zulassen. Nichtsdestotrotz zeigen empirische Studien, daß weniger als 40% der COBOL-Programmierer es je schaffen, C++ zu lernen und dann erst nach 80 Wochen [209]. So viel zu diesem Mythos der geistigen Flexibilität. Tatsache ist, daß ein Sprachwechsel in der Programmierung Hand in Hand mit einem Generationswechsel unter den Programmierern geht. Auch wenn einige der alten Programmierer es schaffen, in die neue Sprachwelt überzuwechseln, werden sie dort nie so gut, wie sie mal in ihrer alten Sprache waren, ebensowenig, wie Deutsche, die nach Amerika auswandern, es schaffen, Englisch so gut zu sprechen wie Deutsch. Nach dreißig Jahren sind sie immer noch als Deutsche an der Art und Weise, wie sie ihre Sätze formulieren, zu erkennen, und dies gilt vor allem für die Wissenschaftler unter ihnen. Die Sprache prägt also die Denkweise und wie man Probleme löst. Zu diesem Thema hat der Autor einmal einen inzwischen viel zitierten Aufsatz verfaßt unter dem Titel „Human Cognition and how Programming Languages determine how we think" [318].

Hohe Kosten Hohe Risiken

Zu den Mythen, die es zu enthüllen galt, kommen noch die Kosten und die Risiken, die mit einer Neuentwicklung verbunden sind. Es ist schon mehrfach belegt worden, daß Entwicklungsprojekte in einer neuen Technologie nur eine Wahrscheinlichkeit von ca. 40% haben, ihr Ziel je zu erreichen [322]. Ein Entwicklungsprojekt mit einer neuen Technologie ist, wie ein deutscher Doktorand, der mehrere Projekte in Hamburg untersucht hat es treffend formulierte: „Eine Expedition ins Ungewisse". Keiner kann sagen, wann sie ankommt und ob sie überhaupt ankommt [182]. Daß sie auch ungemein teuer wird, ist allen geläufig. Entwicklungsprojekte waren schon immer zwei bis drei mal teurer als Konversions- bzw. Reengineeringprojekte. Das weiß jeder, der sich je die Zeit genommen hat, die Projektkosten zu vergleichen. Es ist zudem in der Literatur mehrfach belegt worden [320]. Noch schlimmer ist die Tatsache, daß die Kosten solcher Projekte nicht abschätzbar sind. Alle Aufwandsschätzmethoden - die algorithmischen wie auch die analogen - basieren auf empirisch ermittelten Produktivitätsdaten. Sie gelten also nur für das, was bisher untersucht wurde. Wenn bisher nur COBOL-Programme für den Mainframe entwickelt wurden, gelten die Produktivitätsdaten nur für diese Art Projekt. Wenn aber jetzt von den gleichen Mitarbeitern Java-Programme für Webservices entwickelt werden sollen, haben die alten Produktivitätsdaten keine Relevanz. Sie sind sogar irreführend [311]. Deshalb ist es unmöglich, Projekte in einer neuen Technologie annähernd korrekt zu schätzen. Es bleibt einem nichts anderes übrig, als wieder von vorne anzufangen und die Produktivitätsdaten für die neue Technologie langsam aufzubauen. Das heißt, man muß erst einige Projekte durchführen, um überhaupt in die Lage zu kommen, weitere Projekte zu kalkulieren [270].

Umzug

Ein Technologiewechsel der Art wie zu Client/Server oder zur Webtechnologie vernichtet vieles, was ein Anwenderbetrieb bis dahin angesammelt hat. Er ist mit einem Umzug zu vergleichen. Die alten Methoden sind nicht mehr gültig, die alten Datenstrukturen passen nicht mehr, die Produktivitätsdaten stimmen nicht mehr, die alten Programmierer finden sich nicht mehr zurecht in der neuen Umgebung. Am Ende stellt sich die Frage, ob der Umzug sich lohnt, vor allem dann, wenn der Nutzen der neuen Umgebung so unsicher ist. Darum die vierte Alternative.

7.1.4 Die Anwendungssysteme durch Standard-Produkte ablösen

Make or Buy

In Anbetracht der Kosten und Risiken der Softwareentwicklung in einer technisch immer anspruchsvolleren Welt spricht vieles für den Einsatz von Standardsoftware. Es ist sogar verwunderlich, daß überhaupt noch individuelle Software produziert wird, denn wirtschaftlich ist diese Alternative bei Gott nicht. Damit schafft man allenfalls mehr Arbeitsplätze und hält einige Softwarehäuser am Leben. Das ganze Kapital, das in die Erstellung individueller Software einfließt, wäre viel besser angelegt bei der Entwicklung allgemeingültiger, parametrisierbarer Standard-Komponenten. Diese Einsicht haben schon viele gewonnen, vor allem die, die in Software ein Produkt und nicht einen Service sehen [292].

Standard Software

Standard-Softwareprodukte wie SAP-R3, Peoplesoft und GEOS werden zweifelsohne die Zukunft der IT-Industrie bestimmen. Es ist nur eine Frage der Zeit, bis die Anwender dies erkennen. Die Infrastruktur, die ein Anwenderbetrieb benötigt, um individuelle Anwendungen zu konzipieren, entwickeln, testen und dann noch über Jahre hinaus zu warten und weiterzuentwickeln, sowie bei jedem Technologiewechsel erneut zu migrieren, ist viel zu teuer, als daß ein Anwender sich das lange leisten könnte. Er braucht dafür zu viele verschiedene Software-Werkzeuge, zu ausgeklügelte Verfahren und vor allem zu viele Spezialisten, die er immer wieder umschulen müßte. Nicht einmal Großbanken können es sich mehr leisten, eine solche Infrastruktur aufrecht zu erhalten [250].

Individualismus hin oder her, die vierte Alternative ist die einzig vernünftige, vorausgesetzt man findet die passenden Komponenten. IBM, SAP, Oracle und Microsoft haben alle die Zeichen der Zeit erkannt und arbeiten fieberhaft an der Entwicklung solcher allgemeingültiger, parametrisierbarer Komponenten mit Standardschnittstellen. Auch Web Services sind nur ein weiterer Schritt in diese Richtung. Ein Anwenderbetrieb ist gut beraten, sich dieser Bewegung anzuschließen und auf Standardsoftware zu setzen. Eines Tages wird es nur einige wenige große Softwarefabriken in der Welt geben, die für den Rest der Welt Software produzieren. Die Anwender werden aus Kostengründen sich darauf beschränken müssen, diese Software in ihre jeweilige Umgebung zu integrieren und ihre Geschäftsprozesse anzupassen. Dann wird auch der künstlich aufgeblähte Bedarf an Softwareentwicklern zurückgehen. Die Software-Industrie ist dazu verurteilt, den Weg vieler anderer Industrien wie z.B. der Automobil- und Elektroindustrie zu gehen.

Lieber Kaufen

Was ist jedoch, wenn die geeigneten Softwarekomponenten noch nicht verfügbar sind? Wenn die Standardsoftware nur annähernd die Funktionalität der Anwendung abdeckt, ist es zu überlegen, das Softwarepaket einzusetzen und den Betrieb der Software anzupassen. Dies ist immer noch kostengünstiger und auch zukunftsträchtiger, als neue Expeditionen ins Ungewisse zu lancieren. Wird aber die Funktionalität in keiner oder nur in geringer Weise abgedeckt, bleibt dem Anwender nichts anderes übrig, als zu warten, bis es soweit ist. Bis dahin sollte er seine vorhandenen Anwendungssysteme weiter verwenden. Es ist absolut irrational, Kapital in neue Entwicklungen zu investieren, wenn diese neuen Anwendungssysteme sowieso in wenigen Jahren durch Standardsoftwarekomponenten abgelöst werden. Deshalb spricht vieles für eine Überbrückungslösung, die so wenig Kosten wie möglich verursacht und trotzdem den Anschluß an die neue Webtechnologie sichert. Die alte fachliche Funktionalität sowie auch die alte Software und die alten Softwerker sollten - bei gleichzeitiger Inanspruchnahme der Vorteile des Inter/Intranets - so lange bewahrt werden, bis die passenden Webkomponenten vorhanden sind. Die Zwischenlösung heißt Kapselung [188].

7.1.5 Die bestehenden Anwendungen kapseln

Wrapping

Die Bedeutung der Kapselung für die Industrie belegen zwei Nachrichten aus der Computerwoche vom August 2002. Die eine Nachricht kommt von einem amerikanischen Versicherungskonzern, der American International Group, und betrifft Web Services. So heißt es:

„Viele Beobachter sehen in den den neuen Web Services einen Paradigmenwechsel in der Softwareentwicklung. Daten, Applikationen und Präsentationen sind in dem Web Service Technologiemodell aufgeteilt in systemübergreifende und leicht miteinander kombinierbare Komponenten. Mit dem serviceorientierten Ansatz entsteht für die Anwender jedoch eine grundsätzliche Herausforderung: Wenn sich die Art der Informationsverarbeitung und des Transports in und zum Backend ändert, muß sich auch das Backend selbst verändern. Deswegen hat der amerikanische Versicherungskonzern AIG ein Projekt gestartet, das Backend des Unternehmens - sprich die bestehenden Programme und Datenbanken - webfähig zu machen...

Gemeinsam mit dem Dienstleister Ascential Software wurde ein unternehmensweites Modell entwickelt, um die gesammelten Daten in XML zu transformieren und zentral allen Systemen in einem neutralen Format zur Verfügung zu stellen. Über die Messaging Middleware MQ Series' von IBM und ein Tool von Ascential werden die Daten validiert, auf Konsistenz geprüft und nach ISO-19022 in XML transformiert..." [238]

Die andere Nachricht betrifft einen deutschen Versicherungskonzern - die Nürnberger Versicherungsgruppe. Dort heißt es: *„Die*

7.1 Alternativen zu Kapselung

Nürnberger Versicherungsgruppe hat ein neues System eingeführt, um Legacy-Anwendungen weiterentwickeln zu können. Die Wahl fiel auf das Produkt ‚Legasuite' des Herstellers Seagull. Ziel des Projektes war, besonders im Call Center durch eine Web-to-Host-Anbindung den Anwendern eine intuitiv bedienbare, webbasierte Benutzeroberfläche zur Verfügung zu stellen, Verwaltungsprozesse zu automatisieren und Legacy-Anwendungen zu integrieren ..." [255].

Web-anbindung

Die Idee, die bestehenden Anwendungen ans Web anzubinden, ist keineswegs neu. Schon in einem American Programmer-Artikel aus dem Jahre 1996 haben John Tibbetts und Barbara Bernstein für „Legacy Applications on the Web" plädiert [345]. Die Autoren haben gleich die Gründe dafür angegeben

- erstens, weil die Einstiegskosten unwiderstehlich niedrig sind,
- zweitens, weil Webapplikationen sich viel besser skalieren lassen als die bisherigen „fat Client" Client/Server-Systeme,
- drittens, weil Webapplikationen leicht zu verwenden sind,
- viertens, weil das Systemmanagement, sprich die Verteilungsverwaltung, wesentlich einfacher ist.

Diese Autoren haben schon auf dem Gipfel der Client/Server-Welle eingesehen, daß diese bald abebben würde. Nicht Client/Server sei die Zukunft - eigentlich war diese Technologie eher ein Schritt in die falsche Richtung - sondern Webtechnologie, basierend auf dem Host und den vorhandenen Hostanwendungen.

Gateways

Tibbetts und Bernstein beschrieben drei Ansätze zur Anbindung der Legacy-Anwendungen:

- Database Gateway,
- Terminal Gateway und
- Function Gateway

Datenbank Gateways

Alle drei Ansätze bauen auf einem „Common Gateway Interface" - CGI -, einem skriptbasierten Mechanismus, der einen Webserver ermächtigt, Browser-Aufträge abzufangen und zu befriedigen. Im Falle des Database Gateway werden die Browser-Aufträge an eine Datenbankzugriffsschicht geleitet, die daraus eine Select-Abfrage generiert. Die Daten, welche die Abfrage befriedigen, bzw. die generierte Sicht, werden in einer HTML-Seite zusammengefaßt und an den Webbrowser zurückgesendet.

7 Kapselung bestehender Anwendungen

Terminal Gateways

Im Falle der Terminal Gateways wird die bisherige 3270-Maske durch eine Webseite ersetzt. Dazu gibt es wiederum drei Alternativen:

- die green screen Oberfläche,
- die gray screen Oberfläche und
- das hostbasierte Terminal-Gateway.

Die green screen Oberfläche ist eine exakte Kopie der bisherigen 3270-Terminaloberfläche für Benutzer, die daran hängen und sich weigern, sich auf eine neue Oberfläche umzustellen.

Die gray screen Oberfläche ist die Standard Browser Oberfläche, wobei hier die alten IMS-MFS- oder CICS-BMS-Masken einmalig in eine HTML-Form umgewandelt werden. Das hostbasierte Terminal-Gateway ist verbunden mit einer zusätzlichen Softwarekonvertierungsschicht, die zur Laufzeit den MFS- oder BMS-Datenstrom abfängt und in ein HTML-Format umsetzt. Dafür gibt es Standardprodukte wie die IMS Webstudy und die CICS Internet Connection [154]. Man spricht hier von „Unternehmensportalen". (siehe Abb. 7.3)

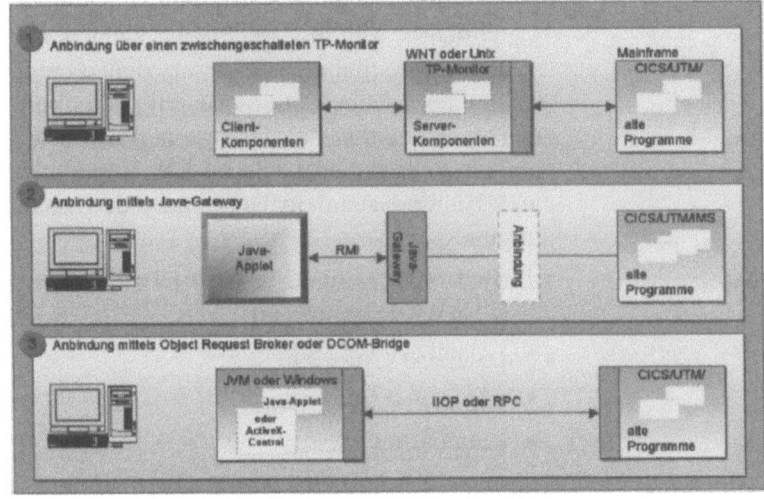

Abb. 7.3: Unternehmensportale

Functional Gateways

Die flexibelste und nützlichste Anbindung nach Tibbetts und Bernstein ist der Function Gateway. Damit werden Anwendungsmodule bzw. Prozeduren direkt per API aufgerufen und deren Ergebnisse in einer Webseite zwecks Präsentation zusammengefaßt. Auf diese Weise wird nur die Geschäftslogik und

7.1 Alternativen zu Kapselung

nicht die Präsentationslogik der alten Programme eingebunden. Allerdings muß die Geschäftslogik vorher von der Präsentationslogik entzerrt werden, eine recht diffizile Angelegenheit, wie die Autoren zugeben.

Andere Probleme, die sie zu diesem frühen Zeitpunkt bereits erkannt haben, sind:

- das Problem der Programmzustände,
- das Problem der Sicherheit und
- das Problem des Web Look and Feel.

Zustandslose Komponente

Das Problem der Programmzustände ergibt sich daraus, daß Web-Clients zustandslos sind, d.h., sie haben kein Gedächtnis über Transaktionen hinaus. Die alten Hosttransaktionen haben aber sehr wohl ein Gedächtnis, z.B. in dem CICS Communication Area, das von Transaktion zu Transaktion übertragen wird. So setzt die zweite Transaktion auf den Ergebnissen der ersten wieder auf. Dieser Widerspruch muß irgendwie beseitigt werden. Dieser Autor hat auf der Website Evolution Konferenz im Jahre 2000 eine mögliche Lösung vorgeschlagen. Sie hieß „stateless Components" [316]. Danach werden die bestehenden Hostprogramme so reengineered, daß sie zustandslos sind. Die Datenzustände oder Arbeitsspeicher werden zwischengelagert.

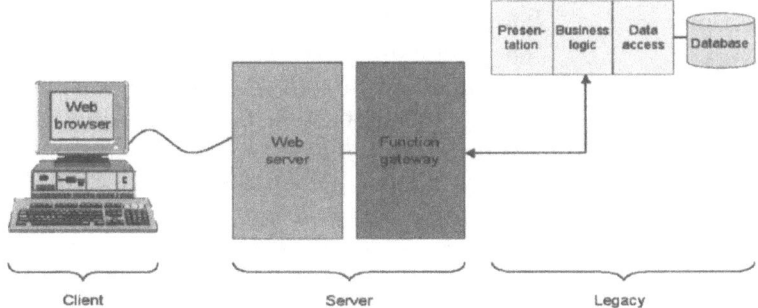

Abb. 7.4: Functional-Gateways

Das Problem der Sicherheit ergibt sich aus der Tatsache, daß Internetanwendungen grundsätzlich offen sind. Der ganze Sinn und Zweck der Webanbindung ist, der Öffentlichkeit, sprich den Kunden und Geschäftspartnern, Zugriff auf die eigenen Anwendungen zu gewährleisten. Damit sie dadurch nichts kaputt machen können, müssen ihre Transaktionen überwacht werden. Dies setzt eine zusätzliche Software voraus - z.B. ein Secure Sockets Layer oder Secure HTTP. Außerdem müssen die Hostsicherheitsmaßnahmen wie RACF oder ACF-2 verstärkt werden. (siehe Abb. 7.4)

Internet Look and Feel

Das Problem des Web Look and Feel ergibt sich aus den Erwartungen der internetverwöhnten Benutzer. Die werden sofort merken, daß sie mit einer Legacy-Anwendung kommunizieren und sich möglicherweise beschweren, daß sie sich nicht so wie eine echte Webanwendung verhält. Man muß sie damit trösten, daß dies nur eine Übergangslösung ist. Irgendwann werden sie sich damit abfinden.

Diesen Problemen zum Trotz beharren Tibbetts und Bernstein auf der These, daß die Zukunft der Webtechnologie von der Einbindung der bestehenden Anwendungssoftware abhängt. Dies sei die einzige wirtschaftliche Alternative. Unterstützung bekommen sie aus vielen Quellen. In der Ausgabe Juni 1998 der IEEE Software gab es eine Special Section mit dem Titel „Migrating Software to the World Wide Web". Die Autoren, darunter Prof. Ellis Horowitz von der University of Southern California, bestätigen, daß an der Anbindung der Legacy-Software kein Weg vorbei führt. Dazu schlagen sie ein Verfahren mit drei Phasen vor - ein Verfahren, das im vorletzten Kapitel noch behandelt wird. Wichtig hier ist ihre Ablehnung einer Neuentwicklung für das Web, die sie als zu aufwändig und zu risikoreich betrachten [136].

Warum Wrapping

Ein weiterer Protagonist der Kapselung ist Prof. Frank Coyle von der Southern Methodist University. In einem IEEE Software-Beitrag aus dem Jahre 2000 setzt er sich für Functional Gateways ein. Er behauptet, die bloße Ablösung der 3270-Masken durch HTML-Seiten bringe zu wenig. Die Anwender werden sich damit nicht zufrieden geben. Er schreibt: *„The simple mapping from mainframe screen to web frontend does not meet the needs and expectations of web users. A more complex but longer term approach to legacy involves building wrappers around discrete pieces of legacy functionality and using middleware as the integration glue ... Wrapping provides a cost-effective way to integrate legacy into a broader application framework. An object wrapper - essentially a black-box transformation of legacy code - provides an working interface to an existing program or program component. The wrapping layer can communicate with the legacy system through sockets, RPC's or a predefined Application Program Interface. The wrapper expose an object-based interface to an unchanged legacy program, hiding all interface screens, APIs, communication adapters, files and databases ... When wrapped, the* *legacy systems becomes a reusable software component and the Web just another client ..."* [53].

In einer weiteren Veröffentlichung in der namhaften Communications of the ACM, argumentieren die Autoren von Yrrid Incorporated für eine „Thin Client"-Lösung unter Verwendung eines Webbrowsers als Client und der bestehenden Legacy-Anwendungen als Server. Sie behaupten *„What is needed is an unobstrusive method of integrating terminal-based legacy software with newer web technologies, enabling an organization to add value to its information and computing services while streamlining the interface to information maintained on the legacy systema..."*.

n-tier Architekturen

Diese Autoren stellen drei alternative Anbindungsarchitekturen vor

- eine 3tier Architektur mit Hostdatenbank, HTTP-Server und dünnem Client
- eine 3tier Architektur mit dünnen HTTP-Clients, einem Legacy Information Server und den Legacy-Anwendungen
- eine 3tier Architektur mit HTTP-Clients, einem ORB Application Server und den Legacy-Anwendungen.

Eine vierte Alternative ist eine 2tier-Architektur mit HTTP-Clients und einer Legacy-Anwendung als Server. Im Mittelpunkt ihrer Kapselungsstrategie steht das Legacy Object Model, welches die Ein/Ausgabedaten der Legacy-Programme den Clientoberflächen zuordnet. Dieses Dokumentationsmodell wird mittels Reverse Engineering Werkzeugen aus dem Legacy Source Code abgeleitet. Sie schreiben *„The legacy object model enforces good engineering practice by taking over responsibility for legacy application control and legacy information abstraction, removing it entirely from the client application..."* [213].

Auch die deutschsprachige Literatur ist voll mit Vorschlägen für die Anbindung bestehender Anwendungen an das Internet. So hat der Leiter des Competence Center Object Technology der Firma CSC-Ploenzke, Dr. Peter Schorn, schon 1998 für eine direkte Verbindung zwischen Java-fähigem Webbrowser und Legacy-Applikationen eine Lanze gebrochen [288]. Schorn sah drei grundsätzliche Varianten für die Kommunikation zwischen Webbrowser und Legacy-Anwendung vor:

- Kommunikation über den HTTP-Server, z.B. CGI in Verbindung mit NSAPI/ISAPE oder ASP.

7 Kapselung bestehender Anwendungen

- Kommunikation unter Verwendung eines zusätzlichen Gateways, z.B. CICS, JDBC, MQ Series usw.
- Direkte Kommunikation (Sockets, RMI, CORBA).

CICS Gateways

Ein typisches Beispiel für die zweite Variante ist das „CICS Gateway für Java", ein IBM-Produkt, das es ermöglicht, CICS-Transaktionen von einem Java Applet aus anzustoßen und Resultate an das Applet zurückzuliefern.

Im IT-Fokus vom Februar 2001 werden zwei Strategien für die Öffnung bestehender Hostanwendungen zur Webtechnologie vorgestellt

- Modernisierung und
- Modularisierung [133].

Modernisierung

Mit Modernisierung ist die Oberflächenablösung gemeint. Die Hauptaufgabe der Modernisierung ist die Verknüpfung einer Hosttransaktion mit einem Webbrowser z.B. mit einer HTML-Oberfläche oder mit einer EJB-Schnittstelle. Wichtig ist hier die Tatsache, daß die Hostprogramme kaum geändert werden. Statt den Quellcode anzupassen, wird lediglich ein Zugang zur Anwendung über eine Terminalverbindung benötigt. Ein Transformationsserver greift den Datenstrom ab und wandelt ihn automatisch in HTML um.

Modularisierung

Bei der Modularisierung geht es darum, die Geschäftsregeln aus den existierenden Systemen zu extrahieren und in eigenständige Module mit klar definierten Schnittstellen zu übertragen. Das Ziel ist, gekapselte, wiederverwendbare Komponenten für das E-Business bereitzustellen. Es wird daher angestrebt, statt ganzer Programme nur einzelne Funktionsbausteine als Webkomponenten anzubieten. Natürlich müssen diese Bausteine aus dem vorliegenden Quellcode herausgeholt werden. Dazu sind spezielle Werkzeuge erforderlich.

Ulla Schönhense, Leiterin der Systemberatung bei Merant, setzte sich für die Erhaltung und Weiterverwendung der bestehenden COBOL-Programme ein. Sie betont: „Die Implementierung neuer Systeme dauert Jahre, und die komplette Ablösung der Altsysteme sei ausgeschlossen. Es bleibt den Anwendern nur übrig, ihre bestehenden Anwendungen in die neue Webtechnologie einzubinden, denn die Sprache COBOL ist auch für das E-Business geeignet, vor allem aus Performancegründen". Schonhense unterstreicht den Vorteil des maschinennahen Object Codes auf den Backends [286].

OO-Kapselung

In einem Beitrag der Computerzeitung aus dem Jahre 1998 plädiert Wilfried Dohmen für eine objektorientierte Kapselung der Altprogramme. Er erwähnt auch die zwei Alternativen - Brücken bilden zur Laufzeit oder Kapselung. Bei der Brückentechnologie bleibt die alte Anwendung weitestgehend unverändert, läßt sich aber von der neuen Software über objektorientierte Techniken ansprechen. Dies kann nur als temporäre Lösung gelten. Bei der objektorientierten Kapselung wird die alte Software in Objekte eingeschlossen. Um die Anwendung wird eine OO-Schale gelegt, die die Anwendung als ein Objekt mit entsprechender Schnittstelle beschreibt. Dies sollte mit Hilfe der Java Enterprise Beans sehr einfach zu bewerkstelligen sein [63].

Schließlich kommt der Altmeister der deutschen Informationstechnologie zu Wort. Kein geringerer als Michael Bauer setzt sich dafür ein, daß der Host und die dazugehörigen Hostanwendungen als Hub der Webarchitektur dienen [18]. Bauer unterstreicht die Rolle von Wrappern bei der Kapselung sowohl der bestehenden Programme als auch der bestehenden Datenbanken. Die Kapselungstechnologie sei die Basis für die Einbindung der Legacy-Hostanwendungen und dies sei wiederum die Voraussetzung für den Einstieg in die Webtechnologie, die wiederum die Basis für das E-Business ist. Also lautet die Kausalkette „ohne Kapselung kein Web und ohne Web kein E-Business". So einfach ist das.

7.2 Software-Kapselung als Übergangslösung

Reservat für Altsoftware

Software-Kapselung ist die Alternative zur Software-Konvertierung und -Neuentwicklung. Sie bietet die Möglichkeit, die Software in ihrer Urumgebung wiederzuverwenden, und zwar ohne eine aufwendige Transformation. Eine gewisse Anpassung läßt sich nicht vermeiden, aber sie bleibt gering im Verhältnis zu der großen Umwälzung, die mit einer Konversion verbunden ist. Die Illusion, alte Software unverändert in einem neuen Zusammenhang wiederzuverwenden, bleibt eben eine Illusion. Um unverändert wiederverwendet zu werden, müßte die Software von Anfang an dazu konzipiert sein [233].

Ein häufiger Anlaß für Kapselung ergibt sich dann, wenn ein Anwendungssystem mit dynamischen Verbindungen zu anderen Nachbarsystemen verteilt wird. Eine dynamische Verbindung ist gegeben, wenn ein Programm in einer Anwendung ein Programm in einer anderen Anwendung aufruft oder wenn ein Programm in einer Anwendung direkt auf die Daten der anderen

Anwendung zugreift. Bei einer Vorverlagerung des aufrufenden Systems wird aus dem Aufruf ein entfernter Prozeduraufruf (RPC) bzw. eine entfernte Methodeninvokation (RMI) [179]. Aus dem direkten Datenzugriff wird ein Aufruf zu einer entfernten Datenzugriffsschicht. In allen Fällen handelt es sich um eine Datenfernübertragung zwischen Systemen in unterschiedlichen Umgebungen.

7.2.1 Zum Stand der Kapselungstechnologie

Wrapping-Techniken

Der Begriff „Wrapper" wurde schon im Jahre 1988 auf einer OO-Tagung in den USA von dem IBM-Mitarbeiter Thomas Dietrich geprägt, und zwar im Zusammenhang mit der Einbindung bestehender Software in neue OO-Systeme [59]. Seitdem wird zu diesem Thema immer mehr und immer häufiger geschrieben, vor allem in den einschlägigen OO-Fachzeitschriften. Es könnte leicht der Eindruck entstehen, als wäre „Wrapping"" die Lösung für das Legacy-Problem schlechthin. Eine ausführliche Diskussion der Kapselungsmöglichkeiten ist bei Mowbray und Zahavi in ihrem Buch „The Essential CORBA" zu finden. Dort heißt es *„An object wrapper provides access to a legacy system through an encapsulation layer. The encapsulation exposes only those attributes and operation definitions desired by the software architect"* [203]. Die Autoren nennen sieben Anwendungsarten für einen Wrapper:

- Layering bzw. Schichtenbildung,
- Datenmigration,
- System Reengineering,
- Middleware-Entwicklung,
- Kapselung,
- Implementierung einer Objektarchitektur und
- Objektauftragsvermittlung.

Schichtenbildung

Schichtenbildung ist gegeben, wenn Schnittstellen aufeinander gelagert werden, z.B. wenn über eine C-API- eine CORBA-IDL-Schnittstelle gelegt wird, um eine andere Sicht auf die darunterliegende Schnittstelle zu erhalten. Die Details der internen Schnittstelle werden von der oberen verborgen.

Datenmigration

Datenmigration kann über eine Datenzugriffsschicht implementiert werden, welche die Struktur der vorhandenen Daten hinter der Zugriffsschnittstelle verbirgt. Das neue System bekommt die

7.2 Software-Kapselung als Übergangslösung

	Daten in einer völlig anderen Form als der, in der sie gespeichert sind, z.B. als relationale Sichten.
System Reengineering	System Reengineering kann ebenfalls über eine Modulzugriffsschicht implementiert werden, welche die Struktur der vorhandenen Programme hinter der Zugriffsschnittstelle verbirgt. Das neue System benutzt die Systemfunktionen in einer anderen Weise als die ursprüngliche, z.B. als Methoden für ein Geschäftsobjekt.
Middleware	Middleware umfaßt alle Dienstprogramme, die weder zur Basissoftware noch zur Anwendungssoftware gehören. Oftmals dient die Middleware dazu, Anwendungsprogramme miteinander zu verbinden und gewisse gewöhnliche Dienstfunktionen für sie auszuführen. Auch diese Programme kann man hinter einer eigenen Schnittstelle verbergen. Dazu wird ein Wrapper benötigt.
Kapselung	Kapselung ist die allgemeinste Form des Object Wrappings. Sie trennt die Implementierung von der Schnittstelle. Das beste Beispiel hierfür liefert die CORBA-Schnittstellenspezifikation, die unabhängig von den aufgerufenen Prozeduren ist. Sie stellt die reinste Form des Wrappings dar.
Objektarchitektur	Die Implementierung einer Objektarchitektur setzt Wrapping voraus. Das „Einwickeln" der Komponenten einer Architektur ermöglicht erst den Grad der Flexibilität, der erforderlich ist, um die Mehrfachverwendbarkeit und Anpassungsfähigkeit eines Software-Systems zu gewährleisten. Durch Wrapping werden die internen Komponenten vor den externen Veränderungen geschützt.
Objektvermittlung	Objektauftragsvermittlung bietet eine Vielzahl einzelner Dienstleistungen an, darunter auch den Zugriff auf entfernte Objekte oder Funktionen. Wichtig dabei ist, daß der Auftraggeber nicht merkt bzw. nicht zu wissen braucht, wo und wie seine Aufträge erledigt werden. Alles passiert hinter einem geschlossenen Vorhang. Dieser Vorhang bildet sozusagen die Verpackung der angebotenen Dienstleistung, z.B. die Datenkonversion.

Mowbay und Zahavi gehen weiter und beschreiben mehrere Möglichkeiten, einen Wrapper zu implementieren:

- Wrapping über entfernte Prozeduraufrufe (RPCs)
- Wrapping durch Dateiübergaben
- Wrapping mit Sockets bzw. Andockungsanschlüssen (APIs)
- Wrapping über eine Anwendungsprogrammschnittstelle

7 Kapselung bestehender Anwendungen

- Wrapping mit Skriptprozeduren
- Wrapping mittels Makrotechnik
- Wrapping durch gemeinsame Header-Dateien.

Diese Techniken können einzeln oder in Kombination miteinander eingesetzt werden. Welche Technik angewendet wird, hängt zum einen von den Anforderungen und zum anderen von der Umgebung ab. Sie haben alle ihre Vor- und Nachteile. Wichtig ist, daß die Entwickler der Wrapping Software mit ihnen vertraut sind.

Objekt-Migration

In seinem Buch „Migrating to Object Technology" geht auch Ian Graham auf das Thema „Object Wrapping" ein [104]. Er beschreibt einen Wrapper als eine Software-Schicht, die eine Interaktion zwischen konventionellen und objektorientierten Programmen zuläßt. In seinem SOMA-Modell spielt das Wrapping als Bindeglied zwischen den Systemkomponenten eine besondere Rolle. Allerdings räumt Graham ein, daß *„implementing wrappers is not as easy as it may sound"*. Die Wrapper-Software muß den Eigenarten der gekapselten Programme oder Datenbanken gerecht werden, und dies kann sich im Datail als äußerst schwierig, wenn nicht gar unmöglich, erweisen.

Eine kurze, aber aufschlußreiche Behandlung des Themas „Object Wrapping", veröffentlichte Sanjiv Gossain in der Zeitschrift Object Expert [102]. Gossain beschreibt fünf Alternativen, wie auf vorhandenen Hostapplikationen zugegriffen werden kann:

- entfernte Prozeduraufrufe,
- Applikationsprogrammschnittstellen,
- CICS-Transaktionen,
- Dateiübergaben und
- Datentabellen.

Gossain unterscheidet weiter in einzelne Wrapperklassen ohne semantischen Inhalt und in mehrfache Wrapperklassen mit semantischem Inhalt. Für die Verbindung zu den Legacy-Systemen empfiehlt er das Brückenmuster von Gamma [90]. Auch Gossain weist auf die Schwierigkeiten, die bei der Implementierung eines Wrappers auftreten können, hin, vor allem in Punkto Performance. Die Datenübertragung zwischen dem Vorrechner und dem Host bleibt seiner Auffassung nach ein potentieller Engpaß.

Wrapperarten

In anderer Literatur werden vier Arten von Wrappern erwähnt:

- Datenbank-Wrapper,

- Service-Wrapper,
- Applikations-Wrapper und
- Funktions-Wrapper [368].

DB-Wrapper   Ein Datenbank-Wrapper ist eine Zugriffsschicht zu bestehenden Datenbeständen. Er macht es Clientapplikationen möglich, auf alte Daten zuzugreifen - sie zu schreiben, lesen, ändern und löschen.

Service-Wrapper   Ein Service-Wrapper kapselt Systemdienste wie Drucken, Datenfernübertragung, E-Mail und Speicherverwaltung. Damit können Applikationen diese Dienste in Anspruch nehmen, ohne auf alle internen Eigenschaften eingehen zu müssen.

Application-Wrapper   Ein Applikations-Wrapper ist eine Softwareschicht, über die Batchläufe, Online-Transaktionen und Programme eines bestehenden Anwendungssystems ausgeführt werden können, ohne sie zu verändern. Der Anwender bzw. Client kann die alten Jobs, Transaktionen und Programme als Objekte in die eigene Anwendung einbinden. Der Wrapper stellt die Verbindung her.

Function-Wrapper   Ein Funktions-Wrapper ist eine Schnittstellenumsetzung für den Aufruf einzelner Funktionen in bestehenden Programmen. Die alten Programme werden als Objekte und deren Funktionen als Methoden benutzt. In der Regel müssen die Programme zu diesem Zweck angepaßt werden.

Der Wrapper befindet sich in der Regel dort, wo die Altsoftware residiert. Entweder ist er statisch gelinkt, oder er bindet die aufgerufenen Module zur Laufzeit. Zwischen dem Wrapper und der verteilten Neusoftware werden Nachrichten hin und her geschickt. Um die Nachrichten zu vermitteln, wird ein RPC-Mechanismus, ein Object Request Broker (ORB) oder ein Message Routing Service benötigt. Im Zusammenhang mit der Webtechnologie hat sich das Message Routing über HTTP als das bevorzugte Instrument zur Erledigung dieser Aufgabe durchgesetzt. Insofern ist Wrapping immer in Verbindung mit einem Datenübertragungssystem zu sehen. Es verbindet die verteilten Clientapplikationen oder Webbrowser mit dem zentralen Server, auf dem der Wrapper mit der Altsoftware läuft [9].

7.2.2   Granularitätsstufen der Software-Kapselung

Granularitätsstufen   Eine Kapselung entspricht einer Granularitätsebene in der Hierarchie eines Software-Systems. Je höher die Stufe, um so größer ist das eingewickelte Software-System und um so umfangreicher die Funktionalität. Im Prinzip können auch ganze Systeme gekapselt werden.

Innerhalb eines betrieblichen Informationssystems gibt es Batchprozesse und Dialogprozesse. Batchprozesse beinhalten einen oder mehrer Prozeßschritte. Hinter jedem Prozeßschritt steckt ein Dienstprogramm oder ein Anwenderprogramm. Ein Batchprozeß ist also eine Kette einzelner Programme, die im Stapelmodus ausgeführt werden. Dialogprozesse bestehen wiederum aus einer Kette von Transaktionsprogrammen. Eine Transaktion ist die Verarbeitung einer Nachricht vom Endanwender im Onlinebetrieb. Das Transaktionsprogramm erhält die Nachricht und führt eine oder mehrere Funktionen aus, bis es zum Schluß die Kontrolle an den Bildschirm bzw. den Bildschirmbediener zurückgibt.

Programme, ob Batch oder Online, bestehen aus einem Hauptprogramm und einer Menge Unterprogrammen, wobei diese Menge allzuoft eine Leermenge ist. Die getrennt kompilierbaren Unterprogramme werden als Module bezeichnet. Sie erhalten ihre Eingaben über eine Parameterschnittstelle und geben ihre Ausgaben über die gleiche Schnittstelle wieder zurück.

Hauptprogramme und deren Module setzen sich aus einzelnen Prozeduren zusammen. Eine Prozedur ist ein Stück zusammenhängender Code mit einem Eingang und einem gemeinsamen Rückkehrpunkt. Sie wird programmintern aufgerufen. Im Gegensatz zu Sprachen haben sie keinen eigenen Datenbereich. Was genau eine Prozedur ist, wird von der jeweiligen Programmiersprache bestimmt. In Assembler sind es CSECT's oder Codeblöcke. In PL/I sind es die internen Prozeduren. In COBOL können sie sowohl Sections als auch Paragraphen sein.

Für jede Stufe der Software-Granularität bietet sich eine Kapselung an. Demzufolge gibt es fünf Stufen der Software-Kapselung:

- Prozeßkapselung,
- Transaktionskapselung,
- Programmkapselung,
- Modulkapselung und
- Prozedurkapselung.

(siehe Abb. 7.5)

7.2 Software-Kapselung als Übergangslösung

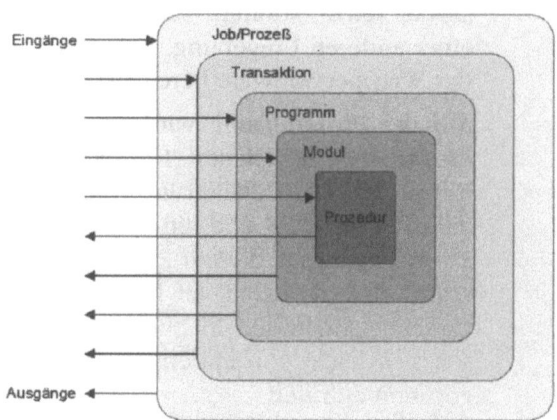

Abb. 7.5: Kapselungsstufen

Prozeß-Kapselung

Auf der Prozeßstufe wird ein Batchjob vom Client aus gestartet. Der Batchjob verarbeitet eine oder mehrer Eingabedateien, schreibt eine oder mehrere Stammdateien bzw. Datenbanken fort und hinterläßt eine oder mehrer Ausgabedateien. Angestoßen wird er über eine Kommandoprozedur bzw. eine Job Control Prozedur, die aus der Ferne angestoßen wird. Die Eingabedateien können von einer entfernten Stelle bezogen und die Ausgabedateien an eine entfernte Stelle versandt werden.

Transaktions-Kapselung

Auf der Transaktionsstufe wird ein Dialogschritt aus der Ferne ausgelöst. Die auslösende Nachricht kommt aber nicht vom Host-Terminalsystem, sondern von einem entfernten Clientarbeitsplatz. Dennoch werden die gleichen Funktionen ausgeführt wie im normalen Onlinebetrieb. Am Ende der Verarbeitung wird die Ausgabenachricht oder Nachrichten an den Auftraggeber zurückgeschickt.

Programm-Kapselung

Auf der Programmstufe wird ein Hauptprogramm von einem entfernten Clientprogramm aus angestoßen. Das Programm verarbeitet seine Eingaben, in der Regel in einer Schleife, bis alle Eingaben abgearbeitet sind. Es produziert seine Ausgaben, solange es noch Eingaben gibt und gibt die Kontrolle am Ende zurück. Die Eingaben können von einem fremden System stammen, z.B. von einem Clientprogramm, und die Ausgaben können an ein fremdes System wieder versandt werden, z.B. an das Clientprogramm.

Modul-Kapselung

Auf der Modulstufe wird ein Unterprogramm aufgerufen. Der einzige Unterschied hier ist, daß der Aufruf aus der Ferne kommt. Die Parameter sind nicht im gleichen Adreßraum wie das

7 Kapselung bestehender Anwendungen

Modul selbst, sondern stammen von einem Clientprogramm in einer anderen Umgebung. Sie müssen in der Hostumgebung von der Wrapper-Software bereitgestellt bzw. weitergeleitet werden.

Prozedur-Kapselung

Auf der Prozedurstufe wird nur ein bestimmter Abschnitt eines Programmes angesteuert. Der bleibt unbetroffen. Es wird nämlich nur an gewissen Stellen im Programm eingestiegen, den sekundären Eingängen, und am Ende der jeweiligen Prozedur wieder ausgestiegen. Zu diesem Zweck müssen die Daten der Prozedur von außen als Parameter bereitgestellt werden. Prozeduren entsprechen Methoden in objektorientierten Programmen und lassen sich leicht von entfernten Objekten per Remote Method Invocation aufrufen.

Auf allen Kapselungsstufen wird eine Steuerungssoftware benötigt, welche die Verbindung zwischen dem Auftraggeber, dem Client, und dem gekapselten Objekt, dem Server, herstellt. Dies wird als Wrapper bezeichnet. Es ist die Aufgabe des Wrappers, die Eingangsnachrichten zu erhalten und zu verwalten, sie in die Dateien, Masken oder Schnittstellen der Zielsoftware umzusetzen, die Zielsoftware anzustoßen, die Ergebnisse der Zielsoftware zu sammeln, sie in Ausgangsnachrichten umzusetzen und diese an den Auftraggeber in der Ferne zurückzuleiten [3]. (siehe Abb. 7.6)

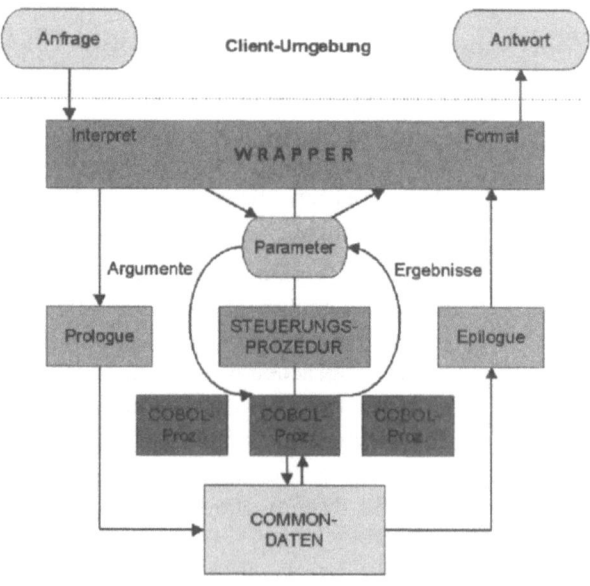

Abb. 7.6: Prozedurkapselung

228

7.2.3 Aufbau einer Kapselungsarchitektur

Kapselungs-Framework

Die Kapselungsschale bzw. der Wrapper ist eine Verbindungsschicht zwischen dem Kommunikationssystem und dem Zielobjekt bzw. dem Job, Programm, Modul oder Codeabschnitt. Sie übermittelt die Nachrichten zwischen dem Vorrechner und dem Hostrechner, setzt die Daten von einem Format ins andere um, ruft das gekapselteProgramm auf und fängt die IO-Operationen ab. Demzufolge besteht das Wrapperprogramm selbst aus mehreren Prozeduen - einer Hauptprozedur und mehreren Unterprozeduren. Die Hauptprozedur wird vom Kommunikationssystem aus gestartet, die Unterprozeduren werden vom Zielprogramm angesprungen. Es existiert in dem Wrapper eine Schnittstelle nach außen zum Kommunikationssystem und eine Schnittstelle nach innen zum gekapselten Objekt. Insgesamt setzt sich das Wrapper-Programm aus folgenden Komponenten zusammen:

- einer externen öffentlichen Schnittstelle,
- einer internen privaten Schnittstelle,
- einer Nachrichtenverwaltungskomponente,
- einer Datenumsetzungskomponente und
- einer I/O-Simulationskomponente. (siehe Abb. 7.7)

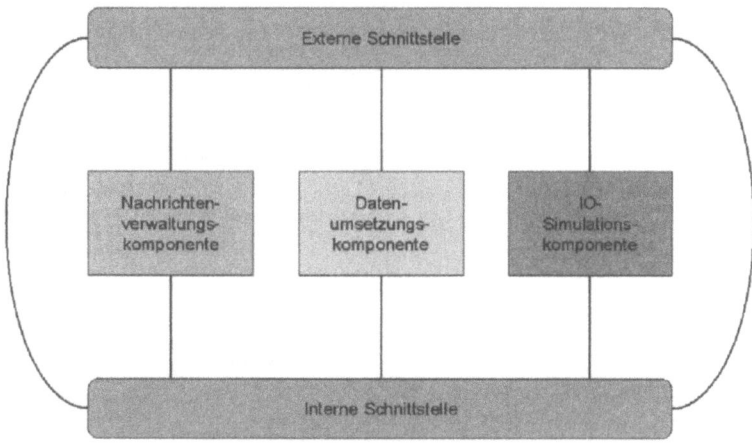

Abb. 7.7: Architektur eines Wrappers

7.2.3.1 Die Schnittstelle nach außen

Äußere Schnittstelle

Die Schnittstelle nach außen könnte entweder ein IDL Interface oder ein XML-Dokument sein. In beiden Fällen ist sie eine strukturierte Nachricht mit einem Kopf- und einem Rumpfteil. Der Kopfteil enthält Angaben wie z.B.:

- die Benutzerkennung vom Auftraggeber,
- das Arbeitsplatzkennzeichen des Auftraggebers,
- das Transaktionskennzeichen,
- Datum und Uhrzeit,
- den Funktionscode,
- die Funktionstaste,
- den Fehlercode,
- die Methodenbezeichnung,
- die Anzahl der Eingabefelder und
- den Nachrichtentyp und die Nachrichtenlänge.

```
#ifndef SIZSS_IDL
#define SIZSS_IDL
module SIZSS
{
interface SIZ_Interface: SOM_Objects
{
struct User_Message
{
    struct Message_Header // FESTFORMATIERTER KOPF
    {
        long    Message_Id;          //NACHRICHTENKENNZEICHEN
        long    Message_Lng;         //NACHRICHTENLAENGE
        char    Message_Type;        //NACHRICHTENTYP
        char    Terminal_Type;       //TERMINALTYP
        char    Message_Time[6];     //NACHRICHTENZEIT(HHMMSS)
        char    Message_Date[8];     //NACHRICHTENDATUM(JJJJMMTT)
        char    Terminal_Id[8];      //TERMINALKENNZEICHEN
        char    User_Id[8];          //NACHRICHTENSENDER
        char    Tran_Code[8];        //TRANSAKTIONS-/PROGRAMMNAME
        char    Methode_Id[32];      //METHODENKENNZEICHEN
        char    Func_Code[4];        //FUNKTIONSTYP(CICS/IMS)
        char    Func_Key[2];         //FUNKTIONSTASTE(CICS)
        char    Ret_Code[2];         //FUNKTIONSSTATUS(CICS/IMS)
        short   Feld_Nr;             //FELDANZAHL
        char    User_Bytes[8];       //RESERVIERT FUER ANWENDER
    }; //End of Message_Header
    struct Message_Body //FREIFORMATIERTER RUMPF
    {
        long    String_Lng;              //ZEICHENFOLGELAENGE
        string  User_Data[String_Lng];  //ZEICHENFOLGE
        //      string    := {<Feldkz>=<Feldwert>\}
        //                                 (Feldanzahl)
        //          Feldkz    := char[*]
        //          Feldwert  := 'String'/Decimal Value
    }; //End of Message_Body
}; //End of User_Message
}; //End of Interface SIZ_interface
} //End of Module SIZSS
#endif
```

Abb. 7.8: Beispiel einer IDL-Nachricht

7.2 Software-Kapselung als Übergangslösung

Der Rumpfteil ist eine Zeichenfolge variabler Länge mit Standard-ASCII-Zeichen. In XML sind hier die Datenelemente Bezeichner und Werte. In IDL ist hier eine Parameterliste mit Trennzeichen. Wichtig ist, daß die Zeichenfolge leicht zu parsen ist.

Der Kopfteil ist für die Kapselungssteuerung gedacht. Im Kopfteil identifiziert das Transaktionskennzeichen, welcher Job bzw. welche Transaktion oder welches Programm auszuführen ist. Die Methodenbezeichnung enthält den betreffenden Modul- oder Prozedurnamen. Die Funktionstaste ist für Dialogtransaktionen erforderlich. Der Funktionscode dient der Funktionsauswahl. Andere feste Angaben, die dem Wrapper dienen, gehören ebenfalls in den Kopfteil. Im Rumpfteil sind die Eingabedaten für das Objekt. (siehe Abb. 7.8)

7.2.3.2 Die Schnittstelle nach innen

Innere Schnittstelle

Die Schnittstelle nach innen ist von spezifischer Natur. Als solche hängt sie völlig vom gekapselten Objekt ab. Im Falle einer Jobkapselung wird sie eine Kommandoprozedur sein. Im Falle einer Transaktionskapselung wird sie eine Terminalnachricht bzw. eine Bildschirmmaske sein. Im Falle einer Programmkapselung wird sie ein Datensatz bzw. ein Datenstrom sein. Im Falle einer Modul- oder Prozedurkapselung wird sie eine Parameterliste sein.

```
WRAP ************ Generated Copy Member ************
WRAP        01 xm059-PARAMETER.
WRAP          02 xm059-P1.
WRAP            03 xm059-P1-TT PIC 99.
WRAP            03 xm059-FILLER PIC X.
WRAP            03 xm059-P1-MM PIC 99.
WRAP            03 xm059-FILLER PIC X.
WRAP            03 xm059-P1-JJ PIC 99.
WRAP            03 xm059-FILLER PIC X.
WRAP          02 xm059-P2.
WRAP            03 xm059-LANG-CODE PIC 9.
WRAP          02 xm059-P3.
WRAP            03 xm059-DIRECTION PIC X.
WRAP          02 xm059-P4.
WRAP            03 xm059-DAY-NAME PIC X(10).
WRAP ******** End of Generated Copy Member ********
```

Abb. 7.9: Beispiel einer COBOL-Schnittstelle

Das Format der internen Schnittstelle hängt von den Datentypen in der Zielprogrammiersprache oder der Maskensprache ab. So haben Assembler und PL/I andere Datenstrukturen als COBOL oder NATURAL. CICS-BMS Masken haben auch eine andere Gestalt als IMS-MFS-Masken. Daraus folgt, daß die interne Schnittstelle fast immer maßgeschneidert ist oder, was anzustreben wäre, aus dem Quelltext des Zielprogrammes generiert wird. (siehe Abb. 7.9)

7.2.3.3 Die Nachrichtenverwaltungskomponente

Nachrichtenverwaltung

Die Verwaltung der Ein- und Ausgangsnachrichten wird wichtig, wenn das gekapselte Objekt eine sequentielle Datei oder einen kontinuierlichen Datenstrom von der Clientapplikation verarbeitet. Der Rumpfteil der externen Schnittstelle ist in diesem Falle nicht eine einzige Zeichfolge, sondern eine Reihe von Teilfolgen, die laufend, eine nach der anderen, vom Auftraggeber eintreffen. Der Wrapper muß sie in einen Warteschlangenpuffer ablegen, so daß sie hinten angereiht werden, während die vordersten Nachrichten bzw. Sätze dem gekapselten Programm zugeführt werden. Sobald ein Satz gelesen wird, rücken die anderen Sätze in der Warteschlange nach.

Was für die Eingangsnachrichten gilt, gilt auch für die Ausgangsnachrichten, nur umgekehrt. Die Ausgabesätze, die aus dem gekapselten Programm herauskommen, müssen solange zwischengepuffert werden, bis sie an den Auftraggeber über die Datenfernübertragung gesendet werden können. In der Regel wird das Programm Ausgaben schneller erzeugen, als sie das Kommunikationsprogramm übermitteln kann. Deshalb muß es möglich sein, die Ausgabepuffer in eine Zwischendatei auslagern zu können.

Die beiden Verwaltungsroutinen - die eine für die Ausgabenachrichten, die andere für die Eingangsnachrichten, laufen im asynchronen Modus nebeneinander und dürfen sich gegenseitig nicht behindern. Ihre Zeitanteile müssen so gut wie möglich balanciert werden.

7.2.3.4 Die Datenumsetzungskomponente

Datenumsetzung

Die Prozeduren der Umsetzungskomponente erfüllen die Funktion, die Eingabedaten aus der externen Schnittstelle in die interne Schnittstelle umzusetzen und die Ausgabedaten aus der internen Schnittstelle in die externe Schnittstelle zu verwandeln.

Bei der Umsetzung der Eingaben wird die ASCII-Zeichenfolge zerlegt, um die einzelnen alphanumerischen Werte herauszuholen. Danach werden sie in das interne Format konvertiert, z.B. binär oder gepackt. Da nicht alle internen Parameterdaten aus der externen Schnittstelle ableitbar sind, wird die Umsetzungsroutine die Lücke ausfüllen müssen - so, wie bei den Attributbytes in den Masken.

Bei der Umsetzung der Ausgaben werden die Daten der internen Schnittstelle von ihrem internen Datenformat in das externe Zeichenformat übersetzt und in einer Zeichenfolge zusammengefaßt. Zwischen den Werten werden Trennungszeichen eingefügt, damit der Empfänger sie unterscheiden kann.

7.2.3.5 Die IO-Simulationskomponente

IO-Simulation

Die Funktion der Simulationskomponente ist es, die Ein- und Ausgabeoperation des simulierten Bildschirmsteuerungs- oder Dateiverwaltungssystems durch eigene Ein/Ausgabe-Operationen zu ersetzen.

Für jede zu simulierende Eingabe/Ausgabe-Operation ist eine Simulationsprozedur - ein Stub - erforderlich. Die Eingabesimulation nimmt den nächsten Satz bzw. die nächste Maske aus der Eingabeschlange und kopiert ihn in den Eingabebereich des Zielprogrammes. Manchmal genügt es, lediglich einen Zeiger zu setzen, der auf den nächsten Satz hinweist. Er wird immer um die Satzlänge erhöht.

Die Ausgabesimulation kopiert die Daten aus dem Ausgabebereich des gekapselten Objektes in die Ausgabewarteschlange. Hier genügt es nicht, einen Zeiger zu setzen. Die Daten müssen physisch bewegt werden, um nicht von der nächsten Ausgabeoperation überschrieben zu werden. Das heißt, der Wrapper muß die Ausgaben sichern und im Ausgabepuffer so lange aufbewahren, bis er sie über das Kommunikationsnetz an den Auftraggeber absenden kann.

7.3 Hostprogrammkapselung am Beispiel von SoftWrap

SoftWrap

In einem Beitrag zur internationalen Konferenz für Software Reengineering WCRE-96 in Monterey hat dieser Autor das Konzept der Software-Kapselung als Alternative zum klassichen Reengineering vorgestellt [315]. Ein Jahr später, auf der gleichen Konfernez in Amsterdam, stellte der Autor sein Konzept für Program Interface Reengineering als notwendige Voraussetzung für die Kapselung vor [321]. Zu diesem Zeitpunkt hatte der Autor gerade ein Pilotprojekt für die BWS-Sparkassenrechenzentrale in Münster, COBOL-Unterprogramme in einer IMS-DC-Umgebung zu kapseln. Die Software-Werkzeuge waren erst in Arbeit, so daß es erforderlich war, die 92 COBOL- und 15 Assemblermodule manuell anzupassen. Dies erforderte eine strikte Vorgehensweise, die für jeden Modul wiederholbar sein mußte. Einen Großteil der Arbeit hat der Autor selbst im Nachtzug zwischen München und Münster verrichtet bei den vielen Hin- und Rückfahrten. Dies erwies sich als günstige Methode, sich in das Problem einzuarbeiten.

CICS

IMS/DC

Damals ging es darum, Call by Reference-Aufrufe vom TP-Monitor in Call by Value-Schnittstellen umzusetzen. Die Linkage-Bereiche der Programme mußten im Arbeitsbereich dupliziert und die Parameter nach jedem Eingang dorthin verlegt und vor jedem Ausgang wieder als Linkage-Bereich aufgebaut werden. Zu diesem Zweck wurden zwei Copy-Strecken erzeugt, eine für die Eingabeparameter und eine für den Ausgabebereich. Diese Forschung führte zwei Jahre später zum Konzept der zustandslosen Komponenten, das auf der europäischen Konferenz für Softwaremaintenance & -Reengineering in Zürich präsentiert wurde. Inzwischen hatte der Autor bei der dvg-Sparkassenrechenzentrale in Hannover die ersten IMS-DC-Transaktionen und bei der Julius Bär Bank in Zürich die ersten CICS-Transaktionen gekapselt. Die ersten Batchprogramme wurden für das Deutsche Auswärtige Amt in Bonn gekapselt. Dafür mußten die Programme erst restrukturiert werden. Über die Erfahrungen in diesem Projekt wurde 1999 auf der Internationalen Maintenance Konferenz in Oxford berichtet. [308].

COBOL

Der Weg bis zur Entwicklung der Softwrap-Werkzeuge lief also über vier Projekte in vier Jahren, jedes mit einer anderen Zielrichtung. Das BWS-Projekt zielte auf die Kapselung von COBOL- und Assembler-Unterprogrammen durch das Reengineering ihrer Linkage-Schnittstellen. Das dvg-Projekt zielte auf die Kapselung von Assembler-Transaktionen unter IMS-DC mit einer CORBA-IDL-Schnittstelle zu den vorgelagerten C++-Komponenten in einer 3tier Client/Server-Architektur. Vor den C++-Komponenten auf einem Unix-Rechner gab es noch Java Applets auf PC-Arbeitsplätzen. Das BJB-Projekt zielte auf die Kapselung von CICS/COBOL Transaktionsprogrammen mit einer Component Broker Interaction zu OS/2-Clientprogrammen. Das Auswärtige Amt-Projekt zielte darauf hin, die COBOL-Batchprogramme für das Besoldungssystem für Clientprogramme in Natural auf dem PC zugänglich zu machen. Alle diese Projekte zielten auf die Einbindung vorhandener Hostprogramme in eine Client/Server-Umgebung. Dennoch war der ursprüngliche Zweck der Softwrap-Werkzeuge die Client/Server-Migration. Dennoch sind sie für die Webmigration genau so gut geeignet, weil das Problem der Schnittstellenanpassung das gleiche ist.

7.3 Hostprogrammkapselung am Beispiel von SoftWrap

Als Folge der vier verschiedenen Kapselungsarten

- Transaktionskapselung,
- Programmkapselung,
- Modulkapselung und
- Prozedurkapselung

bietet Softwrap vier verschiedene Funktionen an, und diese für drei verschiedene Hostsprachen

- Assembler,
- PL/I und
- COBOL [328].

Zur Darstellung der Kapselungstechnik wird hier die Sprache COBOL verwendet. (siehe Abb. 7.10)

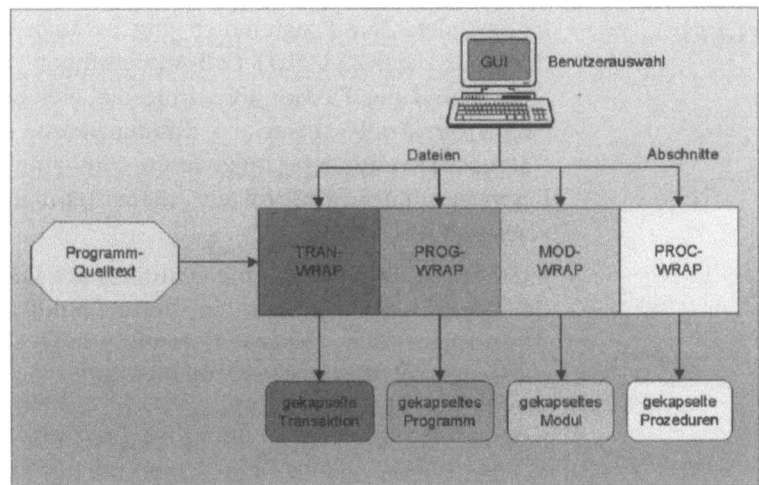

Abb. 7.10: Aufbau des SoftWrap-Werkzeuges

7.3.1 Transaktionskapselung

Transaction Wrapping

Die Transaktionskapselung bezieht sich auf die Kapselung von CICS- und IMS-DC-Online-Programmen. Dazu müßte man wissen, daß diese beiden Transaktionsarten sich grundsätzlich unterscheiden. Während IMS-DC-Programme den TP-Monitor aufrufen, um für sie Kommunikationsdienste zu leisten, werden CICS-Programme vom TP-Monitor aufgerufen, um Fachfunktionen auszuführen. Das heißt, im Falle von CICS steuert der TP-Monitor das Anwendungsprogramm, das nur auf Eingaben wie die Maske, den CICS Response Code und die PF-Tasten reagiert. Im Falle von IMS-DC erteilt das Anwendungsprogramm dem TP-Monitor einen Auftrag und wartet auf ein Ergebnis.

CICS-BMS

In beiden Fällen sind die Interaktionen mit dem TP-Monitor in sogenannten EXEC Makros kodiert, die in der Hostsprache, sei sie Assembler, PL/I oder COBOL, eingebaut sind. Sie heißen entweder EXEC CICS oder EXEC DLI. Über einen Precompiler werden diese Makros in Call-Anweisungen umgestzt. Außerdem fügt bei CICS der Preprozessor spezielle Datenstrukturen ins Programm, die CICS für den Datenaustausch mit dem Programm benötigt, z.B. die Response Codes, die Steuerungs-(EIB) Daten und die PF-Key-Zustände. Diese werden vom Programm abgefragt. Sollte der Anwender auf den CICS Precompiler verzichten wollen, verursachen diese proprietären Copy bzw. Include Members ein Problem.

IMS-MFS

In den alten IMS-Programmen gibt es auch keine Makros, sondern nur die XXXTODLI Call-Anweisungen. Da die Datenbankaufrufe und die TP-Monitoraufrufe das gleiche Format haben, ist es für ein Tool schwer, zu differenzieren. Es ist auf spezielle Namenskonventionen angewiesen, die auf eine DC-Operation hinweisen. Zum Glück folgen die meisten alten Programme einer solchen Konvention.

Für beide Transaktionsarten wurde eine lokale Datenstruktur in der Gastsprache generiert. In dieser Struktur sind nicht nur die Ein/Ausgabefelder deklariert, sondern auch ihre Länge und ihre Attribute. Zu jeder Maskenvariablen gibt es eine Längen- und eine Attributangabe. Attribute sind z.B., ob das Feld unterstrichen, hell, dunkel, blinkend, farbig usw. ist. In der Regel gibt es zwei Kopien dieser Datenstruktur - eine für die Eingabe und eine für die Ausgabe. Meistens sind sie in einem separaten Source Member - einem COPY- oder Include-Macro. Aber darauf kann man sich nicht verlassen. Oft sind sie mit den anderen Daten des Programms vermischt.

Die eigentliche Aufgabe der Transaktionskapselung ist dreierlei:

- erstens, die Maskenein und -ausgabeoperationen durch Stubaufrufe zu ersetzen,
- zweitens, eine eigene Datenstruktur für die Kommunikation mit den Stubs einzubauen
- drittens, die Maskendatenstrukturen in separate Source Members zu versetzen, falls sie noch nicht dort sind.

Eine vierte Funktion ist, sämtliche CICS-Operationen auszublenden und, wenn nötig, durch Stubaufrufe zu ersetzen (zu Testzwecken oder für den Fall, daß das CICS-Programm in Zukunft ohne CICS eingesetzt werden soll). Es wäre durchaus denkbar, die neuen XML-fähigen Programme über MQ-Series oder ein anderes Message Processing System zu füttern. CICS als TP-Monitor ist dann überflüssig. Allerdings muß man dann die CICS-Dienstoperationen durch andere Dienstoperationen ersetzen, z.B. wird aus dem CICS XCTL oder dem XLINK eine normale Call-Anweisung.

CICS RECEIVE PF-Keys

Das Ersetzen der Maskeneingabe wird hier am Beispiel einer CICS Receive Operation dargestellt. Das alte CICS-Makro wird in Kommentarmodus versetzt. Dahinter wird eine CALL-Anweisung auf ein Unterprogramm mit dem Namen der Maske eingebaut. Der Maskenname ist gleich dem Namen der XML-Schnittstelle. Im Falle der Maskeneingabe erfolgt zusätzlich eine Verarbeitung des Response Codes. Der Response Code enthält die Funktionstaste, und diese steuert die Programmlogik nach der Handle Aid Declaration, d.h. CICS-Programme sind ereignisgesteuert. Diese Ereignisse müssen auch dann behandelt werden, wenn es keine Funktionstasten mehr gibt, da das Programm sonst nicht lauffähig ist. Dieses Thema war der Gegenstand eines Forschungsprojekts an der Universität Amsterdam. Die Lösung, die hier geschildert wird, ist ein Ergebnis dieser Forschung [297].

CICS SEND

Die Ausgabe einer Maske ist einfacher. Es wird die Ausgabeoperation lediglich in Kommentar versetzt und durch einen Aufruf eines Unterprogramms mit dem Namen der Maske ersetzt. Der einzige Unterschied zur Eingabeoperation ist, daß der Funktionscode nicht mit „Read", sondern mit „Write" belegt wird. Hier kann allenfalls vorkommen, daß ein Attribut- oder Längenfeld vom Programm gesetzt wird. Da diese jedoch in der Schnittstelle sind, werden sie an den XML-Stub weitergegeben, der sie in entsprechende XHTML-Attribute umsetzen kann.

XML-Stubs

Die Datenstruktur für die Kommunikation mit den XML-Stubs enthält den XML-Funktionscode, den XML-Returncode, den XML-Dateinamen und die Maskenlänge sowie die möglichen CICS bzw. IMS-Funktionen und die PF-Key-Werte. Sie wird in den Arbeitsdatenbereich des Zielprogramms eingebaut.

Falls die Maskenbeschreibung sich im Arbeitsdatenbereich des Zielprogramms befindet, wird sie anhand des Maskennamens in den IO-Operationen erkannt und in ein separates Copy- bzw.

7 Kapselung bestehender Anwendungen

Include Member kopiert zwecks späterer Transformation in XML durch SoftLink.

Ansonsten werden im Testmodus alle CICS- bzw. IMS-DC-Operationen in Kommentare versetzt und durch Stubaufrufe ersetzt. Das Ergebnis ist ein ohne TP-Monitor lauffähiges Programm, das über eine XML-Schnittstelle die gleichen Daten empfängt und sendet wie bisher unter dem alten TP-Monitor. Die Transaktion ist gekapselt. (siehe Abb. 7.11)

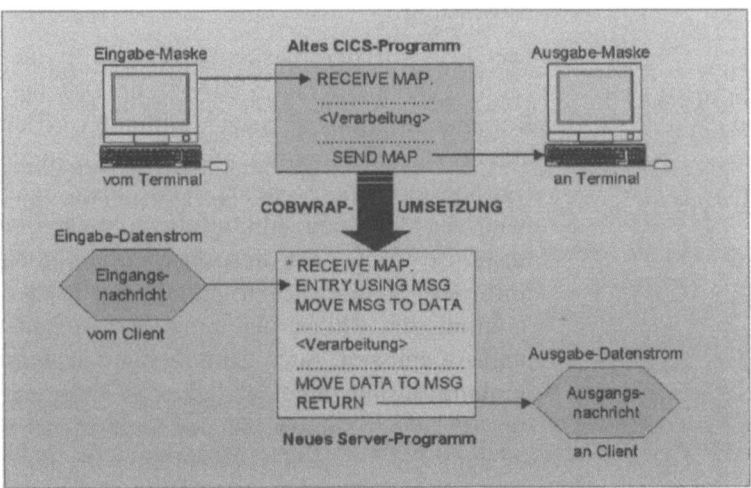

Abb. 7.11: Gekapselte CICS/COBOL-Transaktionen

7.3.2 Programmkapselung

Program Wrapping

Die Programmkapselung bezieht sich auf die Kapselung von Batchprogrammen. Batchprogramme werden über Bewegungsdateien bzw. über Datenbanken gesteuert. Sie erzeugen Listen für die Endbenutzer oder Exportdateien für andere Anwendungen, z.B. Statistiken für die Buchhaltung. Hier kommt es darauf an, die bisherigen Ein- und Ausgabedateien durch XML-Dateien zu ersetzen.

Da nicht gleich alle Dateien durch XML-Datenströme zu ersetzten sind, muß der Benutzer des Werkzeugs bestimmen, welche diese sind. Zu diesem Zweck werden alle Datenbeschreibungen, einschließlich der Dateideklarationen des Batchprogramms, in einem Windows-Fenster angezeigt. Der Benutzer markiert jene Dateien, die in XML-Schnittstellen umzusetzen sind. Dadurch entscheidet er über den Grad der Einbindung. Je mehr Daten durch

7.3 Hostprogrammkapselung am Beispiel von SoftWrap

den Wrapper gehen, ob Eingaben oder Ausgaben, desto höher der Grad der Einbindung. Die selektierten Dateien werden durch Wrapper-Module ersetzt.

File Operations

Dazu müssen die Dateioperationen auf Dateien in Stubaufrufe umgewandelt werden. Dies gilt für sämtliche OPEN-, READ-, WRITE-, REWRITE-, GET-, PUT-, DELETE- und CLOSE-Anweisungen sowie für alle Report-Generator-Operationen. Sie werden in Kommentare umgewandelt. An ihrer Stelle werden Aufrufe zu Unterprogrammen mit dem gleichen Namen wie die Datei oder der Bereich eingebaut. Da Eingabedaten auch einen Return-Code haben, um Key-Fehler oder Dateiende zu signalisieren, muß dieser befriedigt und behandelt werden, d.h. wie beim Response-Code in CICS wird der Return-Code in die XML-Schnittstelle eingebaut. Er muß vom Stub gesetzt werden, z.B. wenn das letzte XML-Dokument übergeben wird oder wenn das gesuchte XML-Dokument nicht gefunden wird.

Satz-Simulation

Da die Dateien im gekapselten Programm keine Dateien mehr sind, müssen sie gelöscht und ihre Satzstrukturen in den Arbeitsdatenbereich versetzt werden. Außerdem werden sie zwecks Transformation in XML in separate Copy- bzw. Include-Members verlegt.

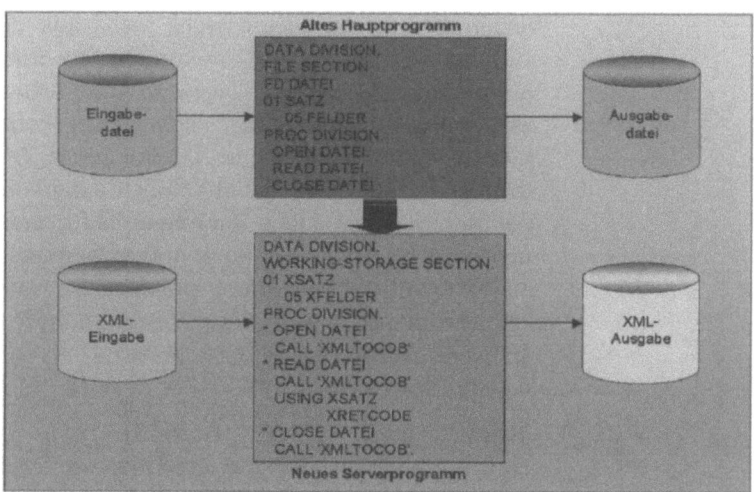

Abb. 7.12: Gekapselte COBOL-Batch-Programme

Schließlich wird auch in die gekapselten Batchprogramme eine spezielle Datenstruktur für die Kommunikation mit dem Wrapper am Ende des Arbeitsdatenbereichs hineinkopiert. Sie enthält den

Funktionscode, den Returncode, den Dateinamen, die Satzlängen und Puffer für Display- und Accept-Texte.

Somit ist das Batchprogramm vom IO-System der bisherigen Hostumgebung abgetrennt und statt dessen mit Unterprogrammschnittstellen versehen, über die es seine Eingabedaten empfängt und seine Ausgabedaten sendet. Aus den bisherigen Listen werden XML-Dokumente. Das Programm ist gekapselt. (siehe Abb. 7.12)

7.3.3 Modulkapselung

Module Wrapping

Module sind Unterprogramme, die über eine Parameterschnittstelle aufgerufen werden. Sie können sowohl von einem Online- als auch von einem Batchprogramm benutzt werden. Manche weitsichtigen Anwender haben ihre wichtigsten Fachfunktionen, vor allem die, die mehrfach benutzt werden, in Unterprogramme ausgelagert. Andere, leider allzu viele, haben ihre Fachfunktionen direkt in den Online- bzw. Batchprogrammen eingebaut und dort vervielfältigt. So ist es gekommen, daß die gleichen Funktionen in zahlreichen Programmen vorkommen.

Parameter

Wie dem auch sei, es muß möglich sein, die Unterprogramme in einer Webarchitektur direkt vom Client aus aufzurufen, d.h. sie beziehen ihre Parameter nicht mehr aus dem Linkagebereich, sondern aus einem XML-Dokument. In SoftWrap wird dies so gelöst, daß die Linkage-Daten in den Arbeitsdatenbereich versetzt werden. Unmittelbar nach jedem Programmeingang, z.B. PROCEDURE DIVISION in COBOL oder PROCEDURE DEKLARATION in PL/I, wird ein Stubaufruf eingebaut. Dieser Stubaufruf bewirkt, daß die alten Parameterdaten zugeführt werden, nur nicht von oben aus einem Hauptprogramm, sondern von unten aus einem Unterprogramm, welches die Daten aus einem XML-Datenstrom holt. Dem Anwenderprogramm kann es schließlich egal sein, woher die Daten kommen.

Rückgabewerte

Für die Rückgabe der Programmergebnisse wird vor jedem Programmausgang - RETURN, GOBACK usw. - ein weiterer Stubaufruf eingebaut, der den letzten Stand der Parameterdaten an ein Unterprogramm übergibt, das aus ihnen ein XML-Dokument generiert. Dadurch ist die Logik des Unterprogramms invertiert. Statt mit einem Hauptprogramm Daten auszutauschen, tauscht das Zielprogramm Daten mit einem oder mehreren Unterprogrammen aus, welche die Daten aus Nachrichten beziehen oder aus den Daten Nachrichten generieren. Der Modul wartet nur darauf, angestoßen zu werden. Was den Datenfluß anbetrifft, ist er gekapselt. (siehe Abb. 7.13)

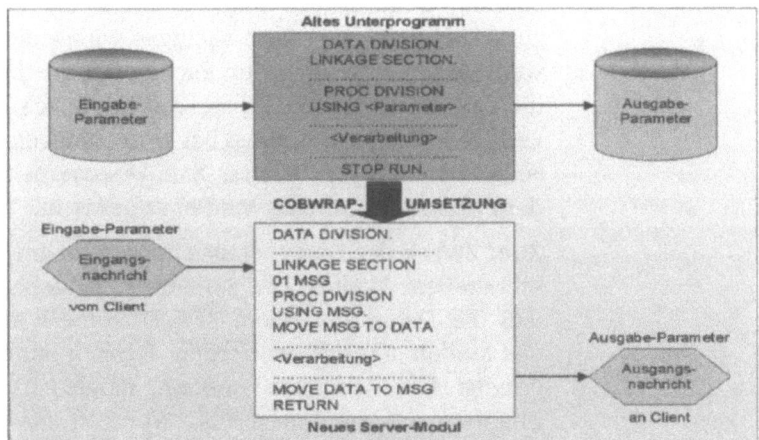

Abb. 7.13: Gekapselter COBOL-Modul

7.3.4 Prozedurkapselung

Procedure Wrapping

Die Prozedurkapselung versucht, das wieder gut zu machen, was die Anwender bei der Entwicklung der Legacy-Systeme versäumt haben, nämlich die Präsentationslogik von der Geschäftslogik zu trennen und kleine Fachlogikmodule zu bilden. Die wenigsten Legacy-Anwendungen sind objektorientiert. Die meisten sind nicht einmal strukturiert, geschweige denn modularisiert. Sie in ihrer jetzigen Form zu kapseln, hätte also wenig Sinn. Das ist der Widerspruch bei der Kapselung. Auf der einen Seite will man so wenig wie möglich an den Altprogrammen ändern. Auf der anderen Seite muß man sie ändern, um sie sinnvoll wiederverwenden zu können. Prozedurkapselung mit SoftWrap ist ein Versuch, diesen Widerspruch zu lösen.

Prozedurauswahl

Zu diesem Zweck wird dem Anwender der prozedurale Anteil seines alten Programm-Sourcecodes in einem Windows-Fenster angezeigt. Damit hat er die Möglichkeit, nur jene Teile anzuklicken, die er kapseln möchte. In Assembler sind das CSECTs oder einzelne zusammenhängende Codeblöcke. In PL/I sind es interne Prozeduren. In COBOL können es Sections oder Paragraphen sein. Das Tool schneidet diese Source-Texte aus dem Code heraus und sammelt alle anderen Teile, von denen diese Teile prozedural abhängig sind - procedural slicing [325]. Zusammen mit diesen untergeordneten Funktionen bildet jede Funktion, die der Anwender auswählt, einen fachlichen Modul.

Datenfluß-analyse

Statt den Datenfluß zu analysieren und alle Datenabhängigkeiten zu berücksichtigen - Data slicing -, wird lediglich eine Datenverwendungsanalyse für jeden Fachmodul durchgeführt. Alle Daten, die ein Modul verwendet, werden in die Schnittstelle des Moduls verlagert. Der Modul selbst hat kein Gedächtnis, er ist „stateless". Seine Daten lagern nur im XML-Dokument und werden bei jedem Aufruf des Moduls wieder aufgefrischt.

Zum Zweck der Datenbereitstellung wird am Eingang des ausgeschnittenen Moduls ein Stubaufruf eingebaut. Dieser bewirkt, daß die Daten aus einem XML-Dokument in den Datenbereich des Moduls übertragen werden. Danach läuft der Modul ab und erledigt eine fachliche Funktion, möglicherweise mit mehreren Zugriffen auf die Datenbank. Wenn er fertig ist, wird vor der Rückkehr zum Aufrufer nochmals ein Stub aufgerufen, um den letzten Stand der Moduldaten in ein neues XML-Dokument zu übertragen. Es könnte sein, daß dieses XML-Dokument mit dem letzten Stand der Moduldaten auch dasselbe Dokument ist, das wieder gelesen wird, um den nächsten Stand zu neutralisieren. Es ist jedoch im Sinn der Sache, daß dazwischen eine Clientkomponente oder ein Application Server einzelne Daten verändert.

Reentrancy

Natürlich könnte der Modul die Daten in seinem Arbeitsbereich behalten und beim nächsten Aufruf direkt wiederverwenden, aber dann wäre er nicht reentrant. Die Idee hier ist, alle Daten, die von einem Fachmodul verwendet werden, in XML-Dateien zu verlagern. Wenn ein Modul tausendmal von verschiedenen Clients aus aufgerufen wird, dann hat er eben tausend Dokumentenausprägungen von verschiedenen Clients in seiner XML-Datei. Speicherkapazität spielt keine Rolle mehr in einer Internetumgebung. Viel wichtiger ist es, die Module über eine Webservice-Schnittstelle immer wieder aufrufen zu können und dennoch ihr Verhalten nachvollziehen zu können. Dies ist nur möglich, wenn die Objektzustände aufbewahrt werden [310].

So werden mit der Prozedurkapselung viele Fliegen mit einer Klappe geschlagen. Die alten Programme werden in mehrere Fachmodule entsprechend Webservices zerlegt. Der überflüssige Code für die Einbindung der Programme in die alte Hostumgebung wird entfernt. Die Programme werden reentrant. Die Programmdaten werden in XML-Dokumente versetzt, wo sie für alle zugänglich sind. Es ist daher durchaus lohnenswert, sich mit dieser Technologie näher zu befassen. (siehe Abb. 7.14)

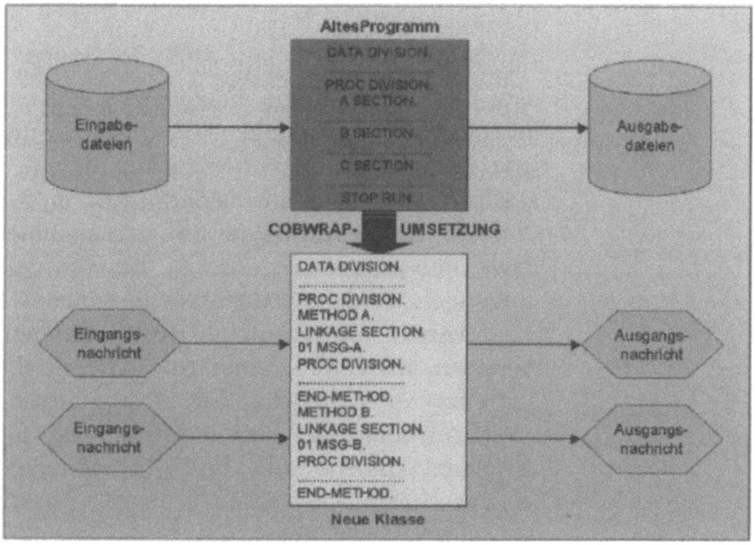

Abb. 7.14: Gekapselte COBOL-Prozeduren

7.4 XML-bezogenes Schnittstellen-Reengineering - Beispiel SoftLink

Schnittstellen-Reengineering

In dem Buch „Objektorientierte Softwaremigration" aus dem Jahre 1998 hat dieser Autor gezeigt, wie die gekapselten Programmschnittstellen in CORBA-IDL umgesetzt werden [303]. Dies war auch zu diesem Zeipunkt noch der gängige Verbindungsmodus. Von XML gab es damals nur vage Ankündigungen. Es ist für unsere schnellebige Zeit kennzeichnend, daß knapp vier Jahre später diese Sprache alles beherrscht. Das macht das Internet. Informationen, Tools und Standards werden eben viel schneller über die Welt verbreitet. Heute würde niemand wagen, etwas anderes als XML für die Spezifikation von Webschnittstellen zu benutzen. XML ist zur allgemeingültigen Datenaustauschsprache geworden. Es fragt sich nur, welche Art von XML, bzw. welcher der vielen Dialekte zu verwenden ist.

SoftLink

Für das Werkzeug SoftLink wurde entschieden, die XML-Schemasprache als Basis zu benutzen und sie um spezielle Hostdateneigenschaften anzureichern. Das Resultat ist die Subsprache XMLHOST. Assembler, PL/I, COBOL und auch diverse 4GL-

Sprachen wie Natural, ADS-online und APS lassen sich in XMLHOST 1:1 abbilden.

Abgesehen von der XMLHOST-Sprache besteht SoftLink aus zwei Komponentenarten. Die eine Komponentenart ist der XML-Umsetzer für jede Zielsprache - ASMXML, PLIXML, COBXML usw. Die andere Komponentenart ist ein fertiges Rahmenmodul in zweierlei Ausprägungen - XMLTOXXX und XXXTOXML - für jede Zielsprache. Dieses Rahmenmodul ist in der Sprache des gekapselten Programms verfaßt, z.B. in Assembler, PL/I oder COBOL. Aus diesen beiden Programmrahmen werden die Stubs bzw. Unterprogramme erzeugt, die vom gekapselten Programm aufgerufen werden. XMLTOXXX liest eine XML-Datei, konvertiert die Daten in die erwarteten Hostdatentypen und weist sie den Adressen im Zielprogramm zu. XXXTOXML holt die Hostdaten aus dem Arbeitsspeicher des Hostprogramms, übersetzt sie ins ASCII-Zeichenformat und weist sie den Elementen des XML-Ausgabedokuments zu. Diese Komponentenarten werden hier kurz geschildert.

7.4.1 XML-Schnittstellenumsetzung

COB2XML-Umsetzung

XML-Umsetzer gibt es viele - siehe XSLT. Das Besondere an diesem XML-Umsetzer ist, daß er aus einer Assembler-, PL/I- oder COBOL-Datenstruktur ein XML-Schema generiert mit hostspezifischen Dateneigenschaften. Die zusätzlichen Eigenschaften sind der Feldtyp, die Feldlänge, die Feldposition, die Feldanzahl und die Feld-Picture. Diese Eigenschaften werden jedem Datenelement zugewiesen. Die Datenelemente gehören zu Datengruppen, die auch gewisse Gruppeneigenschaften haben wie Wiederholungsanzahl und Redefinition. Eine oder mehrere Datengruppen bilden eine Datenstruktur. Die Datenstruktur bekommt zur Laufzeit Speicher zugewiesen und erhält eine Anfangsadresse. Alle Daten innerhalb der Struktur werden anhand ihrer Absetzung von der Anfangsadresse angesprochen.

Datenstrukturen können Masken, Sätze, Sichten oder Parameterlisten sein. Der Typ wird aus dem Herkunftsprogramm abgeleitet. Für Masken und Parameterlisten werden zwei Versionen derselben Datenstruktur generiert - eine für die Eingabe und eine für die Ausgabe. Dies verhindert, daß Eingabewerte überschrieben werden. Aus der Ausgabestruktur muß schließlich ein neues XML-Dokument generiert werden.

In den Eingabestrukturen wird je nach Schnittstellentyp ein Return Code, Status Code oder Response Code eingebaut, der aus

7.4 XML-bezogenes Schnittstellen-Reengineering - Beispiel SoftLink

den XML-Daten zugewiesen wird, d.h. derjenige, der das XML-Eingabedokument produziert, muß auch den Return Code setzen, z.B. mit dem Schlüssel PF-Key, denn wie bereits geschildert, gehört dieser Code zu den wichtigsten Steuerungsdaten.

Abbildung 7.16 schildert ein Beispiel von einer CICS/BMS-Maske in XML. (siehe Abb. 7.15)

```
<?xml version="1.0">
<!--This schema was generated from prog:inputs\dbrim8di.bms
    by the Sneed Tool GENSCHEMA on date:020724 -->
<schema name = "dbrim8di"
        xmlns= "XSDCOB">
    <XSDCOB:complexType type = "#file" name = "dbrim8di"
            content = "eltOnly" model = "closed">
        <XSDCOB:element type = "#char" name = "PF-KEY"
                content = "TextOnly" model = "closed" level = "02"
                occurs = "1" minOccurs = "0001" maxOccurs = "0001"
                pos = "0000" lng = "0002"
                pic = "XX" usage = "DISPLAY"/>
        <XSDCOB:complexType type = "#map" name = "DBRIM8DI"
                content = "eltOnly" model = "closed" level = "01"
                occurs = "ONEORMORE" minOccurs = "0001" maxOccurs = "unbounded"
            <XSDCOB:element type = "#char" name = "M8PRIDI"
                    content = "TextOnly" model = "closed" level = "02"
                    occurs = "ONEORMORE" minOccurs = "0001" maxOccurs = "01"
                    pos = "0041" lng = "0008"
                    pic = "X(8)" usage = "DISPLAY"/>
            <XSDCOB:element type = "#dec" name = "M8PRIDL"
                    content = "TextOnly" model = "closed" level = "02"
                    occurs = "ONEORMORE" minOccurs = "0001" maxOccurs = "01"
                    pos = "0049" lng = "0002"
                    pic = "99" usage = "DISPLAY"/>
            <XSDCOB:element type = "#char" name = "M8PRIDF"
                    content = "TextOnly" model = "closed" level = "02"
                    occurs = "ONEORMORE" minOccurs = "0001" maxOccurs = "01"
    </XSDCOB:complexType>
    </XSDCOB:complexType>
</schema>
```

Abb. 7.15: XML-Schema einer BMS-Maske

7.4.2 XML-Wrappergenerierung

Wrapper-generierung

Die Generierung der XML-Stubs geschieht in Zusammenhang mit der Schnittstellenumsetzung. Zu dem Zeitpunkt, an dem eine XML-Schnittstelle kreiert wird, wird gleichzeitig dazu ein passender Stub generiert. Handelt es sich um eine Eingabeschnittstelle, wird ein XMLTOXXX-Stub generiert. Handelt es sich um eine Ausgabeschnittstelle, wird ein XXXTOXML-Stub erzeugt. Der XMLTOXXX-Stub verarbeitet ein XML-Dokument Element für Element und überträgt die Datenwerte an die entsprechenden Stellen im Programm. Er versorgt auch die erforderlichen Response Codes. Der XXXTOXML-Stub holt die Daten von den entsprechenden Stellen im Programm und überträgt sie in ein XML-Dokument.

In beiden Richtungen werden die Daten konvertiert. Bei der Eingabe werden sie aus dem Character-Format in das interne Format der Zielsprache umgesetzt. Bei der Ausgabe werden sie aus dem internen Format der Zielsprache in ASCII-Character-Format umgewandelt. Für jeden Hostdatentyp, ob dezimal, gepackt, hexadezimal, floating point, binär oder bit, gibt es eine andere Konversionsroutine. Dabei wird das Vorzeichen und die Kommastelle der numerischen Felder berücksichtigt. Hier kommt es auf eine exakte Abbildung der ursprünglichen Datenstruktur an. Jede Verschiebung der Daten, auch um nur ein Byte, führt zu fehlerhaften Ergebnissen, die nicht immer leicht zu erkennen sind.

Deshalb muß die ganze Schnittstellenumsetzung und Wrappergenerierung voll automatisiert sein. Abgesehen davon, daß sie bei jeder Programmänderung wiederholt werden muß, ist das Risiko einer fehlerhaften Schnittstellenumsetzung oder Datenzuweisung viel zu groß. Ein Tool wie SoftLink ist für die Programmkapselung unentbehrlich [324].

7.5 Die Einbettung gekapselter Hostprogramme in eine Webarchitektur

Hostprogramm-Einbindung

Es gibt prinzipiell nur zwei Möglichkeiten, Hostprogramme in eine Webarchitektur einzubinden. Entweder man läßt sie so, wie sie gerade sind und füttert sie weiterhin über ihre CICS- bzw. IMS-DC-Maskenschnittstelle, indem diese durch einen Emulator wie den CICS Internet Connector bedient wird, oder man verändert ihren Source Code, wie hier in den letzten Abschnitten geschildert wurde. In dem Augenblick, in dem der Source Code geändert wird, auch wenn die Änderung nur wenige Anweisungen betrifft, hat man zwei Programmversionen - eine alte, die in der ursprünglichen Umgebung läuft und eine neue, die in der Webumgebung läuft. Um zu verhindern, daß man nicht alle beide pflegen muß bzw. daß sie sich auseinander entwickeln, ist es unbedingt notwendig, die eine Version aus der anderen automatisch generieren zu können. Somit braucht der zuständige Wartungsprogrammierer nur die ursprüngliche Version zu ändern und zu testen und ist trotzdem sicher, daß die Webversion funktional äquivalent ist. Dies ist der Hauptgrund, warum es unratsam ist, wie viele Anwender es versuchen, eine völlig neue webfähige Version der alten Programme zu schreiben. Dies ist nur zu empfehlen, wenn der bisherige Online- oder Batchbetrieb nicht mehr gefahren wird. Auch dann ist diese manuelle Umstellung mit viel Aufwand verbunden.

7.5 Die Einbettung gekapselter Hostprogramme in eine Webarchitektur

Die Nachteile der ersten Lösung - die Terminalemulation - sind bereits geschildert worden. Man ersetzt die grüne Oberfläche durch eine graue Oberfläche. Ansonsten bleibt alles beim alten. Die Einschränkungen der Legacy-Systeme übertragen sich auf das Web-Frontend. Dort müssen sich die Frontendentwickler voll den Möglichkeiten des Backends anpassen. Sind diese Möglichkeiten begrenzt, bleibt auch das Frontend begrenzt. Von Web Services braucht man gar nicht erst zu reden.

Demzufolge ist der hier aufgezeigte Weg ein optimaler Kompromiß zwischen zwei Extremen. Die Programme werden zwar angepaßt, aber nur so weit wie nötig, um sie in die Webarchitektur einzubinden und dann vollautomatisch. Am Ende des automatisierten Anpassungsprozesses liegen zwei Ergebnisse vor:

- ein angepaßtes Originalprogramm und
- eine oder mehrere Unterprogramme. Eins für jede XML-Schnittstelle.

Jetzt bleibt nur noch übrig, diese Programme zu linken und in die Webarchitektur einzubinden.

7.5.1 Einbindung der Online-Programme

Online-Programm-einbindung

Die gekapselten Online-Programme können weiterhin unter dem bisherigen TP-Monitor CICS oder IMS-DC laufen, jedoch ohne die MFS- oder BMS-Maskendienste. Statt Masken zu empfangen und zu senden, lesen sie XML-Dateien aus der Inputqueue und schreiben XML-Dateien in die Outputqueue. Die Inputqueue wird über einen Scheduler aus den Nachrichten vom Application Server bzw. direkt vom Webbrowser gefüllt. Wenn keine dort ist, wartet das Online-Programm, bis eine kommt. Die Outputqueue wird vom Scheduler entleert, der die Ausgangsnachrichten an den Application Server bzw. direkt an den jeweiligen Webbrowser zurückbefördert. Zu diesem Zweck wird ein Message Queuer eingesetzt.

Der Onlinebetrieb ändert sich also wenig. Es wird weiterhin in einem quasi synchronen Modus gearbeitet. Das Online-Programm wartet auf eine Eingabe und reagiert darauf. Sein Gedächtnis, eins für jeden eingetragenen Benutzer, wird vom TP-Monitor im Kommunikationsbereich verwaltet, d.h. aufbewahrt und bei der Reaktivierung wieder hergestellt [134]. (siehe Abb. 7.16)

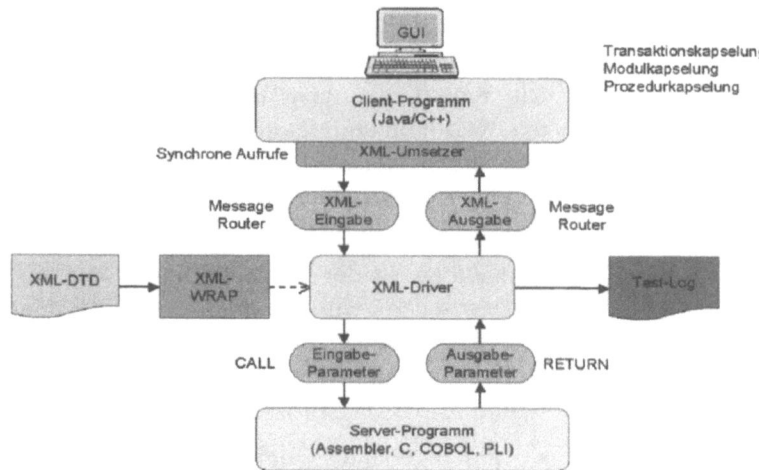

Abb. 7.16: Einbindung der Online-Transaktionen

7.5.2 Einbindung der Batchprogramme

Batch-Programm-einbindung

Die bisherigen Batchprogramme arbeiten direkt mit dem Message Queueing Service zusammen. Wenn eine vollständige Bewegungsdatei mit mehreren Nachrichten vorliegt, werden sie vom Scheduler geladen und angestoßen. Das Programm verarbeitet die Daten oder Dateien bis zum Ende, aktualisiert die Datenbanken und produziert seine Berichte und Exportdateien. Diese können wahlweise als XML-Dateien in einer Outputqueue geschrieben werden. Wenn das Programm fertig ist, werden diese Dateien über das Message Queueing an den Application Server bzw. direkt an den Webbrowser zurückbefördert. Das Batchprogramm wird wieder ausgeladen.

Die Batchprogramme arbeiten also im asynchronen Modus. Der Application Server erteilt ihnen Aufträge und arbeitet an anderen Aufgaben weiter. Wenn das Batchprogramm fertig ist, wird dies dem Application Server mitgeteilt, und er holt die Ergebnisse bzw. die Ausgabedateien aus der Message Queue. Diese Arbeitsweise entspricht mehr den Anforderungen der Webtechnologie. Insofern lassen sich die Batchprogramme leichter einbinden. (siehe Abb. 7.17)

7.5 Die Einbettung gekapselter Hostprogramme in eine Webarchitektur

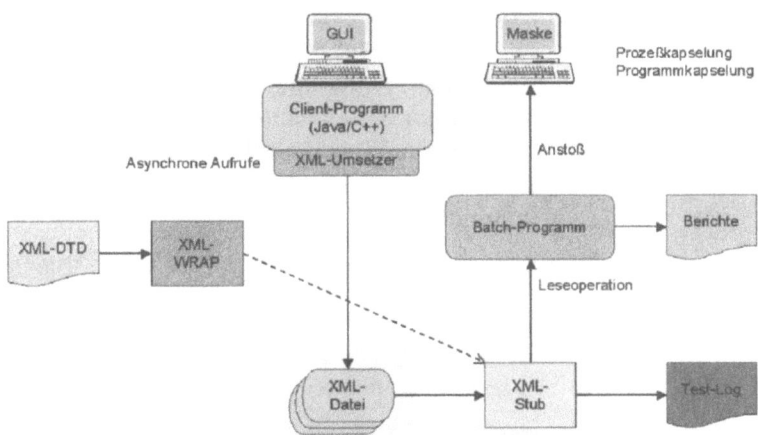

Abb. 7.17: Einbindung der Batch-Programme

7.5.3 Einbindung der Unterprogramme

Unterprogramm-einbindung

Am besten lassen sich die Unterprogramme - Module und Prozeduren - einbinden. Sie werden als dynamische Linkmodule (DLL) gebunden und warten darauf, aufgerufen zu werden. Bei einem Aufruf holen sie ihre XML-Eingabe aus der Message Queue, setzen sie in eine XML-Ausgabe um und kehren wieder in den Wartezustand zurück. Es obliegt dem Scheduler, die Eingangsnachricht vom Application Server oder direkt vom Browser bereitzustellen und die Ausgangsnachricht abzuholen und an den Auftraggeber zurückzusenden.

Die Unterprogrammtechnik kommt dem Begriff der Web Services am nächsten (vor allem die Unterprogramme, die aus der Prozedurkapselung hervorgehen). Es sind kleine Codeeinheiten mit einer schmalen Schnittstelle, die nach Bedarf aus einer DLL-Bibliothek geladen werden, um einen Auftrag zu befriedigen. Da die Pfade durch sie sehr kurz sind und die Anzahl ihrer Parameter klein, sind sie nicht nur schnell, sondern auch leicht zu testen. Sie erfüllen das alte Ideal der allgemeinverwendbaren Subroutinen aus der Anfangszeit der Datenverarbeitung, nämlich die Trennung von Steuerung und Verarbeitung. Die Steuerung findet im Application Server statt. Dort wird entschieden, was als nächstes zu machen ist. Die Verarbeitung ist auf die einzelnen elementaren Funktionen heruntergebrochen, die in den Unterprogrammen verteilt sind. Auf diese Weise sind die elementaren Bausteine beliebig kombinierbar, ein Ziel, das schon seit Beginn der Programmierung verfolgt wird.

Durch die Auslagerung des Gedächtnisses jener elementaren Funktionen wird die Verarbeitung noch flexibler, denn hier trennt man Steuerung, Verarbeitung und auch Daten. Die Daten sind in den XML-Dokumenten, die als Objekte getrennt verwaltet werden. Damit geht ein weiterer Traum der Datenverarbeitung in Erfüllung. COBOL- und Java-Bausteine sind miteinander beliebig kombinierbar [287]. (siehe Abb. 7.18)

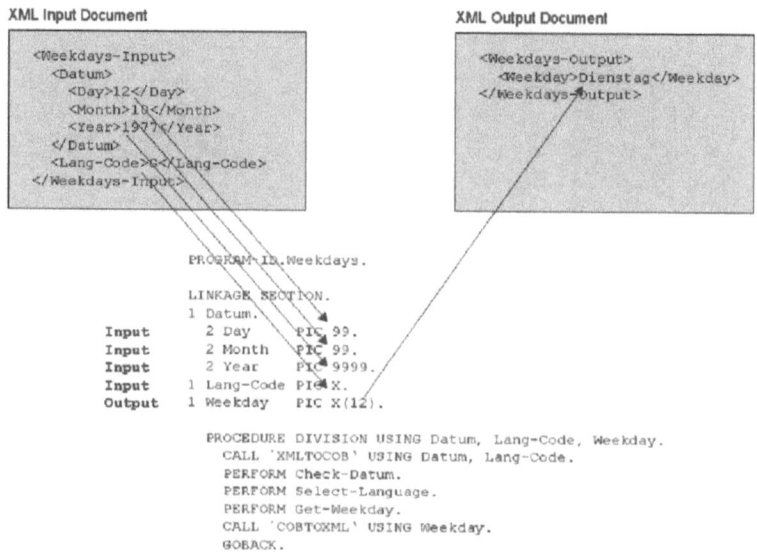

Abb. 7.18: Einbindung der Unterprogramme

7.6 Die Kapselung bestehender Datenbanken

Datenbankkapselung

Keine Behandlung der Kapselung wäre komplett, ohne auf die Kapselung von Datenbanken einzugehen [296]. Viele Webtransaktionen sind reine Abfragen oder einfache Änderungsdienste. Sie beinhalten keine kompletten Funktionen, die noch geschrieben oder aus der Altsoftware herausgeschnitten werden müßten. Sie brauchen nur den Zugriff auf die bestehenden Datenbanken. Dazu wird eine XML-basierte Zugriffsschicht vorausgesetzt. (siehe Abb. 7.19)

7.6.1 Die Generierung der XML-DB-Schemen

XML-DB Schemen

Die Ausgangsbasis für die XML-Zugriffsschicht ist ein XML-Schema für jede Datenbank. Dieses Schema wird wie das Schema zu den Programmschnittstellen aus dem vorliegenden Source

7.6 Die Kapselung bestehender Datenbanken

Code gewonnen. Statt eine Programmiersprache wie Assembler, PL/I und COBOL in XML umzusetzen, wird hier eine Datenbanksprache umgesetzt. Die zwei Datenbanksprachen, die von DataLink verarbeitet werden, sind DLI für IMS und SQL für DB2.

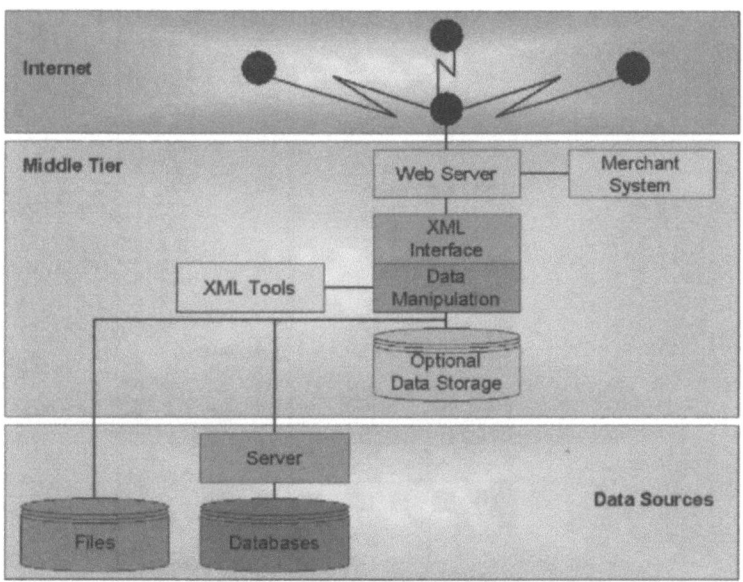

Abb. 7.19: Datenbankkapselung

XML2SQL

SQL hat den Vorteil, daß sämtliche Attribute neben den Keys und Indizes in der Create Table -Anweisung spezifiziert sind. Die Aufgabe, aus der SQL-Anweisung Create Table ein XML-Schema zu generieren, ist fast trivial. Aus jedem Attribut wird ein Element. Die Attribute des Elements sind die SQL-Attribute Typ, Länge und Speicheroption. Die einzige komplexe Datenstruktur ist die Tabelle selbst. Entsprechend der ersten Normalform sind Datengruppen verboten. Die Schema-ID ist der Primärschlüssel, der möglicherweise eine komplexe Struktur ist. Die Querverweise auf andere Schemen bzw. die href Attribute sind die Fremdschlüssel. In wenigen Sekunden lassen sich über DataLink hunderte von SQL-Tabellenbeschreibungen in XML-Schemen umsetzen. Zum Schluß existiert ein XML-Schema für jede SQL-Tabelle. (siehe Abb. 7.20)

XML2DLI

Mit DLI ist es leider nicht so einfach. In den wenigsten DBD-Datenbankbeschreibungen sind die einzelnen Attribute vorgegeben. Es werden nur die Schlüsselfelder und Indizes spezifiziert. Die Attribute selbst sind in der jeweiligen Gastsprache - Assembler, PL/I oder COBOL - beschrieben. Deshalb müssen hier zwei Eingaben verarbeitet werden

- die DLI-DBDs und
- die Copy- bzw. Include Members, in denen die Segmentstrukturen deklariert sind.

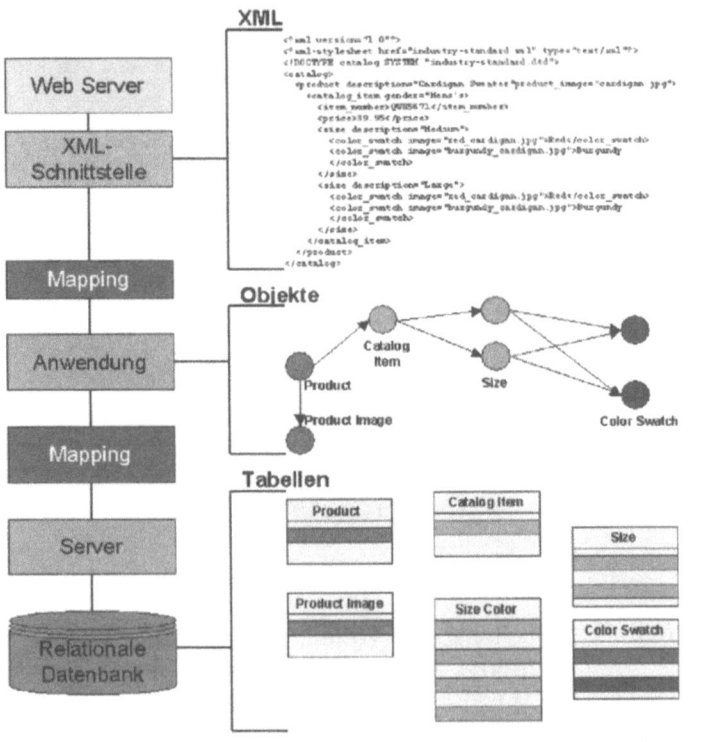

Abb. 7.20: XML-Schema für eine SQL-Tabelle

Hier können die hierarchischen Datenstrukturen auch recht komplex werden. Ein IMS-Segment kann aus mehreren Datengruppen und eine IMS-Datenbank aus mehreren Segmenten bestehen. Jede Datengruppe bzw. jedes Segment bildet in dem XML-Schema eine komplexe Struktur, die mehrfach vorkommen kann. Die einzelnen Felder bilden die Datenelemente mit den Attributen Typ, Länge und Wiederholung. Die Datentypen sind die Standard-IMS-Typen wie Vollwort, Halbwort, Packed-Decimal, Decimal, Character, Hex usw. Die Schema-IDs sind die Hauptordnungsbegriffe. Die Querverweise auf andere Datenbanken - die hrefs - sind die logischen Kinder - Logical Child Referenzen. Nebenordnungsmerkmale sind nur mit Hilfe von XPointer zu kennzeichnen. Die XML-Schemen, die aus den IMS-DLI-DDL und den dazugehörigen Copy/Include Macros entstehen, sind viel größer und viel komplexer als diejenigen, die aus SQL gewonnen werden. Das liegt aber an der Natur der Sache. Das Schema ist nur ein Spiegelbild der existierenden Datenrealität. Für IMS gibt es zum Schluß eine komplexes Schema pro Datenbank mit Querverweisen zu den anderen Datenbanken.

7.6.2 Die Generierung der Zugriffsmodule

XML-Zugriffsschicht

Das XML-Schema für jede Datenbank bzw. für jede Datenbanktabelle ist der Ausgangspunkt für den nächsten Schritt - die Generierung eines Zugriffsmoduls. Für jede Datenbank gibt es bestimmte Grundoperationen. In SQL sind es die CRUD-Funktionen - Create, Read, Update und Delete. Dazu kommen noch die Open-, Close- und Commit-Operationen. In DLI sind es die Basisoperationen - Get, Insert, Delete und Replace. Zu der Get-Operation kommen mehrere Varianten hinzu wie Get Unique, Get Next, Get Parent, Get Next Parent, Get Hold usw. Welche man wo verwenden darf, hängt von der Struktur der Datenbank ab. Auch in dieser Hinsicht ist IMS komplizierter als DB2.

Wichtig ist, daß alle Zugriffsoperationen für alle Datenbanken ähnlich sind. Nur die Namen der Attribute und Schlüssel verändern sich. Daraus folgt, daß es für jede Datenbank bzw. für jede Datenbanktabelle ein Zugriffsmodul gibt und daß dieses Zugriffsmodul als Ausprägung eines allgemeingültigen Musters gilt. In DataLink gibt es zwei Muster bzw. Basisklassen

- ein SQL-Muster und
- ein DLI-Muster.

Das SQL-Muster enthält alle Standard-SQL-Operationen mit Platzhalternamen für die Attribute und Schlüssel. Das DLI-Muster enthält alle Standard-DLI-Operationen.

DB2-XML Extender

Bei der Generierung des Zugriffsmoduls wird das jeweilige Muster mit dem betreffenden XML-Schema vereinigt und daraus ein konkretes Zugriffsmodul erzeugt, in dem die Platzhalternamen durch die echten Attributnamen und Suchbegriffsnamen aus dem Schema ersetzt werden. Die einzelnen Attribute der Datenbank werden intern in einen Feldvektor abgespeichert, aus dem ein XML-Dokument für den Aufrufer erzeugt wird. In umgekehrter Richtung wird aus dem eintreffenden XML-Dokument der Feldvektor aufgebaut. Daraus werden die Attribute in die Datenbank gefüllt.

Im Falle von Update-Operationen werden natürlich die betreffenden SQL-Sichten oder DLI-Segmente so lange im Puffer des Zugriffsmoduls aufbewahrt, bis der Commit erfolgt. Falls ein anderer Anwender in dieser Zeit auf die gleiche Sicht bzw. auf das gleiche Segment zugreifen möchte, ist das für ihn gesperrt. Sein Auftrag wird abgelehnt. Das Zugriffsmodul kann nur einen Anwender auf einmal bedienen.

Mittlerweile gibt es von den Datenbankherstellern selbst eigene Zugriffsmodule, wie der DB2-Extender, die eine XML-Schnittstelle bedienen. Sie sollten nach Möglichkeit verwendet werden [202]. Allerdings ist die Umsetzung mit IMS-Datenbanken in XML problematischer, so daß hier der Anwender gezwungen wird, auf spezielle Lösungen wie DataLink auszuweichen.

(siehe Abb. 7.21)

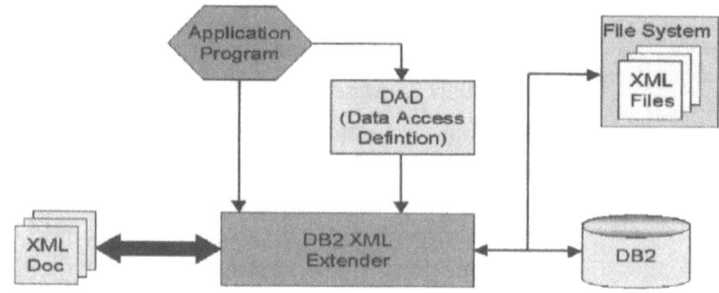

Abb. 7.21: DB2 - XML Extender

In Anbetracht der Anforderungen der Webtechnologie wächst der Druck auf die Anwender, ihre alten Datenbanken wie IMS, IDMS und ADABAS in relationale Datenbanken zu migrieren, aber dies ist wiederum ein Thema für sich. Hier genügt es, darauf hinzuweisen, daß auch hierarchische und netzartige Datenbanken sich in eine Webarchitektur einbinden lassen. Nur ist der Aufwand viel größer, und die Unterstützung seitens der Datenbankanbieter viel geringer.

7.7 Kapselung - eine Zusammenfassung

Kapselungswerkzeuge

Für viele Leser wird das Thema Kapselung nach dem Lesen dieses Kapitels als eine äußerst komplexe Angelegenheit erscheinen, mit der man am liebsten nichts zu tun hat – ein wahres

Spielfeld für „wierd nerds". Allerdings darf nicht übersehen werden, daß ein Großteil dessen, was hier geschildert wurde, durch Tools automatisiert ist. Insofern ist es eher ein Problem für die Toolentwickler als für die Anwender selbst. Nichtsdestotrotz wird man sich abermals die Frage stellen, ob es nicht besser wäre, den alten Kram einfach wegzuschmeißen und wieder von vorne anzufangen. Nur, wer kann sich das leisten? Dazu müßte der Anwenderbetrieb sich zwei Entwicklungsabteilungen leisten - eine für die Wartung und Weiterentwicklung der alten Systeme und eine für die Entwicklung der neuen Systeme. Wenn man Glück hat, werden die neuen Systeme vielleicht nach fünf Jahren so weit sein. Bis dahin steht die nächste Technologiewelle vor der Tür. Dann sind die neuen Systeme schon alt, ehe sie überhaupt zum Einsatz kommen. Das langfristige Ziel bleibt die Einführung von Standardsoftware. Aber, bis es soweit ist, muß die Altsoftware herhalten.

CICS Common Gateway Interface

Es gibt inzwischen genug Beispiele dafür, daß es durchaus praktikabel ist, bestehende Anwendungen ins Web einzubinden. Man braucht sie nicht neu zu entwickeln. Die Datenzentrale Baden-Württemberg hat schon 1999 gezeigt, wie man CICS-Programme über ein Common Gateway Interface (CGI) mit Java-Clients verbindet. In einem bahnbrechenden Projekt wurden in kurzer Zeit etliche kommunale Dienstleistungen auf das Internet verlagert [66]. Dies war nur der Anfang einer Reihe von Integrationsprojekten, die seitdem stattgefunden haben - alle mit dem Ziel, existierende Hostanwendungen für das Internet zugänglich zu machen. Im folgenden Kapitel werden einige dieser Projekte geschildert, um nachzuweisen, daß die Theorie der Einbindung von Legacy Software schon längst Praxis geworden ist.

8 Fallstudien aus der Integrationspraxis

Isolierte Vorstöße

Der Trend in Richtung Systemintegration wird durch die steigende Anzahl von Projekten zu diesem Zweck belegt. Wer die Projekte in der einschlägigen Fachpresse verfolgt, dem wird nicht entgangen sein, daß die Anzahl der Entwicklungsprojekte immer weniger wird, während die Anzahl der Integrationsprojekte kontinuierlich steigt. Es gab im Zusammenhang mit dem Internetboom eine Fülle von Entwicklungsprojekten - vor allem auf dem Gebiet des Business-to-Customer-E-Business. Dennoch ist ein Großteil dieser isolierten Vorstöße in der Webtechnologie aus mangelnder Unterstützung durch den Rest der betrieblichen IT ins Leere gelaufen. Es hat sich wahrlich gezeigt, daß es keinen Sinn macht, einzelne alleinstehende Insellösungen in der Internetwelt zu schaffen, ohne das Gros der bestehenden IT-Anwendungen mitzuziehen. Dadurch kreiert man nur eine weitere Spaltung in der betrieblichen IT-Welt, die schon ohnehin fragmentiert genug ist. Es entstehen damit weitere adhoc-Schnittstellen, noch mehr unterschiedliche Konventionen und vermehrte Redundanz, als ob es nicht schon genug davon gäbe [50].

Projektleichen

Die Anwenderbetriebe haben bald erkannt, daß die Schaffung weiterer Parallelwelten ihre IT-Probleme mit Integration und Test, Wartung und Weiterentwicklung nur noch verschärfen. Es war also abzusehen, daß die erste große Weboffensive ins Leere laufen würde. Zum Schluß blieben nur noch lauter Projektleichen auf dem Schlachtfeld der betrieblichen Informationstechnologie liegen. Das Geld für deren Finanzierung war weg, und die große Euphorie schlug ins Gegenteil um. Die Folgen waren Budgetkürzungen und Skepsis gegenüber allen neuen Technologien [245].

Lerneffekte

Dennoch gab es auch positive Effekte. Unternehmen haben zum Einen wertvolle Erfahrungen mit der Webtechnologie gewonnen. Zum Zweiten haben sie auch die Grenzen dieser Technologie kennen gelernt, und zum Dritten haben sie die Erkenntnis gewonnen, daß Integration den Vorrang vor Innovation hat. Nur wenn die bestehenden Anwendungen in sich integriert sind, ist ein breit angelegter Übergang in die Webtechnologie möglich.

8 Fallstudien aus der Integrationspraxis

Zum Weiteren haben die Anwender gelernt, daß einzelne, unkoordinierte Vorstöße in die Internetwelt wenig bringen. Es muß vorher einen Masterplan geben, um die einzelnen Projekte und deren Produkte einer Gesamtarchitektur zuzuordnen. D.h., ehe man anfängt, einzelne Häuser zu bauen, sollte ein Bebauungsplan verabschiedet werden, denn nur so kann man verhindern, daß ein Wildwuchs entsteht [372].

Falsche Ratgeber

Schließlich haben die Anwender gelernt, leider viele allzu spät, sich von Beratern und Softwarehäusern nicht beeinflussen zu lassen. Berater und Softwarehäuser verfolgen eigene Interessen, die selten mit denen ihrer Kunden deckungsgleich sind. Die Anwender müssen über ihr eigenes Schicksal verfügen und dürfen die Verantwortung für ihre Zukunft nicht an andere delegieren. Die Anwender müssen selber ihre Ziele setzen. Berater und Softwarehäuser sind nur dazu da, ihnen zu helfen, diese Ziele zu erreichen, nicht jedoch, um Ziele zu setzen [243].

Aus der Praxis

Mit den neu gewonnenen Erkenntnissen aus den ersten Webprojekten sind viele Anwenderbetriebe herangegangen, ihre bestehenden IT-Systeme zu integrieren. Andere, weitsichtigere Betriebe haben gleich mit der Integration begonnen. Es werden hier einige Integrationsprojekte geschildert, die zeigen, daß die IT-Systemintegration nicht nur eine Vision, sondern eine konkrete Realität ist. Die geschilderten Projekte stammen alle aus dem Bereich der betriebswirtschaftlichen Datenverarbeitung und haben die Integration neuer webbasierter Anwendungen mit den bestehenden Hostanwendungen als Ziel. Über alle zehn Projekte, die hier geschildert werden, wurde in der Literatur oder in der Fachpresse schon ausführlich berichtet. Insofern handelt es sich um Kurzfassungen, welche die Integrationsaspekte jener Projekte besonders betonen. Für mehr Information über den Hintergrund und den Projektverlauf wird der Leser auf die ursprünglichen Erfahrungsberichte verwiesen. Die zehn Projekte sind:

- ein Projekt zur Integration der kommunalen Verwaltungssysteme in Italien,
- ein Projekt zur Integration der Backoffice-Systeme bei der Deutschen Börse in Frankfurt,
- ein Projekt zur CORBA-basierten Integration der Bankapplikationen bei der GAD in Münster,
- ein Projekt zur Kapselung bestehender Hostanwendungen bei der dvg in Hannover,

- ein Projekt zur Anbindung eines bestehenden Wertpapierverwaltungssystems ans Web bei der DG-Bank in Frankfurt,
- ein Projekt zur Anbindung eines bestehenden Datenbankverwaltungssystems bei der WDLB in Düsseldorf,
- ein Projekt zur Einbeziehung bestehender Hostanwendungen in eine neue Webarchitektur bei der HVB in München,
- ein Projekt zur webbasierten Erneuerung bestehender Bausparanwendungen bei der DBBSAG in Frankfurt,
- ein Projekt zur Einbindung eines bestehenden Client/Server-Systems ans Internet bei der SDS in Wien und
- ein Forschungsprojekt zur webbasierten Integration bestehender COBOL-Programme an der Universität Regensburg.

8.1 XML-basierte Integration öffentlicher Verwaltungssysteme in Italien

Italienisches E-Government

Die erste Fallstudie beschreibt ein Projekt in der öffentlichen Verwaltung, ein E-Government- Projekt. In Italien, wie auch in anderen europäischen Staaten, ist die IT in der öffentlichen Verwaltung sehr fragmentiert. Das macht es schwer, Informationen zwischen den verschiedenen Behörden auszutauschen. Es macht es auch schwer, die Bürger einheitlich zu bedienen. Wer mit verschiedenen Ämtern zu tun hat, bekommt es mit unterschiedlichen IT-Diensten zu tun. Nicht selten dient der Bürger als Datenträger zwischen den Ämtern. Er wird aufgefordert, die gleichen Daten an mehrere Ämter abzugeben und Daten von einem Amt in das andere zu übertragen.

Damit diese Situation ein Ende hat, hat das italienische Innenministerium ein breit angelegtes Projekt begonnen, um alle IT-Systeme der Gemeindeverwaltung unter ein architektonisches Dach zu bringen. Die Architektur heißt „Unitary Network Architecture" und hat den dreifachen Zweck:

- die IT-Systeme der Gemeinden zu integrieren (EAI),
- den Datenaustausch zwischen den Systemen auf elektronische Basis zu stellen (EBUS) und
- dem Bürger eine einheitliche Oberfläche anzubieten (WEBS).

UNA

Die Unitary Network Architecture umfaßt drei funktionale Schichten mit jeweils drei Dienstarten

- Datenübertragungsdienste,

- Datenverarbeitungsdienste und
- Datenaustauschdienste.

Die Datenübertragungsschicht besteht aus TCP/IP-Internetprotokollen. Die Datenverarbeitungsschicht enthält Standardfunktionen wie Textverarbeitung, E-Mail, Datenverwaltung und Internetzugriff. Die Datenaustauschschicht enthält die Middleware zur Verbindung der kooperierenden Anwendungssysteme. Diese reichen von lokalen Office-Automation-Anwendungen bis zu zentralen Hostanwendungen. Die Architektur unterstützt alternative Datenaustauschmechanismen, darunter

- einen traditionellen Ansatz mit direkten Programm-zu-Programm-Verbindungen über entfernte Prozeduraufrufe,
- einen Client/Server-Ansatz über eine Middleware mit CORBA-IDL-Schnittstellen und
- einen Webansatz über eine HTTP-Verbindung mit XML-Schnittstellen.

V2V-V2B-Systeme

Die ersten beiden Ansätze unterstützen die interne Interaktion zwischen Verwaltungssystemen (V2V Business). Der letzte Ansatz dient sowohl der internen Interaktion (V2V) als auch der Interaktion mit dem Bürger (V2B). Sie verwenden alle drei die gleichen logischen Komponenten aus der gemeinsamen Dienstbibliothek:

- Abfrage- und Aktualisierungsdienste,
- Ereignismitteilungsdienste,
- Schnittstellenbeschreibungsdienste (IDL und XML) und
- Datenübertragungsdienste.

In den letzten Jahren wurden mehrere Projekte durchgeführt, um die Eignung der Architektur zu prüfen. Die Projekte zogen sich kreuz und quer durch die öffentliche Verwaltung. Es wurden sowohl vertikale als auch horizontale Verwaltungsprozesse in die Architektur aufgenommen. Auch einige Legacysysteme auf dem Host wurden einbezogen. (siehe Abb. 8.1)

Ein Hauptproblem, auf das die Integrationsprojekte gestoßen sind, war die Inkompatibilität der Daten. Es hat sich nämlich herausgestellt, daß die Grunddaten der Lokalverwaltung nicht nur unterschiedlich verschlüsselt, sondern auch äußerst fehlerhaft sind - mit einer Fehlerrate bis zu 15%. Demzufolge mußten andere Projekte angestoßen werden, um die Daten zu bereinigen. Danach folgten Projekte, um sie in kompatible Formate umzusetzen.

8.1 XML-basierte Integration öffentlicher Verwaltungssysteme in Italien

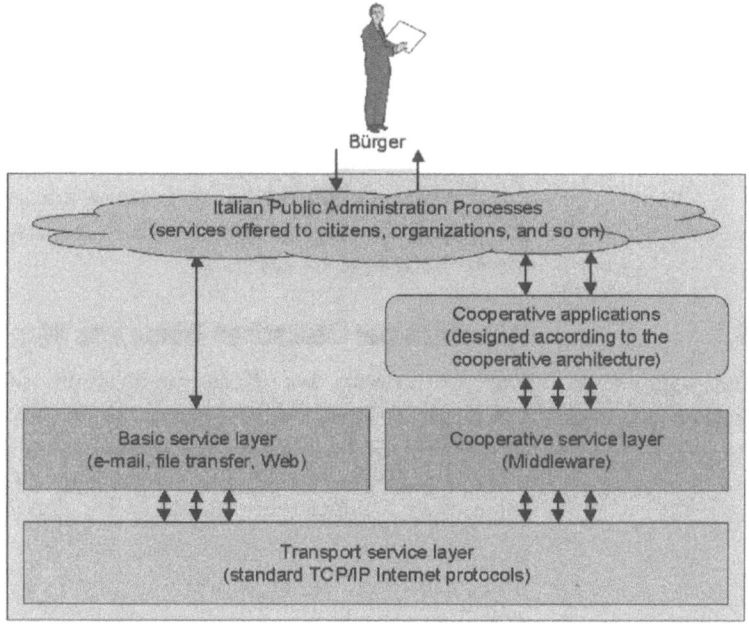

Quelle: IEEE Computer Magazine Febr. 2001

Abb. 8.1: Kooperative Architektur der italienischen Kommunen

Auch viele der existierenden Programme stellten sich als unbrauchbar heraus. Ergo mußten sie zunächst saniert werden. Dies nahm kostbare Ressourcen in Anspruch.

Design-Schemen

Wichtig für das Gesamtprojekt war die Unterscheidung in ein

- Public Design Schema und ein
- Private Design Schema.

Das Public Design offenbarte die nach außen wirkenden Prozesse der einzelnen Behörden und stellte ihre Schnittstellen zur Verfügung. Das Private Design kapselte die internen Prozesse und deren Daten, damit sie für die externen Prozesse nicht sichtbar werden. Die Bottom-Up-Realisierung der Integration von den existierenden Programmen und Datenbanken bis hinauf zu den Verwaltungsprozessen erwies sich als die tragfähigste Lösung.

Schließlich stellte sich heraus, daß eine allgemeingültige, allumfassende Systemrepository für die Koordinierung der vielen verteilten Projekte unentbehrlich ist. Ein einheitlicher Begriffskatalog, verbunden mit Data- und Function-Dictionaries, bindet die diversen Verwaltungssysteme zusammen. Ohne eine solche Repository wären die Projekte unvermeidlich auseinandergelaufen.

*Verwaltungs-
integration*

Als Resümee stellte es sich heraus, daß der Weg zu einem integrierten E-Government etliche Hindernisse organisatorischer und technischer Art überwinden muß. Ein logisches Framework wie die Unitary Network Architecture kann zwar die Hindernisse nicht beseitigen, aber es kann den Zusammenhalt der Beseitigungsmaßnahmen gewährleisten und sichern, daß die Integrationsprojekte in eine Richtung gelenkt werden. In Italien läuft der Integrationsprozeß in der öffentlichen Verwaltung mit Hilfe von UNA unentwegt weiter [194].

8.2 Anschluß der Deutschen Börse ans Web

*Wertpapier-
systeme ans Web*

Die Anbindung der Wertpapiersysteme der Deutschen Gesellschaft für Wertpapierabwicklung (DGW) ans Internet dürfte eines der ersten Projekte dieser Art in Deutschland gewesen sein. Das Projekt fand bereits im Jahre 1996 statt und hatte das Ziel, die Backoffice-Operationen der Börse für den Zugriff über das Internet zugänglich zu machen. Dabei war dies gar nicht so einfach und zu diesem frühen Zeitpunkt schon gar nicht. Die Backend-Applikationen liefen auf einem IBM-Großrechner unter IMS-DC mit IMS-DB-hierarchischen Datenbanken.

Die Ziele des Börsenprojekts waren vielfach und ehrgeizig. Kurzfristig wollte man die bestehenden 3270-Oberflächen durch GUI-Oberflächen ablösen. Darüber hinaus sollten die Bankkunden in die Lage versetzt werden, Online Banking im Internet zu betreiben. Außerdem galt es, eine Reihe neuer Client/Server-Anwendungen mit Zugriff auf die bestehenden Host-Funktionalitäten anzubieten. Diese sollten selbstverständlich objektorientiert sein, um in den Genuß aller Vorteile dieser damals verheißungsvollen Technologie zu kommen.

*Projekt-
ziele*

Das Projekt hatte auch bestimmte Rahmenbedingungen zu erfüllen. Zum Ersten galt es, die bestehenden Hostanwendungen durch Integration in die neue Architektur so weit wie möglich wiederzuverwenden. Zum Zweiten sollten die Oberflächen-, Client/Server- und Web-Entwicklungen alle in einer einzigen homogenen Entwicklungsumgebung stattfinden. Zum Dritten sollten alle Anwendungen, die alten wie die neuen, in einen gemeinsamen Architekturrahmen eingegliedert werden. Zum Vierten sollten alle Oberflächen - die Terminalmasken, die Client/Server-GUI's und die Webseiten ein einheitliches Layout haben. Dadurch wollte man den Suite-Charakter der Applikationen erhalten. Zum Fünften sollte der funktionale Kern nur einmal programmiert und von allen Systemen - den traditionellen

Hostsystemen, den Client/Server-Systemen und den Websystemen - benutzt werden. Zum Sechsten sollte die Objekttechnologie überall zur Geltung kommen - in der Analyse, im Design und in der Programmierung. Schließlich sollte die Multitier-Architektur es zulassen, daß die verschiedenen Softwareschichten, z.B. die Präsentationsschicht und die Datenhaltungsschicht, sich unabhängig voneinander weiterentwickeln und trotzdem noch zusammenwirken können. (siehe Abb. 8.2)

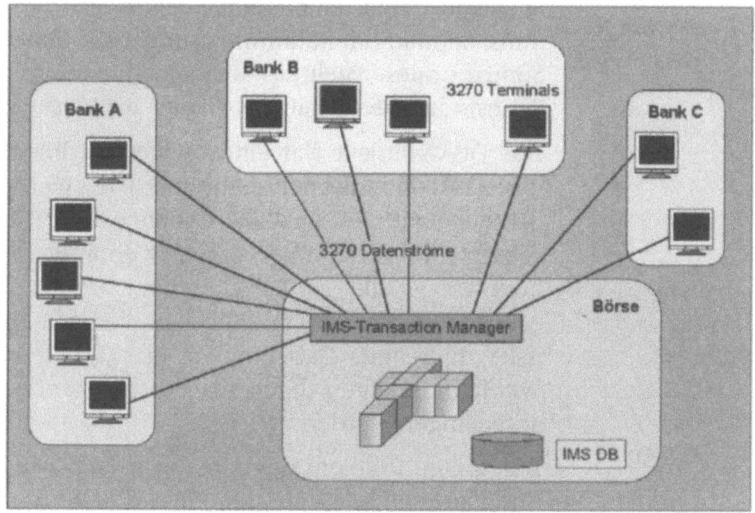

Abb. 8.2: Einbindung der DGW-Legacy-Applikationen

Trennung Schnittstellen Implementierung

Die hochgesteckten Ziele des Projekts erforderten ein hohes Maß an Integration verschiedener Technologien in einer gemeinsamen Plattform. Ein besonders streng zu beachtendes Prinzip war die Trennung von Schnittstelle und Implementierung. Damit blieb dem Nutzer einer Funktion deren Implementierung verborgen. Die Integration der bestehenden Daten und Funktionen erfolgte über Wrapper. Die Wrapper kapselten die Objekte samt ihrem Verhalten und stellten der Umgebung eine Methoden-API zur Verfügung. Die Projektverantwortlichen haben auf den Wrapping-Methoden des Autors aus dem Jahre 96 aufgebaut.

Für die Entwicklung der Satellitenanwendungen hat die DGW sich für Smalltalk entschieden - eine Entscheidung, die aus der damaligen Sicht der Dinge durchaus plausibel war. Die Entwicklungsumgebung war das „Visual Age for Smalltalk" von IBM. Mit der Komponententechnologie verfolgte das Projekt das Ziel, möglichst viele Standardbausteine zu verwenden. Dies hat sich auch bewährt. Der Anteil der Eigenentwicklung blieb trotz unterschiedlicher technischer Umgebungen unter 50%.

Web Connection

Für die Verbindung zum Host wurde die „Web Connection" von IBM eingesetzt. Dieses Produkt hatte den damaligen Vorteil, daß viele seiner Funktionen in der Visual Age Umgebung vorhanden waren. Von besonderer Bedeutung war das Zusatzpaket „CICS & IMS Connection", das Objektkapseln für IMS-Transaktionen in Smalltalk bereitstellte. Damit ließen sich die bestehenden Hosttransaktionen direkt aufrufen, und zwar ohne Änderung des Host Source Codes. Auch das Message Queueing System der IBM-MQ-Series stand den Smalltalk Clients zur Verfügung.

Das DGW-Projekt war eines der ersten Projekte in Deutschland, das HTML-Oberflächen realisierte. Die „Web Connection" ermöglichte es, auf den Smalltalk Clients eine HTML-Oberfläche aufzusetzen und diese über einen Webbrowser anzubieten. Damit konnten die Bankkunden auf die Smalltalk-Anwendungsfunktionen zur Depotverwaltung und zur Ordereingabe zugreifen. Dabei mußte das Problem der zustandslosen Webkomponenten durch zustandserhaltende Clientkomponenten aufgefangen werden.

CICS & IMS Connection

Das größte Problem der damaligen Zeit, nämlich die Hostverbindung, konnte mit Hilfe der „CICS & IMS Connection" gelöst werden. Diese hat es erlaubt, die bestehenden Hosttransaktionen einzubinden. In einem Mikro-Framework wurden Geschäftsobjekte zur Verfügung gestellt, die mit den Transaktionsobjekten vereinigt wurden. Die sogenannten Geschäftsobjekte waren in Wirklichkeit nichts weiter als die alten 3270-Bildschirminhalte, zusammengefaßt als Datenpaket. Die Transaktionsobjekte enthielten die Steuerungsfunktionen und bildeten den Rahmen für die Transaktionsverarbeitung. Diese physische Bindung der IMS-Programme an den Host schaffte die Basis für die Integration der Legacy-Systeme.

Zum Schluß gab es in dieser Architektur nicht weniger als sieben Schichten von unten nach oben:

- das Datenmanagement,
- die Transaktionssteuerung,
- die Datenversorgung,
- die Geschäftslogik,
- den Webanschluß,

8.2 Anschluß der Deutschen Börse ans Web

- den Webserver und
- den Webbrowser. (siehe Abb. 8.3)

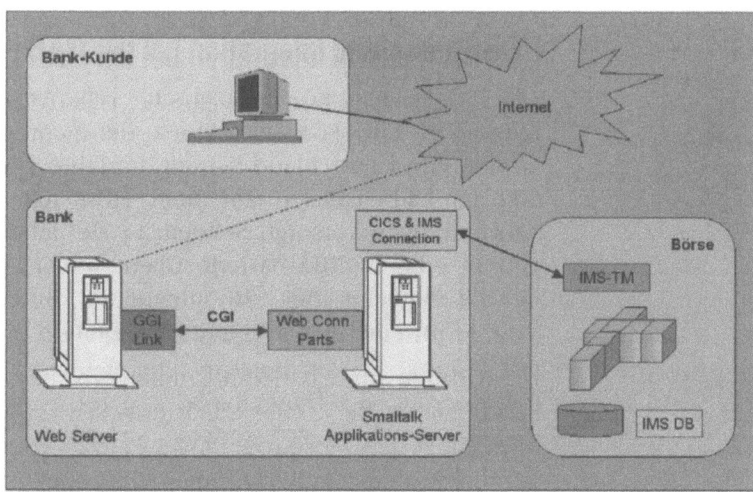

Quelle: Objektspektrum Nr. 3, Mai 1997

Abb. 8.3: Vom Host ins Web

Mit diesen vielen Schichten ist es gelungen, die Systemkomponente abzuschirmen und jede Schicht für sich weiterentwickeln zu können. Die Datenmanagementschicht führte die IMS-Datenbestände. Die Transaktionssteuerungsschicht bestand aus Smalltalk-Klassen, die aus dem CICS & IMS Connector Framework geerbt wurden. Die Datenversorgungsschicht versorgte die Anwendungsklassen mit Daten aus der Datenmanagementschicht. Die Geschäftslogik ergab sich teils aus den bestehenden IMS-Programmen und teils aus den neuentwickelten Smalltalk-Klassen. Es stellte sich heraus, daß die Geschäftslogik zwischen Client/Server-Benutzer und Web-Benutzer unterscheiden mußte. Denn C/S-Anwendungen werden durch Ereignisse getrieben, die vom Endbenutzer ausgelöst werden. Eine Webanwendung besteht hingegen aus einer Folge relativ statischer Fenster. Insofern waren die Webanwendungen leichter zu integrieren als die echten Client/Server-Anwendungen. Sie waren den bestehenden IMS-Transaktionen näher.

Client/Server plus WWW

Das Ziel des Börsenprojekts war es, sowohl Thick Clients als auch Thin Clients zu unterstützen und Client/Server mit Webtechnologie zu verbinden. Am Ende hat es sich gezeigt, daß dieses Ziel zu ehrgeizig war. Die Thin Client-Lösung mit Intranetanschluß erwies sich als die am einfachsten zu implementierende. Dies lag an der besseren Verträglichkeit mit der bestehenden Transaktionslogik. Die Erfahrungen aus dem Börsenprojekt sprechen eindeutig für eine Thin-Client-Lösung [289].

8.3 CORBA-basierte Integration bei der GAD

PL/I-, COBOL-Erbe

Die Gesellschaft für automatische Datenverarbeitung (GAD) in Münster ist eine IT-Service-Firma, die mehrere Banken im Nordwesten von Deutschland betreut. Im Jahre 1998 hatte sie noch 80 000 Bankarbeitsplätze auf dem Host mit PL/I und COBOL-Anwendungen versorgt. Seitdem ist sie dabei, diese Anwendungen in eine CORBA-basierte Client/Server-Umgebung mit Hilfe der Objekttechnologie zu integrieren. Ihr Vorhaben kann als Vorbild für eine objektorientierte Migration gelten.

Component Broker

Die Gründe für ein derartig umfangreiches Projekt waren, wie häufig zitiert, die Unflexibilität und Schwerfälligkeit der großen, monolithischen Hostprogramme. Es dauerte viel zu lange, dringend erforderliche Änderungen und Ergänzungen durchzuführen. Hinzu kamen die veraltete Benutzeroberfläche und die eingeschränkten Datenpräsentationsmöglichkeiten. Als erstes Ziel galt es, einige Pilotanwendungen in Java umzusetzen. Dazu wurde ein Teil der Mannschaft in Java und OO-Methoden ausgebildet. Ein anderer Teil - der Altenteil - blieb bei der Betreuung der alten Hostprogramme. Allerdings wurden diese Programme gekapselt und über eine CORBA-Schnittstelle mit Component-Broker von IBM an die neuen verteilten Java-Anwendungen angeschlossen. Die Migration bei der GAD wurde als komplettes, von der Programmiersprache bis zur Arbeitsweise der Entwickler durchdachtes und strukturiertes Verfahren geplant. Die Component-Broker-Middleware sollte die Einbindung der Altanwendungen als Ganzes oder in Teilen ermöglichen. Im Mittelpunkt stand ein Objektmodell. Es war ursprünglich geplant, die alten COBOL- und PL/I-Programme entweder in Java zu konvertieren, durch neue Systeme zu ersetzen oder zu kapseln. Aus den früheren individuellen Anwendungen sollten auf diese Weise im Sinne der Komponententechnologie flexible, wiederverwendbare Bauteile gewonnen werden.

Leider ist aus diesem ehrgeizigen Plan nur wenig geworden. Statt dessen hat die GAD sich aus den üblichen Kostengründen dafür entschieden, das Gros der Altprogramme zu behalten und in eine neue Architektur zu integrieren.

GUI im Wandel

Als erstes wichtiges Ziel bei der Integration galt es, die Frontend- bzw. Clientseite von der Backend- bzw. Serverseite zu trennen.

Der Hauptgrund für diese Trennung ist die unterschiedliche Änderungsrate. Während die Interaktion mit dem Endanwender einem ständigen Wandel unterliegt, von GUI bis zu Webbrowser und WAP, bleibt die Serversoftware bis auf einzelne fachliche Änderungen und Erweiterungen stabil. Technologisch braucht sie sich nicht zu ändern. Dies spricht dafür, die Altprogramme wiederzuverwenden, auch dann, wenn sie mit einer veralteten Technologie implementiert sind. Also liegt es zunächst nahe, Frontend und Backend sauber zu trennen, damit jeder sich unabhängig vom anderen weiterentwickeln kann.

CORBA-BCI Dies war auch die Hauptmotivation für die Entwicklung der CORBA-BCI-Brücke. Diese Schnittstelle verbindet verschiedene Forntendarten wie OS/2, Thick Clients, IBM 4700-Bankterminals und Internet-Webbrowser mit dem einen großen unter IMS laufenden Hostanwendungssystem „BB3" für die Kunden- und Kontoführung. Das Banking Communication Interface benutzt die CORBA-IDL - Interface Definition Language -, um Nachrichten zwischen diversen Clienten und der Hostanwendung auszutauschen.Die IMS-Transaktionen auf dem Host wurden im Sinne der Transaktionskapselung gekapselt und zur Verfügung gestellt. Der überwiegende Anteil ist in COBOL geblieben [177].

CORBA-IDL Eine Aufgabe der BCI-Vermittlungssoftware ist also die Umsetzung der Clientdatentypen aus der IBM 4700 Grundsoftware, den Java Applets sowie aus den Webseiten in die IDL-Datentypen und die Umsetzung der IDL-Datentypen in COBOL-Datentypen. Die Daten, die zwischen Frontend und Backend hin- und herfließen, sind in Standard-Nachrichtenformaten verpackt mit einem Kopfteil, einem Zustandsteil und einem Datenteil. Der Kopfteil enthält Informationen über die Nachricht. Der Zustandsteil bildet das Gedächtnis des Serverprogramms ab. Der Datenteil enthält die Argumente vom Client bzw. die Ergebnisse vom Server. Jedes elementare Datenelement entspricht einer IDL-Subklasse vom Typ „Valuetype". Diese Klasse implementiert eine bidirektionale Umsetzung zwischen Zeichenfolgen und dem Typ CORBA::Any. Hinzu kommen komplexe Datenelemente wie Strukturen, Vektoren und Übertragungen bzw. Unions.

C++-Methoden An jeder BCI-Schnittstelle hängen außer den technischen Methoden für die Datenumsetzung, Fehlerbehandlung und Serialisierung auch bestimmte fachliche Methoden, welche die Daten prüfen und aufbereiten. Ursprünglich wurde BCI für den Component Broker von IBM konzipiert. Später wurde es auf ORBIX von IONA umgesetzt. Die Methoden sind demzufolge in C++ implementiert. Die Schnittstellen sind jedoch in reiner IDL, damit sie auf jede Umgebung portierbar sind. Inzwischen wird auch XML verwendet, und zwar, um die CORBA-Aufrufe in IMS-Transaktionsaufrufe umzuwandeln.

10 000 COBOL-Module

Sämtliche Kommunikation zwischen den Frontends und dem Hostserver läuft über die CORBA-BCI-Schnittstelle. Sie ist der Dreh- und Angelpunkt bei der GAD-Architektur und wird ständig optimiert. Mit Hilfe dieser Schnittstelle hat es die GAD in kuzer Zeit geschafft, ihre vielen Frontends von dem einen Backend zu trennen und von der einen Hostanwendung aus mehrere Clientanwendungen zu bedienen. Das wichtigste dabei ist, daß das komplette BB3-Hostsystem mit mehr als 10 000 COBOL-Modulen mit einem minimalen Änderungsaufwand weiterverwendet werden konnte. Dadurch konnte die GAD ihre gigantische Investition in bankfachliche Funktionalität in eine neue technische Realität hinüberretten und sie durch moderne Client/Server- und Internet-Technologien ergänzen.

Dieser Spagat zwischen traditioneller IMS-Transaktionsverarbeitung auf der einen Seite und diversen Dateneingabe- und Präsentationstechniken auf der anderen Seite ist der GAD deshalb so gut gelungen, weil sie von Anfang an eine saubere, transparente Schnittstelle zwischen dem Frontend und Backend - das Bank Communication Interface - auf der Basis geltender internationaler Normen CORBA-IDL und XML vorgesehen hat [225].

Integration vor Innovation

Die Lehre aus der Erfahrung der GAD ist eindeutig. Es ist wirtschaftlicher, in die Integration und Wiederverwendung der vorhandenen Anwendungen zu investieren als in ihre Ablösung. Mit dem Geld, das es kostet, alte COBOL-Programme in Java umzuschreiben, kann man jede Menge neuer Frontend- und Satellitenanwendungen realisieren, die den Anwendern unmittelbar etwas bringen. Mit den Unzulänglichkeiten der eigentlich gar nicht so alten Hostprogramme (sie entstanden Anfang der 90er Jahre) hat sich die GAD wie viele andere IT-Betriebe abgefunden. Wichtig ist die Kontinuität der Dienstleistung, und dies hat die GAD bei gleichzeitiger Einführung neuer Bedienungstechnologien gewährleistet. Hier hatte Integration Vorrang vor Innovation. (siehe Abb. 8.4)

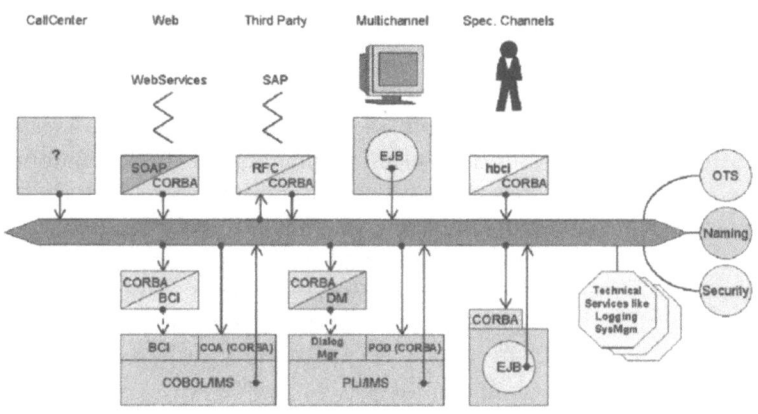

Abb. 8.4: GAD Service Bus Architecture

8.4 CORBA & XML in einem Sparkassenrechenzentrum

Assembler-Systeme

In etwa zur gleichen Zeit wie die GAD in Münster begann auch die dvg in Hannover, ihre Legacy-Systeme in eine CORBA-Architektur zu integrieren. Die dvg steht für die Datenverarbeitungsgesellschaft Hannover. Sie gilt als größter IT-Dienstleister der Sparkassenorganisation und betreut nicht nur die meisten Sparkassen im Norddeutschen Raum, sondern auch die Sparkassen in den meisten neuen Ländern. Die dvg-Hostsysteme sind größtenteils in Assembler geschrieben, so daß die Kapselung zwar nicht prinzipiell unmöglich, aber doch ziemlich erschwert ist. Dies hat der Autor in einem Pilotprojekt dort selbst erfahren.

Himalaya

Nichtsdesttrotz war die dvg entschlossen, ihre Altlasten in eine moderne Architektur einzubeziehen. Das Projekt mit dem vielversprechenden Namen „Himalaya" hatte folgende Ziele:

- eine CORBA-basierte Dreitierarchitektur mit Weblogic Enterprise von BEA Systems als ORB,
- ein Clienttier, bestehend aus Java Applets,
- ein Applikationsservertier, bestehend aus C++-Komponenten,
- ein Datenservertier mit den existierenden Assemblerprogrammen zur Verwaltung der juristischen Datenbestände auf einem OS/390 Großrechner,
- einen Zugriff auf die Hostprogramme über IMS-Transaktionen und

- CORBA-IDL als Verbindungsprotokoll zwischen den Softwareschichten [40].

Business Objects

Im Vordergrund der neuen Finanzdienstleistungsarchitektur stand der Begriff des „Business Objects". Geschäftsobjekte sind als Bündel zusammenhängender Fachfunktionen gedacht. Sie umfassen mehrere Programmobjekte. Im Himalaya-Projekt wurden sie Behälter von Stellvertreterfunktionen, die auf die bestehende Hostfunktionalität zugreifen. Zur Anbindung der bestandsführenden Assembleranwendungen wurde ein spezielles Framework namens GAPI - Geschäftsvorfall-API - konzipiert. Der Hauptzweck von GAPI ist die Umsetzung von API-Aufrufen auf dem Applikationsserver in IMS-Transaktionen für den Hostserver. Dabei erfolgt die Datentypkontrolle und -konvertierung. Die dvg rechnete mit mehr als 1 000 einzelnen GAPI-Schnittstellen - je eine für jeden Geschäftsvorfall.

Der erste Versuch, die Legacy-Systeme einzubinden, war ein reiner CORBA-Ansatz. Er scheiterte jedoch an den Unzulänglichkeiten und der Inkonsistenz der benutzten ORBs.

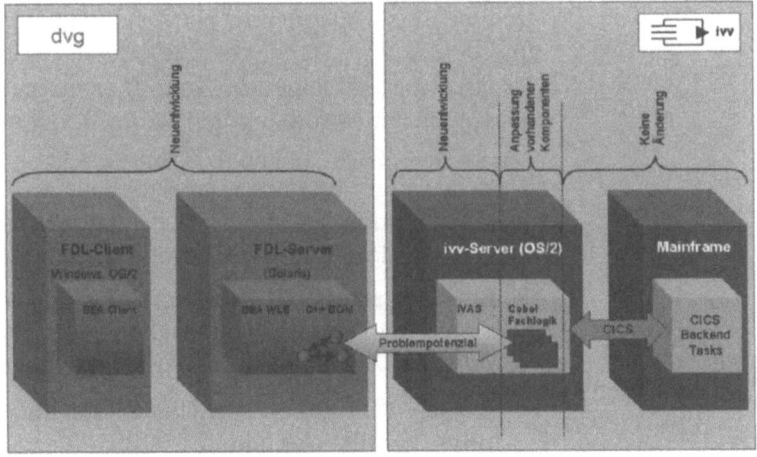

Abb. 8.5: Himalaya-Systemarchitektur

ORBIX-Einsatz

Der Anwender wollte ORBIX mit Weblogic verbinden, um zusätzliche Versicherungsanwendungen einzubinden. Dies erwies sich als zu dieser Zeit nicht machbar. Außerdem gab es Probleme mit der Sicherheit und der Performance. Die ORBs haben die Firewalls unterwandert, und die Zugriffe auf die Hostprogramme erwiesen sich bei Massentransaktionen als Engpässe. (siehe Abb. 8.5)

*DOM,
GAPI,
APACHE*

Also hat die dvg einen zweiten Versuch mit einer einfachen TCP/IP-Verbindung und einer XML-Schnittstelle gestartet. Die C++-Komponenten im Application-Server wurden umgeschrieben, um ihre Objekte aus dem DOM-Baum abzuleiten. Auf jeden GAPI-Auftrag kamen zwei XML-DTDs - eine für die Eingabe und eine für die Ausgabe. Zum Parsing des XML-Datenstroms wurde das Produkt APACHE XML4C++ eingesetzt. Dieser XML-basierte Ansatz erwies sich als funktionsfähig, allerdings mit Einschränkungen bezüglich der Performance. Es hätte einen größeren Aufwand benötigt, das Ganze produktionsreif zu machen. Deshalb wurde das Projekt Himalaya bis auf weiteres zurückgestellt. Man hatte zwar viele Erfahrungen gesammelt, aber noch keinen Durchbruch erzielt. Die Gründe dafür lagen zum Teil an der Unreife der eingesetzten Produkte, zum Teil an den zu ehrgeizigen Zielen und nicht zuletzt an den äußerst schwierigen Bedingungen der Umgebung mit IMS und Assembler. Die Lehren aus dem Himalaya-Projekt sind aufschlußreich:

- zum Ersten ist es notwendig, den Reifegrad neuer Technologien im Vorfeld eines Großprojekts auszuprobieren,

- zum Zweiten sollte Integration in kleinen Schritten vollzogen werden und

- zum Dritten muß man die zu integrierenden Systeme berücksichtigen. Die Integration von Assembler/IMS-Systemen kostet einiges mehr als die Integration von COBOL/CICS/DB2-Systemen [109].

*Ziele
verfehlt*

Der Schluß liegt nahe, Assembler-Systeme als Voraussetzung für die Integration zu migrieren. Aber das würde wiederum noch mehr kosten. Tatsache ist, daß Anwender mit Assembler Legacies ein schwieriges Erbe haben. In ihrem Falle ist es doch vielleicht besser, alles neu zu entwickeln oder gleich auf Standardsoftware umzustellen, ohne dazwischen über die Kapselung Zeit zu gewinnen. Firmen, die zu lange auf ihren Assembler-Systemen ausharren, begeben sich in Gefahr, so weit ins Abseits zu geraten, daß auch das aufwendigste Reengineering sie nicht mehr retten kann [322].

8.5 Die Trading Room Integration Architektur

TIGRA

Ein in der Literatur häufig zitiertes Projekt als Beispiel für eine erfolgreiche Systemintegration ist das TIGRA-Projekt bei der Frankfurter DG-Bank. Darüber wurde bereits im Jahre 2000 auf der Internationalen Software Engineering Conference - ICSE - in

8   Fallstudien aus der Integrationspraxis

Irland im Zusammenhang mit dem Einsatz von CORBA und XML berichtet. Später erschienen einige Artikel darüber in der deutschen Fachliteratur [68].

Wertpapier-systeme

Das Wertpapierverarbeitungssystem der DG-Bank betreut 400 Händlerarbeitsplätze mit Funktionalitäten für Risikomanagement und Performancerechnung und erstreckt sich bis ins Backoffice zur Abwicklung der Händlergeschäfte. Falls ein neuer Handelssystem implementiert wird, muß vom Frontend bis zum Backend eine Kette neuer Schnittstellen geschaffen werden, damit die neue Anwendung mit den bereits bestehenden Anwendungen zusammenarbeiten kann. Es können auf diese Weise bis zu 120 verschiedene Handelstransaktionsarten mit mehr als 170 Schnittstellen integriert werden.

CORBA

In Anbetracht der hohen Anzahl von Schnittstellen und Programmen suchte der Anwender nach einer Lösung, die bestehende Programme wiederverwendet und gleichzeitig die Schnittstellen vereinfacht. Bis dahin wurden Punkt-zu-Punkt-Verbindungen zwischen den Anwendungen implementiert. In Zukunft sollten die Verbindungen über eine Busarchitektur stattfinden. Demzufolge fiel die Entscheidung für CORBA als Architektur und für Weblogic von BEA Systems als Middleware. Eine weitere Entscheidung fiel für den Einsatz von XML, um die unterschiedlichen Datenmodelle der Anwendungen zu vereinigen. Ausgehend von diesen Produkten wurde der Architekturentwurf sowie der Integrationsplan innerhalb von sechs Monaten in der zweiten Hälfte 1999 ausgearbeitet. Gleichzeitig wurden diverse Prototyp-Projekte durchgeführt, um die Machbarkeit des Vorhabens zu erproben.

XML/XSL

Wie beim Himalaya-Projekt der dvg wurde auch hier bald festgestellt, daß die CORBA-Middleware nicht tragfähig war. Also stellte man von der Message Broker Technologie auf XML/XSL um. Da diese Umstellung bereits vor dem eigentlichen Projekt stattfand, konnte das Projekt noch gerettet werden.

(siehe Abb. 8.6)

8.5 Die Trading Room Integration Architektur

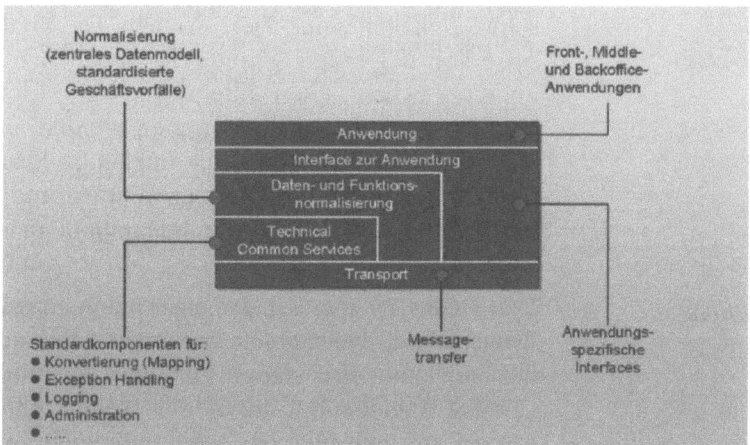

Abb. 8.6: TIGRA-Systemarchitektur

Nach dem Nachweis der Machbarkeit und dem erfolgreichen Performance Test der neuen XML-basierten Architektur begann die Entwicklung der Schnittstellen und die Integration der Einzelsysteme im Januar 2000. Bis zum Sommer 2000 wurden die ersten Schnittstellen implementiert. Der Integrationstest dauerte noch bis zum November des gleichen Jahres. Nach diesem ursprünglichen Erfolg wurde im Jahre 2001 mit der Entwicklung der weiteren Schnittstellen begonnen. Der Hauptgrund für den ursprünglich hohen Aufwand lag an der Notwendigkeit, die Schnittstellen der bestehenden Programme manuell anzupassen. Danach wurde dies zumindest zum Teil mit Hilfe von XML/XSL automatisiert, so daß der Aufwand bei den nächsten Schnittstellen um 30% geringer ausfiel.

Webanschluß

Unter der Anwendung von XML/XSL als Datenaustauschsprache konnten die Schnittstellen immer schneller realisiert werden. Die Umsetzung der Daten von einem Format ins andere lief zuletzt vollautomatisch. Bankapplikationen, die jahrelang isoliert ohne Datenkommunikation nebeneinander her liefen, konnten jetzt miteinander reden. Die externen Hostdatenstrukturen wurden allmählich alle in XML umgesetzt, so daß auch ein weiterer nützlicher Seiteneffekt zustande kam - die Nachdokumentation der vorhandenen Datenschnittstellen. Diese Dokumentation in einem standardisierten, webfähigen Format schaffte eine neue, bisher nicht dagewesene Transparenz im Zusammenspiel der Applikationen. Dies ist ein nicht zu unterschätzender Vorteil der XML-Technologie.

Ziele erreicht

Letztendlich hat der Anwender in diesem Projekt trotz Anfangsschwierigkeiten seine Ziele erreicht. Die Erfahrung und die Software von der ersten Schnittstelle ließen sich größtenteils auf die anderen Schnittstellen übertragen. Die Kinderkrankheiten der Middleware konnten überwunden werden, und am Ende erwies sich Weblogic doch noch als tragfähige Plattform. Ausschlaggebend war die Kombination der CORBA- und XML-Technologien. Mit CORBA allein wäre die Integration nicht möglich gewesen [41].

Zühlke

Das TIGRA-Projekt war das erste Integrationsprojekt dieser Art in Deutschland, welches internationale Anerkennung gewann. Dies lag nur zum Teil daran, daß das ausführende Softwarehaus „Zühlke Engineering" aus Zürich weltführend auf diesem Gebiet ist und auf den internationalen Tagungen auftritt. Die Veröffentlichungen darüber erschienen just zu dem Zeitpunkt, als die IT-Welt begann, in Richtung Webintegration zu marschieren. Man brauchte daher Musterprojekte, um die Machbarkeit der Technologie glaubwürdig zu machen. TIGRA eignete sich sehr gut zu diesem Zweck [360]. (siehe Abb. 8.7)

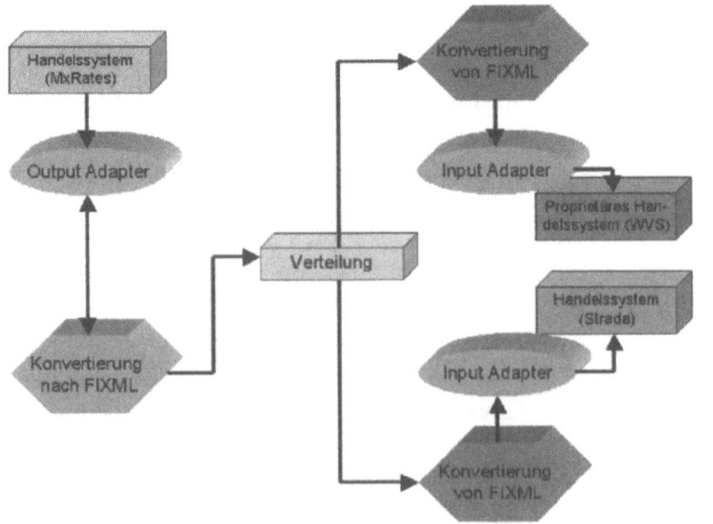

Abb. 8.7: TIGRA-Nachrichtenaustausch

8.6 Der Webanschluß eines Wertpapierabwicklungssystems

PL/I-Tabellen

Ein ähnliches Projekt wie TIGRA lief bei der Westdeutschen Landesbank in Düsseldorf ab. Dort ging es auch um ein Wertpapierabwicklungssystem, allerdings nur um dessen Parameterpflege. Die Parameterdaten steuern die Logik der Gesamtanwendung und müssen von außen gepflegt werden. Dabei handelt es sich um mehrere hundert Parametertabellen in einer DB2-Datenbank. Bisher wurden die Tabellen von PL/I-Anwendungen aus fortgeschrieben. Es lag also nahe, sie in Zukunft über das Intranet zu pflegen.

Grundprinzipien

Dabei mußten bestimmte Grundprinzipien beachtet werden, nämlich

- das Vieraugenprinzip - wobei ein Mitarbeiter die Änderung durchführt und ein zweiter Mitarbeiter die Änderung kontrolliert,
- die von der Zeit abhängigen, dynamischen Änderungen der Parameter und
- die Historienführung aller Transaktionen, die eine Rekonstruktion der bereits durchgeführten Änderungen zuläßt und alle Geschehnisse dokumentiert.

Diese Grundprinzipien stellten hohe Anforderungen an das neue System.

Tabellen Framework

Zur Implementierung der Tabellenverarbeitung wurde entschieden, ein erweiterbares Framework (eTF) zu konstruieren. Mit dem Framework wurde beabsichtigt, alle gemeinsamen Tabellenverarbeitungsfunktionen in der Rahmensoftware zusammenzufassen, von wo aus sie von den spezifischen Tabellenfunktionen benutzt werden können. Da das Framework eigene Steuerungsdaten besaß, mußten die bestehenden Parametertabellen erweitert werden. Um die alten Programme nicht ändern zu müssen, wurden dazu neue Views auf der Datenbank eingeführt. Auf diese Views konnten die alten Programme ohne Anpassung der Datenbankaufrufe zugreifen. Andererseits mußten die Datenzugriffsmodule erweitert werden. (siehe Abb. 8.8)

IMS/DC

MQ-Series

Die Umgebung für die Tabellenverarbeitung war ein IBM/390 Host. Die bestehenden PL/I-Programme liefen unter dem TP-Monitor IMS/DC. Zur Verbindung zwischen Frontend und Backend stand das Message Queuing System MQ-Series zur Verfügung. Als Middlewareprodukt für den Applikationsserver wurde Websphere von IBM verwendet. Dieser paßte am besten zu den anderen IBM-Produkten im Einsatz. Außerdem wurde die Datenbankkommunikation mit dem Java Database Connector -JDBC - realisiert. Zur Präsentation und Erfassung der Parameterdaten durch das Web wurden die beiden Apache-Produkte Xerces und Xalan ausgewählt. Diese beiden Produkte ermöglichen das Parsen der XML-Eingabedokumente und die Präsentation der XML-Ausgabedokumente. Die Browserschnittstelle wurde in Java programmiert.

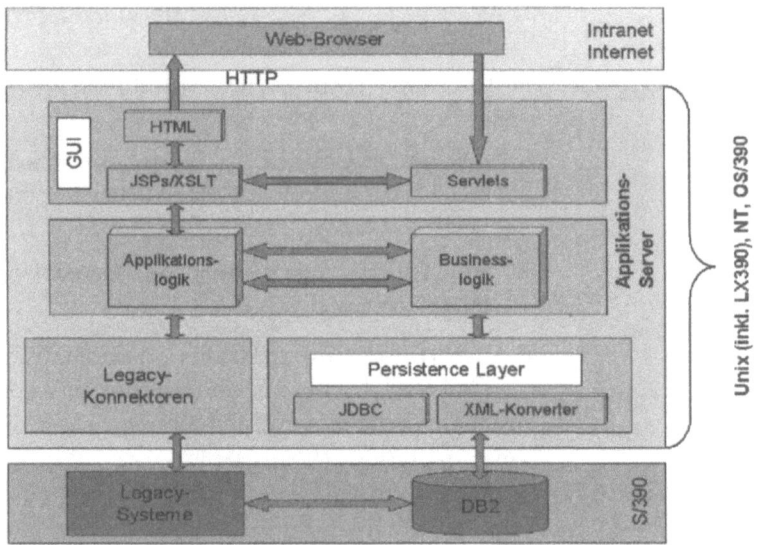

Quelle: Objektspektrum Nr. 1, Jan. 2001

Abb. 8.8: WAS-Technische Architektur

Schichtenmodell

Die Softwarearchitektur des Systems setzte sich aus den folgenden fünf Schichten zusammen:

- Präsentationsschicht,
- Anwendungslogikschicht,
- Geschäftslogikschicht,
- Datenbankabstraktionsschicht und
- Dienstleistungsschicht.

Zur Präsentation der Daten wurden XSL-Stylesheets verwendet. Es gab ein „Master Stylesheet" für alle Tabellen und „Spezielle Stylesheets" für Tabellen mit einer besonderen Struktur. Ein XSLT-Transformator generierte Formulare für die Eingabe der Daten aus dem XML-Schema. Typattribute und eingebaute Texte erläuterten die Eingabefelder. Aus dem XML-Schema wurden JavaScript-Funktionen erzeugt, die eine formale Plausibilitätsprüfung erlaubten. Nach der formalen Prüfung wurden die Daten als Datenstrom an den Anwendungsserver übergeben. Dort wurden die Daten nochmals einer logischen Prüfung mit Querverweisen unterzogen.

Java

Die Anwendungslogik wurde mit statischen Java-Klassen implementiert, die jeden Use Case der Parameterdatenpflege abbilden. Die wichtigsten Anwendungsfälle waren

- Datensätze anzeigen,
- Datensätze eingeben,
- Datensätze löschen,
- Datensätze zur Freigabe markieren und
- Datensätze nach dem Vieraugenprinzip freigeben.

Dom-Baum

In dieser Anwendungslogikschicht wurden die Eingabedaten zunächst in ein XML-Dokument gebracht, dann über den XML-Parser in einen DOM-Baum umgesetzt, wobei sie hier gegen die XML-Schemabeschreibung nochmals geprüft wurden. Erst danach wurden die Querverweise und Abhängigkeiten zwischen Feldern kontrolliert. Bei fehlerhaften Daten wurde ein neuer DOM-Baum mit Fehlerattributen erzeugt, der an die Präsentationsschicht zurückbefördert wurde. Sofern die Daten fehlerfrei waren, wurden aus ihnen Aufträge für die Geschäftslogikschicht gebildet. Hier in der Anwendungslogik wurde auch bestimmt, in welcher Reihenfolge welche Aufträge zu erledigen sind. Der Datenaustausch mit dem Backend erfolgte über MQ-Series.

Die eigentliche Geschäftslogik befand sich im Backend - und zwar in Form bestehender PL/I-Programme. Diese Programme wurden je nach Auftragsart aufgerufen und mit Parametern versorgt. Sie haben die Datenbankzugriffe getätigt und die Tabellenänderungen durchgeführt. Inwiefern diese Programme angepaßt wurden, geht aus der Projektbeschreibung nicht hervor.

Relationale Tabellen

Die Datenbankzugriffsschicht setzte die Datensätze der Geschäftslogik in relationale Tabellen um und bildete aus den relationalen Tabellen Datensätze für die Geschäftslogik. Daraus läßt sich schließen, daß die PL/I-Programme schon einmal konvertiert wurden, weil sie früher Sätze verarbeitet haben. Jetzt waren die Sätze als Relationen gespeichert und mußten zunächst umgesetzt werden. Dafür gab es zwei Varianten. Nach der einen Variante wurden die Relationen über ein Zugriffsmodul vom Tabellenformat ins Satzformat umgesetzt und umgekehrt. Nach der anderen Variante wurden die Sätze als Schichten bzw. Views auf der Datenbank definiert, so daß der Zugriff direkt aus dem PL/I-Programm erfolgen konnte. Auf jeden Fall gab es an dieser Stelle eine Datenumsetzung im Zusammenhang mit der Datenspeicherung und -wiedergewinnung.

Rollenbasierte Sicherheit

Die letzte Schicht, die Dienstleistungsschicht, umfaßte alle anwendungsübergreifenden Dienste. Darin befanden sich Hilfsklassen z.B. für die Konvertierung der Eingaben in XML-Dokumente und die Zwischenspeicherung der XML-Dokumente, XSL-Stylesheets und XML-Tabellendefinitionen. Der schwierigste Bestandteil dieser Schicht war das rollenbasierte Sicherheitsmanagement. Damit konnten für jede Parametertabelle verschiedene Benutzerrollen festgelegt werden, sogar nur Rechte am Teilbereich einer Tabelle (die sogenannte Mandantenfähigkeit), wonach ein Benutzer nur Zugriff auf bestimmte Zeilen in der Tabelle hat. Das Sicherheitssystem wurde absichtlich vom Speicherungsdienst getrennt.

Separation of Concerns

Die gewählte Architektur mit dem Applikationsserver WAS und den zusätzlichen XML/XSL-Komponenten hat sich bewährt. Performanceanalysen haben ergeben, daß auch Spitzenlasten kompensiert werden konnten. Die Stabilität und Zuverlässigkeit des Systems war ausreichend. Besonders positiv zu bewerten war die Flexibilität des Systems. Durch die Trennung von Präsentation und Inhalt mit XML und XSL war es möglich, die Präsentation schnell an neue Anforderungen anzupassen. Auch die Schichtenarchitektur hat sich bewährt. Die Trennung der Verantwortlichkeiten erlaubte es, die Komponenten getrennt zu testen, und zwar gegen wohlspezifizierte und verständliche Schnittstellen. Die klare Abtrennung der Schichten resultierte in einer Multikanal-Architektur mit parallel laufenden Transaktionen. Da die Applikationsschicht die gesamte Transaktionslogik kapselte und die Präsentationsschicht sich auf die reine Präsentation beschränkte, konnte die Clientdarstellung ohne Weiteres an andere Vertriebskunden umgeleitet werden. So gesehen haben die Endergebnisse dieses Projekts die Erwartungen sogar übertroffen - dank der XML-Technologie.

Schluß-folgerung

Die Projektverantwortlichen kommen zu folgender Schlußfolgerung: „XML und XSL präsentieren sich als reife Technologien, die produktiv eingesetzt werden können. Sie beschleunigen den Entwicklungsprozeß, ermöglichen flexible Applikationen und bilden eine standardisierte Schnittstelle - besonders wichtig, wenn eine Enterprise Application Integration (EAI) angestrebt wird. Der Standard vereinfacht die Anbindung externer Schnittstellen deutlich ..." [339]

8.7 Die Anbindung bestehender Hostsysteme über XML und SOAP bei der Hypovereinsbank

Bereits im März 2000 begann eine Gruppe bei der Hypovereinsbank in München, sich mit den Einsatzmöglichkeiten von XML als Bindemittel zur Systemintegration zu beschäftigen. Die Gruppe sollte prüfen, ob XML die Infrastruktur für die Datenkommunikation vereinheitlichen könnte. Ihre Forschungsarbeit führte schließlich zu einem eigenen Integrationsrahmen.

Dreischichten-architektur

Innerhalb der HVB gab es schon immer eine Dreischichtenarchitektur, welche die Datenhaltung von der Verarbeitung und der Präsentationsebene trennte. Die Datenbanken sind zum größten Teil auf dem Mainframe unter IMS oder DB2 gelagert. Für die Verarbeitung sind im Wesentlichen Großrechner und NT-Server zuständig. Dabei erfolgen zahlreiche Verbindungen zwischen den verteilten Anwendungen. Die Präsentation fand zu Beginn des Projekts hauptsächlich über Windows-GUI-Oberflächen statt. Websites waren erst im Entstehen.

Der Nutzen von XML als Datenaustauschsprache stellte sich schnell heraus. Nach der neuen Konvention mußten alle Schnittstellendaten als Ein- und Ausgabeparameter in XML-Dokumenten verpackt werden. So ließen sich alle Anwendungssysteme über einen einzigen Kommunikationsmechanismus verbinden, auch an Fremdsysteme. Dabei mußten alle Schnittstellenmetriken die einheitliche Syntax „Public XML do something" verwenden.

HTTP statt CORBA

Die HVB hatte mehrere Möglichkeiten der Datenübertragung geprüft und kam zum Schluß, HTTP sei für sie die beste Lösung. CORBA und DCOM schieden aus. CORBA, weil es nicht performant und zu umständlich war. DCOM, weil es zu instabil und unsicher war. HTTP mit SOAP erwies sich als eine tragfähige Lösung, wenn auch mit Schwächen behaftet - wie z.B. nur ein Aufruf pro Transaktion und keine zusammengesetzten Datentypen. Der Anwender hat diese Einschränkungen überwunden, indem er ein eigenes Framework mit speziellen Klassen für Marshalling, Vermittlung und Generierung entwickelte. Auf der Senderseite wurden die Aufrufe für einen Zielrechner gesammelt und eingepackt. Auf der Empfängerseite wurden sie ausgepackt und vermittelt. Dieser universelle Wrapper erübrigte die Entwicklung einzelner Wrapper für jede Anwendung [352].

Die überreichten XML-Dokumente enthalten Steuerungsinformationen für die Methoden auf dem Zielrechner. Diese Information gibt an, welche Methoden in welcher Reihenfolge auszuführen sind. Es werden dafür auch Standard-SOAP-Methoden verwendet. Der Aufbau der SOAP-Aufrufe ist die Aufgabe der Generatoren. Diese erzeugen Schnittstellendefinitionen in der Web Service Description Language für die Serverfunktionen einschließlich für den Zugriff auf den OS/390-Großrechner.

WBXML

Ein Problem ergab sich bei der Datenübertragung. Als Folge der XML-Dokumente wuchs die zu übertragende Datenmenge um den Faktor 1,3 bis 10. Da die Nachrichten immer länger wurden, mußten sie in mehrere Pakete aufgeteilt werden. So entschied sich die Bank, die Daten mit dem Wap Binary XML (WBXML) zu komprimieren. Diese für die Kommunikation mit mobilen Datenendgeräten gedachte Technik ersetzt Tags, Standard-Attribute und Texte durch 1-Byte-Codes. Fall die Tags und Texte dem Empfänger unbekannt sind, werden für die Zuordnung der Codes Stringtabellen mitgeschickt. Nachdem der Empfänger sie einmal notiert hat, werden nur noch die Kurzschlüssel übergeben. Durch diese Verdichtung der Daten konnte die Datenübertragungsrate um 33% erhöht werden. Hier entschied sich also der Anwender für Performance vor Transparenz.

XML-Objekte

Die HVB ist in vielen Hinsichten vom üblichen Datenaustauschverfahren abgewichen. Statt die Datenstrukturen auf der Senderseite aufzubauen und auf der Empfängerseite wieder auseinander zu nehmen, hat sie XML-Objekte erzeugt, die nach außen Attribute und Methoden über eine exportierbare Schnittstelle anbieten. Damit wurden nicht pauschal alle Daten geparst, sondern nur die, die über eine Methode angesprochen werden - und zwar erst zu dem Zeitpunkt, wenn sie angesprochen werden. Bei der Übergabe von Nicht-XML-Daten entfällt das Parsing insgesamt. Diese Unterwanderung der XML-Grundsätze entbindet die HVB-Anwendungsentwickler von der lästigen Aufgabe, XML-Strukturen zu generieren und zu parsen.

JSP & SOAP

Für die Datenpräsentation beim Client zog die HVB Java Server Pages vor. Damit werden multiple HTML-Seiten generiert. Diese Seiten enthalten nur Standard-HTML-Code, sind statisch und lassen sich vom Webbrowser zwischenspeichern. In Anbetracht der Einschränkungen des Internet Explorers 5, wie z.B. das Fehlen einer Feldsperre, hat die Systemgruppe der HVB eigene HTML-

8.7 Die Anbindung bestehender Hostsysteme über XML und SOAP bei der Hypovereinsbank

Display-Attribute hinzugefügt. Überhaupt hat dieser Anwender die Standard-XML-, HTML- und SOAP-Software um eine Menge eigener HVB-spezifischer Eigenschaften ergänzt, etwas, was sich langfristig rächen könnte, falls es zu einer nochmaligen Migration kommt. Für den Moment aber sieht alles gut aus. Die Netzbelastung ist gering, und die Handhabung der Webseiten einfacher. Für HTML-Seiten mit einem Umfang von 33 KB beträgt der Umfang des Dateninhalts nur 1 KB. Damit sind erstmals alle zufrieden - die Endbenutzer, die Netzadministratoren und die zuständigen Manager.

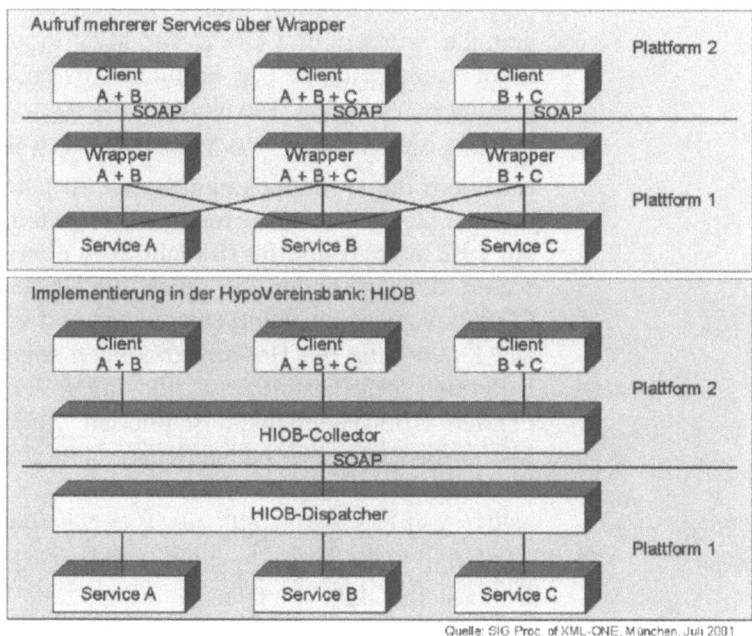

Abb. 8.9: Systemintegration bei der HypoVereinsbank

Eigene Wege

Die Systemspezialisten haben alle Tricks verwendet, um die augenblicklichen Mängel der Standard-XML-Produkte zu überwinden. Damit haben sie aber auch eine eigene Welt geschaffen, die sie auch noch weiterentwickeln müssen, wenn die Standard-Produkte sie schon längst überholt haben. Wer A sagt, muß auch B sagen. Mit dem Beginn einer eigenen Integrationsumgebung begibt sich der Anwender in eine andere Art Abhängigkeit, die Abhängigkeit von den eigenen Produkten. Hier stellt sich nochmals die Frage, wie viel soll der Anwender selber entwickeln und wie viel soll er fertig kaufen? Obliegt es dem Anwender, unzulängliche Technologien durch eigene Do it yourself-Technologien zu kompensieren? Oder soll er nicht lieber warten, bis die Standardprodukte ausgereift sind? Die HVB hat sich für den eigenen Weg entschieden [223]. (siehe Abb. 8.9)

8.8 Systemintegration in einer J2EE/COBOL-Umgebung

J2EE und COBOL

Die nächste Fallstudie betrifft eine Bausparkasse - die Deutsche Bank Bauspar AG. Auch dieses Integrationsprojekt verbindet Webdienste mit Mainframe-Programmen, allerdings nicht mit den alten Programmen, sondern mit reimplementierten Versionen. Die alten Hostprogramme waren nämlich in COBOL-74 codiert und stammten aus den frühen 80er Jahren. Die neuen Hostprogramme wurden in COBOL für MVS in einer objektbasierten Form implementiert. Die Frontend-Anwendungen sind in Java geschrieben worden. Die Verbindung dazwischen fand über das Produkt XML4COBOL von Maas High Tech statt.

Nachdem die Hostapplikationen fast 20 Jahre gedient hatten, in welcher Zeit sie fachlich mehrfach erweitert, technisch von IMS auf DB2 migriert und für das Jahr 2000 überarbeitet wurden, entschied der Anwender, sie Stück für Stück zu einer modernen COBOL-Version zu reimplementieren und ans Web anzubinden. Die Erneuerung der Hostanwendungen sollte ohne Abbruch der laufenden Geschäftsprozesse und unter Verwendung der bestehenden DB2-Datenbanken stattfinden. Zudem sollte der große Erfahrungsschatz der vorhandenen COBOL-Mannschaft bewahrt bleiben [165].

COBOL bleibt

Daher wurde entschieden, die wesentlichen Bausparfunktionen weiterhin in COBOL abzubilden und diese als Services in ein webbasiertes J2EE-Umfeld zu integrieren. Im erneuerten Bausparsystem verblieben die Kernlogik und die Zugriffslogik auf dem Hostrechner, während die Präsentationslogik auf die Prozeßsteuerungslogik in einer mehrschichtigen J2EE-Architektur mit BEA Weblogic-Server unter dem Betriebssystem Sun Solaris zur Verfügung gestellt wurde. Damit sollten die unterschiedlichen Anwendungsgruppen - Kundenbetreuer, Vertriebspartner und Internetkunden - alle über eigene Webapplikationen mit einem einheitlichen Framework bedient werden.

XML als Bindeglied

XML4COBOL

Die neue Architektur wurde von der Schnittstelle zwischen dem Applikationsserver und dem Mainframe geprägt. Die Nachrichtenübertragung erledigte MQ-Series von IBM. Darüber liefen die XML-Aufträge an die Hostprogramme und die XML-Ergebnisse von den Hostprogrammen. Es wurden sowohl asynchrone Ver-

8.8 Systemintegration in einer J2EE/COBOL-Umgebung

bindungen für schreibende Zugriffe als auch synchrone für lesende Zugriffe eingesetzt. Das auf XML basierende Protokoll war eine Eigenentwicklung, da die SOAP-Norm zu diesem Zeitpunkt noch nicht verabschiedet war. Es beinhaltete den Aufruf mehrerer Methoden innerhalb einer Nachricht und erlaubte es dem Auftraggeber, die CICS-Transaktionen zu starten und zu beenden. Die wichtigste Eigenschaft des Protokolls war das eigene Typensystem mit Transformationsregeln zur Überführung der XML-Daten in Java-Klassen und in COBOL-Datentypen. Die Datenstrukturen, die als Parameter oder Rückgabewerte über die Schnittstelle transportiert wurden, sind auch als UML-Klassen modelliert worden. Diese Schnittstellenklassen wurden als dtd Stereotypen gekennzeichnet. In Java waren das Value Objects, in COBOL Copy-Strecken. Zur Steuerung von deren Transformation zwischen Java, XML und COBOL wurde in Java je eine XML-Transferklasse zuzüglich SAX-Prozessor und in COBOL jeweils ein Nodenavigationsmodell generiert. Die COBOL-Seite wurde durch das Produkt „XML4COBOL" von Maas High Tech Software erzeugt. Somit waren alle Schnittstellendefinitionen automatisch generierbar. Es gab keinen Anlaß, manuell einzugreifen [181]. (siehe Abb. 8.10)

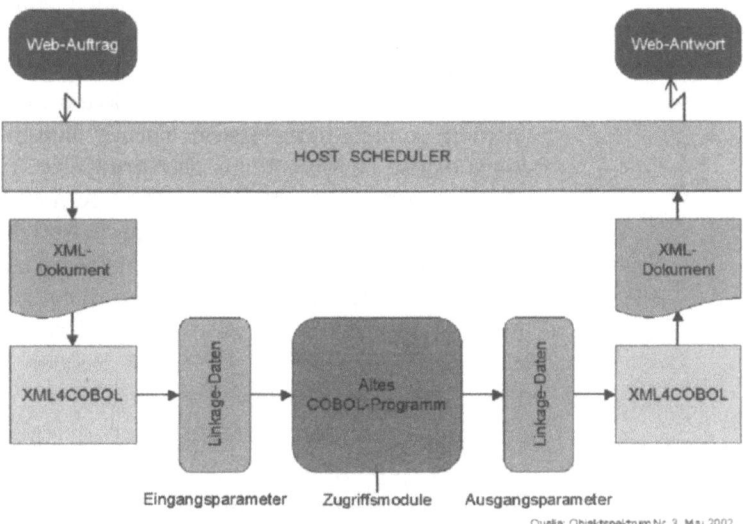

Abb. 8.10: XML4COBOL als Bindeglied zum Web

Schichten-modell

Wie viele moderne Webarchitekturen hat auch die Architektur der Deutsche Bank Bauspar AG fünf Schichten:

8   Fallstudien aus der Integrationspraxis

- eine Präsentationsschicht,
- eine Anwendungsschicht,
- eine Geschäftslogikschicht,
- eine logische Zugriffsschicht und
- eine physische Zugriffsschicht.

Präsentations-schicht

Die Präsentationsschicht bzw. das Frontend wurde im Sinne von Thin Clients als Web-Browser nach dem bewährten Entwurfsmuster „Model View Controller für Webarchitekturen" auf dem Arbeitsplatzrechner der Endbenutzer implementiert. Die Projektverantwortlichen entschieden sich für eine lose Kopplung zwischen Model und View, indem der Kontrollfluß des Controller-Servlets über eine XML-Parameterdatei konfiguriert werden konnte. Die View-Elemente wurden durch Java Server Pages (JSP's) umgesetzt. Das Model wurde von Action-Klassen umhüllt, die ihre Aufrufe vom Controll-Servlet bekamen. Die Action-Klassen leiteten die Aufträge weiter über Remote Method Invocations an die EJB-Schicht bzw. an den Application Server.

Anwendungs-schicht

Die Anwendungsschicht auf dem Unix-Vorrechner hatte die Aufgabe, im Sinne des Strawman-Modells die Geschäftstransaktionen zu steuern. Zu ihrem Aufgabenbereich gehörte das Ansprechen der Datenzugriffsschicht, der Aufruf von Mainframe-Diensten, die Steuerung langer Transaktionen und logischer Datenprüfungen im Zusammenhang mit Datenbankzugriffen. Diese Funktionen wurden gemäß dem Session Facade Pattern von Gamma durch zustandslose Session-Beans gekapselt. Die Transaktionssteuerung fand mit Hilfe eines Workflow-Management-Systems statt. Da die Bestandsdaten weiterhin auf dem Hostrechner geblieben sind, gab es nur lokale Datenbanken auf dem Applikationsserver. Es handelte sich primär um Wiedervorlagedaten der Kundenberatung mit Informationen zu durchgeführten Beratungen oder um Prozeßsteuerungsdaten. Auf diese lokalen Datenbanken wurde über eine JDBC-Schnittstelle zugegriffen. Zugriffe auf die Hostprogramme wurden an Stubklassen delegiert, die die Serialisierung der Aufträge in XML und deren Weitergabe an die Message Queue bewirkten. Jene Stubklassen konnten für jede Komponente auf der Hostseite vollständig aus dem Entwurfsmodell generiert werden.

Geschäfts-logikschicht

Die Geschäftslogikschicht wurde aus den reimplementierten COBOL-Programmen gebildet. Diese Programme bieten dem Applikationsserver ihre Dienste mit XML-fähigen Methodenaufrufen an, steuern die dafür erforderlichen Abläufe auf dem Host und bauen die XML-Rückantworten auf. Dabei werden Methoden der logischen Zugriffsschicht wie auch Methoden der Geschäftslogikschicht herangezogen. Alle Methodeninvokationen laufen über einen maßgeschneiderten Namensdienst, der sie in Aufrufe von COBOL-Modulen umsetzt. Die Methoden selbst sind innerhalb der COBOL-Module als Nested Procedures implementiert. Dieses Verfahren erlaubt den geschachtelten Aufruf von Methoden innerhalb eines Moduls. Die Namen der auszuführenden Methoden werden aus dem Kopfteil der XML-Nachrichten entnommen. Für die Entnahme der Daten aus den XML-Eingabedaten und ihre Bereitstellung als Parameter im Linkagebereich wurden spezielle XML-Module anhand der Eingabe-DTDs generiert. Andere XML-Module wurden aus den Ausgabe-DTDs generiert, um aus den Ausgabedaten im Linkagebereich die XML-Ausgabedateien zu erzeugen.

Es wird hier betont, daß diese Art der Hostprogrammanbindung nur deshalb möglich war, weil die COBOL-Programme zu diesem Zweck neu geschrieben wurden. Es wäre mit den bestehenden Programmen nicht möglich gewesen. Insofern ist von einer Kapselung bestehenden Codes nicht die Rede. Lediglich die Daten wurden wiederverwendet, nicht jedoch die Programme. Die reimplementierten COBOL-Programme hatten wenig Ähnlichkeit mit den ursprünglichen.

Logische Zugriffsschicht

Die logische Zugriffsschicht dient als Scharnier zwischen den Applikations- und Geschäftslogikschichten und den Datenbanken. Sie erlaubt es, sowohl mit Value-Objekten aus Java als auch mit Datenstrukturen aus COBOL auf die Datenbank zuzugreifen. Auf der Serverseite entsprechen die Datenbanken dem Klassenmodell und lassen sich 1:1 abbilden. Jedoch auf dem Mainframe waren die Datenbanken Überbleibsel der Vergangenheit. Sie waren logisch immer noch logische IMS-Datenbanken in einem DB2-Behälter. Hier handelt es sich daher um eine Datenbankkapselung. Die logische Zugriffsschicht diente im Prinzip als Datenbankwrapper mit den klassischen Wrapper-Funktionen. Sie setzte die neuen Objektstrukturen in die alten Tabellen bzw. Segmentstrukturen um und umgekehrt. Für jedes Objekt gab es ein View und für jedes View ein Zugriffsmodul. Die Zugriffsmodule konnten aus den Datenstrukturen weitgehend generiert werden. Auf diese Weise war es möglich, eine objektorientierte Sicht der Daten auf das vorhandene Semi-relationale Datenmodell der existierenden Dabenbanken abzubilden.

Fallstudien aus der Integrationspraxis

Physische Zugriffsschicht

Die physische Datenzugriffsschicht führte auf Serverseite und Hostseite die eigentlichen Datenzugriffe aus. Auf der Serverseite wurden die Value-Objekte über JDBC-Operationen in Oracle-Datenbanken abgespeichert und wiedergewonnen. Die Data Access Objekte und die zugehörigen DDL-Skripte konnten vollständig aus dem Datenmodell generiert werden. Auf der Hostseite wurden die Relationen in DB2-Datenbanktabellen abgelegt und wiedergeholt. Hier gab es für jede Tabelle ein eigenes Zugriffsmodul, in dem die Standardzugriffsarten - Insert, Select, Modify und Delete - ausgeführt wurden. Der Datenaustausch mit der logischen Zugriffsschicht erfolgte über gemeinsame Datenstrukturen bzw. Copy-Strecken. Je Modul wurde eine Copy-Strecke generiert, die allein als Übergabe- und Rückgabeparameter zu den Zugriffsoperationen diente. Dies entsprach einer Tabellenzeile mit einem primären Suchbegriff. (siehe Abb. 8.11)

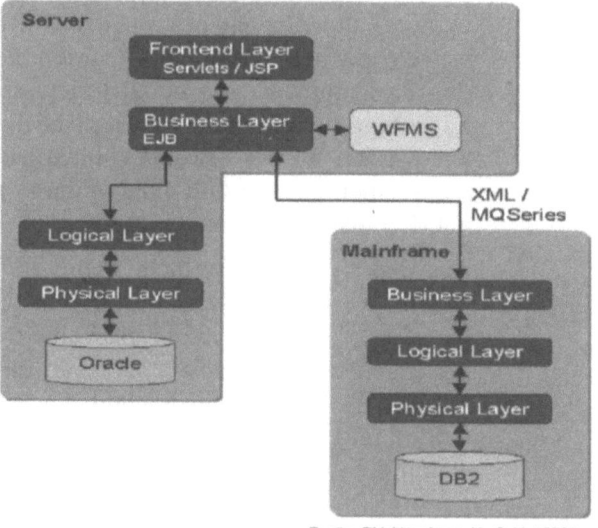

Abb. 8.11: DBBSAG-Schichtenmodell

Interessanterweise verwendete der Anwender für die physische Verwaltung der Hostdatenbanken Exceldateien. In diesen wurden die feldbezogenen Transformationsregeln gepflegt, die in die Generierung der Zugriffsoperationen eingingen. Die Zugriffsmodule wie auch alle anderen Module wurden also auf dem PC-Arbeitsplatz generiert. Der Generator wurde über diese Parameterdateien gesteuert [229].

*Generierungs-
techniken*

Zusammenfassend ist festzustellen, daß dieses Projekt einen hohen Automatisierungsgrad aufwies - ein Großteil der Komponenten ist generiert worden. Dafür hatte der Anwender zunächst mehrere maßgeschneiderte Generatoren entwickeln müssen. Diese Vorausinvestition hat sich jedoch anscheinend gelohnt, denn danach wurden damit mehrere hundert Komponenten erzeugt. Manuell entwickelt wurden lediglich die Java-Applikationsklassen auf der Serverseite und die COBOL-Verarbeitungsmodule auf der Hostseite. Damit wurden die Kosten der Systemerneuerung auf ein Minimum geschaltet. Dies ist ein sehr wichtiger Aspekt solcher umfangreicher Migrationsprojekte.

*Legacy-
Erneuerung*

Durch die Kapselung der vorhandenen Altprogramme hätte man noch mehr sparen können. Dies wäre auch möglich gewesen, aber dann hätten die Hostprogrammierer den alten, mehrfach geflickten Code weiterpflegen müssen. So hat man die Gelegenheit genutzt, die Altprogramme neu zu entwickeln. Dies ist zwar teuer, aber doch überlegenswert, wenn die Hostsoftware noch lange leben soll.

In Anbetracht der Komplexität der Architektur ist dieses Projekt ein großer Erfolg gewesen und stellt ein gutes Beispiel für Softwaresystemerneuerung und Datenkapselung dar.

8.9 Die Kapselung eines Online Brokerage Systems

*GEOS
Kapselung*

In dieser Fallstudie handelt es sich um ein Standardsoftwaresystem für den Handel mit Wertschriften. GEOS (Global Entity Order System) ist eine von einem österreichischen Bankenkonsortium finanzierte Anwendung, die auch außerhalb Österreichs als Softwareprodukt verkauft wird. Es ist ein klassisches Client / Server-System mit einem Thick Client auf MS-Windows- und OS/2 Arbeitsplätzen und einem portablen Server auf dem Host oder auf einem beliebigen Unix-Rechner. Das Frontend ist in C++, das Backend in C implementiert. Die Datenbasis bilden relationale Tabellen entweder in DB2-, Oracle- oder Informix-Datenbanken.

Im Jahre 1999 wurde begonnen, eine Internetanbindung für das System zu schaffen - das GEOS Internet Banking. Dieses Anschlußsystem sollte es ermöglichen, neben den herkömmlichen Windows-GUI-Oberflächen auch Java Swing, HTML, XSL und WAP Mobile Clients zu unterstützen. Die Hauptaufgabe bestand darin, die Backendsoftware hinter einer allgemeingültigen Schnittstelle zu kapseln, die den Zugriff auf sämtliche Serverfunktionen zuläßt.

CORBA-basiert

Das neue Satellitensystem wurde als eine CORBA-basierte Anwendung mit fünf Komponenten konzipiert. Die fünf Komponenten sind:

- der Login Manager,
- der Interface Manager,
- der Session Manager,
- der Authentication Manager und
- der JGEOS Server.

Der Login Manager empfängt die Anwenderaufträge bzw. Nachrichten, trägt sie ein und gibt sie an den Interface Manager und den Session Manager weiter. Der Interface Manager beinhaltet den CORBA-Namensdienst. Er sorgt für die Identifikation der Objekte, die Versionierung der Schnittstellen und den Lastenausgleich. Der Session Manager steuert die Transaktionen und verwaltet den Datenaustausch zwischen verteilten Servern. Er stößt auch den Authentication Manager an, um die Zugriffsberechtigung der Anwender zu prüfen. Der JGEOS Server schließlich verarbeitet die Benutzeraufträge als CORBA-Geschäftsobjekte. Überwacht wird er vom Security Manager, der alle Zugriffe kontrolliert.

Client/Server-Architektur

In der ursprünglichen Client/Server-Architektur übergibt der GUI-Client Aufträge als Datenströme an eine sogenannte Datenquelle. Von der Datenquelle aus gehen die Aufträge über eine Transportsoftware an die Plattform des Client/Server-Systems. Die Transportsoftware ruft die betroffene Funktion auf dem Server auf und überreicht die Parameter. Wenn das Ergebnis zurück kommt, wird es wieder in der Datenquelle abgelegt und die Clientfunktion wieder reaktiviert. Auf diese Weise ist die Frontendsoftware von der Backendsoftware entkoppelt, allerdings nur physisch. Logisch sind sie über den Inhalt und den Aufbau der Parameter verknüpft. Diese sind wiederum im C++-Code des Clients sowie im C-Code des Servers fest verdrahtet.

Wie bei vielen Client/Server-Anwendungen sind diese Schnittstellen nur unzulänglich dokumentiert und oft sehr komplex. Manche Aufträge enthalten bis zu 400 Parameter, die zum Teil übereinander gelagert sind und die über Pointers referenziert werden. Oft wird auch nur eine kleine Untermenge der Parameter tatsächlich verwendet.

8.9 Die Kapselung eines Online Brokerage Systems

Schnittstellen Reverse Engineering

Um diese Schnittstellen für den Internetanschluß zu dokumentieren, wurde ein Reverse Engineering Projekt gestartet. Die Struktur der Schnittstellen sollte in sogenannten Data Access Objekten (DAO's) spezifiziert werden. Ein Data Access Objekt enthält die Parameter und die Zugriffsoperationen auf sie. Demzufolge gibt es eine Eingabe-DAO für die Datenübergabe an das Backend und eine Ausgabe-DAO für die Datenrückgabe vom Backend.

Ursprünglich wurden die DAO's als Java Beans implementiert. Sie enthielten

- die Steuerungsdaten für die CICS-Transaktion am Host,
- die Identifikations- und Versionierungsdaten für die Schnittstelle,
- die Beschreibung der Parameterstruktur,
- die Parameterwerte selbst und
- den Ergebnistyp ähnlich einem C++-Prototyp.

Die Einbeziehung der Strukturbeschreibung in die Schnittstelle verleiht eine größere Flexibilität und erlaubt es dem Empfänger, die Daten zu prüfen und zu interpretieren ähnlich wie bei XML. Die Schnittstellendefinition erfolgte in CORBA-IDL. Damit wurde der Internetclient vom Applikationsserver entkoppelt und konnte frei entwickelt werden, möglichst unabhängig von der Weiterentwicklung des Backends.

XML-Schnittstellen

Inzwischen wurde dieser Backendwrapper als XML-Schnittstelle implementiert. Sowohl die DTDs als auch die XML-Datendefinitionen werden automatisch aus dem C-Code generiert. Die Datendefinitionen geben den Parametern und Ergebnissen somit ihre Typen vor. Der Client braucht sie nur um die Parameterwerte zu ergänzen. Der XML-Wrapper generiert daraus den ursprünglichen C-Aufruf. Diese Wrapper werden wiederum aus einer Musterklasse generiert. Somit ist die Verbindung vom neuen Internetclient zum bestehenden Hostserver vollautomatisch verwirklicht worden und zwar auf der Basis des existierenden Codes [101].

Im Prinzip ist dies die gleiche Technik, die im letzten Kapitel für COBOL demonstriert wurde. Ausgehend von den Datenstrukturen in den bestehenden Programmen wird ein XML-Schema erzeugt, das der alten Schnittstelle entspricht. Anhand dieses Schemas werden die Daten aus den XML-Dateien von den Webclients entnommen und den Zieldatentypen der ursprünglichen Parameterliste zugewiesen. Umgekehrt werden die Ergebnisse

8   Fallstudien aus der Integrationspraxis

vom Server aus der Ergebnisstruktur entnommen, um eine XML-Datei für die Rückgabe zu generieren.

Layered Architecture

Das Ziel der Kapselung des GEOS-Backends hinter einer Standardschnittstelle, die einen beliebigen Client zuläßt, ist damit erreicht worden. Der Anwender kann jetzt von verschiedenen Endgeräten aus auf die GEOS-Funktionalität auf dem Host oder auf dem Unix-Server zugreifen. Hier handelt es sich also um ein klassisches Kapselungsprojekt. (siehe Abb. 8.12)

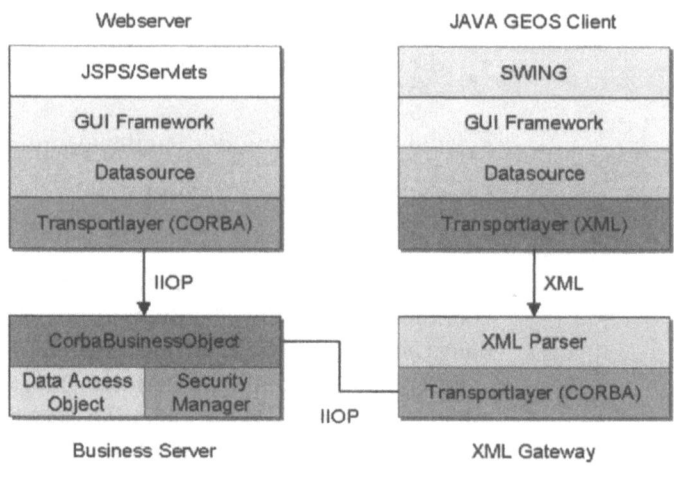

Abb. 8.12: Layered Architecture of GEOS Internet Banking

8.10 Die Kapselung eines COBOL Batch Systems hinter einer XML-Schale

Batch-Kapselung

Die letzte Fallstudie ist eigentlich ein Forschungsprojekt an der Universität Regensburg, das dazu dienen sollte, die im letzten Kapitel dargestellte XML-basierte Kapselungstechnik zu demonstrieren.

Auftragsverarbeitung

Das System, das es zu kapseln galt, ist ein Auftragsverarbeitungssystem, bestehend aus einem Online-Dialogprogramm zur Erfassung von Kundenaufträgen. Dieses Programm benutzte zwei Unterprogramme - eins für den Zugriff auf die Kundendaten und eins für die Fortschreibung der Artikeldaten. Beim Eingang eines Kundenauftrags wurde zunächst geprüft, ob der Kunde bekannt ist und dann, ob er auch kreditwürdig ist. Wenn ja, werden seine Bestellungen der Reihe nach abgearbeitet. Jede Bestellung bezieht sich auf einen Artikel. Falls der Artikel nicht vorhanden ist,

8.10 Die Kapselung eines COBOL Batch Systems hinter einer XML-Schale

wird die Bestellung übergangen. Falls die Artikelmenge nicht ausreichend ist, wird ein Rückstellposten erstellt. Falls die Artikelmenge ausreicht, wurde sie um die Bestellmenge reduziert und ein Versandauftrag erzeugt. Falls die Artikelmenge unter die Mindestmenge sinkt, wird vom Artikelverwaltungsmodul auch ein Lieferauftrag erstellt. Am Ende von jeder Auftragsbearbeitung wird für den Kunden eine Rechnung ausgestellt.

Die Programme für die Ausgabe der Versandaufträge, der Rückstellposten, der Lieferaufträge und der Rechnungen waren alle einzelne Batchprogramme, die am Ende des Tages angestoßen wurden. Sie verarbeiten jeweils eine Schnittstellendatei und produzieren Dokumente, die herausgeschickt werden.

COBOL-Einbindung

Ursprünglich waren alle Programme in COBOL geschrieben - einschließlich des Dialogprogramms, das eine DOS-Maske bediente. In der Übung mußte das Auftragsbearbeitungsmodul in Java umgeschrieben werden, um als Client zu dienen. Das Java Applet kam auf den Anwenderarbeitsplatz. Die restlichen Pogramme blieben in COBOL auf dem Server und wurden hinter einer XML-Schale gekapselt. Die zwei Zugriffsmodule wurden vom asynchronen Modul als Unterprogramme aufgerufen. Bei ihnen wurde die Linkage Section mit den Parametern aus der XML-Datei vom Client aufgebaut, und die Ausgabeparameter wurden wiederum gewonnen, um die XML-Rückgabedatei zu generieren. Dazu wurden die XMLTOCOB- und COBTOXML-Unterprogrammwrapper verwendet.

Die vier Batchprogramme wurden nach wie vor mit Dateien gefüttert, allerdings mit XML-Dateien. Die COBOL-READ-Operationen wurden durch CALL-Aufrufe zu den XML-Stubs ersetzt. Die Stubs haben die XML-Dateien, die übrigens vom Java-Client erzeugt wurden, geparst und aus den Daten COBOL-Sätze generiert, die dann dem Batchprogramm an Stelle der bisherigen Datensätze zugeführt wurden. So wurde XML zur Implementierung sämtlicher interner Schnittstellen verwendet.

Später wurde das Java Applet mit Windows-Oberfläche ersetzt durch JavaScript mit einer HTML-Seite. Dies hatte keinerlei Auswirkungen auf die am Server gelagerten COBOL-Programme.

Pilotprojekt

Dieses Pilotprojekt demonstrierte, daß es sehr wohl möglich ist, bestehende COBOL-Programme mit einem Minimum an Anpassung, und dies rein maschinell, durch die COBWRAP-Tools ans Web mit einem Thin Client anzubinden. Es zeigt auch, daß das Frontend unterschiedlich implementiert werden kann. Die XML-Schnittstellen schützen die gekapselten Serverprogramme vor dem Client. Jedes der bisherigen COBOL-Module ist zu einer isolierten Komponente geworden, eingehüllt in eine XML-Schale [325].

Das Beispiel zeigt, wie wichtig es ist, auf die Architektur zu achten und die Funktionen einer Anwendung in einzelne Module auszulagern. Für jedes Datenobjekt, ob Kunde, Artikel, Auftrag, Rückstellung oder Rechnung, soll es ein eigenes Modul bzw. eine eigene Klasse geben. Diese lassen sich nachher um so leichter kapseln und in eine andere Architektur umwandeln. Für die Integration bestehender Anwendungssysteme sind eben gewisse Voraussetzungen wie Modularität und Datenunabhängigkeit zu erfüllen. Sonst ist die Integration um einiges schwieriger. (siehe Abb. 8.13)

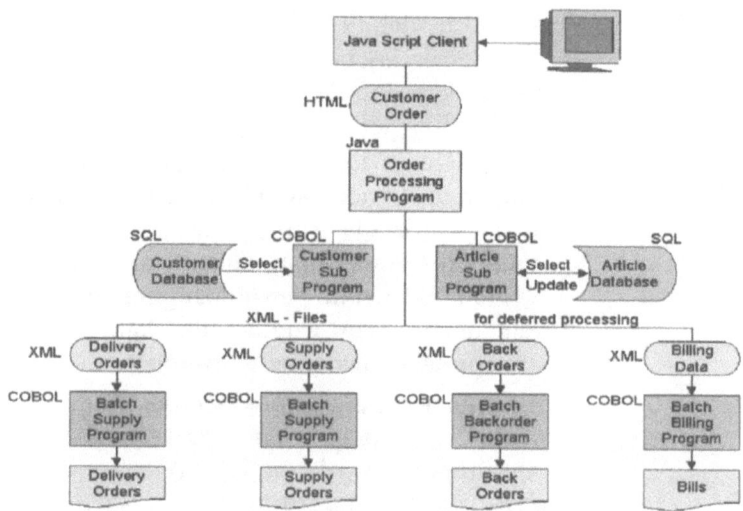

Abb.: 8.13: XML-gekapselte Bausteine einer Auftragsbearbeitung

8.11 Zum Stand der Integrationspraxis

Integrationserfolge

Die hier geschilderten Projekte sind nur ein Querschnitt aus der reichlichen betrieblichen Praxis. Es haben in den letzten Jahren Dutzende solcher Projekte im deutschsprachigen Raum stattgefunden. Im Gegensatz zu den Entwicklungsprojekten ist die Mehrzahl dieser Integrationsprojekte zu einem befriedigenden Abschluß gekommen. Das größte Problem war fast immer die Anbindung der Legacy-Systeme. Der Strategievorstand von VW gab dies in einem Interview unumwunden zu. Bei der Einführung ihres neuen Zulieferprotokolls bestand die größte Herausforderung darin, komplexe Wertschöpfungsketten der Automobilindustrie in den Softwareprodukten abzubilden und mit den Legacy-Systemen zu verbinden. „Die größte Schwierigkeit bei der Angelegenheit sei das Schnittstellen-Management und die Einbindung der Altsysteme". Zum Schluss wurde das Problem mit Hilfe von „Websphere" gelöst [264].

Schlüsselrolle der Architektur

Die Lösung scheint in der Architektur zu liegen. Wer die geeignete Architektur findet, hat es auch leichter mit den bestehenden Systemen. Die Wahl der geeigneten Architektur hängt wiederum von der Umgebung ab. Die Middleware muß zu der vorhandenen Software passen. D.h., auch hier bestimmt das Ist das Soll, denn es gilt, so wenig wie möglich ändern zu müssen. Uta Pollmann, renommierte Beraterin für Integrationsprojekte, empfiehlt daher für Mainframe-Anwendungen weiterhin die Ultra-Thin-Client-Lösung, um die Oberflächen möglichst nahe an den bisherigen Oberflächen zu halten. Sie plädiert auch für eine möglichst 1:1-Abbildung der Altanwendung in Java-Komponenten, die jene dahinterliegenden Legacy-Programme als Objekte mit Methoden nach außen darstellen. Als Verbindungssoftware sieht sie den IMS Connector oder Boppio von Systor vor. Mit dieser Strategie hat Systor in der Schweiz und im süddeutschen Raum schon mehrere Integrationsprojekte erfolgreich durchgeführt [226]. Von der technischen Seite her scheint das Problem der Systemintegration also gelöst zu sein. Der Anwender braucht nur den richtigen Partner zu finden.

9 Der Weg zur webbasierten Systemintegration

9.1 Organisatorischer Übergang in die E-Business-Welt

Übergangsstrategien

Paul Harmon, ein in Amerika anerkannter Experte für verteilte Informationstechnologie, ist überzeugt, daß die Webtechnologie die Geschäftswelt radikal verändern wird.

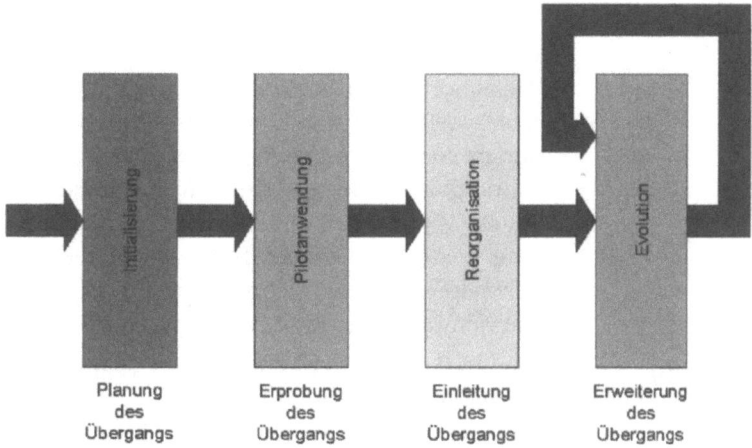

Abb. 9.1: E-Business-Übergangsphasen

Ihr Wirkungsgrad ist mit dem des Telefons zu vergleichen. Im Falle der Objekttechnologie und auch der Client/Server-Technologie hatten Betriebe die Alternative, sie zu ignorieren und weiter zu machen wie bisher. Sie konnten diese technologischen Modewellen unbekümmert an sich vorbeirauschen lassen. Nicht so mit der Webtechnologie. Denn im Gegensatz zu diesen rein internen IT-Angelegenheiten hat die Webtechnologie auch außerhalb der eigentlichen IT-Welt einen großen Einfluß. Sie bietet den Firmen und den Menschen neue und vor allem preiswerte Kommunikationsmöglichkeiten. Plötzlich ist jeder sein eigener Postbote und sein eigener Bibliothekar. Jeder ist mit jedem verbunden, und jeder hat Zugang zu den Informationsquellen der Welt. Somit ist auch jeder mit der Informationstechnologie konfrontiert. Die IT-Hochburgen sind gezwungen, darauf zu reagieren. Diese Reaktion darf jedoch nicht überstürzt sein. Sie muß überlegt geplant, organisiert und in die gewünschte Richtung gesteuert werden. Hamon schlägt dafür ein Vierphasenkonzept für den Einstieg in das E-Business vor. Die vier Phasen sind:

Phasenkonzept

- Initialisierung,
- Pilotanwendung,
- Reorganisation und
- Evolution [114].

(siehe Abb. 9.1)

9.1.1 Initialisierungsphase

Initialisierung

In der ersten Phase - Initialisierung - wird der Übergang zur neuen Technologie geplant. Zu diesem Zweck wird ein sogenanntes Transition Team gebildet, das vom CIO - Chief Information Officer - selbst geleitet wird. Das Team setzt sich aus Schlüsselpersonen aus dem eigenen Betrieb sowie externen Beratern mit Erfahrung im E-Businessbereich zusammen. Das Transition Team ist mit einem zweiten Team gepaart, dem Business Reengineering Team. Das zweite Team ist für die Reorganisation der Geschäftsprozesse im Sinne von E-Business zuständig. Natürlich müssen diese beiden Teams eng zusammenarbeiten.

Transition Team

Die erste Aufgabe des Transition Teams ist eine Ist-Analyse bzw. Bestandsaufnahme. Hier geht es darum, festzustellen, wo das Unternehmen sich organisatorisch und technisch befindet - insbesondere relativ zu anderen Unternehmen in der gleichen Branche. Diese Analyse schließt sowohl die betriebswirtschaftliche Aufbau- und Ablauforganisation als auch den Stand der IT-Technologie ein. Für die Beschreibung der Organisation werden klassische Dokumentationsmittel wie Organigramme, Ablaufdiagramme und Prozeßmatrizen eingesetzt. Für die Analyse der IT-Systeme werden Sourceanalyse- und Nachdokumentationswerkzeuge verwendet. Das Ziel der Ist-Analyse ist, in kurzer Zeit ein mit Kennzahlen untermauertes Bild des Ist-Zustandes zu vermitteln. Mit Hilfe dieser Zahlen soll es möglich sein, die Kluft zu dem angestrebten Soll-Zustand zu messen.

Die zweite Aufgabe des Transition Teams ist die Projektierung der Zukunft des Unternehmens. Auch hier gibt es zwei sich gegenseitig ergänzende Modelle. Das erste Modell ist das Organisationsmodell. Es beschreibt, wie das Unternehmen in Zukunft strukturiert sein sollte. Natürlich steht das E-Business im Vordergrund, aber nicht ausschließlich. Die neuen Internet-Technologien haben die Kommunikationsmuster der Wirtschaft verändert. Produzenten und Dienstleister können viel schneller mit ihren Kunden und Lieferanten Informationen austauschen. Die Abläufe innerhalb eines Unternehmens müssen daher beschleunigt werden. Hinzu kommt, daß die meisten Geschäftsprozesse mit der Informationstechnologie eng verflochten sind. Rechen- und Kommunikationsgeräte werden eingesetzt, um die neuesten Informationen zu erfassen, zu vermitteln und auszuwerten. Insofern ist es kaum möglich, das geplante Unternehmensmodell ohne Rücksicht auf das geplante IT-System zu konzipieren. Sie bilden zwei Seiten ein- und derselben Struktur.

Unternehmensmodellierung   Dargestellt wird das Unternehmensmodell mit modernen Mitteln der Dokumentationstechnik. Neben Kontextdiagrammen, Prozeßdiagrammen und Baumdiagrammen kommen auch Use-Case-Diagramme und Interaktionsdiagramme dazu. Es gilt vor allem darzustellen, welche Geschäftsvorfälle wie ablaufen und wer mit wem kommuniziert. Die Mitarbeiter werden als Kommunikationsknoten und Dienstleister zugleich betrachtet. Das neue E-Business-Modell stützt sich auf die Direktkommunikation über Ton, Bild und Schrift in der jeweils effektivsten Kombination bezogen auf den Geschäftsfall.

IT-Systemmodellierung   Das zweite Modell ist das der geplanten Informations- und Kommunikationssysteme. Paul Harmon spricht hier von der Corporate IT-Architecture. Dieses Modell beinhaltet wiederum vier Submodelle:

- die Hardware-Architektur,
- die Kommunikationsnetze,
- die Software-Architektur und
- das Informationsmodell.

Die Hardware-Architektur wird entweder ein zentraler Standalone-Rechner mit Terminalanschluß, ein zentraler Rechner mit angeschlossenen Satellitenrechnern oder ein Rechnernetz mit mehreren Client/Server-Clustern sein.

Die Kommunikationsnetze werden aufzeichnen, welche Rechner mit welchen anderen über welche Kanäle verbunden sind.

Die Softwarearchitektur wird die Struktur der Anwendungssysteme samt Schichten und Verteilung wiedergeben. Sie wird darstellen, welche Systeme sich auf welchen Rechnern befinden und wie sie miteinander vernetzt sind.

Das Informationsmodell wird die logischen Datenentitäten und ihre Beziehungen zueinander abbilden. Es handelt sich hier um ein unternehmensweites Entity/Relationship-Modell bzw. ein XML-Metaschema [119].

Natürlich wird es nicht möglich und auch nicht nötig sein, bei dieser Modellierung ins Detail zu gehen. Details würden die Modelle überlasten und das Wesentliche verstecken. Mit diesen ersten Modellen kommt es nur darauf an, einen Überblick zu verschaffen und diesen der Unternehmensführung zu vermitteln.

Die erste Phase endet mit einer Strategie für den Übergang. Die Strategie bestimmt, welche der bestehenden Anwendungssysteme in die neue E-Business-Architektur einzubinden sind - und wie (ob durch Konvertierung, Kapselung oder Reimplementierung). Außerdem bestimmt sie, welche Standardprodukte zu beschaffen sind bzw. welche neuen Anwendungen zu entwickeln sind. Hier werden alle Alternativen samt Kosten und Nutzen auf den Tisch gelegt. Das Strategiedokument soll zugleich als Informationsquelle und als Entscheidungshilfe dienen. An Hand dessen wird entschieden, welche Umstiegsstrategie tatsächlich verfolgt wird.

9.1.2 Pilotierungsphase

Pilotierung

In der zweiten Phase - Pilotierung - werden ein oder mehrere Pilotprojekte gestartet, um Systeme ans Web anzubinden. Es können neue oder alte Anwendungen sein. Wenn es darum geht, nur Erfahrung mit der neuen Technologie zu gewinnen, empfiehlt es sich, neue Anwendungen zu entwickeln. Wenn es jedoch darum geht, die Integrationsstrategie zu testen, sollte eine bestehenden Anwendung eingebunden werden.

Die Pilotprojekte sollten möglichst von gemischten Teams durchgeführt werden. Gemischte Teams bestehen aus eigenen Mitarbeitern und externen Experten. Diese Kombination ist wichtig, denn es gilt, nicht nur die Strategie zu erproben, sondern auch Wissen zu übertragen. Für die Integration der Anwendungssysteme und deren Anbindung an das Inter-/Intranet werden viele neue Softwareprodukte benötigt - von der Middleware bis zum XML-Parser und Wrappergenerator. Die Pilotprojekte haben die Aufgabe, die Tauglichkeit jener Produkte zu testen. Falls sie sich als untauglich erweisen, müssen andere Produkte versucht werden, oder die Pilotierung wird abgebrochen. Die Middleware ist besonders kritisch. Wenn sie nicht zuverlässig oder nicht performant genug ist, hat das ganze keinen Sinn. Die

Toolfrage ist zwar kritisch, aber nicht so kritisch wie die Middleware. Wenn die Tools nicht das bringen, was sie versprochen haben, hat man eben mit mehr Aufwand zu rechnen. Als Folge steigen die Kosten. Ein KO-Kriterium ist es nicht.

Erfahrungs-sammlung

Pilotprojekte dienen dazu, Erfahrung zu sammeln. Deshalb ist es wichtig, daß die Projekte während ihrer Ausführungen regelmäßig Statusberichte abliefern und im Unternehmen verteilen. Alle sollten wissen, wie es mit den Pilotprojekten weitergeht. Sie werden nicht nur über die Erfolge, sondern auch über die Pannen informiert, denn die Pannen können genau so lehrreich wie die Erfolge sein. Harmon schreibt: *„The goal is not only to produce applications that can be used to demonstrate the validity of the strategy, but also to learn about component based development and the problems involved in fielding e-business applications"* [113].

Am Ende der Pilotierungsphase sollte mindestens ein Pilotprojekt erfolgreich durchgeführt worden sein. Darüber wird ein ausführlicher Erfahrungsbericht verfaßt, und es werden die angewandten Methoden dokumentiert. Die Probleme mit Methoden, Werkzeugen und Produkten dürfen nicht verschwiegen werden. Es muß über alles offen und ehrlich berichtet werden, denn nur so nützt die Erfahrung etwas. Die Anwender müssen auch zu Wort kommen und ihre Sicht der Dinge beschreiben. Sie sollten die Möglichkeit haben, Kritik anzubringen. Schließlich sollen die projektierten Kosten und der Nutzen mit den tatsächlich angefallenen Kosten und Nutzen verglichen werden. Diese Nachkalkulation wird zeigen, ob der Einstieg in die Webtechnologie sich lohnt. Dabei muß man berücksichtigen, daß Pilotprojekte immer mehr kosten als Folgeprojekte. Dementsprechend sind die Kosten zu justieren.

9.1.3 Reorganisationsphase

Reorganisation

In der dritten Phase - Reorganisation - wird das ganze Unternehmen auf E-Business umgestellt. Nach dem Abschluß der ersten Pilotprojekte wird die Erfahrung ausgewertet und der Weg in die neue Welt bestimmt. Das Ziel dieser Phase ist die Vernetzung aller organisatorischer Einheiten und der Anschluß der Firma als Ganzes ans Internet. Dazu wird sie sich einem der gängigen Standards wie ebXML oder BizTalk unterwerfen müssen. Für die Vernetzung aller internen Einheiten wird sie das unternehmensweite Kommunikationsnetz ausbauen.

E-Business Einführung

Die Fachabteilungen werden als Folge der E-Business-Einführung mehr oder weniger umorganisert werden müssen, je nachdem, wie sehr sie von der neuen Technologie betroffen sind. Junge, internetversierte Mitarbeiter werden eingestellt, andere werden umgeschult, und manche, vor allem die Älteren, die nicht mehr mitkommen, werden kaltgestellt. Es muß von vornherein allen klargemacht werden, daß der Umstieg auf eine neue Technologie Opfer verlangt. Nichts wird so bleiben wie es war. Dies war auch die Aussage von Hammer und Champy im Zusammenhang mit Business Reengineering [111]. Wer eine Zukunft haben will, muß sich von der Vergangenheit befreien und sich den Herausforderungen der Zukunft stellen. Man hat sich auch den Zielen der neuen Technologie zu unterwerfen, und die heißen im Fall von E-Business Flexibilität, Adaptibilität und Mobilität. Die Organisation muß sich mit der Zeit wandeln. Feste Positionen wird es nicht mehr geben, sondern nur noch Rollen. Jeder hat die Rolle zu erfüllen, die ihm im Augenblick zugeteilt ist. Wer keine Rolle hat, ist überflüssig. Daß alle Mitarbeiter, die mit E-Business zu tun haben, auch Informationstechniker werden, ist selbstverständlich. Sie müssen in der Lage sein, im Internet zu surfen, Webseiten zu bedienen und einfache Probleme selbst zu analysieren. Natürlich wird es einen Hilfsdienst (Support) geben. Dieser wird dazu da sein, die Sachbearbeiter zu unterstützen. Dennoch müßten die Sachbearbeiter genug Wissen haben, um sich bei herkömmlichen Störungen selbst zu helfen. Vor allem müssen sie lernen, die Ergebnisse aus dem Web kritisch zu betrachten und auf ihre Plausibilität zu prüfen. Denn in dem Maße, wie die Komponenten der Webanwendungen ausgewechselt werden, steigt die Wahrscheinlichkeit, daß die Ergebnisse variieren. Was gestern noch richtig war, kann heute schon wieder falsch sein.

Die Anwender von E-Business-Systemen sind deshalb keine einfachen Sachbearbeiter mehr. Sie sind auch Analytiker und Tester. Sie müssen Mängel und Schwachstellen erkennen und melden, und sie müssen Abläufe analysieren und kritisieren. Nur so werden die Systeme besser. Die Unterscheidung zwischen Sachbearbeiter und IT-Spezialist wird immer mehr verwischt. Zum Schluß ist jeder ein IT-Spezialist, nur mit unterschiedlichen Schwerpunkten.

Reengineering der IT

Die IT-Abteilung wird durch die Reorganisationsmaßnahmen am stärksten betroffen. Mit größter Wahrscheinlichkeit werden die meisten IT-Bereiche in vier Teilbereiche zerfallen. Der eine Teilbereich – das Backoffice - wird sich um die Legacy-Anwendungen und deren Kapselung kümmern. Der zweite Teilbereich –

das Frontoffice - wird sich um den Application Server und die Clients kümmern. Der dritte Teilbereich wird für die Integration und Kommunikation zuständig sein. Dieser wird die übergeordnete Integrationsinstanz. Der vierte und letzte Bereich übernimmt den Test und die Qualitätssicherung der E-Business-Systeme in ihrer Gesamtheit. Er wird zum E-Business-Testzentrum. In Anbetracht der vielen Schnittstellen und der eminenten Instabilität und Fehleranfälligkeit von E-Business-Systemen darf die Bedeutung dieses Bereichs nicht unterschätzt werden [161].

9.1.4 Evolutionsphase

Evolution

In der vierten Phase - Evolution - werden die Reorganisationsmaßnahmen, die in der dritten Phase begonnen wurden, kontinuierlich fortgesetzt, nur in kleineren Inkrementen. Der Umstieg in die E-Business-Welt gleicht einer Revolution im Unternehmen. Vieles wird geändert. Irgendwann wird aber der Betrieb einen Punkt erreichen, wo die kritischen Geschäftsprozesse alle webfähig sind, wo die meisten bestehenden Systeme integriert sind und wo Internetanschlüsse zu den wichtigsten Geschäftspartnern bestehen.

Ab diesem Punkt verlangsamt sich das Änderungstempo der betrieblichen Reorganisation. Die Revolution geht über in eine Evolution.

Synthesen

In der Evolutionsphasen werden sowohl die Geschäftsprozesse als auch die darunter liegenden IT-Prozesse ständig optimiert. Richard Taylor hat mal eine Vision propagiert, wonach diese beiden Welten zusammenwachsen würden [343]. Wahrscheinlich wird dies für immer eine Vision bleiben. Aber durch EAI und E-Business werden sie sich bestimmt näher kommen. Die Geschäftsprozesse werden immer stärker mit den IT-Prozessen vermengt und die Sachbearbeiter immer mehr von den IT-Systemen gesteuert. Die internationalen E-Business-Konventionen werden einen wachsenden Einfluß auf die Geschäftswelt gewinnen und damit auf die betriebliche Detailarbeit. Nach einigen Jahren E-Business-Evolution wird man sich kaum noch vorstellen, daß man jemals ohne E-Business ausgekommen ist. Es wird so selbstverständlich wie das Telefon sein.

9.2 Technische Abwicklung der Systemintegration

IT-Technik

Für die IT-Abteilung steht es an, in der Initialisierungsphase eine neue webbasierte Architektur zu konzipieren und einen Plan für die Migration in diese Architektur auszuarbeiten. In der Pilotierungsphase werden einzelne Pilotprojekte durchgeführt, ähnlich denen in den Fallstudien, um die Machbarkeit des Vorhabens unter Beweis zu stellen. Es ist anzustreben, daß diejenigen, die den Architekturplan konzipieren und den Integrationsplan ausdenken, auch an den Pilotprojekten beteiligt sind, zumindest als Berater. Sie müssen aus erster Hand erfahren, ob ihre Ideen taugen und wenn nicht, ob sie anpassungsfähig sind. Durch die Pilotprojekte wird die Architektur verifiziert und der Integrationsplan validiert. Am Ende der Pilotierungsphase müßten beide ausgereift sein - die Architektur wie der Integrationsplan.

Zunächst wollen wir uns aber der Vorgehensweise widmen. In der Initialisierungsphase sind zwei Ergebnisse zu liefern:

- ein Architekturkonzept und
- ein Integrationsplan.

Aktivitätenplan

Dazu sind fünf Aktivitäten erforderlich:

- erstens die Sollanalyse der künftigen Webarchitektur,
- zweitens die Istanalyse der bestehenden Anwendungssysteme,
- drittens der Abgleich von Ist und Soll,
- viertens die Auswahl und Einführung einer Webumgebung und
- fünftens die Planung des Übergangs vom Ist zum Soll.

(siehe Abb. 9.2)

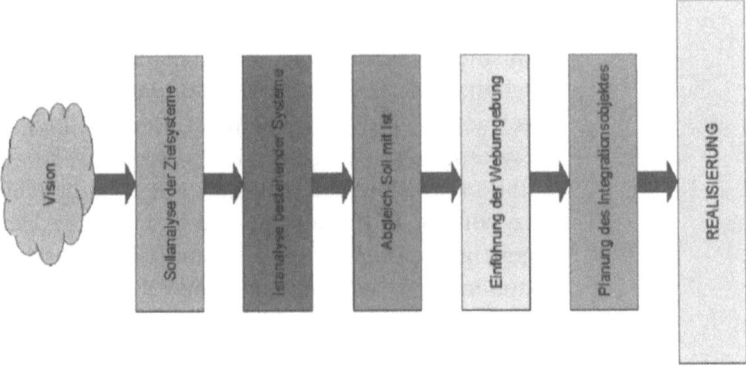

Abb. 9.2: Technische Planungsmaßnahmen

9.2.1 Sollanalyse der künftigen Webarchitektur

Sollanalyse
In diesem ersten Schritt werden die Anforderungen an eine künftige Webarchitektur gesammelt und dokumentiert. Die Quellen dieser Anforderungen sind die Literatur, die Fachpresse, die Produktinformation der Anbieter und die Vorstellungen der eigenen Manager und Fachabteilungen, sofern sie welche haben. Zu den Anforderungen gehören solche funktionalen Ansprüche wie Leistungsspektrum, Hostverträglichkeit und Message Orientierung. Hinzu kommen die nicht funktionalen Anforderungen wie Performance, Zuverlässigkeit, Adaptierbarkeit und Normengerechtigkeit. Sie spielen bei E-Business-Systemen eine besonders wichtige Rolle [224].

Anforderungen
Die wichtigste Anforderung ist die, daß die Architektur sich nach den herrschenden Normen richtet. Das Letzte, was ein Unternehmen gebrauchen kann ist eine exotische Architektur, die sich weit abseits vom Mainstream der Webtechnologie befindet. Die Architektur muß auf jeden Fall XML als Schnittstellensprache benutzen, ein relationales Datenbanksystem vorsehen, eine Message-oriented-Middleware anpeilen und einer der vorherrschenden E-Business-Normen unterliegen.

Bei der Anforderungserstellung ist daran zu denken, daß die Webarchitektur nicht nur den Internet-/Intranetanschluß gewährleisten soll. Sie muß auch gleichzeitig die bestehenden Systeme integrieren und die E-Business-Normen erfüllen. D.h. hier laufen vielerlei Anforderungen aus verschiedenen Richtungen zusammen. Ein Unternehmen wird nur einmal eine Webarchitektur einrichten. Diese muß daher stimmen, um die Zukunft des Unternehmens zu sichern. Eine Fehlentwicklung hier kann sich kein Unternehmen leisten.

9.2.2 Istanalyse der bestehenden Anwendungssysteme

Istanalyse
Parallel zur Sollanalyse einer Webarchitektur läuft die Istanalyse der bestehenden Anwendungssysteme. Das Ziel hier ist, mit Hilfe geeigneter Softwareanalyse-Tools die vorhandenen Programme, Datenbanken, Schnittstellen und Benutzeroberflächen zu messen, zu prüfen und nachzudokumentieren. Es gilt zu ermitteln, in welchem Zustand sich die Legacy-Systeme befinden - und zwar quantitativ wie qualitativ. Zu diesem Zweck werden Softwaremetriken verwendet, welche die Größe, Komplexität und Qualität der Programme, Datenbanken, Schnittstellen und Masken in Zahlen ausdrücken [323].

Metriken

Die Quantitätsmetriken wie Anweisungen, Data-Points und Function-Points liefern Anhaltspunkte dafür, was es kosten würde, die Software zu reimplementieren oder zu konvertieren. Die Komplexitäts- und Qualitätsmetriken geben Auskunft über den Aufwand für die Wartung und die Kapselung. Die Qualitätsprüfung läßt auf die Wiederverwendbarkeit der Software schließen, so z.B., ob es sich überhaupt lohnt, die Software beizubehalten. Schließlich gewähren die automatisch erzeugten Designdokumente einen Einblick in die Programm- und Datenstrukturen. Von besonderem Interesse ist natürlich die Dokumentation der Programmschnittstellen, damit man sehen kann, wo bei der Kapselung anzusetzen ist.

*Analyse-
ergebnisse*

Die Ergebnisse dieser Analyse

- die Metrikberichte,
- die Prüfberichte und
- die Designdokumente [45]

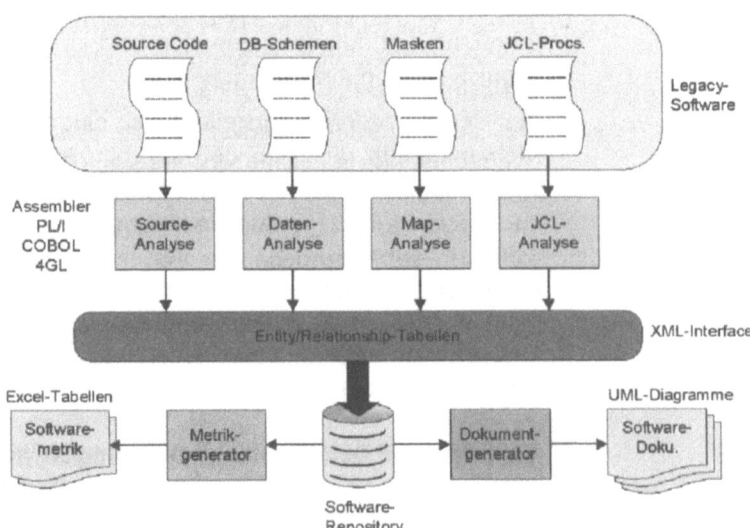

Abb. 9.3: Analyse der Legacy-Software

werden gesammelt und ausgewertet in Bezug auf die Einbindung der Programme und Datenbanken in die Webarchitektur. Natürlich, je höher die Modularität, Flexibilität und Wiederverwendbarkeit der Programme sowie die Normiertheit, Flexibilität und Anwendungsunabhängigkeit der Datenbanken, desto leichter und billiger wird es, sie in die neue Webarchitektur einzubinden. Falls die Software allzu schlecht ist, wird es sich vielleicht doch empfehlen, ein Ersatzprodukt zu suchen oder notfalls, was die allerletzte Alternative ist, die Anwendung speziell für die Webarchitektur neu zu entwickeln. (siehe Abb. 9.3)

9.2.3 Abgleich der Soll- und Istanalysen

Soll/Ist-Abgleich

Sobald die Anforderungen an die Webarchitektur stehen, die Architektur selbst in groben Zügen umrissen ist und die Ergebnisse der Istanalyse vorliegen, kann der Integrationsplaner beginnen, die beiden Sichten miteinander abzugleichen. Das Ziel des Abgleichs ist, festzustellen, welche der bestehenden Anwendungssysteme wo in die neue Architektur hineinpassen. Auf der Sollseite hat man einen modellhaften technischen Rahmen. Auf der Istseite hat man einen realen fachlichen Inhalt. Nun kommt es darauf an, den Inhalt dem Rahmen zuzuordnen. Daraus ergibt sich, welche Funktionen wo zu platzieren sind und welche Schnittstellen wo zu schaffen sind. Außerdem geht aus dem Abgleich hervor, welche Komponenten neu zu erstellen sind. Der Abgleich von Soll und Ist führt letztendlich zu einer detaillierten Spezifikation aller anstehenden Aufgaben. Diese sind die Anforderungen an die Integrationsprojekte. Sie gehen aus der Soll/Ist Zuordnungsmatrix hervor.

9.2.4 Auswahl und Einrichtung einer Webumgebung

Wahl der Webumgebung

Erst wenn aufgrund des Soll/Ist-Abgleichs gesichert ist, daß die alten Systeme sich in die neue Architektur überhaupt integrieren lassen, dürfte der Anwender damit beginnen, die nötigen Webprodukte zu beschaffen. Dazu gehören neben einem Middlewaresystem wie Weblogic, Websphere, Silverstream oder .NET auch viele kleinere Produkte wie Web-Browser, XML-Parser, XML-Umsetzer und Wrapper-Tools. Hinzu kommt eine webfähige Programmierumgebung wie J2EE oder .NET. Die Wahl der geeigneten Produkte wird vielfach davon abhängen, wie verträglich sie mit der bestehenden Umgebung sind. Um Kosten zu minimieren, sollte soviel wie möglich von der vorhandenen Software wiederverwendet werden. Das bedeutet, daß die neuen Produkte mit ihr verträglich sein müssen. Wenn die alte Software auf dem Mainframe ist, müssen die neuen Produkte auch auf dem Mainframe laufen oder zumindest mit ihm kommunizieren können [312].

9.2.5 Planung des Übergangs vom Ist zum Soll

Vom Ist zum Soll

Als letzter Akt der Initialisierungsphase im IT-Bereich wird ein Plan für die Systemintegration ausgearbeitet. Das Wesentliche an diesem Plan ist die Aufstellung der notwendigen Aufgaben für die Spezifikation und Implementation der Schnittstellen für die Entwicklung der Client- und Application-Server-Software für das Design der neuen Weboberflächen und für die Kapselung der Altsoftware bzw. für die Kapselung der Datenbanken.

Sanierungsmaßnahmen

Falls es sich herausgestellt hat, daß die bestehende Anwendungssoftware in der derzeitigen Form nicht zu gebrauchen ist, muß vorher ein Sanierungsprojekt vorgesehen werden. Entweder werden die unzulänglichen Altanwendungen konvertiert (z.B. von Assembler in C oder COBOL), oder sie werden reimplementiert. Das letztere war der Fall bei der Deutschen Bank Bausparkasse, der im letzten Kapitel geschildert wurde [165]. Dort wurden die alten COBOL-Programme zunächst in OO-COBOL umgeschrieben. Dies hat zwar einen zusätzlichen Aufwand verursacht, sicherte aber zuletzt den Erfolg des Projekts.

Tatsache ist, daß manche Altsysteme sich einfach nicht kapseln lassen. Sie sind in irgendeiner exotischen Sprache verfaßt, oder ihre Ablauflogik ist mit der alten Benutzeroberfläche zu sehr verquickt. Ist dies der Fall, hat der Anwender ein Problem. Ihm bleibt nichts anderes übrig, als die Software neu zu entwickeln, oder auf die Webtechnologie zu verzichten und dort zu bleiben, wo er ist. [109]

Forschungsprojekte

Sofern die bestehenden Systeme sich einigermaßen kapseln lassen, kann eines von ihnen für das Pilotprojekt ausgewählt werden. Das ausgewählte System sollte nicht nur technisch wiederverwendbar sein, sondern auch fachlich für das E-Business geeignet sein. Die Wahl der richtigen Anwendung für die Pilotierung ist eine kritische Entscheidung, die sorgfältig vorbereitet werden muß. Sie ist für den Erfolg oder Mißerfolg der ganzen Migration ausschlaggebend.

Der Pilotprojektplan selbst darf nicht zu detailliert sein. Im Gegenteil, er soll absichtlich grob und oberflächlich gestaltet werden. Denn ein Pilotprojekt muß flexibel bleiben. Man weiß zu wenig über die Betriebsumgebung und die Betriebsmittel, um detailliert planen zu können. Folglich wird einiges offen gelassen. Man kann nur grobe Meilensteine setzen und großzügig budgetieren.

Aufklärung

EAI-Pilotprojekte sind in der Tat Expeditionen ins Ungewisse und verlangen nach dem eXtreme-Programming-Ansatz [49]. Dennoch brauchen sie einen großen Spielraum. Mit der Erfahrung, die aus den Pilotprojekten gewonnen wird, kann später enger geplant und vor allem genauer geschätzt werden. Sie dienen der Aufklärung.

9.2.6 Durchführung des Pilotprojekts

Pilotprojekt

Das Pilotprojekt selbst müßte möglichst rasch durchgeführt werden, wenn möglich, innerhalb von sechs Monaten. Sofern alle Supportprodukte bereits funktionieren und die Pilotanwendung nicht zu groß ist, dürfte dieses Ziel ohne weiteres erreichbar sein. Die Entwicklung der Webclients mit HTML oder XSL Stylesheets wird rasch erledigt. Die Kapselung der Hostprogramme und Datenbanken dürfte voll automatisiert sein. Hier braucht man nur geringe Korrekturen. Allein die Verbindungssoftware bzw. der Application-Server könnte problematisch sein. Darauf muß der Projektleiter achten, damit das Projekt nicht ausufert. Das Ziel ist ein Thin-Client und auch ein Thin-Application-Server. Die eigentliche Funktionalität muß im Backend bleiben, wo sie auch hingehört.

Der Hauptaufwand im Pilotprojekt wird wohl der Test und das Tuning sein. Die langen Transaktionswege über viele Schnittstellen, auf mehreren Schichten verteilt, stellen eine besondere Herausforderung an den Test dar. Sie bieten zahlreiche Performanceengpässe, die es zu überwinden gilt. Die Erfahrungen aus den im letzten Kapitel zitierten Fallstudien bestätigen die Bedeutung des Testens und die Notwendigkeit, unterschiedliche Testarten zu betreiben - vom Unittest bis zum Stress- und Performancetest. Deshalb wird Testen nachfolgend noch in einem eigenen Abschnitt behandelt.

Kein Case

Auf keinen Fall darf das Pilotprojekt durch irgendwelche aufwendigen Dokumentationsmaßnahmen aufgehalten werden. Die HTML- oder XSL-Oberflächen dokumentieren sich selbst. Die XML-Schnittstellen sind im XML-Schema dokumentiert. Die gekapselten Programme werden nachträglich dokumentiert. Es könnte höchstenfalls vorkommen, daß die Application-Serverklassen aus UML generiert wurden. In diesem Falle wäre ein UML Case Tool einzusetzen [132].

Ansonsten haben Case-Werkzeuge in einem Integrationsprojekt wenig zu suchen. Sie halten die Entwickler nur von der Arbeit ab und lenken ihre ohnehin knappe Arbeitszeit in nutzlose Kanäle.

Bei Entwicklungsprojekten haben Entwurfswerkzeuge einen Sinn. Sie zwingen die Entwickler, sich mit dem Fachproblem und seiner technischen Implementierung auseinander zu setzen. Sie dienen auch der Kommunikation zwischen den Entwicklern und vermitteln einen Überblick über den Stand der Entwicklung.

In einem Integrationsprojekt herrschen andere Bedingungen. Es kommt gar nicht darauf an, Versionen zu projektieren, sondern den Istzustand zu verstehen und zu dokumentieren. Je weniger fantasiert wird, desto besser. Die am Integrationsprojekt beteiligten Bearbeiter müssen begreifen, daß Integrationsprojekte suis generis sind und sich entsprechend verhalten. Das Ziel heißt hier Integration und nicht Renovation. Also nicht CASE, sonder CARE - Computer Aided Reverse Engineering [169].

9.3 Dokumentation der integrierten Systeme

Nachdokumentation

Die Dokumentation der integrierten Anwendungssysteme erfolgt „bottom-up", d.h. aus dem Sourcecode heraus. Dafür gibt es Reverse Engineering. CARE-Tools parsen die Datenbankschemen, die Datenstrukturen, die XML-Dokumente, die neuen Klassen und die alten Programme. Sie leiten daraus Informationen für die Erstellung einer Nachdokumentation ab. Es gilt, sämtliche systemtechnischen Informationen in einer gemeinsamen Repository zu sammeln und von dort aus sprachunabhängige Dokumente - auch UML-Diagramme, sofern sie passen - zu generieren [304]. Da die Dokumentation aus dem Code und den Daten automatisch abgeleitet wird, kann es keine Differenzen zwischen der Lösung und der Lösungsbeschreibung geben. Allerdings setzen solche Tools voraus, daß die Namen der Daten und Funktionen sprechend sind, und daß der Code einigermaßen gut kommentiert ist. Das, was an Erklärungen notwendig ist, sollte als Kommentar im Code eingebettet sein. Auch die XML-Schemen und DTD's sollten großzügig kommentiert sein - je mehr, desto besser.

Mittels Reverse Engineering wird die Dokumentation immer aktuell gehalten. Falls eine neue Version freigegeben wird, wird der Code erneut analysiert und die Repository aktualisiert. So wird der große Aufwand für die Erstellung und Fortschreibung von Entwurfsdokumenten eingespart - ein Aufwand, der woanders dringend gebraucht wird, nämlich zum Testen.

Ein Beispiel eines Reverse Engineering Systems mit einer eigenen, allumfassenden Repository ist das SoftRepo-System vom Autor. SoftRepo ist konzipiert worden, um

- große IT-Anwendungssysteme
- mit diversen Sourcetypen wie Modulen, Klassen, Datenbanken, Schnittstellen und Job Control Prozeduren,
- die in verschiedenen Sprachen von Assembler bis zu Java nach unterschiedlichen Programmiertechniken codiert sind,

zu evaluieren und nachzudokumentieren.

9.3.1 Zweck einer integrierten Repository

Repository

Der ursprüngliche Zweck einer Software Repository war die Unterstützung von CASE-gestützten Anwendungsentwicklungen [190]. Die vom Entwickler konzipierten Systemelemente wie z.B. Funktionsbäume, Datenentitäten, Datenflüsse und Entscheidungsbäume wurden in Grundelemente wie Datengruppen, Datenattribute, Module, Prozeduren, Aufrufe, Parameter, Regeln und Aktionen zerlegt und zusammen mit ihren Beziehungen zueinander in einer Datenbank abgelegt. Auf diese Weise konnten Entwurfsdokumente durch die Zusammenführung ausgewählter Elemente automatisch generiert werden. Außerdem war es möglich, in Verbindung mit vorgefertigten Programmrahmen bestimmte Programmtypen komplett oder teilweise zu generieren. Als solche wurde die Repository zum Dreh- und Angelpunkt des CASE-gestützten, vorwärtsgerichteten Softwareengineering der 80er Jahre. Der Höhepunkt der Repository für die Softwareentwicklung kam mit Einführung der IBM MVS-Repository im Jahre 1990 im Rahmen des AD-Cycle Lebenszyklusprozesses. Sie umfaßte mehr als 640 Entitätentypen und sämtliche Phasen eines Softwareprojekts von der Analyse der Anforderungen bis zur Systemwartung [174].

Reverse Engineering

In Reverse-Engineering hat die Repository eine ähnliche Rolle übernommen, nur ist der Datenfluß invers. Die Grundelemente - Programmbausteine und Datenelemente - sowie ihre Beziehungen zueinander - Programmbaustein zu Programmbaustein, Programmbaustein zu Datenobjekten, Datenobjekte zu Datenobjekten und Datenobjekte zu Programmbausteinen - werden aus dem Code abgeleitet und in die Repository überführt. Normalerweise dient eine Schnittstellendatei, entweder ein XMI- oder ein CSV-File, der Datenübergabe vom Sourceanalysator zum Repository-Ladeprogramm. Insofern handelt es sich um einen Prozeß mit zwei Schritten - Sourceanalyse mit dem Export der Schnittstellen und Repository-Laden mit dem Import der Schnittstelle. Erst nach der Bevölkerung der Repository können wahlweise Entwurfsdokumente generiert oder verschiedene Sichten auf die Systemarchitektur präsentiert werden. Früher galt dieses Verfahren als Design Recovery. Heute wird es als Software Visualisierung bezeichnet [79].

In beiden Fällen wird davon ausgegangen, daß die Software nach einem gemeinsamen Schema bzw. Metamodell strukturiert ist. Jenes Modell kann monolithisch oder verteilt, prozedural oder objektorientiert sein. Hauptsache, es ist einheitlich. Die Struktur der Repository bzw. ihre Entitäten, Attribute und Beziehungen basieren auf einem gemeinsamen Datenmodell. Dieses Modell sieht vor, daß die Entitäten- und Beziehungstypen statisch vorbestimmt sind. Deshalb setzt eine Repository ein- und dasselbe Architekturschema voraus. Diese Voraussetzung wird erfüllt, solange die Software nach einem Entwurfsschema strukturiert ist. Objektorientierte Entwürfe bzw. Objektmodelle sind Metaschemen für Datenbanken. In beiden Fällen ist das Repository-Datenmodell ein Spiegelbild des abzubildenden Entwurfsschemas. Die Unified Modeling Language - UML - ist ein solches Schema für die Abbildung objektorientierter Systeme. Die Structured Design Methode - SDM - ist hingegen ein Schema zur Darstellung prozeduraler Systeme [57].

Mehrfache Modelle

Das Problem entsteht, wenn ein und dieselbe Repository zwei oder mehr unterschiedliche Entwurfsparadigmen abdecken muß, z.B., wenn es erforderlich ist, sowohl prozedurale als auch objektorientierte Systeme mit einem Datenmodell abzubilden. Gegenwärtige Repositories auf dem Mark ignorieren diese Situation. Entweder sind sie auf hostbasierte, prozedurale Systeme ausgerichtet wie bei Data Manager und Rochade, oder sie sind auf verteilte, objektorientierte Systeme ausgerichtet wie bei Rational Rose, Innovator und Objectivity. Das IBM Repository Manager Projekt war ein Versuch, unterschiedliche Systemarchitekturtypen in einem Metamodell unter einem Dach zu vereinen. Aber es ist gescheitert [200].

Dennoch bleibt das Problem und wird immer mehr zum Hindernis auf dem Wege zur Integration heterogener Anwendungssysteme. Denn keine Applikation ist eine Insel für sich. Sie ist immer ein Teil eines größeren Systems - in diesem Falle des betrieblichen Informationssystems oder MIS. Der Ruf nach Enterprise Application Integration unterstreicht die Notwendigkeit, das Problem zu lösen. Demnach sind alle Anwendungssysteme potentielle Anwendungsserver, und alle Datenbanken müssen für

9.3 Dokumentation der integrierten Systeme

jede Anwendung zugänglich sein. „End to End Integration" aller Anwendungen ist das Ziel.

Dennoch, um dieses Ziel zu verwirklichen, müßte es eine einzige, allumfassende Systemdokumentation geben. Sofern diese Dokumentation aus einer Repository hervorgeht, muß auch das Metamodell der Repository normiert sein. Diese Normierung der Systemdokumentation bleibt als Herausforderung für die IT-Industrie. Die Programme dürfen ruhig unterschiedlicher Natur sein, von Assembler bis Java. Die Dokumente sollten jedoch ein einheitliches Grundmuster haben [150].

9.3.2 Motivation für Retrofitting

Retrofitting

Assembler, COBOL, PL/I 4GL

Grundsätzlich gibt es zwei alternative Lösungsansätze zum Problem der Repository-Integration. Ähnlich wie beim Versuch, mehrere natürliche Sprachen durch eine gemeinsame Sprache Esperanto zu ersetzen, könnte ein Normierungsgremium wie ISO oder OMG eine neue Metasprache spezifizieren, in die alle anderen Sprachen zu übersetzen sind. Diese Superschprache wäre in der Lage, prozedurale, datenorientierte, objektorientierte oder gar aspektorientierte Systeme zu beschreiben. Bei erster Betrachtung erscheint dies als optimale Lösung. Der gleiche Gedanke herrschte beim Esperanto-Projekt ebenso wie beim IBM Repository Projekt. Das Scheitern dieser beiden Projekte gibt jedoch zu denken. Die Entwicklung einer neuen Spache ist keine triviale Angelegenheit, und die Akzeptanz ist fraglich. Ein billiger und pragmatischer Ansatz ist, eine bestehende Sprache wie Englisch oder UML zu nehmen und, um eine gemeinsame Verständigungsbasis zu erreichen, alle anderen Sprachen in diese zu übersetzen. Alle Systeme, die bereits in dieser Sprache dokumentiert sind, können so bleiben wie sie sind, aber die restlichen Systeme müssen transformiert werden. Da die beherrschende Norm für Systementwurf UML ist, empfiehlt es sich, die prozeduralen Systeme, die in Sprachen wie Assembler, COBOL und PL/I implementiert sind, mit einer objektorientierten Dokumentation nach UML zu versehen. Ausschlaggebend für den „Mapping"-Algorithmus ist, daß die Integrität des ursprünglichen Entwurfs erhalten bleibt und daß keine wichtige Information über die Struktur und den Inhalt des Zielsystems verloren geht.

(siehe Abb. 9.4)

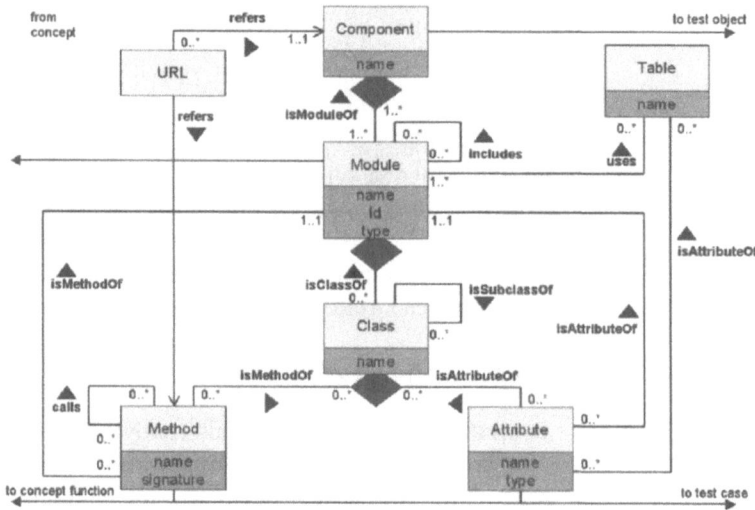

Abb. 9.4: Repository Metamodell

UML

Das Basismodell für die Dokumentation ist also das Objektmodell nach UML. Es umfaßt neben den Geschäftsobjekten, Geschäftsprozessen, Geschäftsregeln, Ressourcen, Requirements und Anwendungsfällen auf der konzeptionellen Ebene auch die Komponenten, Module, Schnittstellen, Klassen, Attribute, Methoden und Parameter auf der Codeebene. Komponenten sind Aggregationen von Modulen. Module sind Aggregationen von Klassen und Schnittstellen. Klassen sind Aggregationen von Methoden und Attributen. Schnittstellen sind Aggregationen von Parametern, und Datenbanktabellen sind Aggregationen von Datenattributen. Das Objektmodell paßt zwar zu den objektorientierten Systemen, nicht jedoch zu den prozeduralen Systemen, die sich aus Programmen, Modulen, Prozeduren, Codeblöcken, Datengruppen und Einzeldaten zusammensetzen. Wir haben hier mit einem sogenannten „Strukturbruch" zu tun. Es fehlen vor allem die Klassen und Schnittstellen als Strukturelemente.

9.3.3 Mapping von prozedural in objektorientiert

Prozedurale zu OO-Mapping

Das Hauptproblem beim „Mapping" prozeduraler Strukturen in objektorientierte besteht in der Erzeugung der Klassen aus den Prozeduren. Das Objektmodell will Klassen haben, aber der prozedurale Entwurf kennt keine. Also müssen welche herbeigezaubert werden. Migrationsspezialisten, die prozedurale in objektorientierte Programme umsetzen wollen, sind mit der gleichen

9.3 Dokumentation der integrierten Systeme

Herausforderung konfrontiert. Sie müssen Objekte aus den prozeduralen Abläufen ableiten (object extraction from procedural code). Dafür gibt es bereits zahlreiche dokumentierte Ansätze in der einschlägigen Literatur [162]. So gesehen ist das Problem nicht neu. Der „Mapping"-Algorithmus, der hier vorgeschlagen wird, dient aber einem anderen Zweck als denjenigen aus der Reengineering-Literatur. Er soll nur zur objektorientierten Darstellung dienen und nicht zur Transformation in eine objektorientierte Architektur. Er könnte zwar dafür verwendet werden, aber die daraus resultierenden Klassen wären vom objektorientierten Ideal weit entfernt. Sie sind Prozeduren, als Klassen verkleidet. Der Algorithmus selbst verbindet Dominanzbäume mit Dependenzgraphen, um zu einer Klassenbildung nach dem Verantwortlichkeitsprinzip von Rebecca Wirfs-Brock zu kommen [369] (siehe Abb. 9.5).

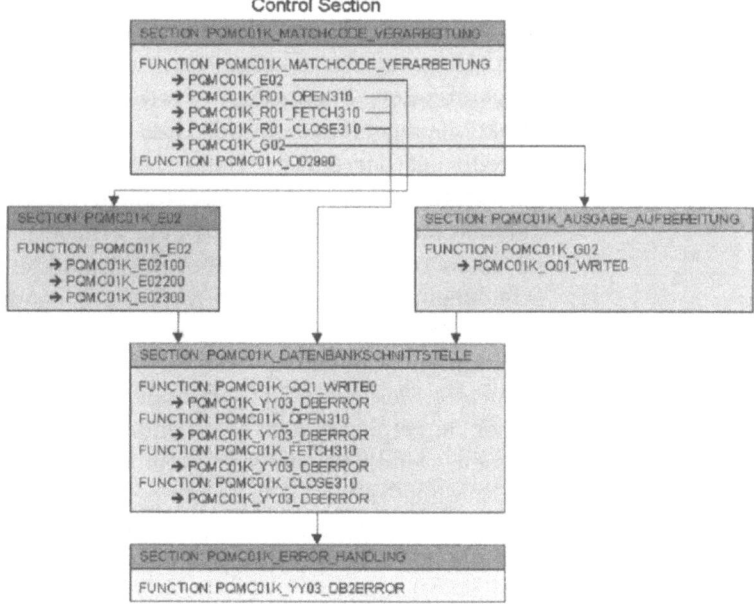

Abb. 9.5: Section Interdependence Graph

Ein weiteres Problem ist die zentralisierte Datenhaltung. In prozeduralen Sprachen wie COBOL sind sämtliche Daten in einem einzigen großen globalen Datenbereich, der Data Division, zusammengefaßt, wo sie allen Prozeduren zur Verfügung stehen. Dies trifft ebenso für Assembler, C und die meisten 4GL-Sprachen zu. Nur PL/I unter den prozeduralen Sprachen hat ein

313

Stackkonzept zur lokalen Datenhaltung. Aber auch die Mehrzahl der kommerziellen PL/I-Programme nutzt diese Eigenschaft nicht. Sie halten die Daten in der übergeordneten Prozedur so, daß sie allen untergeordneten Prozeduren zugänglich sind. Dies entspricht der globalen Datenhaltung. Prozeduren beinhalten Funktionen und können mehrere Unterprozeduren oder Unterfunktionen haben, die sie per internem Programmaufruf invokieren. Da zwei Hauptfunktionen die gleiche Unterfunktion verwenden können, sind die Programmstrukturen eher ein Netzwerk als ein Baum. In Assembler und COBOL kommen die Sprünge ohne Rückkehr - die GOTO-Verzweigungen - hinzu. Sofern sie nicht durch Restrukturierungsmaßnahmen im Vorfeld entfernt werden, werden sie wie Funktionsaufrufe behandelt, was aber zur Folge hat, daß dadurch Zyklen entstehen, bei denen aufgerufene Funktionen ihre aufrufenden Funktionen wieder aufrufen.

OO-Entwurf

Nach der objektorientierten Entwurfsmethode werden Funktionen auf der höchst möglichen Abstraktionsebene und die Daten wiederum auf der tiefsten Verwendungsebene plaziert. Alle übergeordneten Funktionen werden von den untergeordneten Funktionen geerbt und sind damit nur einmal vorhanden. Daten werden auf der tiefsten Hierarchiestufe deklariert, wo sie noch verwendet werden. Alle darunterliegenden Funktionen können auf sie zugreifen. Damit wird dem Prinzip der Vererbung Genüge getan und die Codemenge möglichst klein gehalten. Dies ist schließlich der Zweck der Vererbung. Andererseits darf nach dem Prinzip der Kapselung eine Klasse nur jene Daten und Funktionen beinhalten, die von nebengeordneten und übergeordneten Klassen nicht verwendet werden. Die Ausnahme zu dieser Regel sind die Assoziationen zwischen gleichrangigen Klassen. Demnach darf eine Funktion in einer Klasse eine Funktion in einer anderen Klasse auf der gleichen Hierarchiestufe aufrufen. Mit Ausnahme der Mehrfachvererbung, die zu vermeiden ist, sollte die Klassenhierarchie eine reine Baumstruktur sein.

Invertierung der Call-Bäume

Zur Transformation von Prozeduren in Klassen ist es erforderlich, den Prozedurbaum auf den Kopf zu stellen, so daß die Unterroutinen oben und die Hauptroutinen unten sind. Dann sind die globalen Daten so weit nach unten zu filtern - bis zu jener Stufe, wo sie als erstes referenziert werden. Die darunterliegenden Klassen werden sie erben. Die Annahme hier ist, daß Funktionen in prozeduralen Programmen entweder durch gemeinsame Subfunktionen oder durch gemeinsame Daten gekoppelt sind. Diese a priori Kopplung ist die Ausgangsbasis für die Kapselung und die Klassenbildung. In dem Maße, in dem diese Annahme sich bestätigt, nähert sich die abgeleitete Klassenstruktur dem Ideal der Objektmodellierung. Die „Mapping"-Aufgabe ist es also, ein Funktionsnetz mit einem einzigen globalen Datenbereich in einen invertierten Funktionsbaum mit verteilten Datenbereichen umzuwandeln. (siehe Abb. 9.6)

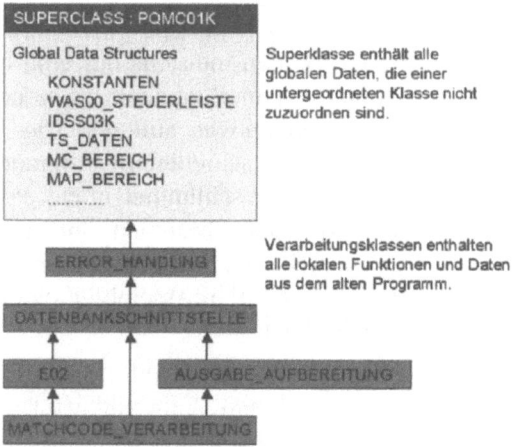

Abb. 9.6: COBOL-Klassenhierarchie

Vernetzte Strukturen

Die Tatsache, daß sich dieses Modell auf die freigiebige Nutzung von Mehrfachvererbung stützt, ist eine Folge der vernetzten Struktur proceduraler Programme. Falls die Programme vorher in Bäume restrukturiert werden, fällt die Mehrfachvererbung aus. Es ist aber hier nicht das Ziel, die Legacy-Programme zu konvertieren oder in irgendeiner Weise zu verändern, sondern sie so zu dokumentieren, wie sie sind. Wenn sie als Netzwerk konstruiert sind, müssen sie als Netzwerk dargestellt werden. Aus der mehrfachen Nutzung gemeinsamer Unterprozeduren wird in der Klassenhierarchie Mehrfachvererbung. Diese Eigenschaft ist zwar bei der Modellierung neuer Systeme zu vermeiden, ist jedoch bei der Modellierung alter Systeme unvermeidlich. Letztendlich handelt es sich hier um Modellierung und nicht um Realisierung. Wie die alten Programme zu reimplementieren sind, steht auf einem anderen Blatt [307].

9.3.4 Probleme mit der automatischen Nachdokumentation

Begriffs-problems

Der objektorientierte Ansatz nach UML setzt voraus, daß Funktionen und Daten durch ihre Namen eindeutig identifizierbar sind. Klassen und Schnittstellen müssen sowieso einmalig sein. Falls eine Funktion oder ein Datenattribut in mehreren Klassen vorkommt, wird es durch den Klassenbezeichner qualifiziert. Ergo haben Namen in der UML-Welt eine wahre Bedeutung. Sie identifizieren einen ganz bestimmten Datentyp bzw. eine einmalige Funktion. Und wenn ein Funktionsname nicht eindeutig ist, dann ist das wegen der Polymorphie beabsichtigt. Nomen est Omen.

Leider ist dies im Falle prozeduraler Systeme selten der Fall. Hier haben Namen meistens nur eine lokale Bedeutung. Die gleichen Funktionsnamen tauchen oft in jedem Programm auf und bedeuten überall etwas anderes. Die Prozedur namens Lese_Kunde kann in verschiedenen Programmen unterschiedlich realisiert werden oder schlimmer noch, etwas ganz anderes machen. Namen in Legacy-Systemen sind in der Tat nur Schall und Rauch. Es ist nicht möglich, aus ihnen etwas abzuleiten. Da sie außerdem oft aus dem Assembler stammen, sind sie auf acht Zeichen verstümmelt.

Das gleiche trifft für die Daten zu. Kundennummer könnte in einem Programm eine Binärzahl, in einem zweiten ein packed-decimal-Feld und in einem dritten eine Zeichenfolge sein. Auch dann, wenn sie den gleichen Typ aufweisen, können sie eine andere Bedeutung haben. Somit ist ein Name nur innerhalb eines einzelnen Programms gültig.

Mustererkennung

Code Clones

Mittels der Mustererkennung - pattern matching - wäre es im Prinzip möglich, zu erkennen, ob Funktionen wirklich identisch sind. Zu diesem Zweck gibt es viele Vorschläge aus der Forschung, und es ist in der Tat etwas, das sich lösen läßt [44]. Dennoch setzt es zum ersten einen zuverlässigen Mustererkennungsalgorithmus und zum zweiten eine ausreichende Rechenkapazität voraus. In Anbetracht der Tatsache, daß ein durchschnittliches Legacy-Anwendungssystem mehrere Tausend Funktionen mit mehreren Millionen Anweisungen umfaßt, ist das Problem nicht leicht zu lösen. Eine Kompromißlösung ist die Qualifizierung sämtlicher Funktions- und Datennamen mit dem Namen des jeweiligen Moduls. Die einzige Ausnahme sind Daten innerhalb einer Datengruppe. Sie können mit dem Namen der Datengruppe qualifiziert werden. Die oberste Strukturstufe wird wiederum mit dem Namen des Moduls qualifiziert, in dem die Struktur deklariert ist. Auf diese Weise kann die gleiche Datengruppe in der Repository unter verschiedenen Namen vorkommen. Dies trifft aber auch für die Datenelemente und Funktionen zu, sofern sie nicht in Include- bzw. Copy-Members eingebettet sind. Um diese unnötige Redundanz zu beseitigen, müssen die Strukturen abgeglichen werden, ob sie wirklich identisch sind. Wenn ja, wird nur ein Exemplar in der Repository behalten. Die gleiche Lösung steht für die Funktionen an. Es ist gerade diese Coderedundanz, die dazu führt, daß prozedurale Systeme in der Regel so aufgebläht sind und eine viel größere Codemenge haben als entsprechende OO-Systeme. Die Eliminierung von Code-Klonen bleibt daher ein wichtiges Anliegen bei der Nachdokumentation älterer Systeme. Es gilt das Problem zu lösen - und zwar spätestens dann, wenn die alten Programme in neue, webbasierte Architekturen eingebunden werden [163].

9.4 Test der webbasierten Systeme

Testen im Internet

Der Test von Softwaresystemen ist über die Jahre immer teurer geworden. Schon mit den Batchsystemen auf dem Host betrugen die Testkosten bis zu 25% des Projektbudgets. Mit den Online-TP-Systemen ist der Testanteil auf 30-40% gestiegen. Mit der Implementierung der Client/Server-Systeme ist der Testaufwand weiter gestiegen. Die Erfahrung mit Client/Server-Projekten belegt, daß der Testaufwand mindestens 50% des Gesamtaufwands für ein Projekt ausmacht [309]. Dies liegt zum einen an den vielen technischen Schnittstellen und zum anderen an den vielen fachlichen Verwendungsmöglichkeiten. Mit zunehmender Komplexität steigt die erforderliche Anzahl der Testfälle und damit auch der Testaufwand.

Hohe Testkosten

Je komplexer die Umgebung, d.h. je zahlreicher die Schnittstellen und Interaktionen, desto höher der Aufwand, um die Korrektheit und Zuverlässigkeit der Anwendung nachzuweisen. Der Testaufwand steigt vielleicht nicht exponentiell, aber zumindest multiplikativ relativ zum Entwicklungsaufwand. Bei den Host-Online-Systemen lag der Multiplikationsfaktor bei 0,66. D.h. die Testkosten betrugen 2/3 der Entwicklungskosten. Im Falle der Client/Server-Systeme stieg der Multiplikationsfaktor auf 1,0. D.h. die Testkosten sind äquivalent zu den Entwicklungskosten [97]. Jetzt mit webbasierten Systemen ist damit zu rechnen, daß der Testfaktor weiter auf ca. 1,50 steigt. D.h., der Test beansprucht 50% mehr Aufwand als die Entwicklung selbst. Ohne geschulten Tester und automatisierte Testwerkzeuge kann der Test von Internetanwendungen sogar das doppelte dessen kosten, was die Entwicklung jener Systeme kostet. Ergo haben wir beim Test von webbasierten Systemen mit Testkosten in einer Größenordnung von 1,5 bis 2,0 der Entwicklungskosten zu rechnen. Die Haupttätigkeit vom IT-Personal verschiebt sich von Entwicklung auf Integration und Test.

Im Grunde genommen ist diese Erkenntnis nicht neu. Pioniere der Testtechnologie wie Bill Hetzel, David Gelperin, Ed Miller und Harry Sneed haben schon immer darauf hingewiesen, daß der Testaufwand unterschätzt wird [199]. Der Aufwand, um die Korrektheit einer Funktion zu beweisen, ist mindestens äquivalent zum Aufwand, die Funktion zu konzipieren und zu implementieren. Dieses Verhältnis geht jedoch davon aus, daß die Umgebung, in der die Funktion ausgeführt wird, stabil ist und nicht Teil des Problems ist.

Schon mit verteilten Systemen traf diese Annahme nicht mehr zu. Die Middleware wurde zum Teil des Testproblems. Außerdem sind viele technische Funktionen, die in der Hostumgebung vom TP-Monitorsystem erfüllt wurden, wieder Bestandteil der Anwendungssoftware geworden - Funktionen wie Speicherverwaltung, Transaktionssteuerung und Fehlerbehandlung. Jetzt mußten diese technischen Funktionen auch mitgetestet werden. Dies veranlaßte den Testexperten Boris Beizer zu behaupten, der Test verteilter, objektorientierter Systeme werde bis zu drei mal mehr Aufwand verursachen als der Test konventioneller Hostsysteme [25]. Jene Behauptung dürfte etwas übertrieben klingen, aber Tatsache ist, die Testkosten sind in den 90er Jahren, im Zeitalter der Objektorientierung und der Client/Server-Technologie stetig gestiegen und betrugen zuletzt über 60% der Projektkosten [26].

Web verursacht Kosten

Die Einführung webbasierter Systeme bringt eine neue Dimension zu dem ohnehin multidimensionalen Testproblem. Nicht nur ist die Software auf mehrere Schichten mit zahlreichen Schnittstellen verteilt. Es gibt auch viele verschiedenartige Endbenutzer mit unberechenbarem Verhalten. Ein Webauftrag kann von alternativen Webservern bedient werden. Diese sind wiederum mit alternativen Application-Servern verbunden. Wer auf Performance und Unabhängigkeit achtet, wird dafür sorgen, daß es möglichst viele alternative Transaktionspfade gibt. Dies ist zwar schön und gut, was Lastenverteilung und Performanz anbetrifft, aber dadurch vermehren sich die Anzahl Netzknoten und deren Beziehungen zueinander. Die Umgebung, in der die Anwendung operiert, muß mitgetestet werden, und sie wird mit jedem zusätzlichen Netzknoten komplexer. Daher ist davon auszugehen, daß der Testaufwand sich verdoppeln wird [305]. Im Prinzip werden hier zwei Tests durchgeführt:

- ein Test der Webarchitektur (Anwendungsumgebung) und
- ein Test der Webanwendung selbst. (siehe Abb. 9.7)

9.4 Test der webbasierten Systeme

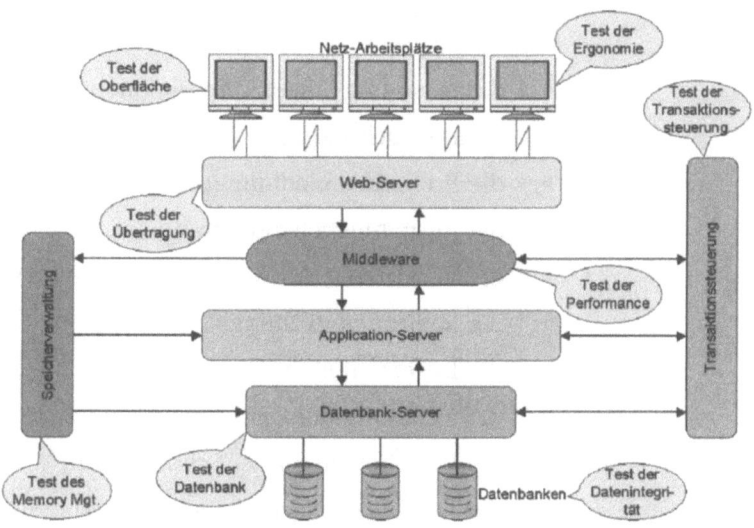

Abb. 9.7: Test der Webarchitektur

9.4.1 Test der Webarchitektur

Architekturtest

Jede Webarchitektur ist einmalig, und zwar auch dann, wenn sie auf einem Standard Framework wie Websphere oder Weblogic aufbaut. Es gibt keine Frameworks, die alles vom Anfang bis zum Ende abdecken. Es werden immer fremde Produkte einbezogen - ob Webbrowser, XML-Parser, Message Queuing Facility oder XML-Umsetzer. Außerdem kann man nicht davon ausgehen, daß alle Dienste der Middleware so funktionieren, wie sie sollten. Da sie umgebungsabhängig sind, müssen sie in der eigenen Umgebung getestet werden. Schließlich muß die Interaktion zwischen den Komponenten der Architektur und den eigenen Anwendungskomponenten getestet werden.

Daraus folgt die Notwendigkeit, einen separaten Webarchitekturtest durchzuführen. Anstelle der Anwendungssoftware, die eventuell noch gar nicht so weit ist, sind Stellvertreterkomponenten zu verwenden. Auf dem Client werden dies irgendwelche stellvertretenden Webseiten sein. Auf dem Application-Server werden es Testklassen sein, und auf dem Host werden Programmstubs verwendet, um die echten, gekapselten Programme zu simulieren. All diese Komponenten gehören zur Testware. Sie werden extra erstellt, nur um die Architektur zu testen [129].

Mit Hilfe dieser Stellvertreterkomponenten muß es möglich sein, all die zu beanspruchenden Dienste des Architekturrahmens zu bestätigen. Der Tester braucht ein Operationsprofil bzw. eine Liste all jener Dienste. Dazu gehören u.a.:

- die Steuerung langer Transaktionen,
- die Rollback-, Recovery- und Restart-Funktionen,
- die Ereignisbehandlung,
- die Ausnahmebehandlung,
- die Verwaltung der Nachrichtenschlangen,
- die Speicherverwaltung,
- die Lastenverteilung,
- die Sicherung der Zwischenzustände,
- die Protokollierung der Schnittstellen,
- der Schutz der Nachrichten gegen Abfangversuche und
- die Abwehr unerlaubter Zugriffe.

Der Test der Architektur wird verlangen, daß der Tester viele Grenzsituationen schaffen muß, z.B. das Netz mit Transaktionen zu überlasten, den Speicher zum Überlaufen zu bringen, die Nachrichtenschlangen zu überdehnen und schwere Anwenderfehler zu verursachen. Zu diesem Zweck wird es erforderlich sein, spezielle Web-Testwerkzeuge einzusetzen und/oder eigene Testprozeduren zu erstellen, die solche Fälle herbeibringen. Vor allem muß es möglich sein, stellvertretende Schnittstellen, z.B. XML-Dateien, zu generieren, die zum Teil Normalfälle und zum anderen Teil Extremfälle beinhalten.

Test als Projekt

Deshalb ist der Aufbau und die Ausführung eines Architekturtests ein Projekt für sich. Es kann mehrere Monate dauern, bis die Architektur getestet ist und der Anwender genug Vertrauen hat, seine Anwendungen der Architektur anzuvertrauen.

Einen meßbaren Punkt zu erreichen, wo man behaupten könnte, die Architektur sei ausgetestet, wird man wohl nie erreichen. Dafür ist das Web zu komplex und dynamisch. Komplexe Internettransaktionen sind von Natur aus nicht deterministisch. Dies liegt daran, daß die Webkomponenten ständig im Fluß sind. Sie werden selbst immer wieder erneuert. Man kann nie sicher sein, daß der Webserver, den man gestern getestet hat, derselbe ist, den man heute anwendet. Man kann auch nie sicher sein, über welchen Weg eine Webtransaktion geleitet wird. Dies hängt von der Konstellation und der Auslastung des Netzes ab. 100% Zuverlässigkeit ist nur in einer eingefrorenen Umgebung möglich. In einer sich wandelnden Webumgebung sind Mängel und sogar Abbrüche unvermeidlich. Es kommt darauf an, sie auf ein verträgliches Maß zu reduzieren. Was genau dieses Maß ist, hängt von der Anwendung ab [124]. (siehe Abb. 9.8)

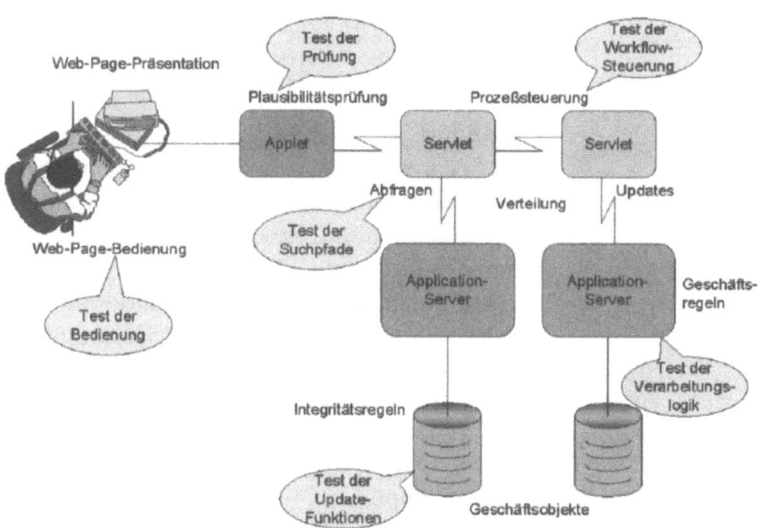

Abb. 9.8: Test der Webanwendung

9.4.2 Test der Webanwendung

Anwendungstest

Der Test der Webanwendung sollte parallel zum Test der Webarchitektur laufen. Um das zu bewerkstelligen, müssen die Testkapazitäten verteilt werden. Die Architektur wird von den Systemspezialisten, die Anwendung von den Anwendungsspezialisten getestet. Die einzelnen Anwendungsmodule werden von den Entwicklern getestet. Insofern teilt sich der Anwendungstest in einen Modultest und einen Funktionstest.

Verifikation

Die Module der Anwendung sind von zweierlei Art. Die eine Art sind die Klassen auf dem Application-Server, die die Nachrichten an die Legacy-Programme und die Ergebnisse von den Legacy-Programmen für den Webbrowser aufbereiten. Ein Teil der Plausibilitätsprüfungen werden auch hier durchgeführt. Diese Klassen oder Scripts werden einem Modultest unterzogen, wobei jede Funktion oder Methode gezielt angesteuert wird. Dabei werden die Parameter generiert und die Ergebnisse validiert. Anschließend werden die Module über ihre Schnittstellen getestet. Dazu müssen ihre Eingabeschnittstellen durch generierte oder editierte

HTML- bzw. XSL-Formulare und XML-Dateien simuliert und ihre Ausgabeschnittstellen durch einen Browser zwecks Verifikation angezeigt werden. Die Ausgaben können auch mit Sollausgaben in Form von editierten oder generierten XML-Dokumenten abgeglichen werden. Das Ziel des Klassentests ist, zu sichern, daß die einzelnen Methoden logisch korrekt sind und daß die Klassen insgesamt sich so verhalten, wie es von ihrer Schnittstelle her gesehen erwartet wird [197].

Validation

Die andere Art Module sind die gekapselten Programme auf dem Host. Hier kann man davon ausgehen, daß sie an sich korrekt sind. Der Hauptsinn der Wiederverwendung liegt gerade darin, den wiederholten Test der Funktionalität einzusparen. Dennoch müssen ihre neuen Schnittstellen getestet werden, und dazu müssen verschiedene stellvertretende XML-Dateien generiert und editiert werden. Diese Daten werden über den Wrapper den gekapselten Programmen zugeführt. Ihre Ergebnisse werden andererseits über den Wrapper wieder in XML-Dateien umgesetzt. Diese Dateien gilt es zu validieren - entweder durch eine Sichtkontrolle oder durch einen automatischen Abgleich mit den erwarteten Solldateien.

Testende-Kriterien

Der Funktionstest findet statt, indem der Application-Server mit dem gekapselten Hostprogramm verbunden wird. Er übergibt seine Nachrichten an die Backendkomponente und empfängt ihre Ergebnisse. Dadurch wird das Hostbackend vom Frontend aus getestet, und zwar mit einer Testdatenbank auf dem Host. Diese Datenbank muß vorher aufgebaut werden. Validiert wird der Systemtest durch eine Kontrolle der Datenbankänderungen und durch die Kontrolle der XML-Schnittstellendateien. Dieser Test sollte vom Anwendungstester unabhängig von den Entwicklern durchgeführt werden. Der Funktionstest ist erst beendet, wenn alle stellvertretenden Ausprägungen aller möglichen Transaktionsarten validiert sind [13].

9.4.3 Test der Systemintegration

Integrationstest

Nachdem die Architektur und die Anwendungen für sich beide ausreichend getestet sind, wird die Anwendung in der Zielarchitektur getestet. Diesen Test kann man als Systemtest oder Integrationstest bezeichnen. In diesem Test wird von den Webarbeitsplätzen aus getestet. Anwendungstester bedienen die Eingabeformulare und schicken sie ab. Jede Art von Geschäftstransaktion wird erprobt, z.B. Eingänge, Änderungen, Suchvorgänge und Berichtserstellung. Die Datenbank wird vorher mit Testdaten gefüllt, die zu den Testfällen passen. Die Testfälle sind möglichst in XML bzw. XSL zu verfassen und über einen Website-Simulator abzuschicken. Die Ergebnisse werden als Stylesheets oder HTML-Seiten am Frontend ausgegeben. Sie können dort abgefangen und mit Sollergebnissen maschinell oder visuell verglichen werden.

Am Backend werden ebenfalls Ergebnisse von den Legacy-Programmen produziert. Diese Ergebnisse können Listen oder Exportdateien sein. Natürlich müssen sie auch gesammelt und validiert werden, wenn möglich, mit Hilfe eines File-Comparators. Falls die Legacy-Programme Importdateien verarbeiten, müssen diese entweder aus der Produktion übernommen oder über einen File-Generator erzeugt werden. Für den Backendtest sollten, soweit sie noch vorhanden sind, die alten Testdaten wiederverwendet werden [60].

Qualität verlangt hohen Preis

In einer aus alter Software zusammengeflickten Webapplikation kommen eben viele verschiedene Softwarearten zusammen - manches neu und vieles alt. Zu den neuen Bestandteilen zählen die Browser, Server, Message Queuer, Middleware, XML-Viewer, Parser, Wrapper usw. Zu den alten Bestandteilen gehören die Datenbanken, die Zugriffsmodule, die Legacy-Programme und eventuell der alte TP-Monitor. So gesehen ähnelt ein integriertes Websystem einem Gemischwarenladen. Es ist alles darin enthalten, und alles muß irgendwie zusammen passen. Um dies zu demonstrieren, ist ein ausgedehnter Systemtest unumgänglich. Es wird so lange getestet, bis alle Schnittstellen bestätigt sind. Das kann mehrere Monate dauern, auch wenn der Test weitgehend automatisiert ist. Anwender müssen die Tatsache akzeptieren, daß Testen der größte Kostenfaktor ist und daß der Test von Websystemen besonders teuer ist. Wer Qualität haben will, muß dafür einen hohen Preis bezahlen [220].

9.5 Wartung und Weiterentwicklung integrierter, webbasierter Systeme

Software-Wartung

Es wäre abwegig, zu behaupten, die Integration aller vorhandenen Systeme hinter einem webbasierten Frontend würde zu einer Reduzierung der Betriebskosten führen. Im Gegenteil, die Betriebskosten werden in dreierlei Hinsicht steigen. Zum ersten durch die zusätzliche Hardware für die Vermittlungsrechner bzw. Application-Server, zum zweiten durch die zusätzlichen Softwareprodukte wie Webserver, Middleware, XML-Parser, Java-Compiler usw, und zum dritten durch die zusätzlichen Wartungsaufwände. Neben der Wartung und Weiterentwicklung der alten Hostanwendungen läuft zusätzlich dazu die Wartung der Clients und der Application-Server-Komponenten. Auch wenn sie noch so dünn gesät sind, werden dafür andere Spezialisten gebraucht, als diejenigen, welche die Hostsoftware pflegen. Ob die immer ausgelastet sind, ist eine andere Frage. Da die Softwarewelt immer spezialisierter wird, braucht man für jede Art Software andere Spezialisten. Auch wenn der Spezialist für HTML-Seiten gerade nichts zu tun hat, heißt das noch lange nicht, daß er die Java-Klassen ändern könnte, geschweige denn die COBOL-Programme auf dem Host. Dies ist ein Grund für die hohen Wartungsaufwände [31].

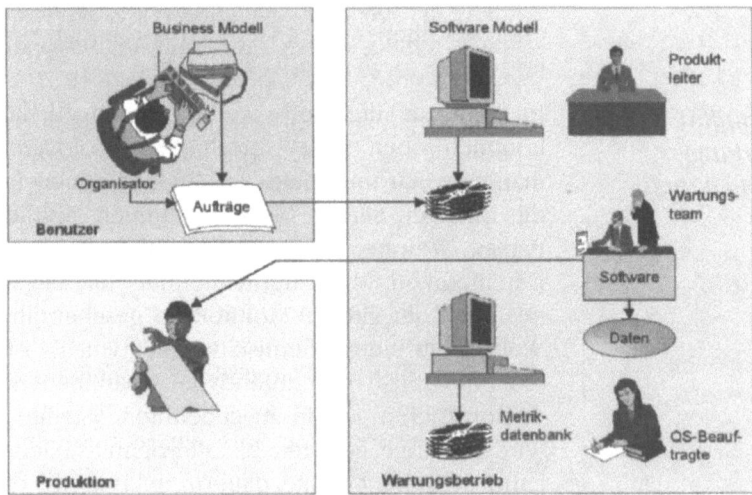

Abb. 9.9: Software-Wartungsprozesse

Wartungskosten

Auch Websysteme werden hohe Wartungskosten verursachen. Kapselung ist zwar kurzfristig eine billige Lösung, um zu einer Webanwendung zu kommen, aber langfristig verlangt sie ihren Preis. Dies liegt daran, daß es immer weniger Personal geben wird, das die alten Programme noch pflegen kann und daß die alten Programme als Folge der Evolution immer weniger wartbar werden. Nach Lehman und Belady ist zu erwarten, daß die Wartbarkeit der statischen Systeme um 5% und die der dynamischen Systeme um 10% jährlich abnehmen wird [170]. Durch die Änderungen steigt die Komplexität, während die Qualität sinkt. Wenn die Software nicht saniert wird, wird ihre Fortschreibung nach einigen Jahren mehr kosten, als was sie wert ist.

9.5 Wartung und Weiterentwicklung integrierter, webbasierter Systeme

Warum Standard-Software

Deshalb ist Kapselung nur als Übergangslösung anzusehen. Die anzustrebende Endlösung ist die Standardsoftware. Jedes Unternehmen, jede Behörde und erst recht jeder Mittelstandsbetrieb muß darauf hinarbeiten, von der individuellen Softwareentwicklung wegzukommen, um sich so von der Last der Wartung, sprich „*Cost of Ownership*", zu befreien. (siehe Abb. 9.9)

9.5.1 Wartung und Weiterentwicklung der Legacy-Komponenten

Legacy System-Wartung

Das Gros der gekapselten Systeme auf dem Host sind älter als 10 Jahre. D.h. sie sind in einer prozeduralen Sprache wie COBOL, PL/I, Delta oder Natural verfaßt. Die Serverprogramme in einer Client/Server-Umgebung sind größtenteils in C/C++ oder COBOL kodiert. Um diese Programme fortentwickeln zu können, werden Leute gebraucht, die sich damit auskennen. Falls die Programme außer im gekapselten Webmodus auch noch im Originalmodus, z.B. im Batchbetrieb oder im Onlinebetrieb laufen, wird es nötig sein, zwei Versionen zu führen. Auf keinen Fall müssen jedoch beide Versionen gepflegt werden. Es muß genügen, die Originalversion zu ändern und die gekapselte Version aus dem Original automatisch abzuleiten.

Gekapselter Modus

Die Wartung der Legacy-Systeme im gekapselten Modus wird sich sonst von der bisherigen Wartungspraxis kaum unterscheiden. Änderungsanträge werden bezüglich ihrer Auswirkung auf den Code analysiert - Impact Analysis. Anweisungen werden gelöscht, geändert oder hinzugefügt. Danach werden die geänderten Module einem Regressionstest unterzogen. Dadurch, daß die Funktionen der Module über die Kapselungsschnittstelle direkt aufrufbar sind, müßte der Modultest um einiges einfacher sein. Der Tester kann die erforderlichen Testfälle in die XML-Dateien mit Hilfe eines XML-Editors einbauen, oder er läßt die XML-Dateien aus den Testfalltabellen generieren. In beiden Fällen steigt die Qualität des Tests. Die erhöhte Testbarkeit ist ein positiver Nebeneffekt der Kapselung. Da der Test einen Großteil der Wartungskosten ausmacht, könnten dadurch die Wartungsaufwände sogar gesenkt werden.

Nichtsdestotrotz wird die Wartung und die Weiterentwicklung der Altsoftware ein Problem bleiben, vor allem, wenn sie in einer Sprache wie Assembler oder PL/I oder einer der vielen 4GL-Sprachen geschrieben ist. Für solche proprietären Sprachen wird es immer schwieriger, Personal zu finden. Mit C und COBOL dürfte es noch möglich sein, Spezialisten zu finden. Außerdem haben sich diese beiden Sprachen weiterentwickelt - C in Richtung C++ und COBOL in Richtung OO-COBOL. Somit besteht die Möglichkeit, C- und COBOL-Programme zu erneuern, ohne sie konvertieren zu müssen. Dennoch, sie bleiben eine Altlast und werden früher oder später zum Sanierungsfall [10].

9.5.2 Wartung und Weiterentwicklung der Website

Website-Wartung

Die Entwicklung einer Firmenwebsite ist nur der erste Schritt auf einer langen Reise. Um ihren Zweck erfüllen zu können, muß eine Website fortgeschrieben werden. So gesehen ist die Entwicklung einer Website nie wirklich abgeschlossen. Daher muß von Anfang an die Fortschreibungsfähigkeit der Website berücksichtigt werden. Ohne die Planung ihrer Änderung wird die Fortschreibung der Website nicht nur äußerst aufwendig. Sie könnte sich sogar als unmöglich erweisen, so daß dem Besitzer der Website nichts anderes übrig bleibt, als wieder von vorn anzufangen.

Englische Studie

Taylor, McWilliam, Sheehan und Mulhaney von der Universität Liverpool haben sieben Firmen mit Websites im Nordwesten von England untersucht und stießen dabei auf etliche Wartungsprobleme [341]. Das Hauptproblem ist die Befriedigung so vieler verschiedener Benutzertypen - jeder mit seiner eigenen Sicht auf die Website. Je homogener die Benutzergruppe, desto weniger die Beschwerden. Am teuersten ist es, mehrsprachige Websites zu pflegen. Eine kleine Änderung in einem Text kann zur Umstrukturierung der anderen Textformate führen.

Es hat sich auch ergeben, daß eine anspruchsvolle Gestaltung der Website mit einer komplexen Vernetzung der Texte und Bilder zwar am Anfang sehr anziehend wirkt, aber später zu einem viel höheren Pflegeaufwand führt. Alle Links müssen fortgeschrieben werden. Wenn ein Glied in einer Querverweiskette sich verschiebt oder aus irgendeinem Grund ausfällt, müssen alle davon abhängigen Links geflickt werden. Je mehr Links, desto mehr Fehlerquellen.

Eine der untersuchten Firmen mußte auf die Nutzung von Frames verzichten. Frames machen es möglich, mehrere Textseiten auf einer Website zu präsentieren. Durch eine Änderung zu der Gruppierung, z.B. wenn eine Textseite auf eine andere Webseite versetzt wird, entstehen zusätzliche Kosten für die Anpassung und den Test. Darum sah sich die Firma gezwungen, Frames zu verbieten. Eine zweite Firma hatte dieselben Probleme und entschied sich, Frames aus demselben Grund zu vermeiden.

9.5 Wartung und Weiterentwicklung integrierter, webbasierter Systeme

Wie in Kapitel 6 schon erwähnt, hatten alle Websites Schwierigkeiten mit der mangelnden Kompatibilität der Webbrowser und Navigatoren. Jeder verlangte einen geringfügig anderen Code, und dies führte zur Pflege mehrerer Versionen. Am besten war es dort, wo der Website-Betreiber den Browser vorschreiben konnte. Am schlimmsten war es dort, wo die Website-Benutzer freie Wahl hatten. Die Lehre daraus ist: je einheitlicher die Umgebung, um so billiger die Wartung.

Bedarf an Website Reverse Engineering

Nur zwei der untersuchten Firmen hatten eine Dokumentation ihrer Website. Aber auch diese waren veraltet und wurden nicht mehr gepflegt. Es zeigte sich, daß wie bei herkömmlichen Programmen die Fortschreibung einer technischen Dokumentation einfach zu aufwendig ist. Da sich aber alle der Untersuchten über das Fehlen einer aktuellen Dokumentation beschweren, ist das ein Hinweis darauf, wie wichtig es ist, die Dokumentation aus dem Code automatisch abzuleiten. Es herrscht ein dringender Bedarf an Reverse Engineering Tools für Websites. Daran wird mittlerweile an mehreren Hochschulen gearbeitet, u.a. an der Universität Sannio in Italien, wo der Autor einen Lehrauftrag hat [61].

Richtlinien für die einheitliche Gestaltung der Websites werden überall propagiert. Dennoch hatten nur drei der untersuchten Betriebe so etwas wie eine Konvention. Alle drei meinten, ihre Konventionen haben zu einer Reduzierung der Pflegekosten geführt. Die anderen vier haben sie aber nicht für wichtig gehalten.

Schlüsse der Studie

Schließlich waren alle untersuchten Firmen der Meinung, daß der Test der Websites den größten Aufwand verursacht. Sie hatten selten Zeit, die neuen Versionen ausreichend zu testen, und dies führt immer zu Beschwerden bei den Anwendern. Die meisten Fehler traten als fehlende oder verlorengegangene Verbindungen auf. Andere ergaben sich aus dem Überlaufen von Tabellen und Textboxen. Manchmal verschwanden auch ganze Zeilen. Alle suchten nach einem guten Testwerkzeug, mit dem sie die Websites gegen bisherige Nutzungen - Capture & Replay - testen konnten.

Die Schlußfolgerung aus der englischen Untersuchung war die, daß die Entwickler von Websites am Anfang viel zu wenig Rücksicht auf die Wartungskosten nehmen. Mit etwas mehr Einschränkung der kreativen Phantasie, mehr Disziplin, strengeren Konventionen und besseren Werkzeugen für die Dokumentation, den Test und das Konfigurationsmanagement könnten die Website-Betreiber ihre Wartungskosten zumindest halbieren. Leider ist dies bei den vielen Websites der ersten Stunde nicht mehr einzuholen [269]. (siehe Abb. 9.10)

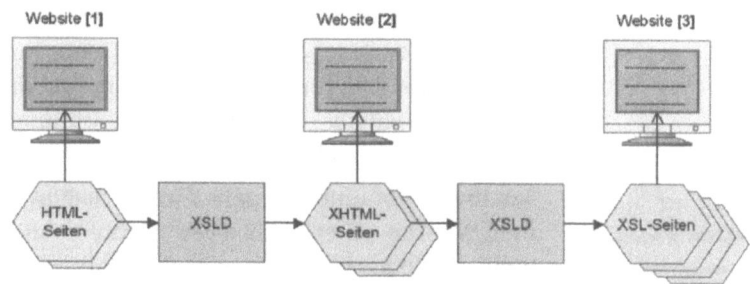

Abb. 9.10: Website Evolution

9.5.3 Evolution der Schnittstellen

Schnittstellen-evolution

Integrierte Systeme setzen sich aus verschiedenartigen Komponenten zusammen. Daraus folgt, daß sie auch zahlreiche Schnittstellen haben. Es beginnt mit der Schnittstelle zum Endanwender - eine HTML-Form oder ein XSL-Stylesheet - und endet mit einer Schnittstelle zur Datenbank, die in SQL oder XQL verfaßt ist. Dazwischen liegen Schnittstellen zwischen verschiedenen Legacy-Programmen, Schnittstellen zwischen Legacy-Programmen und Wrapper, Schnittstellen zwischen Wrapper und Message-Handler, Schnittstellen zwischen Message-Handler und Application-Server, Schnittstellen zwischen Application-Server und Webserver und Schnittstellen zwischen Webserver und Clients. Hinzu kommen die Schnittstellen nach außen zu anderen Systemen und die Schnittstellen zu den Kunden und Geschäftspartnern.

Um die Schnittstellenproblematik in den Griff zu bekommen, ist eine Schnittstellenadministration, gestützt durch eine Schnittstellen-Repository, unumgänglich. Die Stärke des Schnittstellenverwaltungsstabs wird von der Größe und Komplexität der Systeme abhängen. Sie kann von einer bis zu mehreren Personen reichen. Die Schnittstellen selbst werden zum größten Teil in XML spezifiziert sein. Am besten ist es, wenn sie alle Subschemen eines allumfassenden Superschemas sind. Im Superschema werden die unternehmensweiten Begriffe in gemeinsamen Namensräumen definiert und die allgemeingültigen Datentypen vereinbart. Für jeden Anwendungsbereich erfolgt ein Subschema mit eigenen Namensräumen und anwendungsspezifischen Datentypen. Die einzelnen Schnittstellendefinitionen - einschließlich die zur Datenbank und zu den Legacy-Programmen - werden aus den Anwendungsschienen abgeleitet. Sie sollten die Begriffe und die Datentypen aus den übergeordneten Schemen übernehmen und Querverweise zueinander haben. Somit herrschen auch hier die Prinzipien aus der Objekttechnologie - Vererbung und Assoziation [52].

Metaschema

Die Übermenge aller XML-Schemen ergibt ein allumfassendes Datenmodell des Unternehmens. Es dürfte keine globalen Daten geben (d.h. Daten, die zwischen Komponenten ausgetauscht werden und Daten, die in den Datenbanken gehalten werden), die nicht im Schema enthalten sind. Neben den Namen und Typen der Daten werden auch sonstige Attribute deklariert wie z.B. im Falle der Legacy-Programmschnittstellen die Positionen und Lösungen. Hinzu kommt noch zu jedem Datenelement eine ausführliche Begriffserklärung.

XML über alles

In den Schemen wird auch die Struktur der Schnittstellen festgehalten. Die Struktur spezifiziert die Sequenz, die Auswahl und die Wiederholung untergeordneter Datengruppen und -elemente im Sinne der XML-Lehre und der Strukturierten Programmiertechnik nach Michael Jackson. Es sollte so sein, daß die Datenstruktur die Funktionalität widerspiegelt [88].

Schließlich sollen die Geschäftsregeln zur Verarbeitung der Daten in den Schemen eingebettet sein. Zu empfehlen ist es, diese Regeln in der Object Constraint Language - OCL - zu formulieren und an den Ausgabefeldern bzw. den Ergebnissen aufzuhängen. Eine Geschäftsregel beschreibt, wie ein Ergebnis zustande kommt. OCL bietet eine ganze Reihe Regeltypen an, von der einfachen Zuweisungsregel bis hin zu komplexen Mengenoperationen [356]. Es wird hier daran erinnert, daß Math-ML auch eine Möglichkeit anbietet, Geschäftsregeln zu spezifizieren und zwar im originalen XML-Format. Der Anwender kann also hier wählen zwischen OCL und Math-ML.

Schnittstellenverwaltung

Die Hauptaufgabe der Schnittstelladministration wird darin bestehen, das Unternehmensschnittstellenschema auf allen Stufen zu verfeinern und fortzuschreiben. Dazu gehören gute XML-Kenntnisse und ebenso gute Fachkenntnisse in Bezug auf die betrieblichen Anwendungen.

10 Ein unumgänglicher Übergang

10.1 An der Schwelle der E-Business-Welt

E-Business-Aufbruch

Viele Unternehmen stehen jetzt an der Schwelle des E-Business-Zeitalters. Sie kommen jedoch nicht weiter, weil gerade das, was sie hinein führen sollte, sie daran hindert, nämlich ihre Informationstechnologie. Die Informationstechnologie der meisten Großunternehmen steckt im Schlamm, der von den vorhergehenden technologischen Wellen hinterlassen wurde und kann sich nicht von allein befreien. Sie ist zum Opfer ihrer eigenen Entwicklung geworden. Die Aufrechterhaltung der alten Anwendungssysteme bindet ihre ohnehin beschränkte Kapazität und läßt ihr keinen Freiraum für die Entfaltung neuer Technologien - geschweige denn für den Übergang zum E-Business [319].

Auf der Anwenderseite sind die bestehenden Geschäftsprozesse weiterhin von den alten IT-Technologien geprägt. Viele Prozesse hängen noch von Batchläufen ab. Die Bedürfnisse der Anwender bleiben oft unberücksichtigt oder lassen lange auf ihre Erfüllung warten. Die IT-Verantwortlichen behaupten, sie haben zu wenig Kapazität, um die Anforderungen abzuarbeiten - aber das liegt vor allem daran, daß so wenig Personal die alten Systeme beherrscht. Ob Mainframe oder Client/Server, ob prozedural oder objektorientiert, überall tritt die IT-Abteilung auf der Stelle und steht sich selbst im Wege. Nichts läuft mehr. Die Informationstechnologie ist zur Falle geworden. Sie bietet für die Geschäftswelt viele Möglichkeiten, verlangt aber einen hohen Preis dafür. Wenn dennoch die Geschäftsprozesse einmal eingefahren sind, gewöhnen sich die Beteiligten an ihre zugeteilten Rollen und wollen sie um keinen Preis wieder abgeben, egal wie unangenehm und unzeitgemäß sie sind. Der Mensch, und erst recht der IT-Benutzer, ist ein Gefangener seiner Gewohnheiten. Er ist heilfroh, wenn heute alles so funktioniert, wie es gestern noch funktioniert hat. Große Änderungen sind eher eine Schreckensvision.

Phoenix aus der Asche

Nun soll man in dieser erstarrten Welt der versteinerten Legacy-Systeme und der änderungsfeindlichen Systembenutzer neue E-Business-Systeme einführen, die alten Systeme integrieren und die Geschäftsprozesse auf den Kopf stellen. Daß dies ein gigantisches Unterfangen mit hohen Risiken ist, dürfte allen klar sein. Es kann nur gelingen, wenn es sorgfältig geplant und konsequent Schritt für Schritt duchgeführt wird. Natürlich müssen es auch alle wollen - die Pfleger der alten Systeme ebenso wie die Bediener der neuen. Jeder muß in der Umstellung einen Vorteil für sich erkennen und sich dafür einsetzen. Ergo müssen Systemintegration und E-Business zunächst einmal an die eigenen Mitarbeiter verkauft werden. Durch Schulungsmaßnahmen und Diskussionsrunden müssen sie dazu gebracht werden, die neuen Technologien selber zu wollen. Erst dann werden die Mitarbeiter bereit sein, ihre Arbeitsgewohnheiten zu ändern und sich den neuen Geschäftsprozessen zu unterwerfen.

Der Übergang zum integrierten E-Business stellt also nicht nur Anforderungen an die IT, die ihre Systemtechnik erneuern und ihre Anwendungssysteme anpassen muß. Er stellt ebenso hohe Anforderungen an die Fachabteilungen, die sich umorganisieren und ihre Arbeitsweise ändern müssen. Business Reengineering und Business Process Reengineering gehen Hand in Hand mit dem Reengineering der IT-Systeme. Sie müssen gekoppelt und aufeinander abgestimmt werden. Dazu braucht der Betrieb nach Paul Harmon

- eine E-Business-Strategie und
- einen Integrationsplan [115].

10.1.1 Eine Strategie für E-Business

E-Business Strategie

Das Ziel des Unternehmens ist es, das E-Business in die bestehenden Arbeitsabläufe einzuführen. Dazu braucht es eine Strategie für den Übergang. Zwei Bücher beschreiben, wie diese Strategien aussehen könnten.

- E-Business: Roadmap for Success [151] und
- Blown to Bits: How the New Economics of Information transform Strategy [75].

Beide Bücher betonen die dynamische Natur einer E-Business-Welt. Durch E-Business wird der Wettbewerb verschärft. Firmen müssen immer schneller und immer aggressiver auf die Vorstöße ihrer Konkurrenten reagieren. Sonst werden sie nicht überleben. D.h., das Karussell dreht sich immer schneller. Betriebe brauchen ein Höchstmaß am Flexibilität, d.h. „instant adaptable" Geschäftsprozesse und jederzeit änderbare Softwaresysteme. Der momentane Stand des Unternehmens ist stets nur von provisori-

Roadmap for Success

Blown to Bits

scher Natur, da er durch die Ereignisse auf dem Markt ständig beeinflußt wird.

Im Buch „E-Business: Roadmap for Success" wird ein „Continuous Planning with Feedback"-Modell vorgeschlagen, nach dem die E-Business-Prozesse ständig optimiert werden. Auf jeden Vorstoß in Richtung einer neuen Marketing-Initiative folgt eine Bewertung der Auswirkung (was im Internet an Hand der Anzahl Zugriffe leicht zu messen ist) sowie eine Kurskorrektur. Deshalb ist es so wichtig, flexible Websites zu haben. Das Angebot der Firma muß sich ständig variieren lassen und immer wieder neue Aspekte bieten. Auf Vorstöße der Konkurrenz muß sofort ein Gegenvorstoß folgen, der eine Alternative anbietet.

Im Buch „Blown to Bits" behaupten die Autoren, es sei eventuell besser, Informationsprodukte über das Internet zu verschenken, um Kunden zunächst einmal zu binden. Danach sei es möglich, Folgeversionen gegen Entgelt anzubieten. Nach den Autoren von Boston Consulting ist der E-Business-Markt ein „Consumers Market". Die Auswahl an Produkten und Dienstleistungen ist so groß, daß nur diejenigen, die sich signifikant von den anderen abheben, eine Chance haben, bestellt zu werden. Werbung und Kundendienst sind entscheidend für den Erfolg.

Deshalb ist die E-Business-Strategie eines Unternehmens überlebenswichtig. Die Firma muß entscheiden, welchen Kurs sie verfolgen soll und welche Produkte und Dienste sie im Internet anbieten will. Den gewählten Kurs muß sie in Abhängigkeit vom Response der Kunden ständig korrigieren. Letztendlich wird es so weit kommen, daß die Konsumenten die Produzenten steuern - also die vollendete Marktwirtschaft [29].

10.1.2 Ein Schaltplan für die Systemintegration

Schaltplan der Integration

Damit ein Anwenderbetrieb überhaupt in der Lage ist, E-Business zu betreiben, müssen seine IT-Systeme webfähig und integriert sein. Mit Webfähigkeit ist die Fähigkeit gemeint, über die Websites einer Firma auf die einzelnen Anwendungssysteme und Datenbanken zuzugreifen. Die Systeme sind also ans Web angeschlossen. Dazu müssen sie jedoch zuerst integriert und angepaßt sein. D.h., sie können zu jeder Zeit in jeder Lage Daten und Funktionalität untereinander austauschen. Das geschieht auf verschiedenen Ebenen:

- auf der Oberflächenebene,
- auf der Applikationsserverebene,

- auf der Hostebene und
- auf der Datenbankebene [224].

Oberfläche — Auf der Oberflächenebene sollten Hyperlinks zwischen Webseiten bestehen, die es erlauben, von einem Dokument zum anderen zu springen und neue Texte, Bilder und sonstige Artefakte einzublenden. Dies wird von der Sprache XML über XLink und XPointer unterstützt. Es muß nur dafür gesorgt werden, daß diese Möglichkeiten wahrgenommen werden.

Applikation — Auf der Applikationsebene müßte es API's und DAPI's geben, die eine Querverbindung zwischen Applikationsservern zulassen. Entfernte Prozeduraufrufe (Remote-Method-Invocations) werden abgesetzt, um Komponenten über Rechnergrenzen hinaus miteinander zu koppeln. So hat jede Funktion in der Komponente A die Möglichkeit, eine Funktion in der Komponente B aufzurufen, auch wenn diese Komponente auf einem anderen Rechner läuft. Hier könnte ein CORBA-Produkt als Nachrichtenvermittler eingesetzt werden, oder es werden Standard-HTTP-Schnittstellen mit XML-Dateien verwendet.

Host — Auf der Hostebene sind die Legacy-Systeme zwar auf dem gleichen Rechner, aber durch unterschiedliche Sprachen und Datenstrukturen getrennt. Um sie miteinander zu verbinden, müssen sie gekapselt werden. Falls Anwendung A von Anwendung B etwas braucht, erzeugt sie ein XML-Dokument mit den Funktionsnamen und deren Parametern und sendet es über einen Wrapper. Der Wrapper von Anwendung B erhält die Nachricht, interpretiert sie und ruft die entsprechenden Funktionen auf. Anschließend sammelt er die Ergebnisse, packt sie in eine XML-Datei und leitet sie zurück an den Wrapper von Anwendung A, der sie auspackt und der Anwendung bereit stellt. Zur Datenübertragung zwischen Anwendungen werden Message Queuing-Dienste in Anspruch genommen.

Daten — Auf der Datenebene sollte es möglich sein, Daten von der einen Datenbank zu extrahieren und an die andere Datenbank zu übergeben, ohne über die eigenen Programme gehen zu müssen. Die Datenbanksysteme müssen diese Austauschdienste von sich aus bringen. Der Anwender braucht sie nur anzustoßen. Auch hier wird XML die bevorzugte Austauschsprache sein. Die letzten Datenbankversionen beinhalten bereits diese Funktionalität.

Das Endergebnis der Systemintegration ist schließlich ein übergeordnetes System, das alle Verknüpfungen auf allen Ebenen steuert. Auch derlei Produkte gibt es bereits auf dem Markt, die sofort eingesetzt werden können (z.B. Tibco). Allerdings muß der Anwender seine Software entsprechend anpassen.

Damit dies alles klappt, braucht der Anwenderbetrieb einen Integrationsplan. In diesem Plan werden die zu integrierenden Systeme identifiziert und die Art der Integration bestimmt, z.B. über RPI, CORBA oder Message Queueing. Am Ende steht ein Schaltplan der betrieblichen Anwendungen und deren Schnittstellen. Da die Verbindungen auch nicht konstant sind, muß dieser Plan wie alles andere ständig aktualisiert werden. Dies bindet Personal, das aus anderen Bereichen abgestellt werden muß. Enterprise Application Integration führt eben zu einer Rezentralisierung der IT-Ressourcen auf Kosten der einzelnen Anwendungsbereiche [34].

10.2 Auf den Ruinen veralteter Technologien

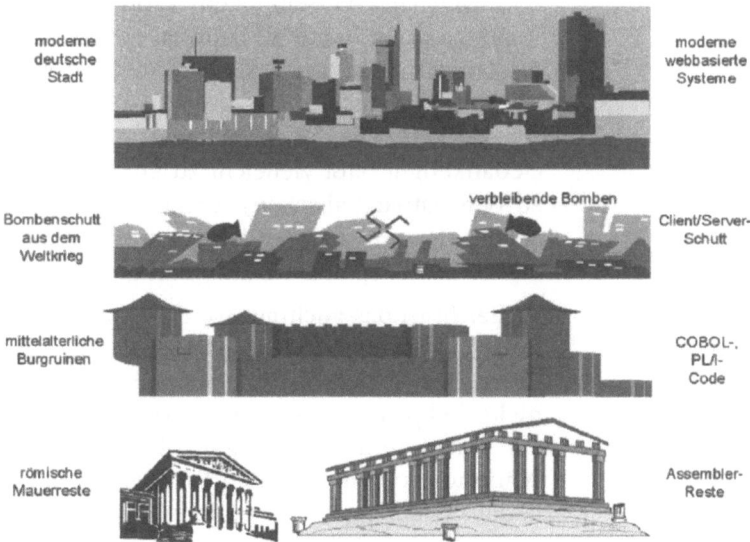

Abb. 10.1: Das ultimative Schichtenmodell

Technologieschichten

Die Weiterentwicklung der Informationstechnologie hat viele Ähnlichkeiten mit der Entwicklung der europäischen Städte, nur passiert alles mit einem rasanteren Tempo. Eine IT-Technologie wird eingeführt, reift heran, kommt zur Blüte und veraltet. Kaum hat sie ihre volle Blüte erreicht, folgt die nächste Technologie und verdrängt ihre Vorgänger. Statt aber die verbleibenden Bauwerke bzw. die Anwendungssysteme der Alttechnologie zu beseitigen, wird auf deren Ruinen weitergebaut - und viele davon bleiben mitten im neuen Städtebau stehen. Manche davon sind gewollt, weil sie erhaltenswert sind, und andere sind ungewollt, weil es eben zu teuer wäre, sie zu ersetzen. Sie werden kurzerhand umfunktioniert- so, wie die Flakbunker aus der Kriegszeit. So entsteht eine andere Art Schichtenmodell. (siehe Abb. 10.1)

10.2.1 Die Rückkehr der Dinosaurier

Rezentralisierung

Die Entwicklung der Informationstechnologie in Richtung Internet und Web-Services führt zu einer Rezentralisierung der betrieblichen Anwendungssysteme. Im Nachhinein kann man schließen, daß die verteilte Client/Server-Welt sowieso zu Mitteleuropa und seinen hierarchischen Firmenstrukturen nicht paßt. Es gibt zu viele Widersprüche zwischen der dahinter liegenden Organisationstheorie und den vorherrschenden Betriebsstrukturen. Die Client/Server-Technologie geht von autonomen, selbständigen Geschäftseinheiten (Profitzentren) aus, die in eigener Verantwortung handeln. Es folgt, daß sie über eigene Computerressourcen und eigene Anwendungssysteme verfügen. Demnach wäre jede Geschäftseinheit ein eigenes Unternehmen mit einer Hire-and-Fire-Überlebensstrategie. Dieses üble amerikanische Gedankengut paßt vielleicht zu einem McDonalds aber gar nicht zu den patriarchalischen, zentral gesteuerten europäischen Konzernen. Darum hat die Client/Server-Technologie von Anfang an nie in die europäische Landschaft gepaßt.

Vielleicht ist das auch gut so, denn wie im Kapitel 4 beschrieben, sind inzwischen viele Anwender, die einen Ausflug in die Client/Server-Welt wagten, reuemütig wieder zum Mainframe zurückgekehrt. Die Probleme mit der Verteilung der Geschäftslogik auf Server und Client haben ihnen zu schaffen gemacht. Die Wartungsprobleme mit den Fat Clients haben ihnen den Rest gegeben. Client/Server entpuppte sich schließlich als eine aufwendige Lösung, die nur dort zu rechtfertigen ist, wo sie Hand in Hand mit einer Dezentralisierung des Unternehmens eingeführt wird.

Rehosting

Verfügbarkeit, Zuverlässigkeit, Sicherheit und hoher Transaktionsdurchsatz machen den Mainframe als Hub des betrieblichen Intranets wieder interessant. Die Großrechneranbieter haben dies erkannt und bieten entsprechende Unterstützung in Form von Web-Middleware an. Führende Softwarehäuser wie BEA Systems und die Software AG ergänzen dieses Angebot und bieten Alternativen an. Sowohl IBM als auch Siemens-Fujitsu haben den Trend zur Rezentralisierung erkannt und treiben Techniken voran, welche die Anbindung der Legacy-Backoffice-Systeme an moderne E-Commerce-Frontends ermöglichen. Bei IBM heißt die Lösung Websphere, bei Siemens Openseas [256]. Hinzu kommt Weblogic von BEA und Enterprise-X von der Software AG. In allen Lösungen spielen Java und XML eine eintscheidende Rolle als Bindeglied zwischen den dünnen Clients und den dicken Mainframe-Anwendungen. Java auch deshalb, weil es auf dem Mainframe lauffähig ist. XML, weil es die universelle Datenaustauschsprache ist [251].

Linux als Alternative

Neben dem traditionellen MVS-Betriebssystem als Träger der Hostanwendungen bietet IBM inzwischen auch Linux als Alternative an. Linux eignet sich besser für das Web Hosting. Eine große Zahl von Linux-Servern läßt sich auf einen Z-Series-Großrechner packen. Neben den System- und Lastenverteilungsdiensten steht mit den Hypersockets eine neue Technik zur Verfügung, mit der die einzelnen Server-Instanzen über interne IP-Verbindungen kommunizieren können. Der Datenverkehr läuft dabei nicht über Netzwerkkarten, die den IO-Bus nur belasten, sondern über den schnellen Arbeitsspeicher. Gesteuert werden die Hypersockets vom Betriebssystem Z-OS, das dafür sorgt, daß die parallel laufenden Anwendungen sich nicht gegenseitig stören [242].

Insofern eignet sich der Mainframe sehr wohl für die Rolle eines Web-Servers. Das Gerede vom Aussterben der Dinosaurier ist nur der Wunschgedanke der Unix-Freaks. Schon mit dem OS/390-Webserver und erst recht jetzt mit dem Linux-Betriebssystem unter der Z-Series gewinnt der Host wieder an Bedeutung. Er erweist sich für die Integration der bestehenden Systeme als unerläßlich, nicht zuletzt deshalb, weil die meisten der bestehenden Anwendungen auf dem Mainframe laufen und die Kosten, sie auf andere Maschinen zu migrieren, unbezahlbar sind.

10.2.2 Totgesagte leben länger

COBOL's Auferstehung

Die bestehenden Anwendungen, die meisten davon in der Sprache COBOL, sind immer wieder für tot erklärt worden [275]. Auch dies ist der Wunschgedanke der Generation der Turnschuhinformatiker. Sie würden am liebsten von heute auf morgen alle alten Systeme neu entwickeln. Nur fehlen ihnen die Mittel dazu und vor allem das Wissen, wie die alten Systeme funktionieren. Das Wissen über die Funktionalität der Legacy-Systeme steckt nur noch im Code und in den Köpfen derjenigen, die die Systeme warten. Das heißt, um die alten Systeme zu ersetzen, muß man sie verstehen, und um sie verstehen zu können, muß man deren Sprache beherrschen.

So gesehen sind die Sprachen der 80er Jahre, in denen die Hostanwendungen verfaßt sind, seien es Assembler, PL/I, COBOL oder eine 4GL, noch lange nicht tot. Sie leben weiter in den Programmen auf dem Mainframe. Da es gilt, diese alten Programme in die neue Webarchitektur zu integrieren, müssen sich die System-Integratoren wohl oder übel mit ihnen auseinandersetzen. Entweder werden sie direkt mit einer Webschnittstelle wie CGI - Common Gateway Interface - von Fujitsu und ACU [240] verbunden, oder sie werden, wie im Kapitel 7 beschrieben, gekapselt.

Wiederbelebungsmaßnahmen

Beide Vorgehensweisen setzen voraus, daß die alten Programme zunächst mal nachdokumentiert werden, damit man in etwa weiß, wie die Kapselung bzw. der Webanschluß sich auf den Code auswirkt. Dennoch, auch mit einer Dokumentation, kommt der Integrator nicht darum herum, die Sprache zu lernen. Wer COBOL-Programme integriert, muß also COBOL beherrschen. Sind die alten Programme einmal gekapselt bzw. ans Web angeschlossen, ist davon auszugehen, daß sie noch länger leben. Da ihre Funktionalität nicht eingefroren ist, sondern an die betriebswirtschaftlichen Anforderungen der Geschäftsprozesse, die sie abbilden, immer wieder angepaßt wird, werden noch lange Programmierer gebraucht, die mit ihnen umgehen können. Es könnte noch viele Jahre dauern, bis solche Anwendungen endlich durch Standard-Software abgelöst werden. Daraus läßt sich schließen, daß die alten Sprachen, insbesondere COBOL, in der Mainframe-Welt noch lange bleiben werden [317].

10.2.3 Die Wüste blüht

Blumen auf Ruinen

Legacy-Systeme bilden die unteren Schichten der Webarchitektur. Solange sie funktionieren, wird kein Endbenutzer etwas von ihnen merken. Ob da unten Java-, COBOL- oder Assembler-Code lagert, interessiert ihn nicht im geringsten. Hauptsache, er erfüllt seine Funktionen, läuft schnell und macht keine Fehler. Was den Benutzer mehr interessiert, sind die Eigenschaften der oberen Schichten bzw. der Verpackung. Dort, auf der Oberfläche des IT-Schüttberges, sollten tausend Blumen blühen - HTML-Seiten, XSL-Stylesheets, Spracherkennungsgeräte, grafische Darstellungen, Audiosignale, Animation und Videostreifen - all das, was das Benutzerherz erwärmt.

Wir leben in einer Welt der vielfältigen Kommunikationswege. Die Bildschirmanzeige ist nur eine der vielen Möglichkeiten, Informationen vom Rechner an den Menschen zu übertragen. Andere Wege sind Stimmen und sonstige Audiosignale sowie bedrucktes Papier. Für die Informationsübertragung vom Menschen auf den Rechner gibt es neben der klassischen Tastatur und Maus auch Spracherkennung und Berührungserkennung. Es werden immer anspruchsvollere Sensoren entwickelt, um die Kommunikation zwischen Mensch und Computer zu erleichtern [89].

XML überdeckt alles

Die Sprache XML setzt hier den Rahmen, innerhalb dessen Texte, Bilder, Grafiken und Animationen dargestellt werden. Wichtig ist die Trennung der Daten-Erfassung und -Präsentation von Datenstruktur und Dateninhalt.

XHTML-Formulare und/oder Stylesheets bestimmen das Layout der Webseiten. XLINK sorgt für die Verknüpfung der Seiten. Der Anwender kann vertikal von oben nach unten und horizontal von Seite zu Seite navigieren, um seine gewünschte Information zu sammeln. Audiovisuelle Medien blenden sich zwischen den Texten ein. Die Datenerfassung und -präsentation wird zu einem eigenen Spezialgebiet [219].

Allerdings ist darauf zu achten, daß die Clientsoftware dünn bleibt. Vor allem auf der Eingabeseite hat sie sich auf die formale Prüfung und Darstellung der Daten zu beschränken. Mehr dürfte nicht gemacht werden. Die Daten werden an den Applikationsserver weitergeleitet. Auf der Ausgabeseite hat der Client sich darauf zu beschränken, nur zu präsentieren und nicht zu verarbeiten. Auf diese Weise bleibt die Präsentationsschicht trotz vielfacher Darstellungsmöglichkeiten einfach und beherrschbar. Sie sollte von der eigentlichen Anwendung abgekoppelt sein.

10.3 Wie geht es weiter?

10.3.1 Wiedererlangen verlorenen Fachwissens

Quo Vadis?

Es ist sicher wahr, daß wir an der Schwelle eines neuen Zeitalters stehen - dem Zeitalter der vernetzten Welt - und daß vieles in dieser neuen Welt anders sein wird. Das Internet bietet viele Möglichkeiten, miteinander anders zu kommunizieren und miteinander Handel zu treiben. Andererseits birgt es viele Gefahren - nicht nur Gefahren bezüglich Sicherheit und Internetkriminalität, sondern auch Gefahren in Form von unüberschaubaren Risiken. Die Menschen sind in vielerlei Hinsicht durch die Informationstechnologie überfordert. Kaum jemand ist in der Lage, die Kosten und den Nutzen neuer E-Business-Systeme vorauszusagen. Enterprise Application Integration integriert viele Systeme, die schon allein für sich sehr komplex sind. Durch die Integration wird ihre Komplexität multipliziert. Das Ganze ist mehr als nur die Summe aller Einzelteile. Es ist die Summe aller Einzelteile plus der Summer aller Beziehungen zwischen den Einzelteilen. Es wird nicht einfach sein, dieses Mehr an Komplexität zu beherrschen.

Wiedergewinnung verlorenen Wissens

Hinzu kommt, daß das Wissen über die Legacy-Anwendungen vielerorts verloren gegangen ist. Man weiß nicht mehr, wie sie funktionieren. Man weiß nur, daß sie funktionieren, und man ist von dieser Funktionalität abhängig. Der Computer ist in dieser Hinsicht wie eine Droge. Er fördert unsere Trägheit und macht uns abhängig. Es wird sehr teuer werden, das verlorene Wissen, das in den alten Systemen steckt, wiederzugewinnen. Dennoch wird vielen Unternehmen gar nichts anderes übrig bleiben, wenn sie ihre Geschäftsabläufe neu gestalten wollen. Die Integration der alten Systeme in die neuen Geschäftsprozesse, ohne sie inhaltlich zu beherrschen, kann nur vorübergehend gut gehen. Früher oder später muß man das detaillierte Fachwissen über die Funktionalität jener Systeme haben, um sie erneuern zu können [349].

10.3.2 Zähmung der neuen Technologien

Technologiebeherrschung

Es ist mehr als nur eine Frage der Kosten und des Nutzens. Es ist eine geistig-moralische Grundfrage, inwiefern die Menschen von der Informations- und Kommunikationstechnologie abhängig sein sollen. Soll der Mensch die komplexen Systeme, die er schafft, beherrschen können? Oder werden sie ihn beherrschen? Und wenn er sie beherrscht - wer soll sie beherrschen? Eine kleine geistige Elite oder eher die breite Masse? Im Moment läuft es auf die Konzentration des technischen Wissens in den Köpfen einiger weniger Experten hinaus. Es sind zwar Bemühungen im Gange, das technische Wissen zu verbreiten, aber das kann lange dauern. Inzwischen vermehrt sich das IT-Wissen von Jahr zu Jahr und entzieht sich dem menschlichen Fassungsvermögen. Nur wenige kommen mit - und die nur mit einem Teilwissen. Also werden immer mehr Menschen von immer wenigeren abhängig.

Das könnte sich rächen. Wenn nur einige wenige Experten die Informations- und Kommunikationssysteme beherrschen, sind sie in der Lage, den Nutzen jener Systeme zu beherrschen. Die eigentlichen Verantwortlichen sind dann nur noch Popanze in einer Welt, die in der Tat von den „Nerds" kontrolliert wird. Diese Situation kann nur vermieden werden, wenn die IT-Systeme vereinfacht und vereinheitlicht werden, und wenn das technische Know how auf breiter Basis verteilt wird. D.h., ein breit angelegtes Ausbildungsprogramm für alle, die mit der Webtechnologie zu tun haben, mit Kursen in XML, SQL, VB und Webservices. Die Benutzer der Webtechnologie müssen lernen, was dahinter steckt. Was ist möglich, und was ist nicht möglich? Vor allem müssen sie lernen, den IT-Systemen nicht blind zu vertrauen, sondern alles in Frage zu stellen. Jeder Benutzer muß auch zum Tester werden [171].

10.3.3 Verschmelzung der betrieblichen Informationstechnologie

E-Business-Stand

Voraussetzung für die Neugestaltung der betrieblichen Informationstechnologie ist die Wiedergewinnung des Fachwissens aus den alten IT-Systemen plus Beherrschung des technischen Wissens über die neuen Systeme. Nur wenn diese beiden Voraussetzungen erfüllt sind, wird es möglich sein, an die Geschäftsprozesse heranzugehen und sie neu zu gestalten. Deshalb betreiben, nach einer Studie von Price Waterhouse, von 80 Großunternehmen in den USA weniger als 25% echtes E-Business. Nur 28% sind in der Lage, Internettransaktionen online zu verarbeiten, und nur 21% haben eine Supply Chain implementiert. Daraus folgt, daß E-Business sich noch lange nicht auf breiter Front durchgesetzt hat. Noch steckt es in der Anfangsphase. Der Grund dafür ist der IT-Bereich selbst. Der Business-Analysator Geoffrey Moore weist darauf hin, daß das Haupthindernis zum Einstieg in die E-Businesswelt die IT-Abteilung ist. Er schreibt, daß *„any serious more toward an e-business model will necessarily require a company to reengineer its IT organization"* [201].

Das bedeutet, nicht nur die IT-Systeme, sondern auch die IT-Abteilung muß integriert werden - und zwar in die Fachabteilung hinein. Es darf keine organisatorische Abgrenzung mehr geben zwischen Fachexperten und IT-Experten. Sie gehören zu den Geschäftsprozessen, denen sie zugeordnet sind.

Ende der IT-Abteilung

Nur durch diese enge Kooperation wird es möglich sein, den Anforderungen des E-Business nach Flexibilität und Schnelligkeit gerecht zu werden. Natürlich werden einige zentrale Stäbe übrig bleiben wie die für Datenmodellierung, Schnittstellenverwaltung, Systemtest und Qualitätssicherung, aber die Entwickler, bzw. Integratoren, werden Teil der Geschäftsprozesse sein. Es gilt, Fach-

und technisches Wissen zu vereinigen. Die IT-Abteilung als eigenständiger Bereich gehört der Geschichte an.

Literaturverzeichnis

[1] Albrecht, A.: „Measuring Application Development Productivity" Proc. of Application Development Symposium, Guide User Meeting, IBM, Monterey, Oct. 1979
[2] Alexander, C.: Notes on the Synthesis of Form, Harvard University Press, 1964, p. 15
[3] Allen, P./Frost, S.: „Legacy System Wrapping", SELECT White Paper, SELECT Software Tools, Irvine, CA., Jan. 1997, p. 7
[4] Allen, P.: „Practical Strategies for Migrating to Distributed Components", Cutter IT Journal, Vol. 11, No. 12, Dec. 1998, p. 22
[5] Allen, P.: Component Development - The state of the Practice, Cutter Consortium, Executive Update, Vol. XI, No. 3, March 2001
[6] Altendorf, E./Hohman, M./Zabicki, R.: „Using J2EE on a large, Web-based Project", IEEE Software, April 2002, p. 81
[7] Altherr, M./Erzberger, M.: „Message-oriented Middleware", Java Spektrum, Nr. 6, Dez. 1999, S. 30
[8] Ambler, S.: „Lessons in Agility from Internet Based Development", IEEE Software, April 2002, p. 66
[9] Apprich, S.: „Middleware in verteilten Systemen", IT Fokus Nr. 1/2, Feb. 2002, S. 45
[10] Arranga, E./Coyle, F,: Object-oriented COBOL, SIGS Books, New York, 1996, p. 9
[11] Bach, J.: „Rethinking the Role of Testing for the e-Business Era", Cutter IT Journal, Vol. 13, No. 4, April 2000, p. 15
[12] Baker, S.: Enterprise Transaction Processing Systems, Addison Wesley, Harlow, G.B., 2000, p. 43
[13] Balaji, V./Sangeetha, B.: „Testing de-localized Software Systems in a multi-site environment using Web-basedtools", Journal of Software Maint., Vol. 14, No. 3, June 2002, p. 181
[14] Ballmer, S.: „J2EE wird man irgendwann wegwerfen", Computerwoche, Nr. 26, Juni 2001, S. 25
[15] Balzer, R.: „On the inevitable Intertwinning of Specification and Implementation", Comm. of ACM, Vol. 25, No. 7, Juli 1982, p. 39
[16] Bauer, M.: Die schöne neue E-Welt wird die IT verändern" Computerwoche, Nr. 47, Nov. 2000, S. 98
[17] Bauer, M.: „Auf die Unternehmensstrategie kommt es an", Computerwoche Focus Nr. 4, Aug. 1998, S. 8

Literaturverzeichnis

[18] Bauer, M.: „Die Altlasten machen die Probleme - Koexistenz und Integration von Mainframes", Computerwoche Extra Nr. 4, Dez. 1998, S. 14
[19] Bauer, M.: „Steigender Komfort erhöht IT-Komplexität", Computerwoche Extra, Nr. 4, Okt. 1995, S. 13
[20] Bauer, M.: „Wer für Java Produkte Geld ausgibt ist feige", Computerwoche Extra, Nr. 5, Juni 2002, S. 8
[21] Bäurle, R./Jacobs, C.: „Kommandozentrale für MQ-Series", online, Nr. 10, 1997, S. 6
[22] BEA: eProcess Integrator at www.beasys.com
[23] Behme, H./Mintert, S.: XML in der Praxis, Addison-Wesley, München, 2000, S. 47
[24] Beimborn, D./Mintert, S./Weitzel, T.: „Web Services und ebXML", Wirtschaftsinformatik, Band 44, Heft 3, 2002, S. 277
[25] Beizer, B.: „Best and Worst Testing Practices", Cutter IT Journal, Vol. 12, No. 2, Feb. 1999, p. 32
[26] Beizer, B.: „Testing Technology - The Growing Gap", American Programmer, Vol. 7, No. 4, April 1994, p. 2
[27] Bemers-Lee, T./Fischetti, M.: Wearing the Web, Harpers Business, New York, 2000
[28] Benamati, J./Lederer, A.: „Coping with rapid Changes in IT", Comm. of ACM, Vol. 44, No. 8, August 2001, p. 83
[29] Berndt, R.: Management Konzepte für die New Economy, Springer Verlag, Berlin, 2002, S. 19
[30] Boar, B.: Implementing Client/Server Computing, McGraw-Hill, New York, 1992, p. 11
[31] Boehm, B.: Software Engineering Economics, Prentice-Hall, Englewood, Cliffs, N.J., 1982, p. 533
[32] Booch, G.: The Unified Modeling Language User Guide, Addison-Wesley, Reading MA., 1998, p. 22
[33] Born, A.: „Software aus Komponenten soll Wartung erleichtern und Funktionalität erhöhen", Computer Zeitung, Nr. 18, April 1998, S. 20
[34] Born, A.: „The empire strikes back oder die Renaissance der Zentralen", Computerwoche Extra Nr. 4, Dez. 1998, S. 4
[35] Box, D./Skonnard, A./Lam, J.: Essential XML, Addison Wesley, München, 2001, S. 15
[36] Bragg, T.: „Intrapreneuring - It is harder than it looks", Cutter IT-Journal, Vol. 14, No. 5, May 2001, p. 12
[37] Brandon, D.: Data Processing Organization and Manpower Planning, Petrocelli Books, New York, 1974, p. 31
[38] Brodie, M./Stonebraker, M.: Migrating Legacy Systems, Morgan Kaufman Publishers, San Francisco, 1995, p. 13
[39] Brooks, F.: The Mythical Man-Month, Addison-Wesley, Reading, MA., 1975, p. 79

[40] Buchheit, M./Schumacher, N./Teille, K.: „Design und Implementierung einer Oberzugriffsschicht für verteilte Systeme", Objektspektrum Nr. 1, Jan. 1999, S. 17

[41] Büchler, J.: „Pack den Tigra in den Tank", IT-Fokus Nr. 4, April 2000, S. 20

[42] Bullinger, H.-J.: E-Business Handbuch für Entscheider, Springer Verlag, Berlin, 2002

[43] Callahan, G.: „LOVEM - A Method for User-Centered Design of Business Process" Cutter IT Journal, Vol. 11, No. 8, Aug. 1998, p. 10

[44] Caprile, B./Tonella, P.: „Nomen est Omen - Analyzing the Language of Data and Function Identifieres", Proc. of WCRE-99, IEEE Computer Society Press, Atlanta, Oct. 1999, p. 112

[45] Card, D./Glass, R.: Measuring Software Design Quality, Prentice-Hall, Englewood Cliffs, N.J., 1990, p. 78

[46] Champy, J.: Reengineering Management - The Mandate for new Leadership, Harper Business, New York, 1995

[47] Chappel, D./Jewell, T.: „Java Web Services, O'Reilly, Sebastopol, 2002

[48] Cockburn, A.: „The Interaction of Social Issues and Software Architecture", Comm. of ACM, Vol. 39, No. 10, Oct. 1996, S. 40

[49] Coldeweg, J.: „Agile Entwicklung Web-basierter Systeme", Wirtschaftsinformatik, Band 44, Heft 3, Juni 2002

[50] Coldeweg, J.: „Warum viele Projekte scheitern", Computerwoche Nr. 27, Juli 2002, S. 36

[51] Collins, R.: „Software Localization for Internet Software-Issues and Methods", IEEE Software, April 2002, p. 74

[52] Conallen, J.: „Modeling Web Application Architectures with UML", Comm. of ACM, Vol. 42, No. 10, Oct. 1999, p. 63

[53] Coyle, F.: „Legacy Integration - Changing Perspectives", IEEE Software Magazine, March 2000, p. 37

[54] Dangelmaier, W./Lessing, H./Pape, U./Ruther, M.: „Klassifikation von EAI Systemen", in HMD-225, dpunkt Verlag, Heidelberg, Juni 2002, S. 61

[55] Daum, B. / Merten, U. : System Architecture with XML, Morgan Kaufmann Publishers, Amsterdam, 2002

[56] de Haas, S.: „Softwarearchitektur - Ein Vergleich mit dem Bauwesen", Objektspektrum, Nr. 6, Dez. 1999, S. 60

[57] De Marco, T.: Structured Analysis and System Specification, Yourdan Press, New York, 1978, p. 47

[58] Deadman, R.: „XML as a distributed Application Protocol", Java Report, Oct. 1999. p. 16

[59] Dietrich, T.: „Saving a legacy with Objects", Proc. of OOPSLA-88, ACM Press, New York, 1989, p. 54

[60] DiLucca, G./Fasolini, A./DeCarlini, U.: „Testing Web Applications", Proc. of IEEE ICSM-2002, IEEE Computer Society Press, Montreal, Oct. 2002, p. 310

[61] DiLucca, G./Fasolini, A./Tramontana, P.: „Towards a better Comprehensibility of Web Applications - Lessons learned from Reverse Engineering Experiments", Proc. of IEEE Workshop on Website Evolution, Montreal, Oct. 2002, p. 33

[62] Dohmann, A./Fuchs, G./Khakzar, K.: Die Praxis des E-Business, Vieweg Verlag, Wiesbaden, 2002, S. 11

[63] Dohmen, W.: „Neue Software nutzt heute oft die alten Programmbausteine", Computerzeitung, Nr. 46, Nov. 1998, S. 40

[64] Dorflein, M./Hennig, A./Ollmert, C.: „E-Business spricht XML mit Dialekt", Computerwoche Extra, Nr. 2, März 2001, S. 34

[65] Duchessi, P./Chengalur-Smith, I.: „Client/Server Benefits, Problems, Best Practices", Comm. of ACM, Vol. 41, Nr. 5, May 1998, p. 87

[66] Eisenmann, M./Schuler, B.: „Altanwendungen ins Web", Computerwoche Focus Nr. 5, Sept. 1999. S. 31

[67] Eliot, L.B.: „Critical Success Factors for implementing Client/Server Applications", American Programmer, Vol. 7, No. 11, Nov. 1994

[68] Emmerich, W./Mascolo, C./Finkelstein, A.: „Implementing incremental Code Migration with XML", Proc. of 22nd ICSE, IEEE Computer Society Press, Limerick, Ireland, June 2000, p. 397

[69] Enderle, J.: „XML in relationalen Datenbanken", Informatik Spektrum, Nr. 24, Dez. 2001, S. 357

[70] Erbrich, T.: „Integrierte E-Business Lösungen mit Windows-DNA, XML und SAP R/3", OBJECTspektrum, Nr. 1, 2000, S. 74

[71] Eriksson, H.-E./Penker, M.: Business Modelling with UML, John Wiley & Sons, New York, 2000 p. 6

[72] Estes, D.: „Business to Business e-Commerce brings XML to the forefront", Cutter Consortium Executive Update No. 1, Cutter Consortium, Arlington MA. June 2000, p. 1

[73] Estes, D.: „Legacy.NET", Cutter IT Journal, Vol. 14, No. 1, Jan. 2001, p. 35

[74] Estes, D.: „Second Generation Legacy-to-Web Strategies Using XML", Executive Update No. 1, Cutter Consortium, Arlington, MA., June 2000, p. 2

[75] Evans, P./Wurster, T.: Blown to Bits - how the New Economics of Information transforms Strategy, Harvard Business School Press, Boston, 2000, p. 24

[76] Fayad, M./Hamu, D.: „Enterprise Frameworks - Characteristics, Criteria and Challenges", Comm. of ACM, Vol. 43, No. 10, Oct. 2000. p. 39

[77] Fayad, M./Schmidt, D./Johnson, R.: Building Application Frameworks - Object-oriented Foundations of Framework Design, John Wiley & Sons, New York, 1999

[78] FeBenbecker, M.: „Zahlreiche B2B Standards konkurrieren", Computerwoche Nr. 6, Feb. 2002, S. 42

[79] Feijs, L./deJong, D.:"3D Visualization of Software Architectures", Comm. of ACM, Vol. 41, No. 12, Dec. 1998, p. 73

[80] Fey, J./Lobeck, A.: „Weg von der Insel", IT Fokus, Nr. 4, Sept. 2001, S. 32

[81] Fingar, P.: „Component-Based Frameworks for E-Commerce", Comm. of ACM, Vol. 43, No. 10, Oct. 2000, S. 61

[82] Fischbach, R./Lachmann, I.: „Altdaten-Migration wird oft unterschätzt", Computerwoche Nr. 37, Okt. 2000, S. 26

[83] Fischer, L.: New Tools for New Times - The Workflow Paradigm, Future Strategies, Boston, 1995

[84] Fitzgerald, M.: Building B2B Applications with XML, John Wiley & Sons, New York, 2001, p. 10

[85] Fochler, K./Malsy, S./Alexander, S.: „Was Unternehmen unter EAI verstehen", in Computerwoche, Nr. 29, Juni 2001, S. 40

[86] Foegen, M./Battenfeld, J.: „Die Rolle der Architektur in der Anwendungsentwicklung", Informatik Spektren, Nr. 24, Okt. 2001, S. 290

[87] Freudenberg, T.: „XML im praktischen Einsatz für Verteilte Systeme", Software Development, Nr. 1, Jan. 2000, S. 44

[88] Frömming, R./Rausch, A./Stadtherr, H.: „Automatisierte Migration persistenter Objektmodelle mit XML", Objektspektrum, Nr. 1, Jan. 2002, S. 32

[89] Gabriel, R./Hoppe, U.: Electronic Business, Springer Verlag, Berlin, S. 50

[90] Gamma, E. et al: Design Pattens, Addison-Wesley, Reading, MA., 1995

[91] Garlan, D./Allen, R./Ockerbloom, J.: „Architectural Mismatch - Why Reuse is so hard", IEEE Software Magazine, Nov. 1995, p. 26

[92] Gerhard, M./Uhrig, C.: „70 bis 90 Prozent der Funktionen könnten aus dem Baukasten kommen", Computerwoche, Nr. 4, Jan. 1998, S. 44

[93] Gerlach, J./Neumann, B./Moldauer, E./Argo, M./Frisby, D.: „Determining the Costs of IT Services" Comm. of ACM, Vol. 45, No. 9, Sept. 2002, p. 61

[94] Gfaller, H.: „In heterogenen Umgebungen geht nichts ohne Middleware", Computerwoche, Nr. 11, März 1998, S. 81

[95] Glaap, R.: „Status quo der XML-Entwicklung - die Einheit in der Vielfalt", Computerwoche Extra, Nr. 5, Juni 2002, S. 25

[96] Glass, R.: „The Realities of Software Technology Payoffs", Comm. of ACM, Vol. 42, No. 2, Feb. 1999, p. 74

[97] Goglia, P.: Testing Client/Server Applications, QED Publishing Group, Boston, 1993, p. 26

[98] Goldfarb, F./Prescod, P.: XML-Handbuch, Prentice-Hall, Englwood Cliffs, N.J., 1999, S. 72

[99] Goodman, D.: Java Script Bible, IDG Books, München, 1998

[100] Gordon, I.: Enterprise Transaction Processing Systems, Addison-Wesley, Harlow, G.B., 2000, p. 67

[101] Göschl, S.: „SDS Internet Banking", Proc. of ICSM-2001, IEEE Computer Society Press, Florence, Nov. 2001, p. 104

[102] Gossain, S.: „Accessing Legacy Systems", in Object Expert, March 1997, p. 58

[103] Grado-Caffaro, M.-A./Grado-Caffaro, M.: „The Challenges That XML faces", IEEE Computer, Oct. 2001, p. 15

[104] Graham. I.: Migrating to Object Technology, Addison-Wesley, Wokingham, G.B. 1995, p. 42
[105] Grose, T./Doney, G./Brodsky, S.: Mastering XMI, John Wiley & Sons, New York, 2002, p. 55
[106] Grüne, M./Kneuper, R.: „Web Engineering", Wirtschaftsinformatik, Band 44, Heft 3, S. 269
[107] Gursky, S.: „Für die meisten Anbieter geht es schon ums Überleben", Computerwoche, Nr. 20, Mai 1997, S. 60
[108] Gutensohn, J.-W.: „Wie Tools den Host für das Internet öffnen", Computerwoche, Nr. 23, Juni 1998, S. 61
[109] Haeckel, A./Gößner, J./Wahl, H.: „Integration von Legacy Anwendungen in moderne objektorientierte Systeme", Objektspektrum, Nr. 5 Sept. 2000, S. 35
[110] Hajnal, C./Davis, D.: „Making Business Sense of Electronic Commerce", IEEE Computer, March, 1999, p. 67
[111] Hammer, M./Champy, J.: Reengineering the Corporation - A Manifest for Business Revolution, Harper's Business, New York, 1993
[112] Hantusch, T.: „Web-Standards erleichtern ERP-Vernetzung - XML, UDDI und BME auf dem Vormarsch", Computerwoche, Nr. 13, März 2001, S. 76
[113] Harmon, P.: „A Transition Plan", Component Development Strategies Executive Overview, Cutter Information Corp., Arlington, MA., Juli 2000, p. 1
[114] Harmon, P.: „E-Business Overview", Component Development Strategies Executive Overview, Cutter Information Corp., Arlington, MA., August 1999, p. 3
[115] Harmon, P.: „Reengineering your Corporate E-Business Strategy", Cutter Consortium, Arlington, MA., 2000, p. 25
[116] Harmon, P.: „Responding to E-Business Pressures", Cutter Consortium Executive Update, No. 2, July, 2000
[117] Harmon, P.: „The Changing Face of Middleware", Cutter Consortium Executive Update, No. 2, June, 2000
[118] Harmon, P.: Reengineering your Corporate e-Business Strategy, Cutter Consortium, Arlington, MA., 2000, p. 10
[119] Harmon, P.: Reengineering your Corporate e-Business Strategy, Cutter Consortium, Arlington, MA., 2000, p. 8
[120] Harmon, P.: XML - Solving Business Problems, Cutter Consortium, Arlington, MA., 2001, p. 27
[121] Hasselbring, W.: „Information Systems Integration", Comm. of ACM, Vol. 43, No. 6, June 2000, p. 33
[122] Hasselbring, W.: „Information Systems Integration", Comm. of ACM, Vol. 43, No. 6, June 2000, p. 35
[123] Hasselbring, W.: „Information Systems Integration", Comm. of ACM, Vol. 43, No. 6, June 2000, p. 37
[124] Haupt, R.: „Probieren geht über Verlieren - Professionelles Testen von Webauftritten", IT-Management, Nr. 7, Juli 2001, S. 36

[125] Heinrich, W.: „Companies setzen bei Integration auf Standardlösungen", Computer Zeitung, Nr. 49, Dez. 2001, S. 18
[126] Hendrickson, E./Fowler, M.: „The Software Engineering of Internet Software", IEEE Software, April, 2002, p. 23
[127] Herzum, P./Sims, O.: Business Component Factory - A Comprehensive Overview of Component-Based Development for the Enterprise, John Wiley & Sons, New York, 2000, p. 21
[128] Herzum, P./Sims, O.: Business Component Factory - A Comprehensive Overview of Component-Based Development for the Enterprise, John Wiley & Sons, New York, 2000, p. 52
[129] Hieatt, E./Mee, R.: „Going Faster - Testing the Web Application", IEEE Software Magazine, April 2002, p. 60
[130] Highsmith, J.: E-Business and E-Commerce as Drivers of Integration Solutions, Cutter Consortium Council, Vol. 1, No. 2, March 2000
[131] Himmelein, G./Beier, A./Brauch, P.: „Elf textbasierte HTML-Editoren im Test", Computertechnik, Nr. 5/2000, Heise, 2000
[132] Hitz, M./Kappel, G./Retschitzegger, W./Schwinger, W.: „Ein UML-basiertes Framework zur Modellierung ubiquitärer WEb-Anwendungen", Wirtschaftsinformatik, Band 44, Heft 3, Juni 2002, S. 225
[132] Hitz, M./Kappel, G./Retschitzegger, W./Schwinger, W.: „Ein UML-basiertes Framework zur Modellierung ubiquitärer WEb-Anwendungen", Wirtschaftsinformatik, Band 44, Heft 3, Juni 2002, S. 225
[133] Holthöfer, N.: „Modernisierung oder Modularisierung - Legacy-Anwendungen ins Web", IT-Fokus, Nr. 1/2, Jan. 2001, S. 35
[134] Holthöfer, N.: „Von COBOL in die Welt der Komponenten", IT-Fokus, Nr. 1/2, Jan. 2001, S. 29
[135] Hormon, P.: „Making the Move to Enterprise Application Integration", Cutter Consortium, Arlington, MA., 2000
[136] Horowitz, E.: „Migrating Software to the World Wide Web", IEEE Software Magazine, May 1998, p. 18
[137] http://www.biztalk.org
[138] http://www.commerce.net/projects/currentprojects/ eco/eco-Framework
[139] http://www.cxml.org
[140] http://www.ebxml.org
[141] http://www.rosettanet.org
[142] Hubert, R.: Convergent Architecture-Building Model-Driven J2EE Systems with UML, John Wiley & Sons, New York, 2001
[143] ITG: „Rationale for Rehosting", Internet Week, Nr. 4, April 1999, p. 61
[144] Jablonski, S./Meiler, C.: „Web Content Management Systeme", Informatik Spektrum Nr. 18, April 2002, S. 101
[145] Jackson, M.: Principles of Program Design, Academic Press, London, 1975, p. 15

[146] Jacobson, I./Ericsson, M./Jacobson, A.: The Object Advantage - Business Process Reengineering with Object Technology, Addison-Wesley, Wokingham, G.B. 1995, p. 151

[147] Javidi, B.: „Umstieg von DNA zu .NET in vier Schritten", Computerwoche Nr. 23, Juni 2001, S. 76

[148] Jayachandra, Y.: Re-Engineering the Networked Enterprise, McGraw-Hill, New York, 1994, p. 20

[149] Jervis, J.: „IBM verstärkt Prozessintegration mit Websphere", Computer Zeitung, Nr. 21, Mai 2002, S. 10

[150] Jolt, R./Winter, A./Schuerr, A.: „GXL - Toward a Standard Tool Exchange Format", Proc. of IEEE WCRE-2000, IEEE Computer Society Press, Queensland, Nov. 2000, p. 162

[151] Kalakota, R./Robinson, M.: e-business - Roadmap for Success, Addison-Wesley, Reading, MA, 1999, p. 72

[152] Kebschull, V./Spruth, W.: „Kommerzielle Großrechner als Ausbildungsaufgabe an Universitäten und Fachhochschulen", Informatik Spektrum, Band 24, Heft 3, June 2001, S. 140

[153] Keller, W.: Enterprise Application Integration - Erfahrungen aus der Praxis, dpunkt Verlag, Heidelberg, 2002

[154] Keys, J.: Data Casting in Web Development, McGraw-Hill, New York 1998, p. 241

[155] Kirchmaier. T.: „Wettbewerbsfaktor Händler-Kommunikation - erfolgreiches Händler-Kommunikationsportal bei Volkswagen", HMD 225, dpunkt Verlag, Heidelberg, Juni 2002, p. 53

[156] Klösch, R./Gall, H.: Objektorientiertes Reverse Engineering, Springer Verlag, Berlin, 1995, S. 91

[157] Kloss, M./Otto, T.: „Gekonnt getrennt mit XML", SW-Development, Nr. 3, 2001, S. 25

[158] Knasmüller, M.: Von COBOL zu OOP, dpunkt Verlag, Heidelberg, 2001

[159] Knobloch, M./Kopp, M.: „Web Design mit XML", dpunkt, Heidelberg, 2002

[160] Kobryn, C.: „Modelling Components and Frameworks with UML" Comm. of ACM, Vol. 43, No. 10, Oct. 2000, p. 31

[161] Kock, N.: „Managing with Web-based IT in Mind", Comm. of ACM, Vol. 45, No. 5, May 2002, p. 102

[162] Kölsch, R./Gall, H.: Objektorientiertes Reverse Engineering, Springer Verlag, Berlin, 1995, p. 94

[163] Krinke, J.: „Identifying Similar Code with Program Dependence Graphs", Proc. of IEEE WCRE-2001, IEEE Computer Society Press, Stuttgart, Oct. 2001, p. 301

[164] Kruchten, P.: „Der Rational Unified Process", Objektspektrum, Nr. 1, Feb. 1999, S. 38

[165] Krusch, J.: „Jungbrunnen für die COBOL Altlasten", Computerwoche Nr. 50, Dez. 2001, S. 34

[166] Kuppinger, M.: „Über Rechnergrenzen hinweg", IT Fokus, No. 1/2, Feb. 2002, S. 29

[167] Larsen, G.: „Component Based Enterprise Frameworks", Comm. of ACM, Vol. 43, No. 10, Oct. 2000, p. 25

[168] Lau, C.: Object-Oriented Programming using SOM and DSOM, John Wiley & Sons, New York, 1995, p. 7

[169] Lavery, J./Boldyreff, B./Allison, C.: „Laying the Foundation for Web Services over Legacy Systems", Proc. of IEEE Workshop on Web-site Evolution, IEEE Computer Society Press, Montreal, Oct. 2002, p. 3

[170] Lehman, M./Belady, L.: Software Evolution - Processes of Software Change, Academic Press, London, 1985, p. 32

[171] Lehner, F.: Organisational Memory, Hanser Verlag, München, S. 6

[172] Lehr, V.: „Web Services und Middleware ergänzen sich", Computerwoche, Nr. 23, Juni 2002, S. 40

[173] Lemay, L.: Perl in 21 Tagen, Markt & Technik Verlag, Köln, 2000

[174] Levkovits, H.: IBM's Repository Manager/MVS, QED Information Sciences, Wellesley MA., 1991, p. 123

[175] Lewis, T./Evangelist, M.: „Fat Clients versus Fat Servers", American Programmer Vol. 7, No. 11, Nov. 1994, p. 2

[176] Lewis, T.: „Mainframes are Dead, Long live Mainframes", IEEE Computer Magazine, August 1999, p. 104

[177] Litzba, U.: „COBOL Bestände zum Ausschlachten freigegeben", Computerwoche, Nr. 23, Juni 1998, S. 9

[178] Loos, Andreas: „Die Bankenwelt braucht neue Systemarchitekturen", in Computer Zeitung, Nr. 39, Sept. 2000

[179] Lyon, D./Huntley, D.: „There is more than one way to build a Bridge", IEEE Computer Magazine, May 2002, S. 102

[180] Ma, M.: „Agents in E-Commerce", Comm. of ACM, Vol. 42, No. 3, March, 1999, p. 79

[181] Maas High Tech Software: „XML4COBOL - ein Werkzeug zur Generierung von COBOL Modulen, die XML auf COBOL Strukturen abbilden", Maas High Tech Pub. Stuttgart 2000

[182] Mack, J.: „Software-Xpedition - eine gelungene Verbindung aus Expeditionssicht und Extreme Programming", Proc. of GI Software Management 2000, Österreichische Computergesellschaft, Nov. 2000, S. 45

[183] Maier, A.: „Komponententechnik soll Anwendungs- und Systemgrenzen überwinden", Computerwoche, Nr. 44, Nov. 1999, S. 56

[184] Martin, J.: Fourth-Generation Languages, Vol. 1-Principles, Englewood Cliffs, N.J., 1985, p. 77

[185] Martin, J.: Programming without Programmers - A Manifest for the Information Society, Prentice-Hall, Englewood Cliffs, 1984, p. 43

[186] Marx, K.: Das Kapital - Buch I, Kindler Verlag, München, 1962, S. 430

Literaturverzeichnis

[187] Mattern, T.: „Lösungsansätze für eine unternehmensweite Integration auf Basis von Applikationsservern", Objektspektrum, Nr. 6, 1999, S. 28
[188] Matzer, M.: „Sprache COBOL ist auch für das E-Business gefagt", Computerzeitung, Nr. 6, Feb. 2001, S. 17
[189] Matzer, M.: „XML Integration Standards sind noch inkompatibel", Computerzeitung, Nr. 51, Dez. 2001, S. 14
[190] "McClure, C.: The Three R's of Software Automation - Reengineering, Repository, Reusability; Prentice-Hall, Englewood Cliffs, N.J., 1992, p. 157"
[191] McDonald, M.: „From manual commerce to e-commerce", Cutter IT Journal, Vol. 13, No. 4, April 2000
[192] McDonald, M.: „Implementing an e-Business strategy", Cutter IT Journal, Vol. 14, No. 5, May 2001, p. 2
[193] McDonald, M.: „The Impact of the Web on the Economy", Cutter IT Journal, Vol. 14, No. 5, May 2002, p. 2
[194] Mecella, M./Batmi, C.: „Enabling Italian E-Government through a Cooperative Architecture", IEEE Computer Magazine, Feb. 2001, p. 40
[195] Merz, M.: E-Commerce und E-Business - Marktmodelle, Anwendungen und Technologien, dpunkt Verlag, Heidelberg, 2002, S. 25
[196] Meyer, J.-D.: „Monster im Keller - Großrechner allerorten und keiner der sie bedienen kann", Computerwoche, Nr. 28, Juni 2002, S. 12
[197] Meyerhoff, D./Timpe, M.: „Vom Entwurfs- bis zum Systemtest", Objektspektrum Nr. 1, Jan. 1999, p. 70
[198] Michels, J.: „Beim Kostenvergleich schlägt der Host dezentrale Server", Computerwoche, Nr. 23, Juni 1998, S. 69
[199] Miller, E.: „Testing for the Future", American Programmer, Vol. 7, No. 4, April 1994, p. 48
[200] Montgomery, S.: AD/Cycle - IBM's Framework for Application Development and CASE, van Nostrand Reinhold, New York, 1991, p. 11-32
[201] Moore, G.: „Organizing for E-Business", Cutter IT Journal, Vol. 14, No. 1, Jan. 2001, p. 6
[202] Morrison, M./Morrison, J./Keys, A.: „Integrating Web Sites and Databases", Comm. of ACM, Vol. 45, No. 9, Sept. 2002, p. 81
[203] Mowbray, T./Zahavi, R.: The Essential CORBA, John Wiley & Sons, New York, 1994, p. 231
[204] Mowbray, T./Zahavi, R.: The Essential CORBA-System Integration with Distributed Objects, John Wiley & Sons, New York, 1995, p. 278
[205] Münz, S./Nefzger, W.: HTML & Web Publisihing Handbuch, Franzis Verlag, Stuttgart, 1999
[206] Musciano, C./Kennedy, B.: HTML & XHTML - The Definitive Guide, O'Reilly, Sebastopol, CA., 2001
[207] Myers, G.: Reliable Software through Composite Design, Petrocelli Charter, New York, 1975, p. 33

[208] Navayanan, S./Liu, J.: „Enterprise Java Developers Guide", McGraw-Hill, New York, 1999
[209] Nelson, H./Armstrong, D./Ghods, M.: „Old Dogs and New Tricks", Comm. of ACM, Vol. 45, No. 10, Oct. 2002, p. 14
[210] Neumann, P.: „Risks to the Public in Computers and Related Systems", Software Engineering Notes, Vol. 26, No. 1, Jan. 2001, p. 27
[211] Niedermair, E.: „Werkzeuge für die Arbeit mit XML", Objektspektrum, Nr. 4, Sept. 2002, S. 18
[212] Niemann, F.: „Suns ONE setzt ganz auf Java und XML", Computerwoche, Nr. 7, Feb. 2001, S. 32
[213] Noffinger, W./Niedbalski, R./Blanks, M./Emmart, N.: „Legacy Object Modelling Speeds Software Integration", Comm. of ACM, Vol. 41, No. 12, Dec. 1998, p. 80
[214] Nußdorfer, R.: „Brücken bauen zwischen Software-Inseln", in Computerwoche, Nr. 32, Juli 1999, S. 16
[215] Nußdorfer, R.: „Deutsche Softwerker können mit amerikanischen Firmen mithalten", Computerwoche, Nr. 38, Sept. 2000, S. 24
[216] Nußdorfer, R.: „Enterprise Application Integration in Deutschland", in Computerwoche Extra Nr. 2, zu Enterprise Application Integration, März 2001, S. 4
[217] Nußdorfer, R.: „Evolution durch neue Technologie", IT Fokus, Nr. 1/2, Jan. 2001, S. 39
[218] Nußdorfer, R.: „Kein e-Business ohne Enterprise Application Integration", Computerwoche, Nr. 20, Mai 2000, S. 20
[219] Nutz, A./Strauß, M.: „eXtensible Business Reporting Language (XBRL)", Wirtschaftsinformatik Band 44, Nr. 5, Okt. 2002, S. 447
[220] Offutt, J.: „Quality Attributes of Web Software Applications", IEEE Software Magazine, April 2002, p. 25
[221] Olsem, M.: „An Incremental Approach to Software Systems Reengineering" Journal of Software Maintenance, Vol. 10, No. 3, May 1998, p. 181
[222] Orfali, R./Edwards. J.: Abenteuer Client/Server, Addison-Wesley, Bonn, 1997, S. 52
[223] Ostler, U.: „XML und SOAP bei der Hypo-Vereinsbank", Computerwoche Extra Nr. 8, Okt. 2001, S. 19
[224] Pinker, E./Seidmann, A./Foster, C.: „Strategies for Transitioning Old Economy Firms to E-Business", Comm. of ACM, Vol. 45, No. 5, May 2002, p. 77
[225] Pohlmann, M./Schonefeld, M.: „An Evolutionary Integration Approach using Dynamic CORBA in a typical Banking Environment", Prof. of European CSMR, IEEE Computer Society Press, Budapest, March 2002, p. 9
[226] Pollmann, U.: „EJBs als Integrationsplattform - von der Spezifikation ins echte Leben", Objektspektrum Nr. 3, Mai 2001, S. 44
[227] Pollmann, U.: „Spezifikation und Realität", IT Fokus, Nr. 1/2, Feb. 2001, S. 13
[228] Praxmarer, L.: „Componentware macht aus Entwicklern bald Architekten", Computerwoche, Nr. 11, März 1996, S. 11

[229] Purgahn, J./Renner, G./Reckziegel, J./Krusch, J.: „Modellgetriebene Architektur in einem J2EE- und COBOL Großrechnerumfeld", Objektspektrum Nr. 3, Mai 2002 S. 60
[230] Ralston, P.: „When Outsourcing costs more than it saves" in Cutter IT Journal, Vol. 12, No. 10, Oct. 1999, p. 40
[231] Rawolle, J./Ade, J./Schumann, M.: „XML als Integrationstechnologie bei Informationsanbietern im Internet", Wirtschaftsinformatik Band 44, Heft 1, Feb. 2002, S. 19
[232] Redaktion: „ Komponentenbasierte Webentwicklung", Computerwoche, Nr. 14, April 2001, S. 30
[233] Redaktion: „ Marktplätze erfordern eine Anpassung der Legacy-Systeme", Computerzeitung, Nr. 33, August 2000, S. 14
[234] Redaktion: „Ballmer- J2EE wird man irgendwann wegwerfen", Computerwoche, Nr. 26, Juni 2001, S. 25
[235] Redaktion: „Banken sollten Strategie für XML entwickeln", Computerzeitung Nr, 14, April 2002, S. 15
[236] Redaktion: „Bea schmiedet neue Koalition für Weblogic Server 7.0", Computerwoche, Nr. 19, Mai 2002, S. 23
[237] Redaktion: „Bei XML-Schemasprachen ist kein Standard in Sicht", Computerwoche, Nr. 13, März 2001, S. 24
[238] Redaktion: „Bereit für Web-Services, notwendige Veränderung im Backend", Computerwoche Nr. 32, Aug. 2002, S. 31
[239] Redaktion: „Branchen brauchen Business-Standards", Computerzeitung, Nr. 31, Juli 2002, S. 17
[240] Redaktion: „COBOL trainiert für den Web-Service-Auftritt", Computerzeitung, Nr. 1, Jan. 2002, S. 18
[241] Redaktion: „Datenbeschreibungstechnik XML erhält eine grundlegend neue Basis", Computerzeitung, Nr. 22, Mai 2001, S. 12
[242] Redaktion: „Der traditionelle Mainframe wird aussortiert", Computerwoche Nr. 40, Okt. 2002, S. 12
[243] Redaktion: „Dresdner Bank kämpft mit zu hohen IT-Kosten", Computerwoche Nr. 49, Nov. 2001, S. 10
[244] Redaktion: „E-Business muß vor allem die Kosten im Unternehmen senken", Computerzeitung, Nr. 18, April 2002, S. 14
[245] Redaktion: „Fiscus Projekt steht vor dem Scheitern", Computerwoche Nr. 51/52, Dez. 2001, S. 8
[246] Redaktion: „Großbank überlebte den Daten-GAU", Computerwoche Nr. 38, Sept. 1999, S. 1
[247] Redaktion: „IBM Mainframes stecken weiter in der Softwarefalle", Computerwoche, Nr. 42, Okt. 2000, S. 53
[248] Redaktion: „IBM-Tool integriert Mainframe Technik", Computerwoche, Nr. 21, Juni, 1997, S. 10

[249] Redaktion: „Iona reorganisert sein Technologie-Portfolio", Computerwoche, Nr. 46, Nov. 2001, S. 24

[250] Redaktion: „IT-Outsourcing der Deutschen Bank gerät in die Kritik", Computerwoche Nr. 22, Juni 2002, S. 14

[251] Redaktion: „Java-Support macht Mainframes fit fürs Web", Computerzeitung, Nr. 2, Jan. 2002, S. 13

[252] Redaktion: „Math ML 2.0 kommt - Formelsprache fürs Web", Computerwoche Nr. 12, 2001, S. 36

[253] Redaktion: „Mit .NET vollzieht Microsoft die Wende", Computerwoche, Nr. 29, Juli 2001, S. 16

[254] Redaktion: „Neue XML-Norm vereinheitlicht den Austausch von Nutzer-Infos", Computerzeitung, Nr. 31, Juli 2002, S. 17

[255] Redaktion: „Nürnberger verbessert Legacy-Anbindung", Computerwoche Nr. 32, Aug. 2002, S. 31

[256] Redaktion: „Open Seas verbindet Software-Inseln", Computerwoche Nr. 49, Dez. 1999, S. 18

[257] Redaktion: „Portals entwickeln sich zu Integrationslösungen", in Computer Zeitung, Nr. 22, Mai 2002, S. 13

[258] Redaktion: „Produkte und Initiativen für XML-Speicherung", Computerwoche Nr. 18, Mai 2001, S. 28

[259] Redaktion: „Programmier-Tools verbergen ihre Technik", Computerwoche, Nr. 32, Sept. 2002, S. 16

[260] Redaktion: „Schemata machen XML für den Datenaustausch tauglich", Computerwoche, Nr. 47, Dez. 2000, S. 17

[261] Redaktion: „Silverstream - Web-Services auf J2EE Basis", Computerwoche Nr. 29, Juli 2001, S. 20

[262] Redaktion: „Tibco baut sein Integrationsportal aus", Computerwoche, Nr. 19, Mai 2002, S. 16

[263] Redaktion: „US-Guru Hammer predigt einen radikalen Neuanfang", Computerwoche, Nr. 38, Sept. 1993, S. 37

[264] Redaktion: „VW findet das Gold in den Prozessen", Computerwoche Nr. 48, Dez. 2001, S. 34

[265] Redaktion: „Web-Application Server im Labortest - Ergebnisse der Forrester Studie", Computerwoche, Nr. 30, Juli 2002, S. 16

[266] Redaktion: „Wird ebXML globaler B2B Standard?", Computerwoche Nr. 23, Juni 2001, S. 18

[267] Redaktion: „XML-Datenaustausch benötigt Konvertierung", Computerwoche Nr. 20, Mai 2000, S. 15

[268] Redlich, J.-P.: CORBA 2.0 - Praktische Einführung für C++ und Java, Addison-Wesley, Bonn, S. 45

[269] Reifer, D.: „Ten Deadly Risks in Internet and Intranet Software Development", IEEE Software Magazine, April 2002, p. 12

[270] Reifer, D.: „Web Development - Estimating Quick-to-Market Software", IEEE Software Magazine, Dec. 2000, p. 57
[271] Renner, T.: „Ein Referenzmodell für EAI", in Computerwoche, Nr. 36, Sept. 2001, S. 64
[272] Robertson, D.: „Change Management leicht gemacht", IT Fokus, Nr. 8/9, Sept. 2001, S. 8
[273] Robertson, S./Robertson, J.: Mastering the Requirements Process, Addison-Wesley, Harlow, G.B., 1999, p. 24
[274] Rosove, P.: Developing Computer-Based Information Systems, John Wiley & Sons, New York, 1967, p. 25
[275] Rüten-Budde, J.: „Neue IT-Architektur - Marke Eigenbau", Computerwoche Extra Nr. 8, Okt. 2001, S. 21
[276] Saarmen, M.: „Fehlende Standards stellen die Einbindung in Frage", in Computer Zeitung, Nr. 50, Dezember 2001, S. 14
[277] Schambach, S.: „Intershop zwingt Kunden zur Monokultur", in Computerwoche Nr. 49, Dez. 2001, S. 42
[278] Scheb, A.: „XML goes HTML", IT-Fokus, Nr. 10, Okt. 2001, S. 40
[279] Scheer, A.W.: ARIS - Vom Geschäftsprozeß zum Anwendungssystem, Springer Verlag, Berlin, 2002
[280] Scheiderman, Ben: Software Psychology - Human Factors in Computer and Information Systems, Winthrop Pub., Cambridge, Mass., 1980, p. 224
[281] Schelp, J./Winter, R.: „Enterprise Portals und Enterprise Application Integration", HMD Nr. 225, Herausgeber Meinhardt, S. und Popp, K., dpunkt Verlag, Heidelberg, Juni 2002, S. 6
[282] Schmauch, C./Ey, C./Closs, S.: „Content-Management - Speichertechnik und der Einsatz von Directory Servern", XML in der betrieblichen Praxis, Ed: Turowski/Fellner, dpunkt Verlag, Heidelberg 2001, S. 29
[283] Schmauch, C.: „Möglichkeiten und Grenzen von Web Applikation Servern", Objektspektrum, Nr. 1, Feb. 1999, S. 78
[284] Schmietendorf, A./Dimitrov, E./Lezius, J./Dumke, R.: „Enterprise Application Integration - Reifegrad, Architektur und Vorgehensweisen", HMD-225, dpunkt Verlag, Heidelberg, Juni 2002, S. 72
[285] Schönhense, U.: „COBOL and Java - die Stärken kombinieren", IT Fokus, Nr. 1/2, Feb. 2002, S. 62
[286] Schönhense, U.: „COBOL modernisieren", Objektspektrum, Nr. 4, Juli 2002, S. 74
[287] Schönhense, U.: „Die Stärken kombinieren - COBOL und Java", IT-Fokus, Nr. 1/2, Jan. 2002, S. 62
[288] Schorn, P.: „Die Anbindung von Legacy Applikationen an das Internet - Dimensionen der Architektur", Objektspektrum, Nr. 5, Okt. 1998, S. 22
[289] Schulz, N./Grund, M.: „Vom Host ins Web - die Deutsche Börse geht ans Netz", Objektspektrum Nr. 3, Mai 1997, S. 62

[290] Schwartz, J.: „Schwab to deploy IBM Mainframe-Based Internet Technology", Web Technology, Nr. 1, Jan. 1999
[291] Schwögler, S.: „Bindemittel für E-Business", Computer Zeitung, Nr. 30, Juli 2000, S. 16
[292] Scott, J./Vessey, I.: „Managing Risks in Enterprise Systems Implementations", Comm. of ACM, Vol. 45, No. 4, April 2002, p. 74
[293] Seeburger: „Integration ohne Programmieraufwand", Computerwoche Nr. 44, Nov. 2000, S. 120
[294] Seidel, R.: „Vom Monopol zur Dienstleistung - die neue Identität der DV/ORG Abteilung" Computerwoche, Nr. 38, Sept. 1993, S. 38
[295] Seidensticker, F.-J.: „Klassische Berater integrieren das E-Business", Computerwoche, Nr. 25, Juni, 2001, S. 72
[296] Seligmann, L./Rosenthal, A.: „XML's Impact on Databases and Datasharing", IEEE Computer Magazine, June 2001, p. 59
[297] Sellnik, A./Sneed, H./Verhoef, C.: „Restructuring of COBOL/CICS Legacy Systems", Proc of European CSMR-99, IEEE Computer Society Press, Amsterdam, March 1999, p. 72
[298] Sessions, R.: COM and DCOM, John Wiley & Sons, New York, 1998, p. 45
[299] Sharma, M.: „E-Business building it right from the Ground up", Cutter IT Journal, Vol. 14, No. 1 Jan. 2001, p. 30
[300] Shim, S./Pendyala, V./Sundaram, M./Gao, J.: „Business-to-Business E-Commerce Frameworks", IEEE Computer, Oct. 2000, p. 40
[301] Siffring, A.: „SOAP soll das Rückgrat von Web Services bilden - Komponenten kommunizieren über XML", Computerwoche, Nr. 50, Dez. 2000, S. 73
[302] Simpson, D.: „Are Mainframes Cool Again", DATAMATION, April 1997, p. 46-53
[303] Sneed, H.: Objektorientierte Softwaremigration, Addison-Wesley, Bonn, 1999, S. 195
[304] Sneed, H./Dombavari, T.: „Comprehending a complex distributed, object-oriented Software System" Proc. of IEEE IWPC-99, IEEE Computer Society Press, Pittsburgh, May 1999, p. 218
[305] Sneed, H./Göschl, S.: „Testing Software for Internet Applications", Software Focus, Vol. 1, No. 1, Sept. 2000, p. 15
[306] Sneed, H./Nyary, E.: „Downsizing Large Application Programs", Journal of Software Maintenance, Vol. 6, Nr. 5, Sept. 1994, p. 235
[307] Sneed, H./Nyary, E.: „Migration of procedurally oriented programs in an object-oriented Architecture", Proc. of IEEE ICSM-92, IEEE Computer Society Press, Orlando, Nov. 1992, p. 105
[308] Sneed, H./Nyary, E.: „Salvaging an Ancient Legacy System at the German Foreign Office", Proc. of Int. Conf. on Software Maintenance-99, IEEE Computer Society Press, Oxford, Sept. 1999, p. 434
[309] Sneed, H./Winter, M.: Testen objektorientierter Software, Hanser Verlag, München 2001, S. 30

Literaturverzeichnis

[310] Sneed, H.: „Accessing Legacy Mainframe Applications via the Internet", Proc. of Reengineering Forum 2000, Zürich, March 2000, p. 34

[311] Sneed, H.: „Aufwandsschätzung für Web-basierte Anwendungssysteme", Wirtschaftsinformatik, Band 44, Heft 3, 2002, S. 204

[312] Sneed, H.: „Das Ende von Migration und Reengineering", Computerwoche Nr. 7, Feb. 2002, S. 18

[313] Sneed, H.: „Economics of Software Reengineering", Journal of Software Maintenance, Vol. 3, No. 3, Sept. 1991, S. 163

[314] Sneed, H.: „Einbindung alter Host-Software in eine Client/Server-Architektur", Objektspektrum, Nr. 4, Juli 1996, S. 36

[315] Sneed, H.: „Encapsulating Legacy Software for Reuse in Client/Server-Systems", Proc. of WCRE-96, IEEE Computer Society Press, Monterey, CA. Nov. 1996, p. 104

[316] Sneed, H.: „Generation of Stateless Components from procedural Programs for Reuse in a Distributed System", Proc. of CSMR-2000, IEEE Computer Society Press, Zürich, March 2000, p. 183

[317] Sneed, H.: „Host Integration mit Bordmitteln meistern", Computerwoche Nr. 15, März 2001, S. 24

[318] Sneed, H.: „Human Cognition and how Programming Languages determine how we think", Proc. of 6th Int. Workshop on Program Comprehension, IEEE Computer Society Press, Ischia, Italy, June, 1998

[319] Sneed, H.: „Integration statt Migration", HMD Heft 225, dpunkt Verlag, Heidelberg, Juni 2002, S. 3

[320] Sneed, H.: „Planning the Reengineering of Legacy Systems" IEEE Software Magazine, Jan. 1995, p. 24

[321] Sneed, H.: „Program Interface Reengineering for Wrapping", Proc. of 4th Int. WCRE, Computer Society Press, Amsterdam, Oct. 1997, p. 206

[322] Sneed, H.: „Risks involved in Reengineering Projects", Proc. of 6th WCRE, IEEE Computer Society Press, Atlanta, Oct. 1999, p. 209

[323] Sneed, H.: „Understanding Software through Numbers" Journal of Software Maintenance, Vol. 7, No. 6, Dec. 1995, p. 405

[324] Sneed, H.: „Using XML to integrate existingSoftware Systems into the Web", Proc. of CSMR-2002, IEEE Computer Society Press, Budapest, March 2002, p. 25

[325] Sneed, H.: „Wrapping Legacy COBOL Programs behind an XML Interface", Proc. of Int. WCRE-2001, IEEE Computer Society Press, Stuttgart, Okt. 2001, S. 189

[326] Sneed, H.: Objektorientierte Softwaremigration, Addison-Wesley, Bonn, 1999, S. 18

[327] Sneed, H.: Objektorientierte Softwaremigration, Addison-Wesley, Bonn, 1999, S. 35

[328] Sneed, H.: SoftWrap - ein Tool für die Kapselung vorhandener Assembler-, PLI- und COBOL-Programme", in HMD Heft Nr. 194, Forkel Verlag, Stuttgart 1997, S. 56
[329] Sneed, S.: „Experience with the Evolution of a Commercial Website", Proc. of Seventh IEEE Workshop on Empirical Studies of Software Maintenance, IEEE Computer Society Press, Florence, Nov. 2001, p. 92
[330] Sommergut, W.: „Mit .NET vollzieht Microsoft die Wende", Computerwoche, Nr. 29, Juli 2001, S. 16
[331] Standish Group: „ CHAOS - The Cost of IT Project Failure", PC-Week, Nr. 16, Jan. 1995
[332] Starke, G.: „Java und Mainframes", Java Spektrum, Nr. 1, Jan. 1999, S. 51
[333] Starke, G.: Effektive Software-Architekturen - ein praktischer Leitfaden, Hanser Verlag, München 2002
[334] Steinweg, K.: Projektkompass Softwareentwicklung, Geschäftsorientierte Entwicklung von IT-Systemen, Vieweg Verlag, Wiesbaden, 1999, S. 13
[335] Storey, V./Straub, D./Stewart, K./Welke, R.: „A Conceptual Investigation of the E-Commerce Industry", Comm. of ACM, Vol. 43, No. 7, July 2000, p. 117
[336] Strassmann, P.: „Aligning IT and Business Objectives", IT Cutter Journal, Vol. 11, No. 8, August 1998, p. 2
[337] Strassmann, P.: „The Roots of Business Process Reengineering", American Programmer, Vol. 8, No 6, June 1995
[338] Szyperski, C.: Component Software - beyond Object-oriented Programming, Addison-Wesley, Reading, MA., 1999, p. 27
[339] Tauwel, C./Fischer, S./Seidler, P.: „ETF - Ein erweiterbares Framework zur Tabellenbearbeitung", Objektspektrum Jan. 2001, S. 24
[340] Taylor, D.: Business Engineering with object Technology, John Wiley & Sons, New York, 1995, p. 3
[341] Taylor, M./McWilliam, Sheenan, J./Mulhaney, A.: „Maintenance Issues in the Website Development Process", Journal of Software Maintenance, Vol. 14, No. 2, April 2002, p. 102
[342] Taylor, M./McWilliam, Sheenan, J./Mulhaney, A.: „Maintenance Issues in the Website Development Process", Journal of Software Maintenance, Vol. 14, No. 2, April 2002, p. 109
[343] Taylor, R.: Business Engineering with object Technology, John Wiley & Sons, New York, 1995 p. 145
[344] Terekhov, A./Verhoef, C.: „The Realities of Language Conversions", IEEE Software, Dec. 2000, p. 111
[345] Tibbetts, J./Bernstein, B.: „Legacy Applications on the Web", American Programmer, Vol. 9, No. 12, Dec. 1996, p. 19
[346] Tkach, D./Fang, W./So, A.: Modelling Technique - Object Technology using Visual Programming, Addison-Wesley, Reading, 1996
[347] Tolksdorf, R.: „XML ist mehr als ein Datenaustauschformat", Computerwoche Extra, Nr. 8, Okt. 2001, S. 33

[348] Vaughn, L.: Client/Server-System Design & Implementation, McGraw-Hill, New York, 1994, p. 117
[349] Völker, R.: „CASE ist aus dem Blickfeld geraten", Computerwoche Nr. 4, Jan. 2002, S. 24
[350] Voller, M.: „Mainframe Aktivitäten mit sonstigen Aufgaben des Mitarbeiters verbinden", Computerwoche, Nr. 23, Juni 1998, S. 64
[351] Wagner, K.: „IT-Architekturen gestalten" CW-Extra, Nr. 5, Juni 2002, S. 4
[352] Wagner, M.: „Einsatz von XML in verteilten Anwendungen", Proc. of XML-ONE Konferenz, SIGS DATACOM, München, Juli 2001, S. 7
[353] Wagner, M.: „IBM pumps up Iron with Copper CPU", Internet Week, Nr. 5, May 1999, p. 9
[354] Wagner, M.: „Komponenten ermöglichen den Blick auf das Wesentliche", Computer Zeitung, Nr. 43, Okt. 1998, S. 22
[355] Wang, W./Hidvegi, Z.: „E-Process Design and Assurance Using Model Checking" IEEE Computer, Oct. 2000, S. 48
[356] Warmer, J./Kleppe, A.: The Object Constraint Language, Addison-Wesley, Reading, MA., 1999
[357] Warnier, J.-D.: Logical Construction of Programs, Van Nostrand Reinhold, New York, 1974, p. 15
[358] Weidemann, M.: „Drei Standards für die Kommunikation ,", Computerwoche, Extra Nr. 1, Feb. 2002, S. 28
[359] Weill, P.: „Survey of IT-Investment in Large Enterprises", M.I.T. Center for Information Research, Cambridge, MA., 2001
[360] Weitzel, T./Harder, T./Buxmann, P.: Electronic Business und EDI mit XML, dpunkt Verlag, Heidelberg, 2001, S. 195
[361] Welsch, M./Dammers, R./Bauer, W.: „IBM Websphere Portal als Basis für Unternehmensportale", HMD 225, dpunkt Verlag, Heidelberg, Juni 2002, S. 31
[362] Werner, H.: „E-Commerce Budgets sehen nur Konsolidierung vor", Computerwoche, Nr. 18, April 2002, S. 14
[363] Westerman, G.: „Organizing for e-Business" Cutter IT Journal, Vol. 14, No. 1, Jan. 2001, p. 6
[364] Wiederhold, G.: Intelligent Integration of Information, Kluwer Academic Publishers, Boston, 1996, p. 64
[365] Wiehl, R.: „Semantische Netze vereinfachen die Recherche", Computerwoche, Nr. 6, Feb. 2002, S. 48
[366] Wiese, J.: „Datenbankanbindung mit PHP", Computer Technik, Nr. 3/2002, Heise, 2002
[367] Williams, R.: „E-Powering the Business", Cutter IT Journal, Vol. 14, No. 5, May 2001, p. 23
[368] Winsberg, P.: „Legacy Code - Don't bag it, Wrap it", DATAMATION, May 1995, p. 31
[369] Wirfs-Brock, R./Wilkerson, B.: Designing Object-oriented Software, Prentice-Hall, Englewood Cliffs, N.J., 1990, p. 61

[370] Wolle, B.: „Die Integration von Online-CICS-Anwendungen in E-Business-Lösungen", Wirtschaftsinformatik, Heft 4, Sept. 2002, S. 325
[371] Woyth, M.: „Integration in Intranets statt Ablösung von Mainframes", IT Sales Week, 27. Juli 1998, S. 24
[372] Wuttke, T.: „Weshalb E-Commerce Projekte häufig scheitern", Computerwoche Nr. 51/52, Dez. 2001, S. 41
[373] Yang, J./Papazoglou, M.: „Interoperation Support for Electronic Business", Comm. of ACM, Vol. 43, No, 6, June 2000, p. 41
[374] Yang, J./Papazoglou, M.: „Interoperation Support for Electronic Business", Comm. of ACM, Vol. 43, No. 6, June 2000, p. 39
[375] Yang, J./Papazoglou, M.: „Interoperation Support for Electronic Business", Comm. of ACM, Vol. 43, No. 6, June 2000, p. 44
[376] Yourdon, E.: „Managing Ubiquity-Developing Effective Employee Guidelines to Cope with Pervasive Technology", Cutter IT Journal, Vol. 12, No. 12, Dec. 1999, p. 6
[377] Zachman, R.: „Business Systems Planning and Business Information Control Study - a Comparison" IBM Systems Journal, Vol. 21, Nr. 1, 1982
[378] Zugel, W.: „Integration - ein wesentliches Kriterium für e-Business", IT Fokus, Nr. 1/2, Feb. 2001, S. 26

Schlagwortverzeichnis

3

3270 27

4

4GL 9, 10, 11
4GL-Sprachen 206, 244

A

A2A 64, 66, 67, 70
Access Control 82
ACM 29
ActiveX 101
Altprogramme 267, 287
Anforderungen 64, 67, 86, 87
Anwendung 203, 210, 213, 220, 221, 225
Anwendungslogikschicht 276, 277
Anwendungsschicht 85
Applikationsschicht 197
Applikationsserver 72, 73, 96, 116
Applikationsserverebene 334
Architektur 12, 15, 16, 86, 89, 91, 92, 93, 94, 95, 97, 114, 117, 118, 122
Ariba 84
ARIS 23
Assembler 8, 11, 338
Assoziation 329
Asynchrone 112
Attribute 310, 312, 329
Austausch 128, 135, 138
Authentikationsschicht 84
Autonomie 32, 33, 37

B

B2B 60, 64, 66, 68, 69, 70, 73
B2C 66, 70, 74, 77
Backend 307, 323
Backendkomponente 322
Basic Map Service 161
Basisschicht 93
Batch 226
Baum 314
BEA 23
Betriebskosten 323
Beziehungen 298, 309, 310, 318
Binary Large Object 157
BizTalk 63, 67, 79, 83, 85, 86
BLOB 157
Boppio 293
Broker Modell 74, 75
BSP 21
Build and Deploy 194
Business Modell 43
Business Object 41, 42, 43
Business Reengineering 1, 2, 6, 12, 13, 18, 19, 20, 22, 23, 24, 26
Business Transaction 43

C

C 27, 33, 36, 54, 164, 165, 168, 175, 178, 192
C# 27
C/S 106, 109
C++ 27, 164, 165, 168, 192
Call Center 215
CARE 308
Cascading Style Sheets 136, 155, 169
CASE 308
CGI 173, 176, 177
CGI - Common Gateway Interface 338
Change Request 189, 197, 198
CICS 43, 46, 110, 114, 116, 119
Client/Server 1, 5, 6, 9, 10, 14, 91, 100, 101, 102, 103, 106, 113, 114, 115, 116, 117, 259, 260, 262, 263, 265, 266, 268, 287, 288
Client-Arbeitsplätze 96
Clientkomponente 99
Clientprogramm 227, 228
CML 139
CMS 184
COBOL 9, 11, 337, 338
Component-Broker 266
Container 120
Copy 236, 237, 239, 252, 253
CORBA 6, 10
CORBA-BCI 267
CSECT 226
CSP 33, 206
CSS 146, 155, 169, 170
CXML 63, 66, 152

D

DAO 289
Data Mining 40
Database Gateway 215
Datenaustausch 57, 63, 67, 68, 69, 71, 138, 146, 148, 151, 158
Datenbank 129, 154
Datenbankebene 334
Datenbanken 1, 3, 4, 5, 7, 8, 9, 10, 15, 21
Datenbank-Wrapper 224, 225
Datenebene 334
Datenkommunikation 273, 279
Datenmodell 310, 329
Datenobjekt 17
Datenpräsentation 146, 155, 156
Datenschicht 93
Datenschnittstelle 126
Datenserver 73
Datenspeicherung 156
Datentypen 132, 134, 144, 149
Datenübertragung 147, 151
Datenzugriffsschicht 284, 286
DB/DC 109
DB-2 157
DCOM 48, 52
DHTML 171
Dienstleistungsschicht 77, 78, 84, 85, 278
DNS 149
DOM 63
Domain Name Service 149
DTD 132, 133, 155, 158

E

E2E 79
EAF 49, 50, 51, 52
EAI 31, 32, 39, 40, 43, 44, 54, 55
E-Business 20, 23
E-Business-Framework 80
ebXML 63, 66, 67, 79, 83, 85, 147, 148, 149
eco 79
E-Commerce 55

EDI 147
Editor 191, 192
E-Government 259, 262
Einbindung 65, 86
EJB 31
Encina 43
Enfinity 196, 197, 199
Enterprise Application
 Integration 27, 29, 31, 39,
 40, 44, 48, 49, 53, 55
Enterprise Framework 41, 48,
 49, 52
Enterprise Java Beans 100, 121
Enterprise Resource 40
Entire-X 54
Entitäten 310
Entkopplung 111, 113
Entwicklungsumgebung 188,
 189, 190, 192, 193, 198
Erblasten 11
Ereignisorientiert 112
Event 82
Evolution 1, 16, 20, 296, 301,
 324, 328
Evolutionsphase 195

F

Fat-Client 162, 163, 164, 165,
 166, 167, 179
File Transfer 113
Frontend 322, 323
FTP 113
Function Gateway 215, 216
Funktionsschicht 93
Funktionstest 321, 322
Funktions-Wrapper 225

G

GAPI 270, 271
Gateway 176, 209, 215, 220,
 255

Generierung 279, 286
Gensym 22
GEOS 287, 290
Geschäftslogik 9, 11, 17
Geschäftslogikschicht 276, 277,
 284
Geschäftsobjekt 41, 42
Geschäftsobjektschicht 77, 78
Geschäftsprozeßschicht 77, 78
Globalisierung 13
Gpro 190
Großrechner 269, 279

H

Hauptprogramm 226, 227, 240
Heterogenität 27, 32, 33, 35,
 36
Host 102, 104, 105, 106, 107,
 108, 117, 118, 119
Hostebene 334
Hostsysteme 318
HTML 89, 161, 163, 164, 165,
 168, 169, 170, 171, 173, 174,
 177, 178, 185, 190, 192, 196
HTTP 35, 81, 86
Hypertext 115

I

I/O-Simulation 229
IBM 10, 21, 80, 92, 99, 100,
 104, 108, 116, 119, 120
IDEAL 206
IDL 31, 36, 44, 48
IDMS 207, 254
Impact Analysis 325
Import 203
IMS 207, 216, 234, 251, 253,
 254
IMS Connection 264
IMS-DC 114, 116, 120
Include 236, 238, 252, 253

Informationsmodell 297, 298
Informationsschicht 84, 85
Informationstechnologie 2, 10, 11, 26
Integrationsarchitektur 55
Integrationsplan 302, 332, 335
Integrationsprojekt 307, 308
Integrationsserver 96, 116
Interaktion 319
Interaktionsdiagramme 23
Interdependence Graph 313
Internet 7, 8, 10, 11, 161, 165, 169, 170, 174, 178, 189
Internet Banking 287, 290
Internet Explorer 161, 170, 174
Interoperabilität 32, 44, 52, 53, 64, 65, 72
Intershop 38, 56, 196
Investitionsschutz 97
IONA 116, 117
IO-Simulation 233
Istanalyse 302, 303, 305
IT-Abteilung 331, 341, 342
IT-Architektur 86, 87, 91, 92, 93, 94, 95, 96, 97, 98
IT-Systeme 332, 333, 341

J

J2EE 116, 117, 118, 119, 121, 122, 282
Java 125, 135, 159
Java Beans 10
Java Server Pages 177
Java-Applet 163
JGEOS 288
JNDI 116
Job 227, 229, 231
Jobkapselung 231
JSP 173, 177
JSP-Tag 199

K

Kapselung 4, 15, 27, 36, 37, 44, 203, 204, 209, 214, 218, 221, 222, 223, 225, 226, 227, 228, 233, 234, 235, 238, 241, 250, 254
Kapselungstechnik 44
Klassenhierarchie 314, 315
Klient 76
Kommunikationsnetz 297, 299
Kommunikationsschicht 85, 86, 93
Kommunikationstechnik 13
Kompatibilität 62, 65, 89
Komponente 61, 82, 83
Komponentenschicht 85, 86
Komponententechnologie 97, 98, 99, 107

L

Legacy 44
Legacy-Anwendung 218, 219
Legacy-Programme 315, 321, 323
Legacy-Systeme 241, 247, 303, 325
Linux 337
LOVEM 21, 22

M

Mainframe 95, 96, 100, 102, 103, 106, 107, 108, 109, 114
Makros 236
Mapping 311, 312, 315
Marshalling 279
Maske 204, 233, 236, 237
Math Markup Language 139
MathML 139, 141
Medienbruch 68

Mehrfachvererbung 314, 315
Message oriented 111, 112, 113, 118
Message Queuing 112, 113, 119, 122
Message-Handler 328
Message-oriented-Middleware 303
Meta Group 91, 104
META Group 55
Metamodell 148
Metasprache 139
Methode 234
Microsoft 22, 80, 85
Middleware 29, 30, 34, 42, 43, 51, 54
MIDL 99
Migration 1, 148
Modellierung 21, 23, 24, 298, 315
Modul 227, 228, 229, 231, 234, 240, 242
Modulkapselung 226, 235, 240
Modultest 321, 325
MOM 111, 112, 146
MQS 120
MQ-Series 237
MS-Outlook 164
Mustererkennung 316

N

Nachrichten 125, 126
Namensraum 134
Natural 33, 206, 234, 244
Netzrechner 72
Netzwerk 314, 315
NEXT 99
Nutzungsprofile 88

O

Oberflächen 262, 293

Oberflächenebene 333, 334
Oberflächenschicht 93
Oberflächentechnik 97
Object Constraint Language 22
Object Constraint Language - OCL 329
Object Wrapping 223, 224
Objektaufbewahrungsdienste 111
Objektbenennungsdienste 110
Objektmodellierung 315
Objektorientierung 135
OCL 22, 65, 137
OMG 21
ONE 31, 43, 115, 120, 121
Online 226, 240, 246, 247
Onlinebetrieb 226, 227, 247
Ontologie 44
OO-Programmierung 171
Open Seas 54
OpenDoc 99, 100
Oracle 102, 119, 120, 157
ORBIX 43
Outsourcing 207

P

Parsing 112
Pattern 51
PDA 170, 181, 188
Peer 30
Performancetest 307
Perl 176, 178
Persistenzschicht 197
Personal Digital Assistants 181
Phasenkonzept 19
PHP 173, 178
Pilotanwendung 296, 307
Pilotprojekt 299, 306, 307
PIP 84
PL/I 338
Plattform 116, 120
Polymorphie 316
POP 146

Portal 54
Präsentation 128, 129, 136, 146, 155, 156
Präsentationsschicht 173, 186, 196, 263, 276, 277, 278, 284
Programmkapselung 226, 231, 235, 238, 246
Project Hypertext Preprocessor 178
ProVision 22
Prozedur 226, 227, 228
Prozeduraufruf 35
Prozeduraufrufe 109, 114
Publish/Subscribe 112
Punkt-zu-Punkt 40

Q

Qualitätsmetriken 304
Quantitätsmetriken 304

R

Rational 22
Rational Unified Process 188, 198, 200
Reengineering 11, 12, 14, 16, 20, 25, 26, 204, 207, 209, 222, 223, 233, 234, 243
Registry 121
Release 166, 189, 194, 200
Reorganisation 296, 299, 301
Repository 37, 308, 309, 310, 311, 312, 316
Request Brokers 99
Reverse Engineering 12, 16, 37, 40, 45
RMI 48, 100, 111
RosettaNet 79, 83, 84
RPC 35, 48, 111
RUP 188

S

San Francisco 48, 100
SAP 102, 116, 120
Schema 64, 85, 136, 137, 138, 144
Schemaversionierung 86
Schichtenmodell 29, 31, 42
Schnittstellen 30, 31, 35, 44, 45, 48, 51, 53, 56
Score 54
Screen Scraping 39
Serialisierung 110
Serverkomponente 99
Serverschicht 85, 86
Service-Wrapper 225
SGML 128, 132
Silverstream 97, 115, 117
Simple Object Access Protocol 148, 150
Skripte 178, 194, 200
Smalltalk 264
Snipplets 173
SOAP 31, 148, 150, 151, 153
Sockets 217, 220, 223
SoftLink 238, 243, 244, 246
Softwarearchitektur 297
Softwaremigration 204, 243
SoftWrap 233, 240, 241
Sollanalyse 302, 303
Speicherung 128, 133, 136, 146, 157
SQL 129, 133, 156, 157
Standardprodukte 216
Standardsoftware 212, 213, 255
Standard-Software 338
Strawman 47, 77
Stubs 35
Synchrone 111
Systemarchitektur 57
Systemtest 194, 322, 323

T

Tamino 133, 157
TCP 104, 114, 115
TCP/IP 104, 114, 115
Terminal Gateway 215, 216
Test 188, 198, 301, 307, 317, 318, 319, 320, 321, 322, 323, 325, 326, 327, 328
Testaufwand 317, 318
Testkosten 317, 318
Thin-Client 162, 163, 164, 167, 179
TIBCO 48, 54
tpaML 150
Trade Management 82
Transaktionskapselung 226, 231, 235, 236
Transaktionsmonitor 88
Transaktionssteuerung 88, 265, 284
Transformation 313, 314
Transitionsphase 200
Transportschicht 84, 85
Tree Walking 157
Tuxedo 43

U

UDDI 149, 150, 151, 153
UML 307, 310, 311, 312, 315
UN/CEFACT 79, 147
Unternehmensmodell 297
Unternehmensserver 96
Unterprogramm 227, 237, 240, 249
User Profiling 82
UTM 114

V

VCS 185, 190, 192, 193, 195
Vererbung 314, 329
Version Control System 190, 192, 193, 199
Verteilung 32, 33, 34
Viewer 174, 188
Visibroker 43
Visual Age 264
Visualisierung 310

W

W3C 155
WAP 267, 287
Wartung 203, 255
WBXML 280
Web Connection 264
Web Service 98, 102, 116, 117, 119, 121, 178, 179, 180
Webadapter 199
Webanschluß 265, 275
Webarchitektur 10, 302, 303, 304, 305, 318, 319, 321
Webarchitekturtest 319
Webbasierte 10, 18
Web-Browser 105, 107
Weblogic 97, 115
Webseite 216
Webserver 72, 88
Website 161, 165, 169, 170, 171, 180, 181, 182, 183, 185, 188, 193, 199
Websphere 35, 43, 48, 56, 97, 115, 119, 120
Webtechnologie 7, 10, 11, 14, 18, 20, 24, 25
Weiterentwicklung 203, 255
Wertpapierabwicklung 262
Wertschöpfungsketten 71
Wiederverwendbarkeit 12
Workflow 41, 77, 82
Workflowsteuerung 77
Wrapper 36, 41, 45, 46, 322, 323, 328
WSDL 117, 119, 121

WYSIWYG 191

X

Xbase 131
XCBL 63, 151, 152
XGPL 189, 190
XHTML 136, 155
Xlink 131
XMI 139, 141, 142, 143, 148
XML 31, 35, 36, 40, 44, 63, 64, 65, 66, 73, 83, 84, 85, 86
XML4C++ 271
XML4COBOL 282, 283
XML-Dokumente 125, 127, 129, 133, 146, 147, 148, 155, 157
XML-Parser 298, 305, 319, 324
XML-QL 133
XML-Schema 244, 245, 250, 251, 252, 253
XML-Spy 192
XML-Umsetzer 305, 319
Xpointer 131
XQL 133, 154, 157
XSLT 63, 135, 136, 138, 139, 154, 159

Z

Z-Series 337
Zugriffslogik 207
Zugriffsschicht 41

Bestseller aus dem Bereich IT erfolgreich gestalten

Martin Aupperle
Die Kunst der Programmierung mit C++
Exakte Grundlagen für die professionelle Softwareentwicklung
2., überarb. Aufl. 2002. XXXII, 1042 S. mit 10 Abb. Br. € 49,90
ISBN 3-528-15481-0

Inhalt: Die Rolle von C++ in der industriellen Softwareentwicklung heute - Objektorientierte Programmierung - Andere Paradigmen: Prozedurale und Funktionale Programmierung - Grundlagen der Sprache - Die einzelnen Sprachelemente - Übungsaufgaben zu jedem Themenbereich - Durchgängiges Beispielprojekt - C++ Online: Support über das Internet

Dieses Buch ist das neue Standardwerk zur Programmierung in C++ für den ernsthaften Programmierer. Es ist ausgerichtet am ANSI/ISO-Sprachstandard und eignet sich für alle aktuellen Entwicklungssysteme, einschliesslich Visual C++ .NET. Das Buch basiert auf der Einsicht, dass professionelle Softwareentwicklung mehr ist als das Ausfüllen von Wizzard-generierten Vorgaben.

Martin Aupperle ist als Geschäftsführer zweier Firmen mit Unternehmensberatung und Softwareentwicklung befasst. Autor mehrerer, z. T. preisgekrönter Aufsätze und Fachbücher zum Themengebiet Objekt-orientierter Programmierung.

Abraham-Lincoln-Straße 46
65189 Wiesbaden
Fax 0611.7878-400
www.vieweg.de

Stand 1.3.2003. Änderungen vorbehalten.
Erhältlich im Buchhandel oder im Verlag.

Das Netzwerk der Profis

WIRTSCHAFTSINFORMATIK

Die führende Fachzeitschrift zum Thema Wirtschaftsinformatik.

Das hohe redaktionelle Niveau und der große praktische Nutzen für den Leser wird von über 30 Herausgebern - profilierte Persönlichkeiten aus Wissenschaft und Praxis - garantiert.

Profitieren Sie von der umfassenden Website unter

www.wirtschaftsinformatik.de

- Stöbern Sie im größten **Onlinearchiv** zum Thema Wirtschaftsinformatik!
- Verpassen Sie mit dem **Newsletter** keine Neuigkeiten mehr!
- Diskutieren Sie im **Forum** und nutzen Sie das Wissen der gesamten Community!
- Sichern Sie sich weitere Fachinhalte durch die **Buchempfehlungen** und Veranstaltungshinweise!
- Binden Sie über **Content Syndication** die Inhalte der Wirtschaftsinformatik in Ihre Homepage ein!
- ... und das alles mit nur **einem Click** erreichbar.

MIX
Papier aus verantwortungsvollen Quellen
Paper from responsible sources
FSC® C105338

If you have any concerns about our products,
you can contact us on
ProductSafety@springernature.com

In case Publisher is established outside the EU,
the EU authorized representative is:
**Springer Nature Customer Service Center GmbH
Europaplatz 3, 69115 Heidelberg, Germany**

Printed by Libri Plureos GmbH
in Hamburg, Germany